职业教育“十三五”
数字媒体应用人才培养规划教材

After Effects 影视后期合成项目教程

第2版 微课版

于众 严尔军 / 主编
徐佳丽 唐英 赵超 / 副主编

人民邮电出版社
北京

图书在版编目（CIP）数据

After Effects影视后期合成项目教程 ： 微课版 / 于众，严尔军主编. -- 2版. -- 北京 ： 人民邮电出版社，2021.5（2024.6重印）
职业教育“十三五”数字媒体应用人才培养规划教材
ISBN 978-7-115-55485-7

Ⅰ. ①A… Ⅱ. ①于… ②严… Ⅲ. ①图像处理软件－职业教育－教材 Ⅳ. ①TP391.413

中国版本图书馆CIP数据核字(2020)第241677号

内 容 提 要

本书全面、系统地介绍了 After Effects 的基本操作技巧和核心功能。全书以 After Effects 在影视后期处理领域的应用为主线，按照项目的编排方式，介绍 After Effects CS6 的基础知识，使用 After Effects CS6 制作广告宣传片、电视纪录片、电子相册、电视栏目、节目包装、电视短片等内容。全书内容介绍均以课堂案例为主线，每个案例都有详细的操作步骤，学生通过实际操作可以快速熟悉软件功能并领会设计思路。

本书适合作为职业院校数字媒体艺术、动漫与游戏制作等影视传媒类相关专业的教材，也可以作为 After Effects 自学人员的参考书。

◆ 主　　编　于　众　严尔军
　副 主 编　徐佳丽　唐　英　赵　超
　责任编辑　马小霞
　责任印制　王　郁　彭志环

◆ 人民邮电出版社出版发行　　北京市丰台区成寿寺路 11 号
　邮编　100164　　电子邮件　315@ptpress.com.cn
　网址　https://www.ptpress.com.cn
　固安县铭成印刷有限公司印刷

◆ 开本：787×1092　1/16
　印张：15.5　　　　2021 年 5 月第 2 版
　字数：397 千字　　2024 年 6 月河北第 8 次印刷

定价：49.80 元

读者服务热线：(010)81055256　印装质量热线：(010)81055316
反盗版热线：(010)81055315
广告经营许可证：京东市监广登字 20170147 号

前言　Preface

After Effects 是由 Adobe 公司开发的影视后期制作软件。它功能强大、易学易用，深受广大影视制作爱好者和影视后期设计师的喜爱，已经成为影视后期制作领域最流行的软件之一。

本书由经验丰富的一线教师编写，从人才培养目标方面做好整体设计，明确专业课程标准，强化专业技能培养，并根据岗位技能要求引入企业真实案例，进行项目式教学。

本书全面贯彻党的二十大精神，以社会主义核心价值观为引领，传承中华优秀传统文化，坚定文化自信，使内容更好地体现时代性、把握规律性、富于创造性。

本书依据当前主流和实用的影视后期制作技术编写，主要内容包括 After Effects CS6 概述、制作广告宣传片、制作电视纪录片、制作电子相册、制作电视栏目、制作节目包装、制作电视短片等。希望通过本书的学习，能帮助学生掌握 After Effects 影视后期处理的基本知识，使学生具备影视后期制作的基本技能。

本书以项目为基本写作单元，以典型案例为主线，结合当前主流的影视后期制作技术，介绍 After Effects 的使用方法和技巧。本书在内容安排上力求做到深浅适度、详略得当，从最基础的知识起步，在编写体例上采用大量的案例讲解，用具体实例介绍电视纪录片、节目包装等的制作方法；在叙述上力求简明扼要、通俗易懂，既方便教师讲授，又便于学生理解掌握。

本书的参考学时为 72 学时，各项目的参考学时见下表。

项　目	课 程 内 容	学 时 分 配	
		讲授	实践训练
项目一	After Effects CS6 概述	2	2
项目二	制作广告宣传片	6	6
项目三	制作电视纪录片	6	6
项目四	制作电子相册	6	6
项目五	制作电视栏目	6	6
项目六	制作节目包装	6	6
项目七	制作电视短片	4	4
学 时 总 计		36	36

由于作者水平有限，书中难免存在不妥之处，敬请广大读者批评指正。

编　者

2023 年 5 月

目录 Contents

目 录

Contents

01 项目一 After Effects CS6 概述

本项目介绍 After Effects CS6 的工作界面、视频的渲染和输出。读者通过本项目的学习，可以了解并掌握 After Effects 的入门知识，为后面的学习打下坚实的基础。

课堂学习目标

- 了解 After Effects CS6 的工作界面
- 掌握视频的渲染方法
- 掌握视频的输出方法

任务一 了解 After Effects 的工作界面

After Effects 允许用户定制工作界面的布局，用户可以根据工作需要移动和重新组合工作界面中的工具栏和面板。工作界面的组成如图 1-1 所示。

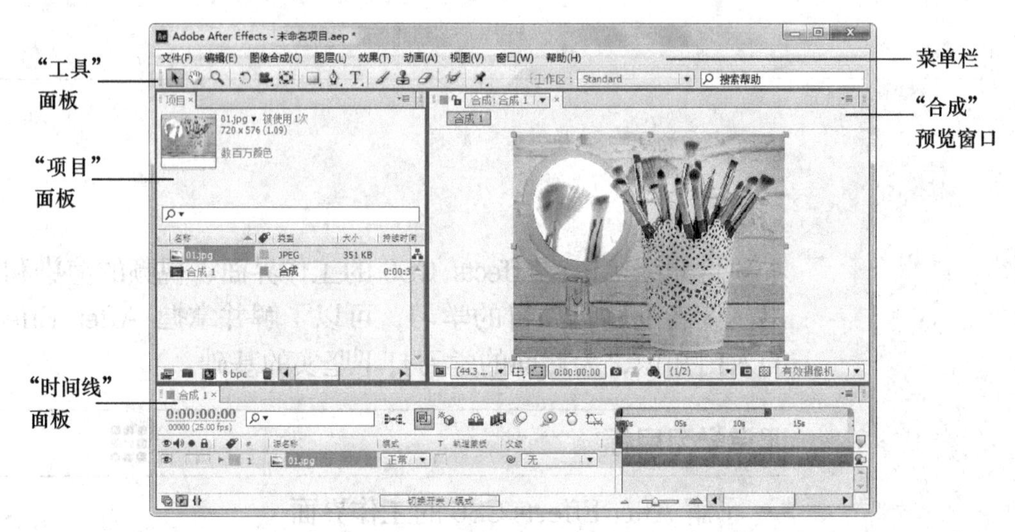

图 1-1

1.1.1 菜单栏

菜单栏几乎是所有软件都有的界面要素之一，它包含了软件全部功能的命令。After Effects CS6 提供了 9 项菜单，分别为文件、编辑、图像合成、图层、效果、动画、视图、窗口、帮助，如图 1-2 所示。

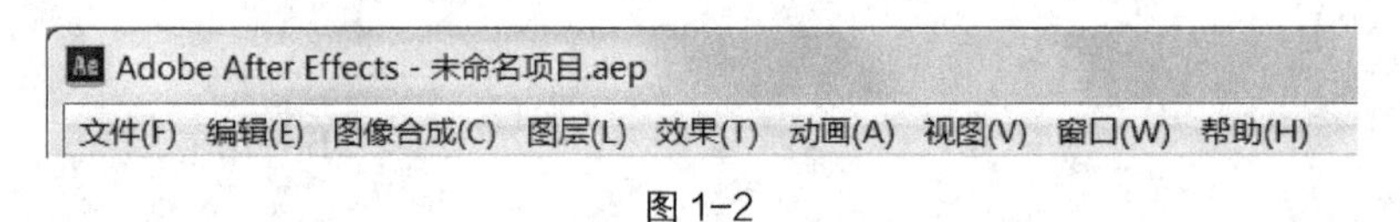

图 1-2

图 1-3

1.1.2 “项目”面板

导入 After Effects CS6 中的所有文件、创建的所有合成文件、图层等，都可以在“项目”面板中找到，并可以清楚地看到每个文件的类型、大小、持续时间、文件路径等，选中某个文件时，可以在“项目”面板的上部查看对应的缩略图和属性，如图 1-3 所示。

1.1.3 工具栏

工具栏提供了常用的工具，有些工具按钮是复合按钮，这种按钮的右下角有三角标记，其中含有多重工具选项。例如，在“矩形遮罩”工具上按住鼠标左键不放，即会展开其中的工具选项，拖动鼠标可以选择。

工具栏中的工具如图 1–4 所示，包括“选择”工具、“手形”工具、“缩放”工具、“旋转”工具、“合并摄像机”工具、“定位点”工具、“矩形遮罩”工具、“钢笔”工具、“横排文字”工具、“画笔”工具、“图章”工具、“橡皮擦”工具、“ROTO 刷”工具、“自由位置定位”工具、“本地轴方式”工具、“世界轴方式”工具、“查看轴模式”工具。

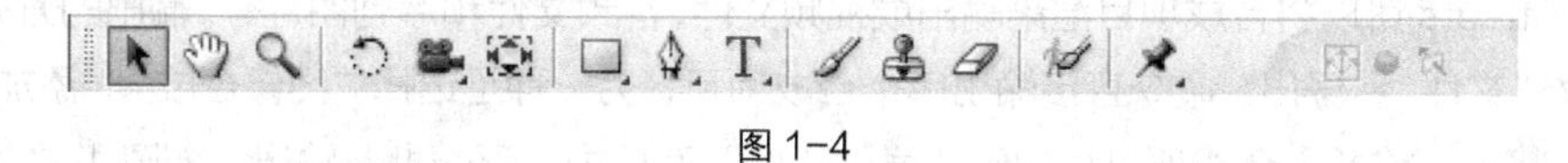

图 1–4

1.1.4 “合成”窗口

“合成”窗口可直接显示素材组合效果处理后的合成画面。该窗口不仅具有预览功能，还具有控制、操作、管理素材，缩放窗口比例，设定当前时间、分辨率、图层线框、3D 视图模式和标尺等操作功能，是 After Effects CS6 中非常重要的工作窗口，如图 1–5 所示。

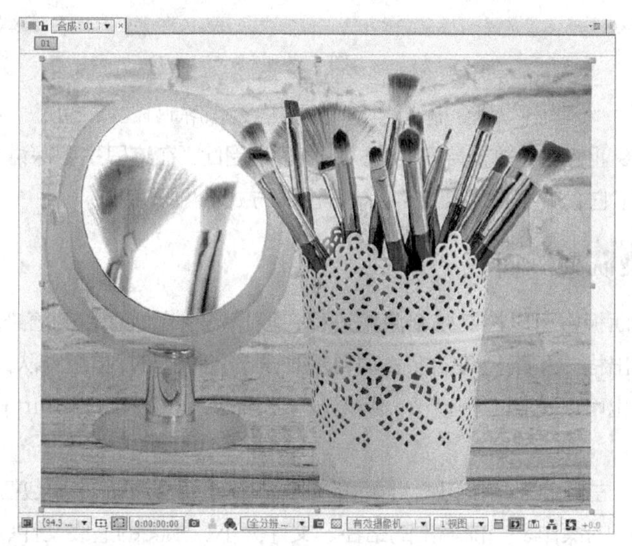

图 1–5

1.1.5 “时间线”面板

“时间线”面板可以精确设置合成中各种素材的位置、时间、效果和属性等，可以进行影片合成，还可以调整图层顺序和制作关键帧动画，如图 1–6 所示。

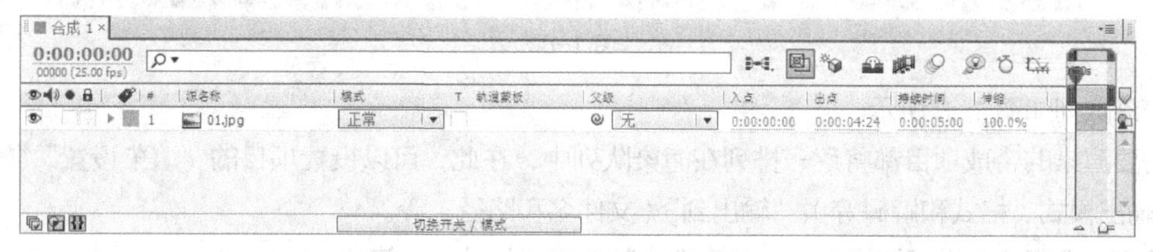

图 1–6

任务二 渲染

渲染在整个影视制作过程中是最后一步，也是相当关键的一步。如果渲染不成功，即使前面制作得再精妙，也会直接导致作品失败，渲染方式影响影片最终呈现的效果。

After Effects 可以将合成项目渲染输出成视频文件、音频文件和序列图片等。输出的方式有两种：一种是选择“文件 > 导出”命令直接输出单个合成项目；另一种是选择“图像合成 > 添加到渲染队列”命令，将一个或多个合成项目添加到“渲染队列”面板中，逐一批量输出，如图 1-7 所示。

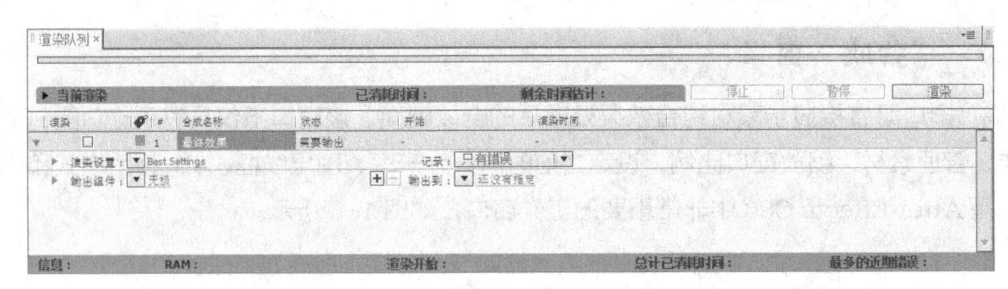

图 1-7

其中，通过“文件 > 导出”命令输出时，可选的格式和解码较少；通过“渲染队列”面板输出，可以进行非常高级的专业控制，并支持多种格式和解码。因此，在这里主要探讨如何使用“渲染队列”面板进行输出，掌握了它，就掌握了“文件 > 导出”方式输出影片。

1.2.1 “渲染队列”面板

在“渲染队列”面板中可以控制整个渲染进程，调整各个合成项目的渲染顺序，设置每个合成项目的渲染质量、输出格式和路径等。在将项目添加到渲染队列时，“渲染队列”面板将自动打开，如果不小心关闭了，也可以选择“窗口 > 渲染队列”命令，或按 Ctrl+Shift+0 组合键，再次打开此面板。

单击“当前渲染”左侧的三角按钮▶，显示的信息如图 1-8 所示，主要包括当前正在渲染的合成项目的进度、正在执行的操作、当前输出的路径、文件大小、预测的最终文件、空闲磁盘空间等。

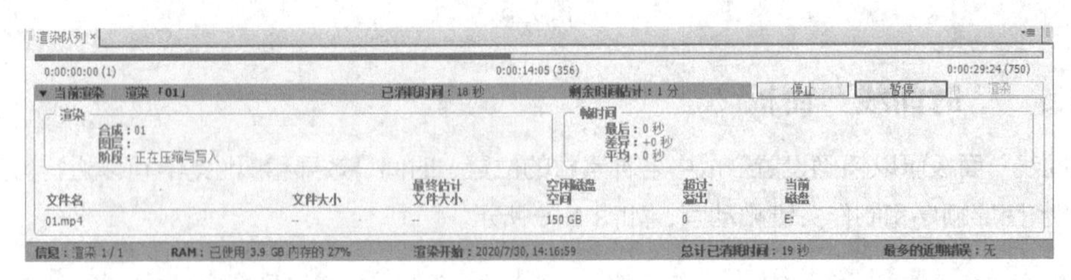

图 1-8

渲染队列如图 1-9 所示。

需要渲染的合成项目都将逐一排列在渲染队列中，在此，可以设置项目的“渲染设置”“输出组件”（输出模式、格式和解码等）、“输出到”（文件名和路径）等。

渲染：设置是否进行渲染操作，只有选中的合成项目才会被渲染。

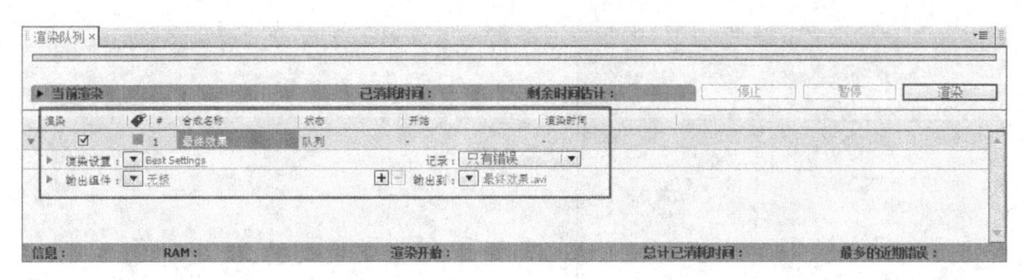

图 1-9

：选择标签颜色，用于区分不同类型的合成项目，方便用户识别。

#：队列序号，决定渲染的顺序，可以上下拖曳合成项目到目标位置，改变项目渲染的顺序。

合成名称：合成项目的名称。

状态：当前状态。

开始：渲染开始的时间。

渲染时间：渲染花费的时间。

单击“渲染设置”和“输出组件”左侧的按钮展开具体设置信息，如图 1-10 所示。单击按钮可以选择已有的设置预置，单击当前设置标题，可以打开具体的设置对话框。

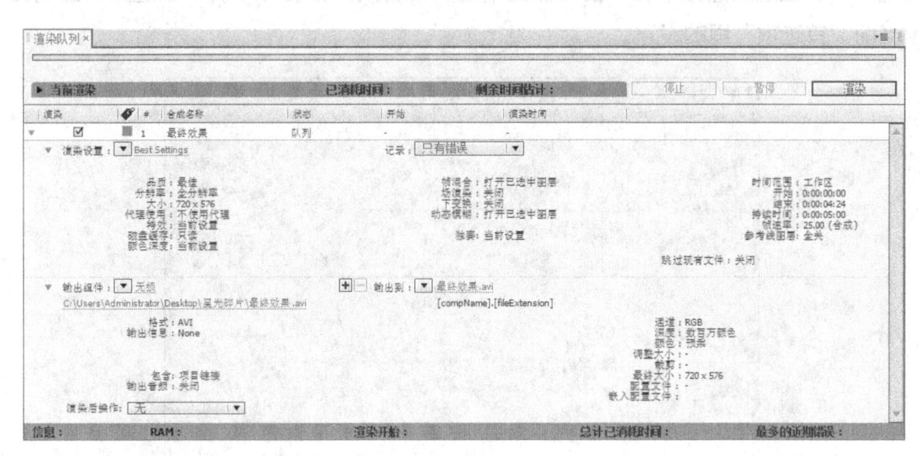

图 1-10

1.2.2 渲染设置

渲染设置的方法为：单击“渲染设置”选项右侧按钮，选择“Best Settings”预置，单击“Best Setting”设置标题，弹出“渲染设置”对话框，如图 1-11 所示。

◎“合成组”设置区，如图 1-12 所示。

品质：设置图层质量，其中包括：“当前设置”表示采用各图层的当前设置，即根据“时间线”面板中各图层属性按钮面板中设定的图层画质而定；“最佳”表示全部采用最好的质量（忽略各图层的质量设置）；“草稿”表示全部采用粗略质量（忽略各图层的质量设置）；“线框图”表示全部采用线框模式（忽略各图层的质量设置）。

分辨率：选择像素采样质量，其中包括全分辨率、1/2 质量、1/3 质量和 1/4 质量；另外，还可以选择“自定义”命令，在弹出的“自定义分辨率”对话框中自定义分辨率。

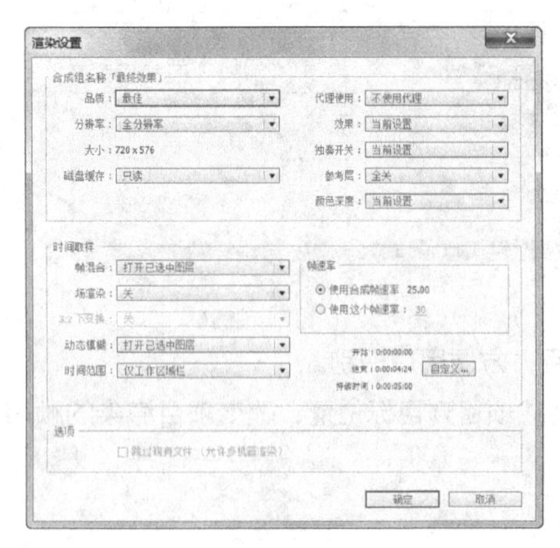

图 1-11

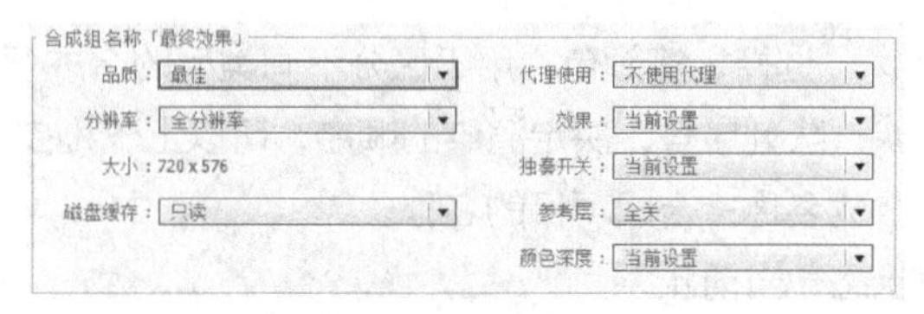

图 1-12

磁盘缓存：决定是否采用“首选项”对话框（选择“编辑 > 首选项”命令打开）中的“内存与多处理器控制”命令中的内存设置，如图 1-13 所示。选择“只读”代表不采用当前“首选项”对话框中的设置，而且在渲染过程中，不会有任何新的帧被写入内存缓存中。如果选择“当前设置”，则代表采用当前“首选项”里的设置。

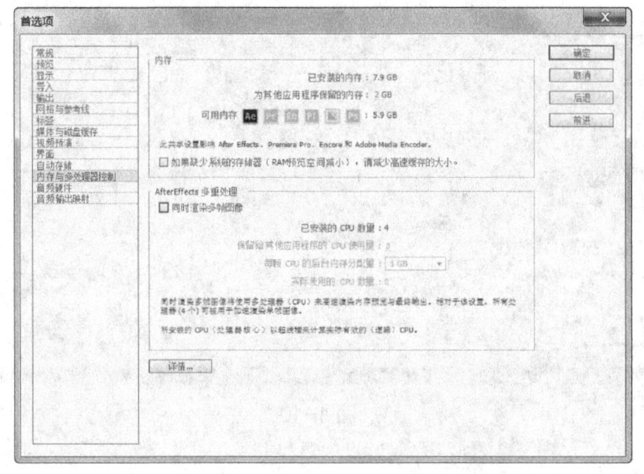

图 1-13

代理使用：选择是否使用代理素材，包括以下选项：“当前设置”表示采用当前“项目”面板中各素材当前的设置；“使用全部代理”表示全部使用代理素材进行渲染；“仅使用合成的代理”表示只对合成项目使用代理素材；“不使用代理”表示全部不使用代理素材。

效果：选择是否采用效果，包括以下选项：“当前设置”表示采用当前时间线中各个效果当前的设置；“全开”表示启用所有的效果，即使某些效果是暂时关闭状态，“全关”表示关闭所有效果。

独奏开关：指定是否只渲染时间线中“独奏”开关●开启的图层，选择“全关”，表示不考虑独奏开关。

参考层：指定是否只渲染参考层。

颜色深度：选择色深，如果是标准版的 After Effects，则设有“16 位/通道”和“32 位/通道”这两个选项。

◎ “时间取样”设置区如图 1–14 所示。

时间取样
帧混合：打开已选中图层
场渲染：关
3:2 下变换：关
动态模糊：打开已选中图层
时间范围：仅工作区域栏
帧速率
使用合成帧速率 25.00
使用这个帧速率： 30
开始：0:00:00:00
结束：0:00:04:24 自定义...
持续时间：0:00:05:00

图 1–14

帧混合：选择是否采用“帧混合”模式。此模式包括以下选项：“当前设置”根据当前“时间线”面板中的“帧混合开关”的状态和各个图层“帧混合模式”的状态，来决定是否使用帧混合模式；“打开已选中图层”是忽略“帧混合开关”的状态，对所有设置了“帧混合模式”的图层应用帧混合模式；“图层全关”表示不启用“帧混合”模式。

场渲染：指定是否采用场渲染方式，包括以下选项：“关”表示渲染成不含场的视频影片；“上场优先”表示渲染成上场优先的含场的视频影片；“下场优先”表示渲染成下场优先的含场的视频影片。

3∶2 下变换：决定 3∶2 下拉的引导相位法。

动态模糊：选择是否采用运动模糊，包括以下选项：“当前设置”表示根据当前“时间线”面板中“动态模糊开关”的状态和各个图层“动态模糊”的状态，来决定是否使用动态模糊功能；“打开已选中图层”是忽略“动态模糊开关”，对所有设置了“动态模糊”的图层应用运动模糊效果；“图层全关”表示不启用动态模糊功能。

时间范围：定义当前合成项目渲染的时间范围，包括以下选项：“合成长度”表示渲染整个合成项目，也就是合成项目设置了多长的持续时间，输出的影片就有多长时间；“仅工作区域栏”表示根据时间线中设置的工作环境范围来设定渲染的时间范围（按 B 键，工作范围开始；按 N 键，工作范围结束）；“自定义”表示自定义渲染的时间范围。

使用合成帧速率：使用合成项目中设置的帧速率。

使用这个帧速率：使用此处设置的帧速率。

◎ “选项”设置区如图 1–15 所示。

图 1–15

跳过现有文件：选中此复选框将自动忽略已存在的序列图片，即忽略已经渲染过的序列帧图片，此功能主要用在网络渲染时。

1.2.3 设置输出组件

单击“输出组件”选项右侧的按钮，可以选择系统预置的一些格式和解码，如选择“无损”，单击“无损”设置标题，弹出“输出组件设置”对话框，如图 1–16 所示。

◎ 基础设置区如图 1–17 所示。

图 1-16　　图 1-17

格式：设置输出的文件格式，如“QuickTime”苹果公司的 QuickTime 视频格式、“MPEG4”视频格式、“JPEG 序列”JPEG 格式序列图、“WAV”音频格式等，非常丰富。

渲染后操作：指定 After Effects 软件是否使用刚渲染的文件作为素材或者代理素材，包括以下选项：“导入”，文件渲染完成后，自动作为素材置入当前项目中；“导入并替换”，文件渲染完成后，自动置入项目中替代合成项目，包括这个合成项目被嵌入其他合成项目中的情况；“设置代理”，文件渲染完成后，作为代理素材置入项目中。

◎ 视频设置区如图 1-18 所示。

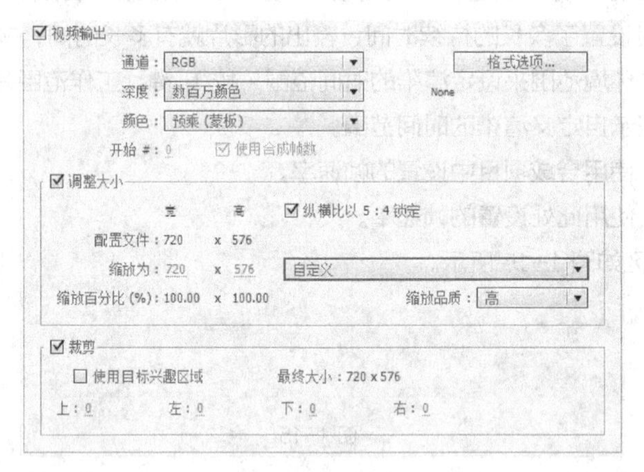

图 1-18

视频输出：是否输出视频信息。

通道：选择输出的通道，包括“RGB”（3 个色彩通道）、“Alpha”（仅输出 Alpha 通道）和“RGB+Alpha”（三色通道和 Alpha 通道）。

深度：选择色深。

颜色：指定输出的视频包含的 Alpha 通道为哪种模式，是“直通（无蒙版）”模式还是“预乘（蒙版）”模式。

开始#：当选择的输出格式为序列图时，在这里可以指定序列图的文件名序列数，为了将来识别方便，也可以选择“使用合成帧数”选项，让输出的序列图数字就是其帧数字。

格式选项：单击该按钮，在弹出的对话框中选择视频的编码方式。虽然之前确定了输出格式，但是每种文件格式中又有多种编码方式，不同的编码方式会生成完全不同质量的影片，最后产生的文件量也会有所不同。

调整大小：可对画面进行缩放处理。

缩放为：缩放的具体高宽尺寸，也可以从右侧的预置列表中选择。

缩放品质：选择缩放质量。

纵横比以 5：4 锁定：是否强制高宽比为特殊比例。

裁剪：是否裁切画面。

使用目标兴趣区域：仅采用“合成”窗口中的“目标兴趣范围”工具确定的画面区域。

上、左、下、右：分别设置上、左、下、右裁切掉的像素尺寸。

◎ 音频设置区如图 1-19 所示。

图 1-19

音频输出：是否输出音频信息。

格式选项：单击该按钮，在弹出的对话框中选择音频的编码方式，也就是用什么压缩方式压缩音频信息。

音频质量设置：包括赫兹、比特、立体声或单声道设置。

1.2.4 自定义渲染和输出预置

虽然 After Effects 提供了众多的“渲染设置”和输出预置，不过可能还是不能满足更多的个性化需求。用户可以将常用的设置存储为自定义的预置，以后进行输出操作时，不需要一遍遍地反复设置，只需要单击“渲染设置”和“输出组件”选项右侧按钮，在弹出的下拉列表中选择即可。

调出“渲染设置模板”和“输出组件模板”对话框的方法分别是单击“编辑 > 模板 > 渲染设置”和“编辑 > 模板 > 输出组件”，如图 1-20 和图 1-21 所示。

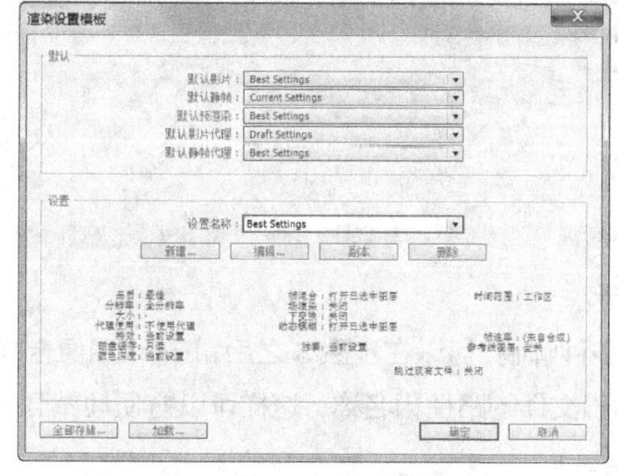

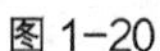

图 1-20

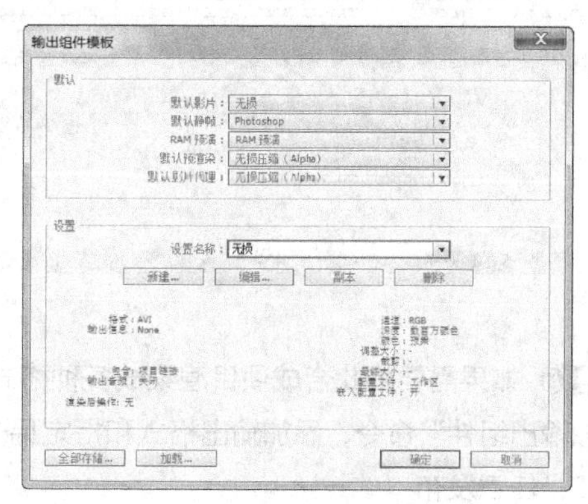

图 1-21

1.2.5 编码和解码问题

完全不压缩的视频和音频的数据量是非常庞大的，因此在输出时，需要通过特定的压缩技术对数据进行压缩处理，以减小最终的文件量，便于传输和存储。这样就产生了输出时，选择恰当的编码器，播放时，使用同样的解码器进行解压还原画面的过程。

目前视频流传输中最为重要的编码标准有国际电联的 H.261、H.263，运动静止图像专家组的 M-JPEG 和国际标准化组织运动图像专家组的 MPEG 系列标准，此外互联网上广泛应用的还有 Real-Networks 的 RealVideo、微软公司的 WMT 以及 Apple 公司的 QuickTime 等。

对于.avi 微软视窗系统中的通用视频格式，现在流行的编码和解码方式有 Xvid、MPEG-4、DivX、Microsoft DV 等；对于.mov 苹果公司的 QuickTime 视频格式，比较流行的编码和解码方式有 MPEG-4、H.263、Sorenson Video 等等。

在输出时，最好选择普遍使用的编码器和文件格式，或者是目标客户平台共有的编码器和文件格式，否则，在其他播放环境中播放时，会因为缺少解码器或相应的播放器而无法看见视频或者听到声音。

任务三 输出

可以将设计制作好的视频效果以多种方式输出，如输出标准视频、输出合成项目中的某一帧、输出序列图、输出 Flash 格式文件等。

1.3.1 标准视频的输出方法

步骤① 在“项目”面板中，选择需要输出的合成项目。

步骤② 选择“图像合成 > 添加到渲染队列”命令，或按 Ctrl+M 组合键，将合成项目添加到渲染队列中。

步骤③ 在“渲染队列”面板中设置渲染属性、输出格式和输出路径。

步骤④ 单击“渲染”按钮开始渲染运算，如图 1-22 所示。

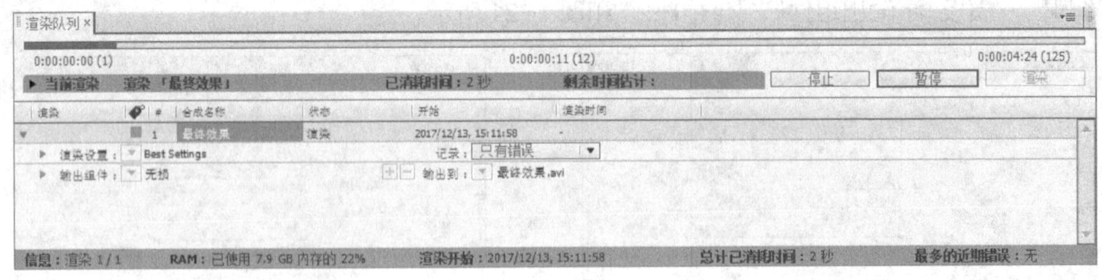

图 1-22

步骤⑤ 如果需要将此合成项目渲染成多种格式或者多种解码，可以在步骤 3 之后，选择“图像合成 > 添加输出组件”命令，添加输出格式和指定另一个输出文件的路径和名称，这样可以方便地做到一次创建，任意发布。

1.3.2 输出合成项目中的某一帧

步骤① 在“时间线”面板中，将时间标签移动到目标帧。

步骤② 选择“图像合成 > 另存单帧为 > 文件”命令，或按 Ctrl+Alt+S 组合键，将渲染任务添加到“渲染队列”中。

步骤③ 单击“渲染”按钮开始渲染运算。

步骤④ 另外，如果选择“图像合成 > 另存单帧为 > Photoshop 图层”命令，则直接打开文件存储对话框，选择好路径和文件名即可完成单帧画面的输出。

1.3.3 输出序列图

After Effects 支持输出多种格式的序列图片，包括 AIFF、AVI、DPX/Cineon 序列、F4V、FLV、H.264、H.264Blu-ray、TFF 序列、Photoshop 序列、Targa 序列等。可以使用胶片记录器将输出的序列图片转换为电影。

步骤① 在“项目”面板中，选择需要输出的合成项目。

步骤② 选择“图像合成 > 制作影片”命令，将合成项目添加到渲染队列中。

步骤③ 单击“输出组件”右侧的输出设置标题，打开“输出组件设置”对话框。

步骤④ 在“格式”下拉列表中选择序列图格式，设置其他选项如图 1-23 所示，单击“确定”按钮，完成序列图的输出设置。

步骤⑤ 单击“渲染”按钮开始渲染运算。

1.3.4 输出 Flash 格式文件

在 After Effects 中，还可以将视频输出为 Flash SWF 格式文件或者 Flash FLV 视频格式文件，步骤如下。

步骤① 在“项目”面板中，选择需要输出的合成项目。

步骤② 选择“文件 > 导出 > Adobe Flash Player（SWF）”命令，在弹出的文件保存对话框中选择 SWF 文件存储的路径和名称，单击“保存”按钮，打开“SWF 设置”对话框，如图 1-24 所示。

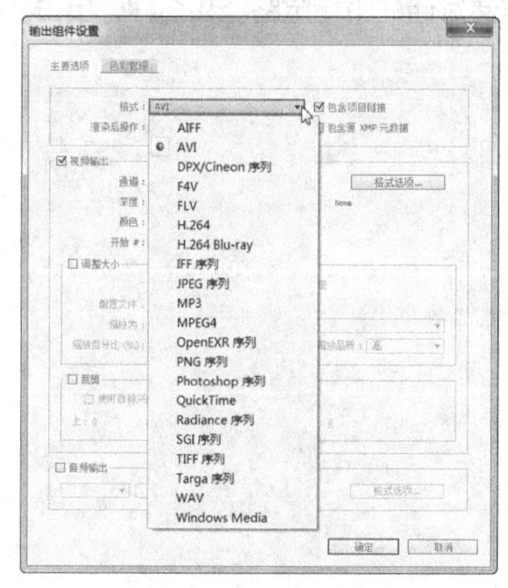

图 1-23

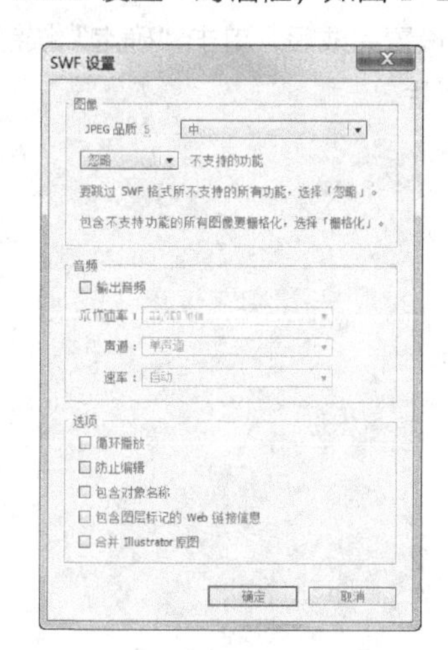

图 1-24

JPEG 品质：用于设置图像的品质，分为低、中、高、最高 4 种品质。

不支持的功能：设置如何处理 SWF 格式文件不支持的效果。包括："忽略"，忽略所有不兼容的效果；"栅格化"，将不兼容的效果位图化，保留特效，但是可能会增大文件量。

音频：设置 SWF 文件音频。

循环播放：选择是否让 SWF 文件循环播放。

防止编辑：选中该复选框，将对文件进行加密保护，不允许再将其置入 Flash 软件中。

包含对象名称：选中该复选框，将保留对象名称。

包含图层标记的 Web 链接信息：选中该复选框，将保留在图层标记中设置的网页链接信息。

合并 Illustrator 原图：如果合成项目中含有 Illustrator 素材，建议选中此复选框。

步骤③ 完成渲染后，产生两个文件：".html" 和 ".swf"。

步骤④ 如果要渲染输出成 FLV Flash 视频格式文件，在步骤 2 时，选择"文件 > 导出 > Adobe Flash Professional（XFL）"命令，弹出"Adobe Flash Professional（XFL）设置"对话框，如图 1-25 所示，单击"格式选项"按钮，弹出"FLV 选择"对话框，如图 1-26 所示。

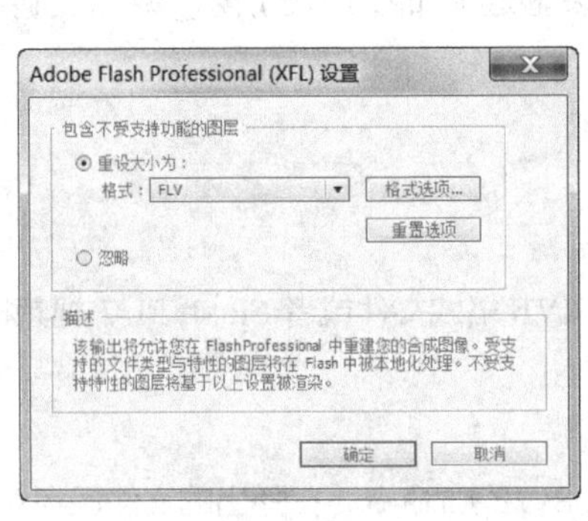

图 1-25

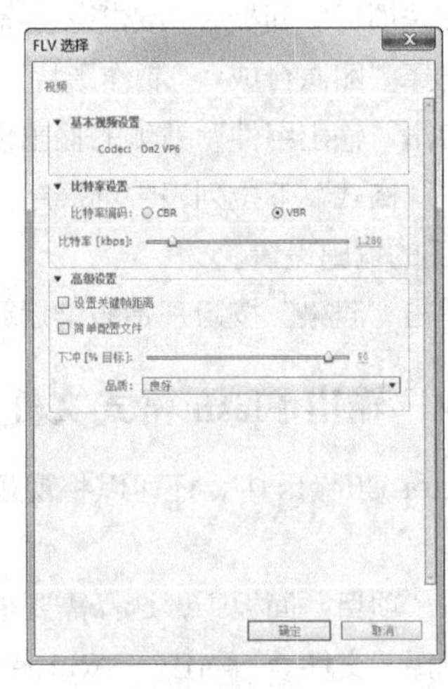

图 1-26

步骤⑤ 设置完成后，单击"确定"按钮，在弹出的存储对话框中指定路径和名称，单击"保存"按钮输出影片。

02 项目二 制作广告宣传片

本项目介绍 After Effects 中图层和遮罩的应用与操作。读者通过本项目的学习，可以充分理解图层和遮罩的概念，并掌握图层和遮罩的基本操作方法和使用技巧。

课堂学习目标

- 掌握图层的基本操作方法
- 熟练掌握运用图层的基本属性制作动画
- 掌握应用遮罩的技巧

任务一　图层的基本操作

2.1.1　将素材放置到时间线

◎ 将素材直接从“项目”面板拖曳到“合成”窗口中，如图 2-1 所示，可以决定素材在合成画面中的位置。

◎ 将素材从“项目”面板拖曳到合成图层上，如图 2-2 所示。

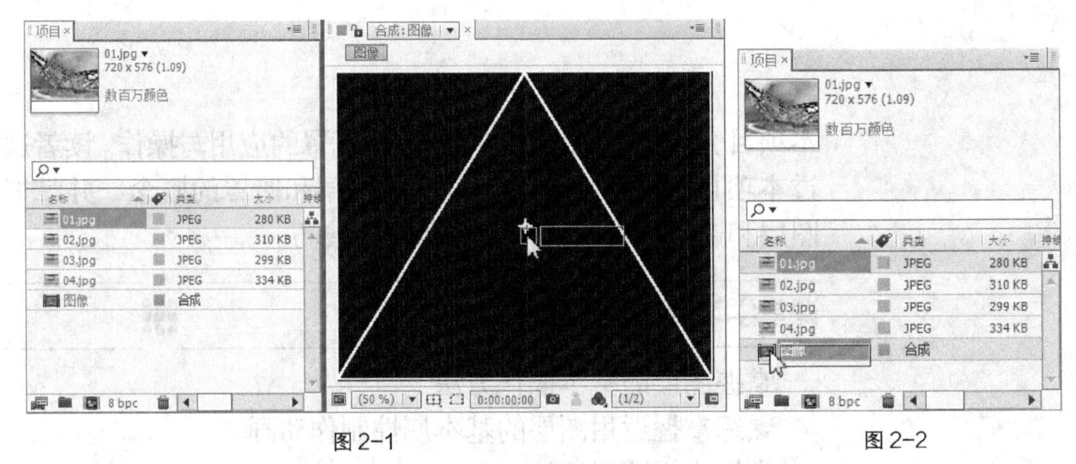

图 2-1　　图 2-2

◎ 在“项目”面板选中素材，按 Ctrl+ / 组合键，将所选素材置入当前“时间线”面板中。

◎ 将素材从“项目”面板拖曳到“时间线”面板区域，在未松开鼠标左键时，“时间线”面板中显示一条灰色线，根据它所在的位置可以决定将素材置入哪一层，如图 2-3 所示。

◎ 将素材从“项目”面板拖曳到“时间线”面板，在未松开鼠标左键时，不仅出现一条灰色线决定置入哪一层，还会在时间标尺处显示时间标签决定素材入场的时间，如图 2-4 所示。

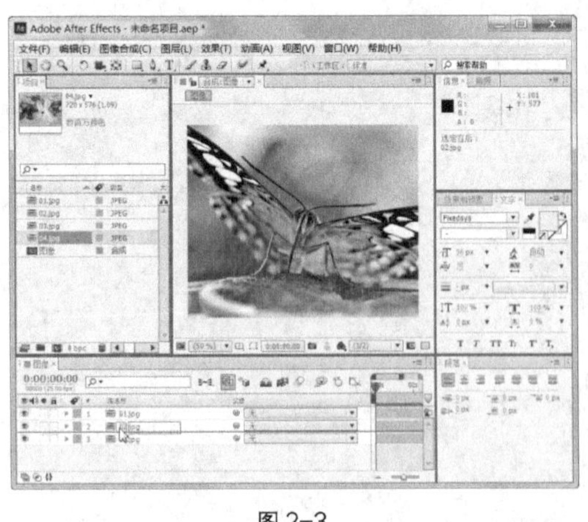

图 2-3

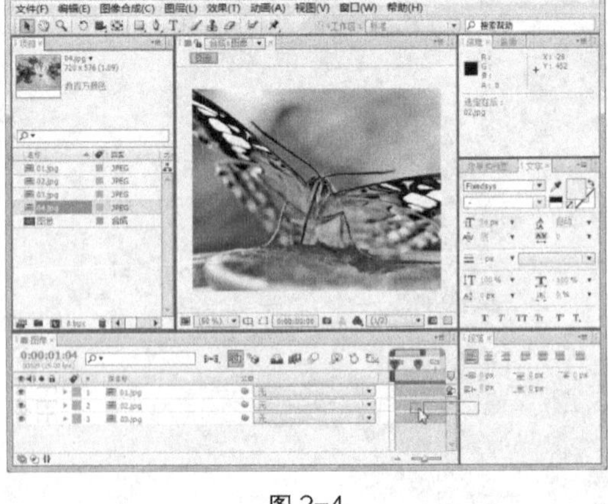

图 2-4

“时间线”面板中的当前时间标签移到目标插入时间位置，然后在按住 Alt 键的同时，在“项目”

面板双击素材，通过“素材”窗口打开素材，单击[{]、[}]两个按钮设置素材的入点和出点，再单击“波纹插入编辑”按钮或者“覆盖编辑”按钮，将素材插入“时间线”面板，如图 2–5 所示。

图 2–5

2.1.2 改变图层的顺序

在“时间线”面板中选择图层，上下拖动图层到适当的位置，可以改变图层的顺序。注意观察灰色水平线的位置，如图 2–6 所示。

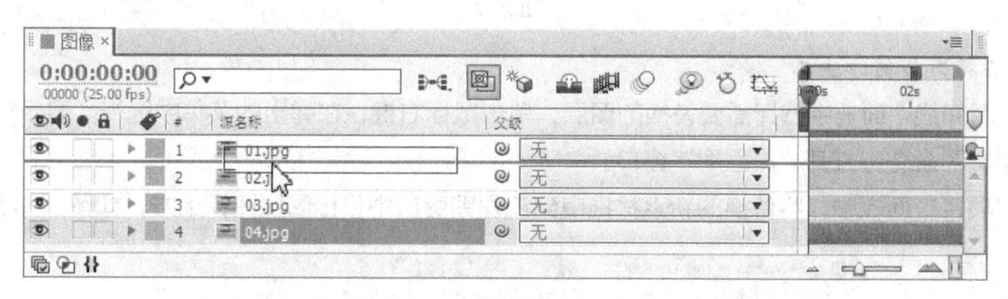

图 2–6

在“时间线”面板中选择图层，通过菜单和快捷键移动图层的位置。

◎ 选择“图层 > 排列 > 图层移动最前”命令，或按 Ctrl+Shift+] 组合键将图层移到最上方。

◎ 选择“图层 > 排列 > 图层前移”命令，或按 Ctrl+] 组合键，将图层往上移一层。

◎ 选择“图层 > 排列 > 图层后移”命令，或按 Ctrl+ [组合键，将图层往下移一层。

◎ 选择“图层 > 排列 > 图层移动最后”命令，或按 Ctrl+Shift+ [组合键，将图层移到最下方。

2.1.3 复制和替换图层

1. 复制图层的方法一

选中图层，选择“编辑 > 复制”命令，或按 Ctrl+C 组合键复制图层。

选择“编辑 > 粘贴”命令，或按 Ctrl+V 组合键粘贴图层，粘贴出来的新图层将保持开始所选图层的所有属性。

2．复制图层的方法二

选中图层，选择“编辑 > 副本”命令，或按 Ctrl+D 组合键快速复制图层。

3．替换图层的方法一

在“时间线”面板中选择需要替换的图层，在“项目”面板中，按住 Alt 键的同时，将替换的新素材拖曳到“时间线”面板，如图 2-7 所示。

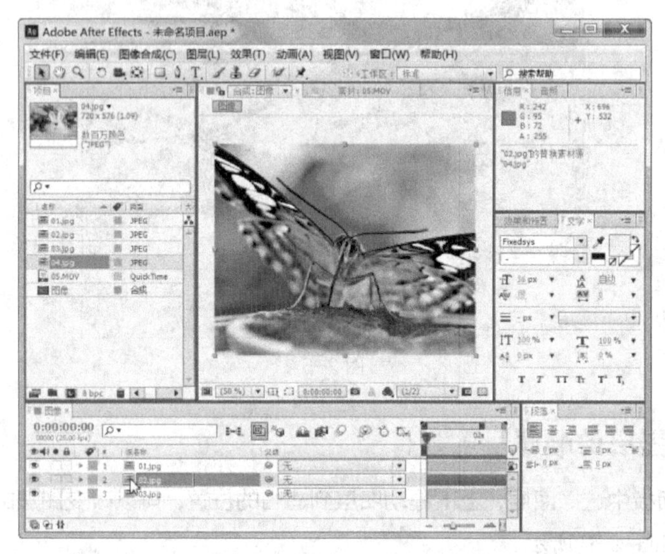

图 2-7

4．替换图层的方法二

在“时间线”面板中选择需要替换的图层，单击鼠标右键，在弹出的菜单中选择“显示项目流程图中的图层”命令，打开“流程图”窗口。

在“项目”面板中，将替换的新素材拖曳到流程图窗口中目标图层图标上方，如图 2-8 所示。

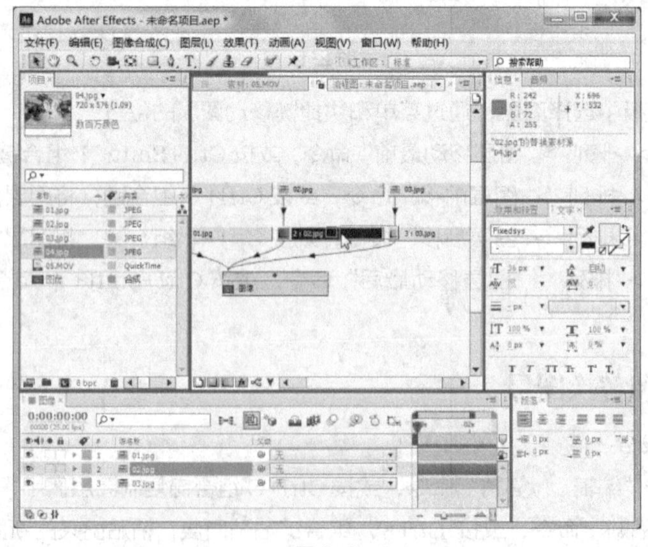

图 2-8

2.1.4 让图层自动适配合成图像尺寸

◎ 选择图层，选择“图层 > 变换 > 适配到合成”命令，或按 Ctrl+Alt+F 组合键使图层尺寸完全配合图像尺寸，如果图层的长宽比与合成图像长宽比不一致，将导致图层中的图像变形，如图 2-9 所示。

◎ 选择“图层 > 变换 > 适配为合成宽度”命令，或按 Ctrl+Alt+Shift+H 组合键使图层的宽度与合成图像宽度适配，如图 2-10 所示。

◎ 选择“图层 > 变换 > 适配为合成高度”命令，或按 Ctrl+Alt+Shift+G 组合键使图层高度与合成图像高度适配，如图 2-11 所示。

图 2-9

图 2-10

图 2-11

2.1.5 图层对齐和图层分布

选择“窗口 > 对齐”命令，打开“对齐”面板，如图 2-12 所示。

“对齐”面板上的第 1 行按钮从左到右分别为“左对齐”按钮、“垂直居中”按钮、“右对齐”按钮、“上对齐”按钮、“水平居中”按钮和“下对齐”按钮。第 2 行按钮从左到右分别为“按顶平均分布”按钮、“垂直平均分布”按钮、“按底平均分布”按钮、“按左平均分布”按钮、“水平平均分布”按钮和“按右平均分布”按钮。

在“时间线”面板，同时选中第 1～4 层的所有文本图层（方法为选择第 1 层，在按住 Shift 键的同时，选择第 4 层），如图 2-13 所示。

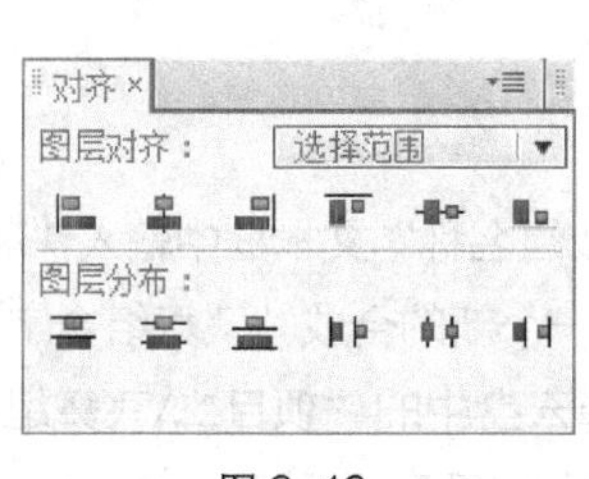

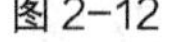

图 2-12

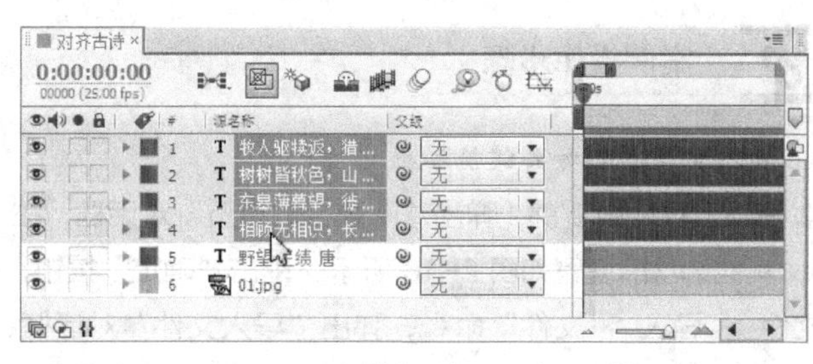

图 2-13

单击“对齐”面板中的“左对齐”按钮，将选中的图层左端对齐；再次单击“垂直平均分布”按钮，以“合成”窗口画面位置最上层和最下层为基准，平均分布中间两层，达到垂直间距一致，如图 2-14 所示。

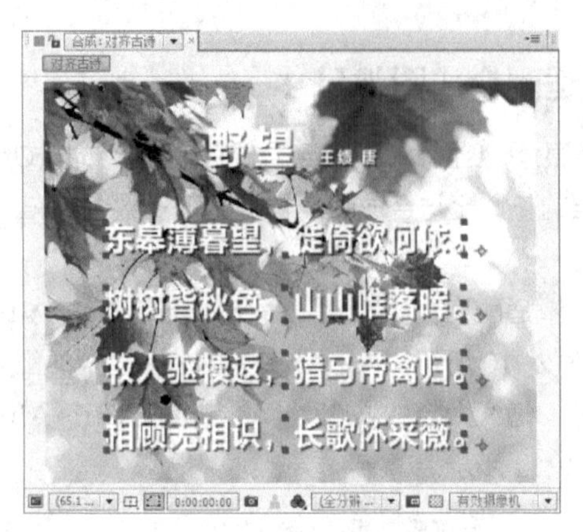

图 2-14

2.1.6 实训项目：飞舞组合字

案例知识要点

使用“导入”命令导入素材；新建合成并命名为“飞舞组合字”，为文字添加动画控制器，设置相关的关键帧制作文字飞舞效果并最终组合效果；为文字添加“斜面 Alpha”“阴影”效果制作立体效果。飞舞组合字效果如图 2-15 所示。

图 2-15

微课：飞舞组合字

案例操作步骤

1. *输入文字并添加关键帧动画*

步骤① 按 Ctrl+N 组合键，弹出“图像合成设置”对话框，在“合成组名称”文本框中输入“飞舞组合字”，其他选项的设置如图 2-16 所示，单击“确定”按钮，创建一个新的合成“飞舞组合字”。选择“文件 > 导入 > 文件”命令，弹出“导入文件”对话框，选择云盘中的“项目二\飞舞组合字\(Footage)\01.jpg”文件，如图 2-17 所示，单击“打开”按钮，导入背景图片。

步骤② 在“项目”面板中，选择“01.jpg”文件，并将其拖曳到“时间线”面板中。选择“横排文字”工具T，在“合成”窗口中输入文字“极领家 装饰有限公司”，在“文字”面板中设置“填充色”为红色（其 R、G、B 值分别为 226、0、32），设置其他参数如图 2-18 所示。“合成”窗口中的效果如图 2-19 所示。

图 2-16

图 2-17

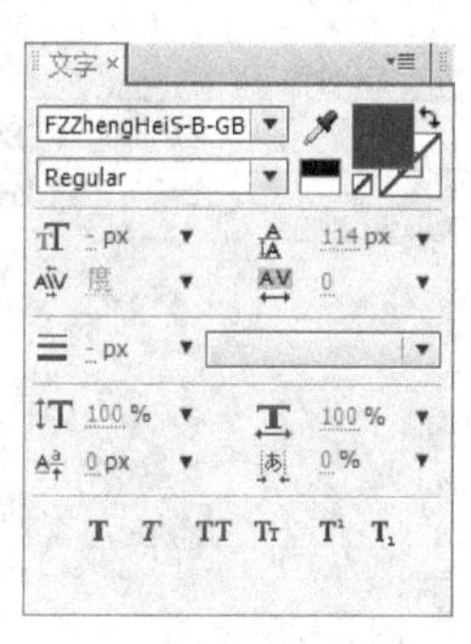

图 2-18

图 2-19

步骤 3 选中“文字”图层，单击“段落”面板中的“文字居中”按钮，如图 2-20 所示。“合成”窗口中的效果如图 2-21 所示。

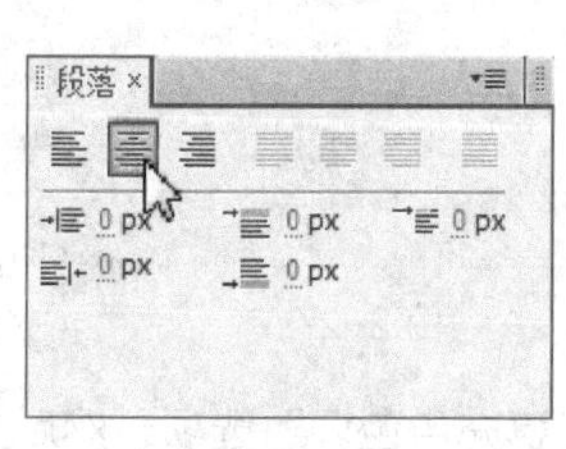

图 2-20

图 2-21

步骤 4 展开“文字”图层的“变换”属性，设置“位置”为 375、285，如图 2-22 所示。“合成”窗口中的效果如图 2-23 所示。

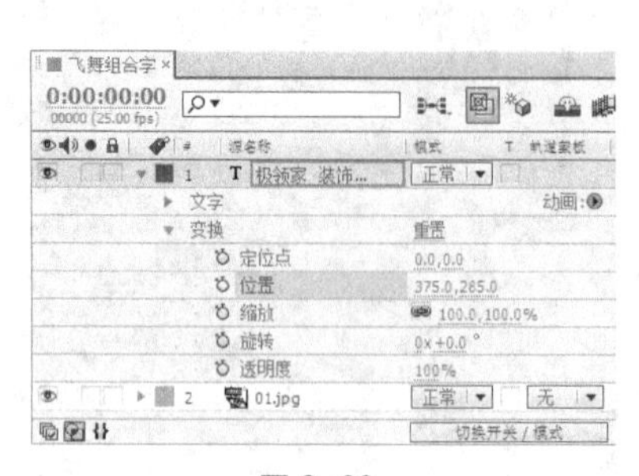

图 2-22

图 2-23

步骤 5 展开“文字”图层属性，单击“动画”右侧的◉按钮，在弹出的菜单中选择“定位点”选项，如图 2-24 所示。在“时间线”面板中自动添加一个“动画 1”选项，设置“定位点”为 0、20，如图 2-25 所示。

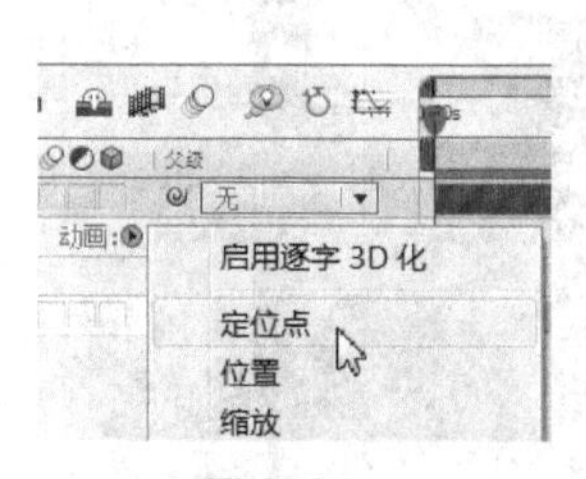

图 2-24

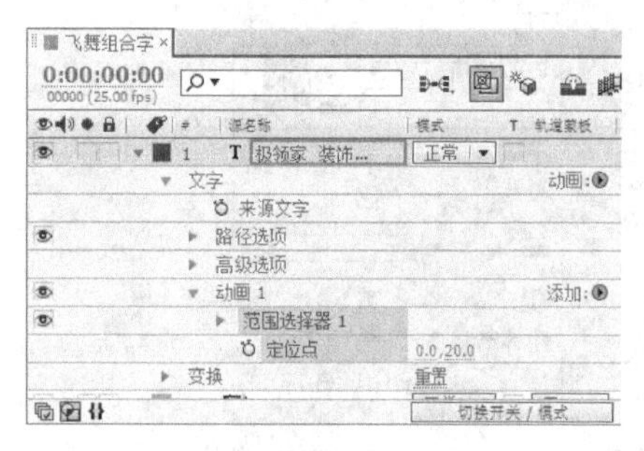

图 2-25

步骤 6 按照上述方法再添加一个“动画 2”选项。单击“动画 2”选项右侧的“添加”按钮◉，如图 2-26 所示，在弹出的菜单中选择“选择 > 摇摆”选项，展开“波动选择器 1”属性，设置“波动/秒”为 0，“相关性”为 75，如图 2-27 所示。

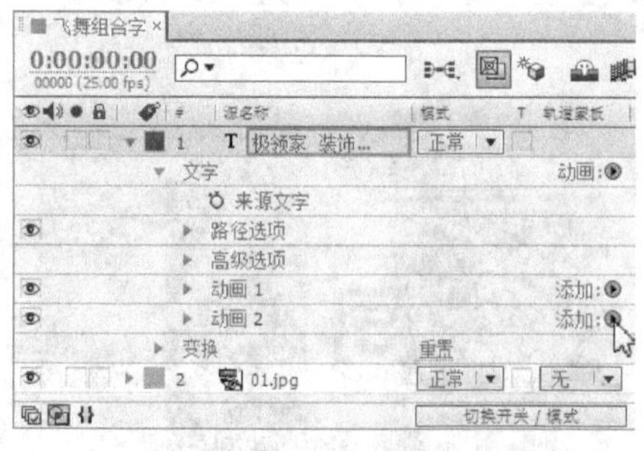

图 2-26

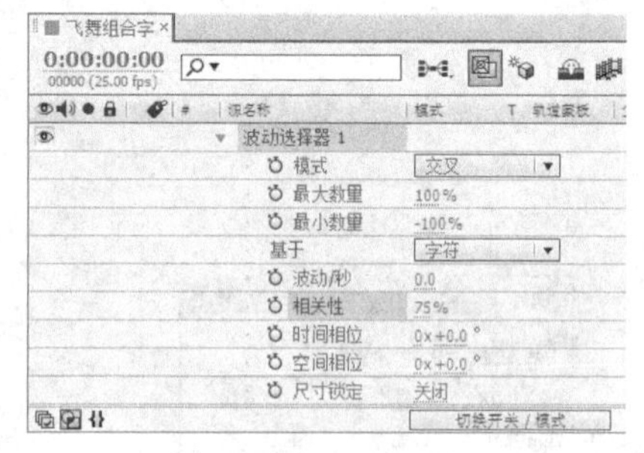

图 2-27

步骤 7 再次单击“添加”按钮◉，添加“位置”“缩放”“旋转”“填充色色调”选项，然后分别选择这些选项再设定各自的参数值，如图 2-28 所示。在“时间线”面板中，将时间标签放置在 3s 的位置，分别单击这 4 个选项左侧的“关键帧自动记录器”按钮⏱，如图 2-29 所示，记录第 1 个关键帧。

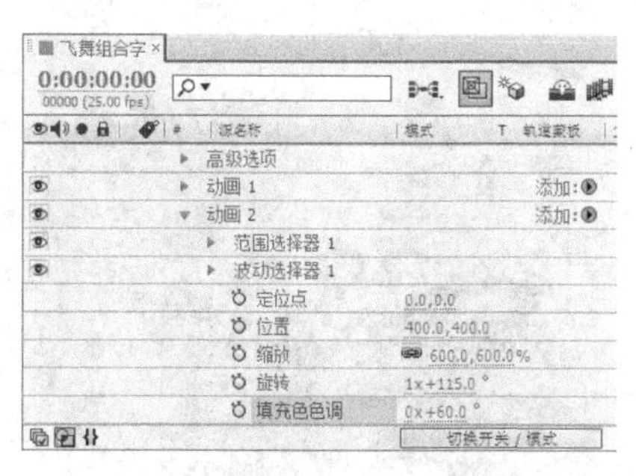

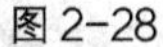
图 2-28

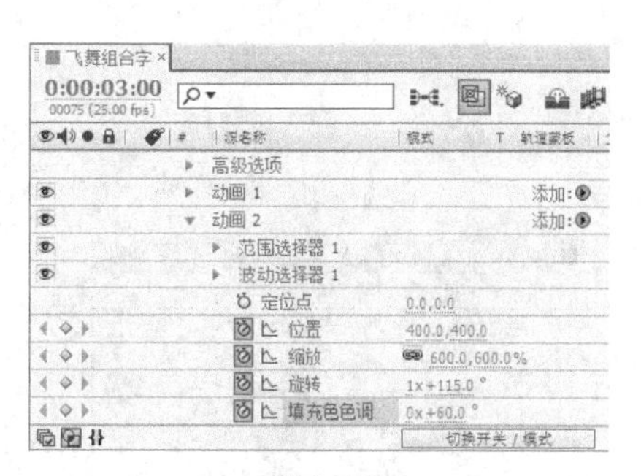

图 2-29

步骤⑧ 在“时间线”面板中，将时间标签放置在4s的位置，设置“位置”为0、0，“缩放”为100%，“旋转”为0、0，“填充色色调”为0、0，如图2-30所示，记录第2个关键帧。

步骤⑨ 将时间标签放置在0s的位置，展开“波动选择器1”属性，分别单击“时间相位”和“空间相位”选项左侧的“关键帧自动记录器”按钮，记录第1个关键帧。设置“时间相位”为2、0，“空间相位”为2、0，如图2-31所示。

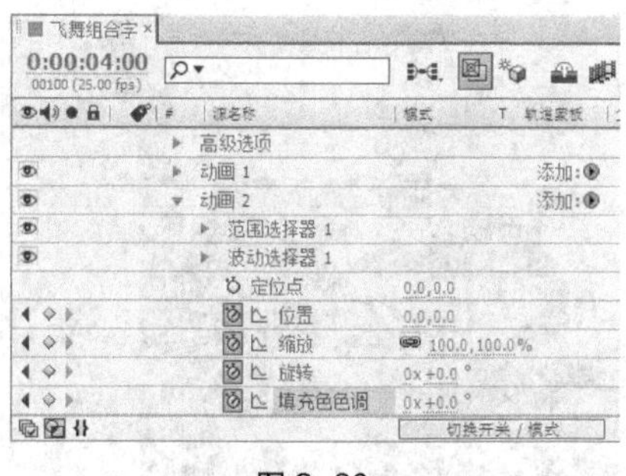

图 2-30

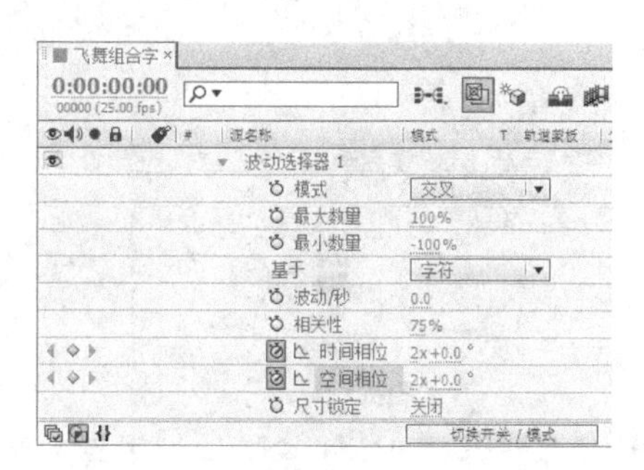

图 2-31

步骤⑩ 将时间标签放置在1s的位置，设置“时间相位”为2、200，“空间相位”为2、150，如图2-32所示，记录第2个关键帧。将时间标签放置在2s的位置，设置“时间相位”为3、160，“空间相位”为3、125，如图2-33所示，记录第3个关键帧。将时间标签放置在3s的位置，设置“时间相位”为4、150，“空间相位”为4、110，如图2-34所示，记录第4个关键帧。

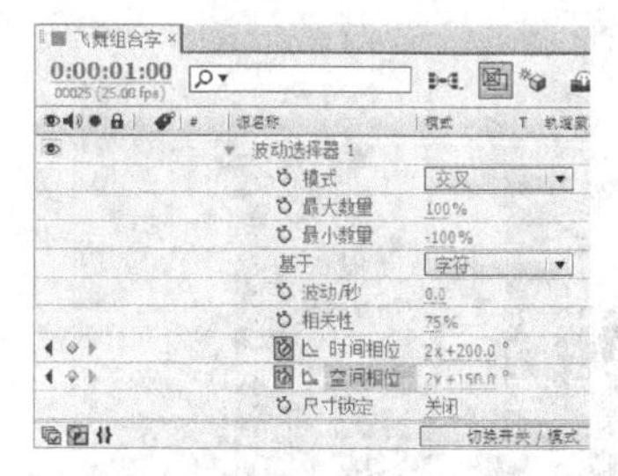

图 2-32

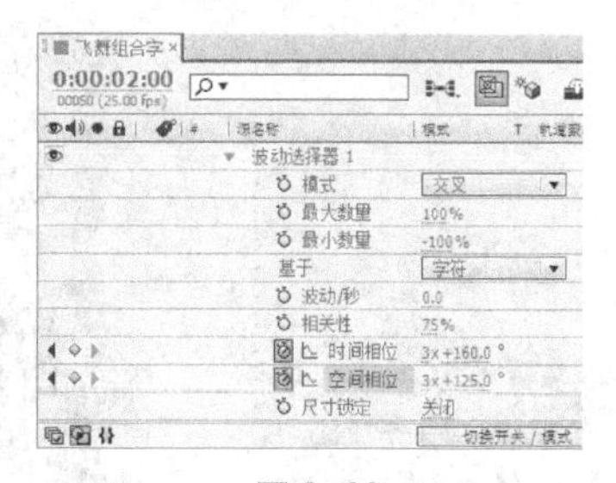

图 2-33

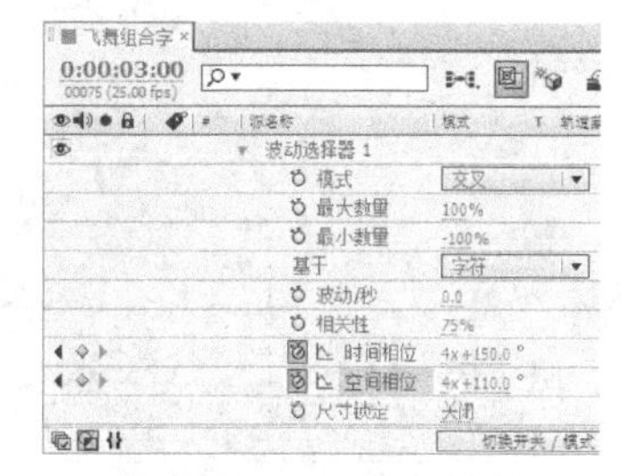

图 2-34

2. 添加立体效果

步骤① 选中“文字”图层，选择“效果 > 透视 > 斜面Alpha”命令，在“特效控制台”面板中设置参数，如图2-35所示。“合成”窗口中的效果如图2-36所示。

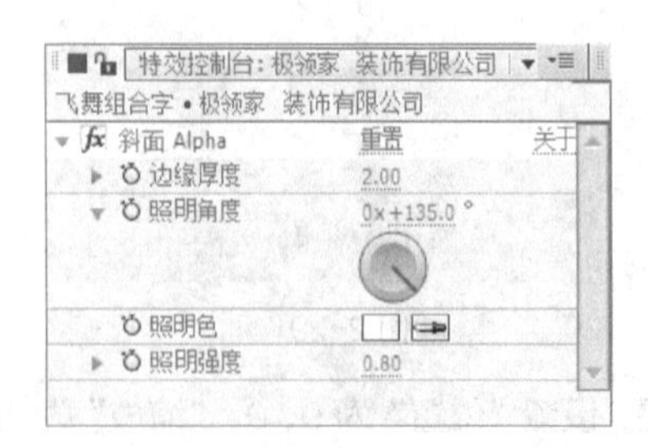

图2-35

图2-36

步骤② 选择“效果 > 透视 > 阴影”命令，在“特效控制台”面板中设置参数，如图2-37所示。“合成”窗口中的效果如图2-38所示。

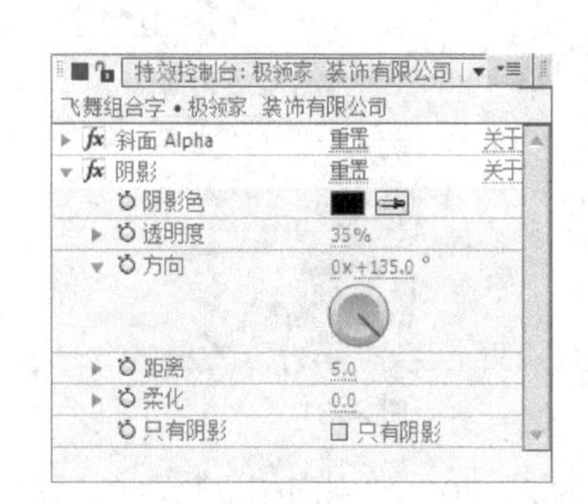

图2-37

图2-38

步骤③ 单击“文字”图层右侧的“运动模糊”按钮，并开启“时间线”面板上的动态模糊开关，如图2-39所示。飞舞组合字制作完成，效果如图2-40所示。

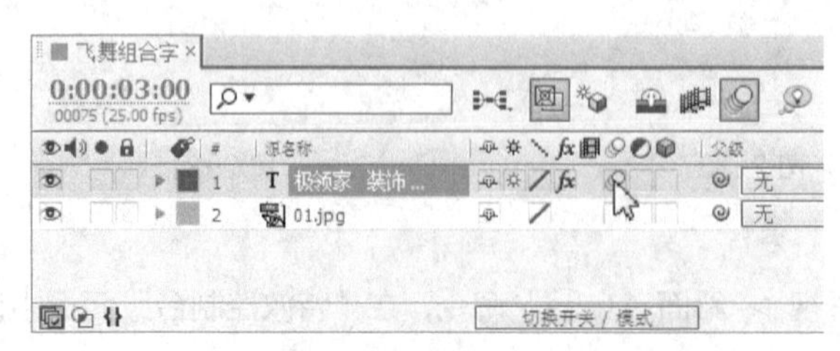

图2-39

图2-40

任务二　图层的基本属性

2.2.1　“变换”属性

除了单独的音频层以外，各类图层至少有 5 个“变换”属性，分别是定位点、位置、缩放、旋转和透明度。可以单击“时间线”面板中图层色彩标签前面的小三角按钮▸展开变换属性标题，再次单击“变换”左侧的小三角按钮▸，展开其各个变换属性的具体参数，如图 2-41 所示。

图像
0:00:00:00
00000 (25.00 fps)
源名称　模式　T　轨道蒙板　父级
1　02.jpg　正常　无
变换　重置
定位点　360.0,288.0
位置　360.0,288.0
缩放　100.0,100.0%
旋转　0x+0.0°
透明度　100%
切换开关 / 模式

图 2-41

1. “位置”属性

选择需要的图层，按 P 键，展开“位置”属性，如图 2-42 所示。以定位点为基准，如图 2-43 所示，在图层的“位置”属性后方的数字上拖曳鼠标（或单击输入需要的数值），如图 2-44 所示。松开鼠标左键，效果如图 2-45 所示。

图像
0:00:00:00
00000 (25.00 fps)
源名称
1　T　笔
2　T　色
3　T　彩
位置　78.2,330.8
4　02.jpg

图 2-42

图 2-43

图像
0:00:00:00
00000 (25.00 fps)
源名称
1　T　笔
2　T　色
3　T　彩
位置　78.2,238.8
4　02.jpg

图 2-44

图 2-45

普通二维图层的“位置”属性由 x 轴和 y 轴两个参数组成，如果是三维图层，则由 x 轴、y 轴和 z 轴3个参数组成。

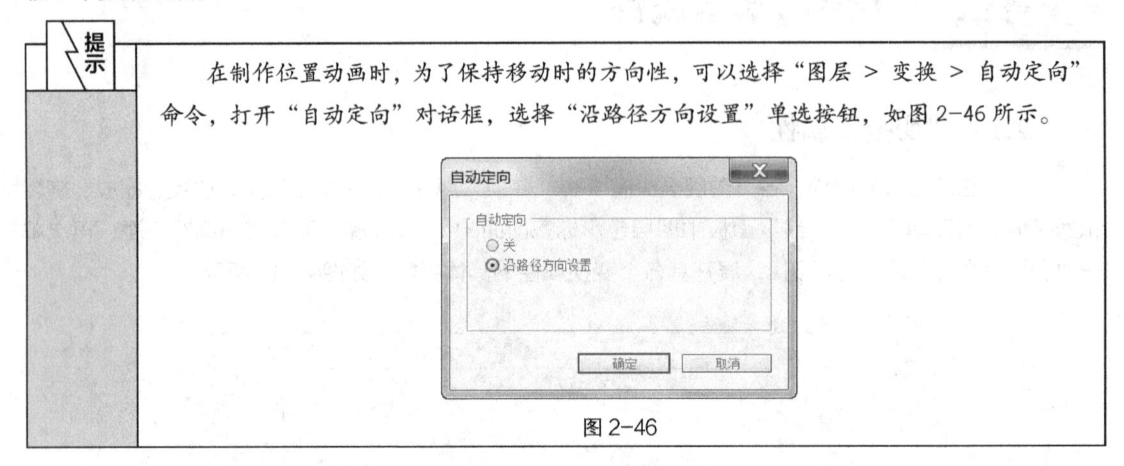

提示

在制作位置动画时，为了保持移动时的方向性，可以选择“图层 > 变换 > 自动定向”命令，打开“自动定向”对话框，选择“沿路径方向设置”单选按钮，如图2-46所示。

图2-46

2. “缩放”属性

选择需要的图层，按S键，展开“缩放”属性，如图2-47所示。以定位点为基准，如图2-48所示，在图层的“缩放”属性后方的数字上拖曳鼠标（或单击输入需要的数值），如图2-49所示。松开鼠标左键，效果如图2-50所示。普通二维图层的“缩放”属性由 x 轴和 y 轴两个参数组成，如果是三维图层则由 x 轴、y 轴和 z 轴3个参数组成。

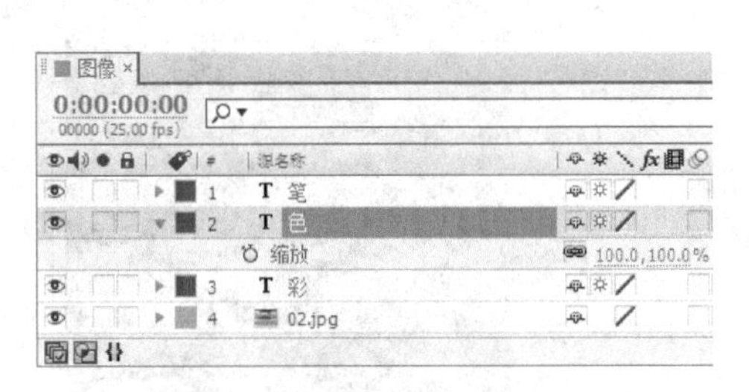

图2-47

图2-48

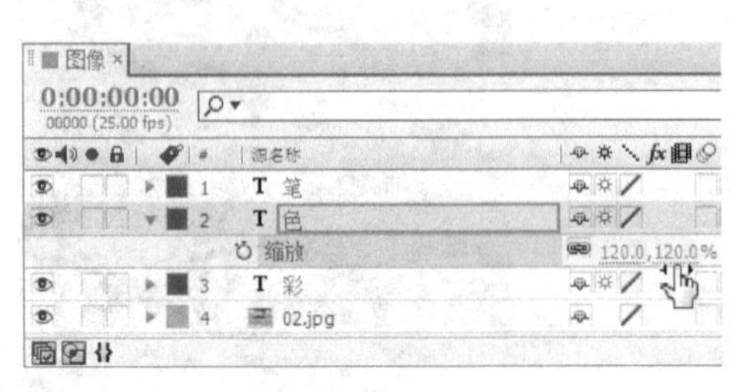

图2-49

图2-50

3. “旋转”属性

选择需要的图层，按 R 键，展开“旋转”属性，如图 2-51 所示。以定位点为基准，如图 2-52 所示，在图层的“旋转”属性后方的数字上拖曳鼠标（或单击输入需要的数值），如图 2-53 所示。松开鼠标左键，效果如图 2-54 所示。普通二维图层的“旋转”属性由圈数和度数两个参数组成，如“1×+180°”。

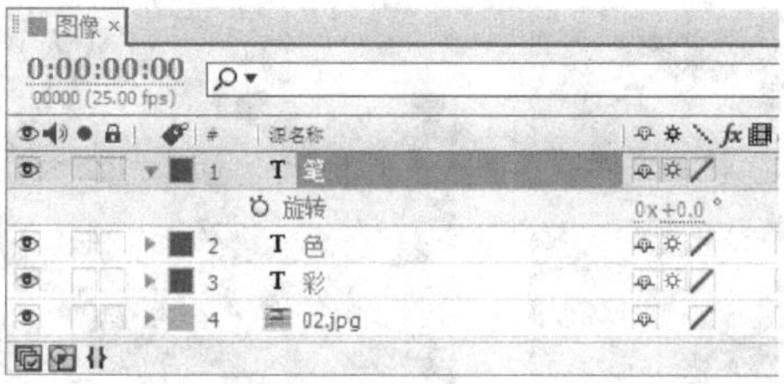

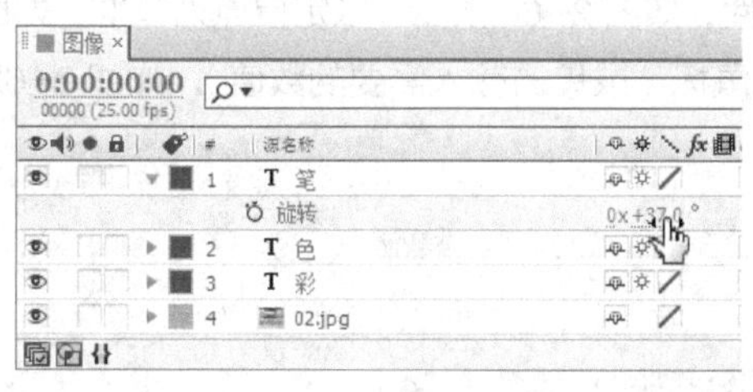

图 2-51

图 2-52

图 2-53

图 2-54

如果是三维图层，则“旋转”属性的参数将增加为 4 个，如图 2-55 所示。

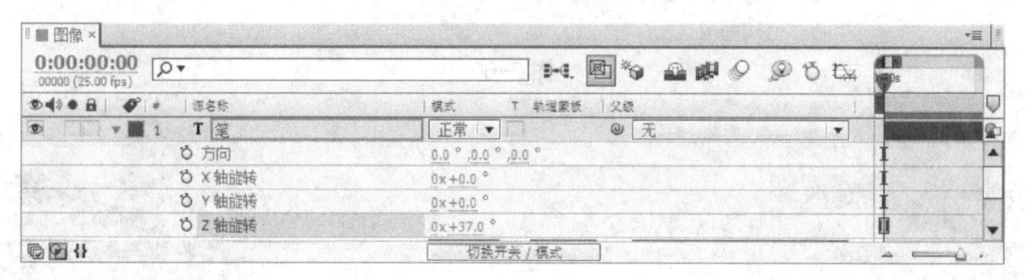

图 2-55

4. “定位点”属性

无论一个图层的尺寸有多大，当其移动、旋转和缩放时，都是依据一个点来操作的，这个点就是定位点。

选择需要的图层，按 A 键，展开“定位点”属性，如图 2-56 所示。以定位点为基准（见图 2-57）进行旋转操作，如图 2-58 所示，进行缩放操作，如图 2-59 所示。

图 2-56

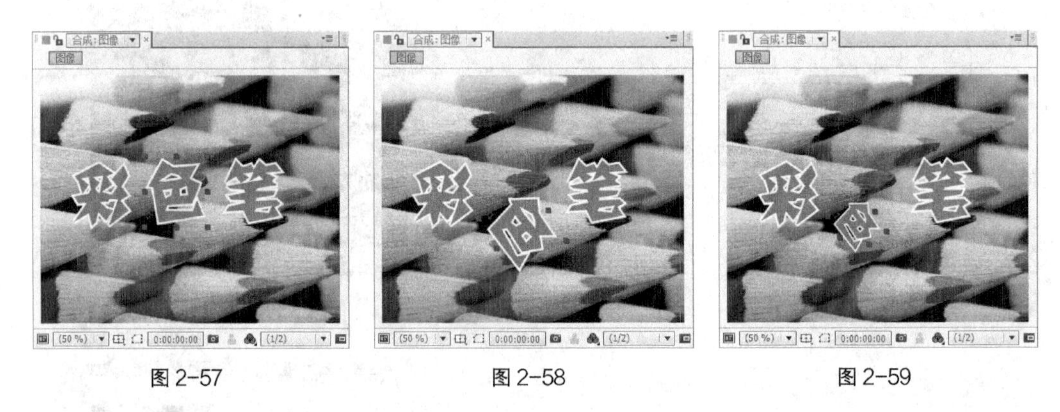

图 2-57　　图 2-58　　图 2-59

5. “透明度”属性

选择需要的图层，按 T 键，展开“透明度”属性，如图 2-60 所示。以定位点为基准，如图 2-61 所示，在图层的“透明度”属性后方的数字上拖曳鼠标（或单击输入需要的数值），如图 2-62 所示。松开鼠标左键，效果如图 2-63 所示。

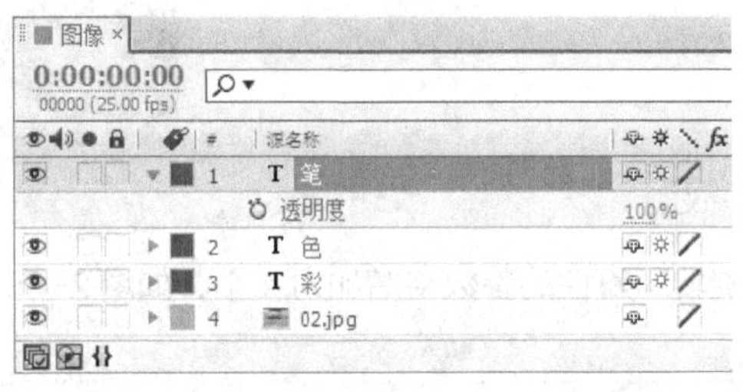

图 2-60

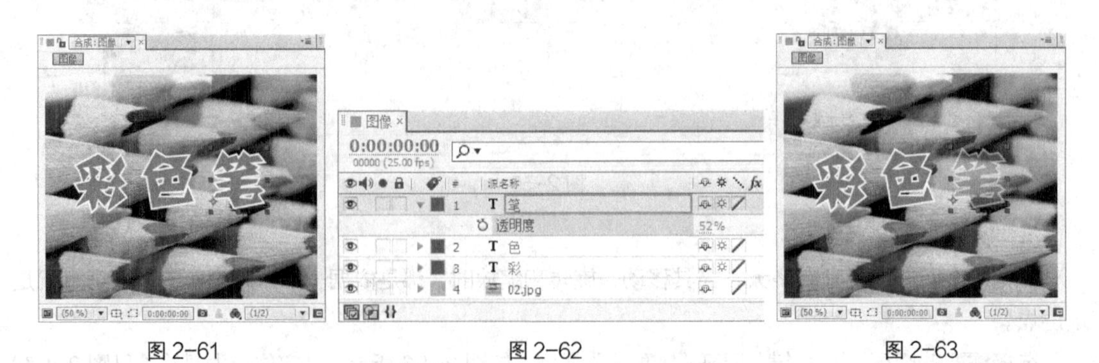

图 2-61　　图 2-62　　图 2-63

提示

可以在按住 Shift 键的同时，按下显示各属性的快捷键，自定义组合显示属性。例如，只想看见图层的“位置”和“透明度”属性，可以选中图层之后按 P 键，然后在按住 Shift 键的同时，按 T 键完成，如图 2-64 所示。

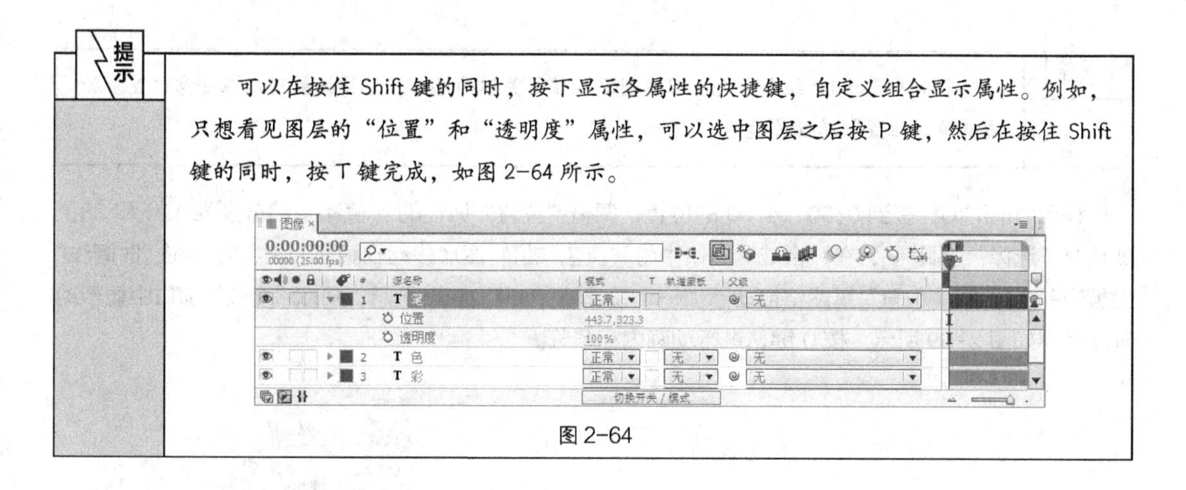

图 2-64

2.2.2 制作位置动画

选择“文件 > 打开项目”命令，或按 Ctrl+O 组合键，弹出“打开”对话框，选择云盘中的“基础素材\项目二\空中飞机\01.aep”文件，如图 2-65 所示，单击“打开”按钮，打开此文件。

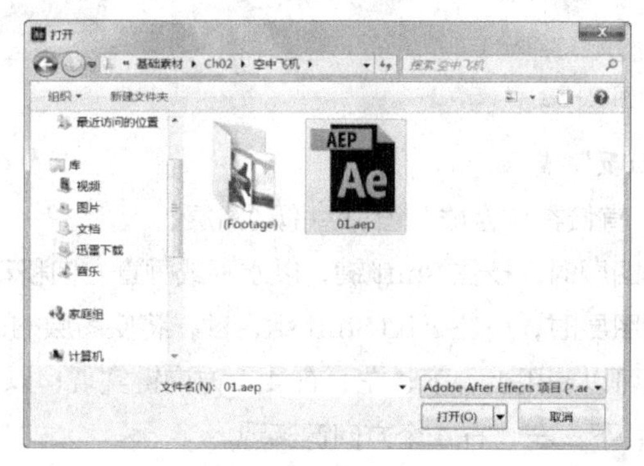

图 2-65

在“时间线”面板中选中“02.png”图层，按 P 键，展开“位置”属性，确定当前时间标签处于 0s 的位置，调整“位置”属性的 x 值和 y 值分别为 641 和 106，如图 2-66 所示；或选择“选择”工具，在“合成”窗口中将“黄色飞机”图形移动到画面的右上方，如图 2-67 所示。单击“位置”属性左侧的“关键帧自动记录器”按钮，开始自动记录位置关键帧信息。

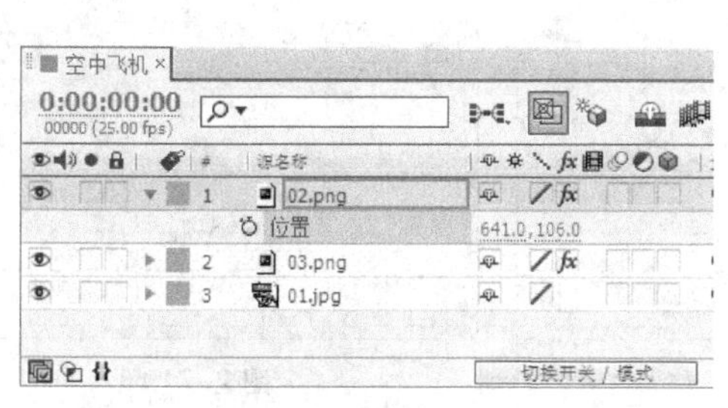

图 2-66

图 2-67

按 Alt+Shift+P 组合键也可以实现添加位置关键帧操作，此快捷键可以在任意位置添加或删除“位置”属性关键帧。

移动当前时间标签到 0:00:14:00 的位置，调整“位置”属性的 x 值和 y 值分别为 110 和 88，或选择“选择”工具，在“合成”窗口中将“黄色飞机”图形移动到画面的左上方，在“时间线”面板当前时间下，“位置”属性将自动添加一个关键帧，如图 2-68 所示；并在“合成”窗口中显示动画路径，如图 2-69 所示。按 0 键，进行动画内存预览。

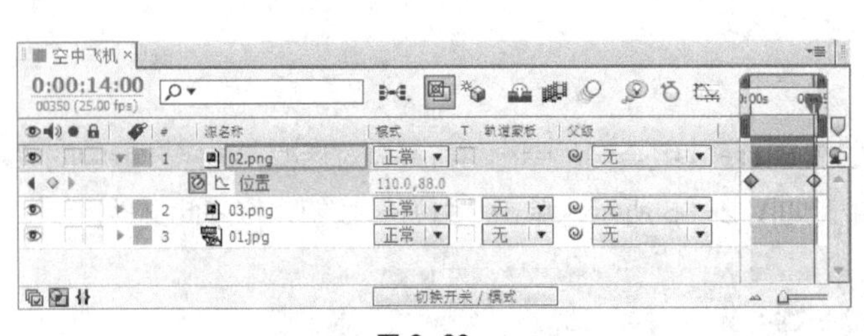

图 2-68

图 2-69

1. 以手动方式调整“位置”属性

选择“选择”工具，直接在“合成”窗口中拖动图层。

在“合成”窗口中拖动图层时，按住 Shift 键，以水平或垂直方向移动图层。

在“合成”窗口中拖动图层时，按住 Alt+Shift 组合键，将使图层的边缘逼近合成图像边缘。

以一个像素点移动图层可以使用上、下、左、右 4 个方向键实现；以 10 个像素点移动可以在按住 Shift 键的同时，按下上、下、左、右 4 个方向键实现。

2. 以数字方式调整“位置”属性

当鼠标指针呈形状时，在参数值上拖曳鼠标可以修改值。

单击参数将会出现输入框，可以在其中输入具体数值。输入框也支持加减法运算，例如，输入“+20”，表示在原来的轴值上加上 20 像素，如图 2-70 所示；如果是减法，则输入“360-20”。

在属性标题或参数值上单击鼠标右键，在弹出的快捷菜单中，选择“编辑数值”命令，或按 Ctrl+Shift+P 组合键，弹出“位置”对话框。在该对话框中可以调整具体参数值，并且可以选择调整依据的单位，如像素、英寸、毫米、%（源百分比）、%（合成百分比），如图 2-71 所示。

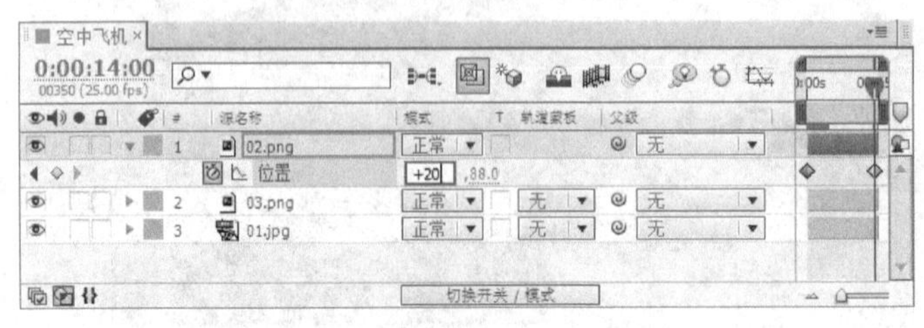

图 2-70

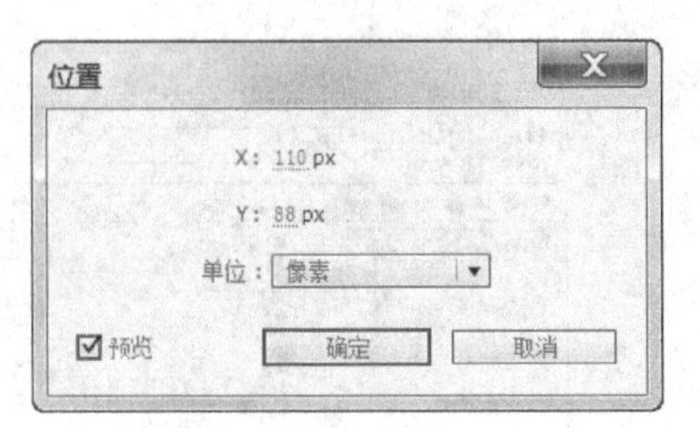

图 2-71

2.2.3 加入“缩放”动画

在“时间线”面板中，选中“02.png”图层，在按住 Shift 键的同时，按 S 键，展开“缩放”属性，如图 2-72 所示。

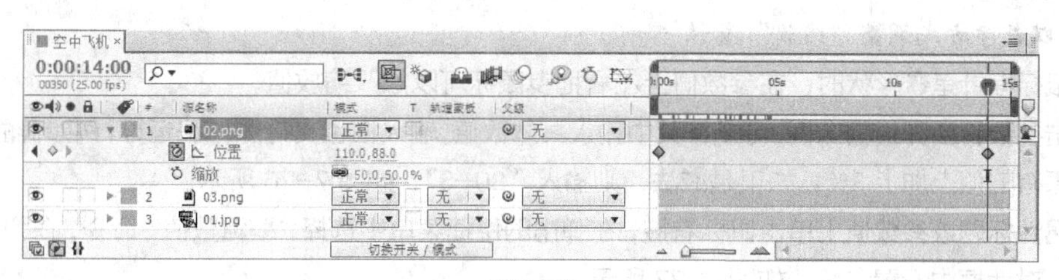

图 2-72

将时间标签放在 0s 的位置，在“时间线”面板中，单击“缩放”属性名称左侧的“关键帧自动记录器”按钮，开始记录缩放关键帧信息，如图 2-73 所示。

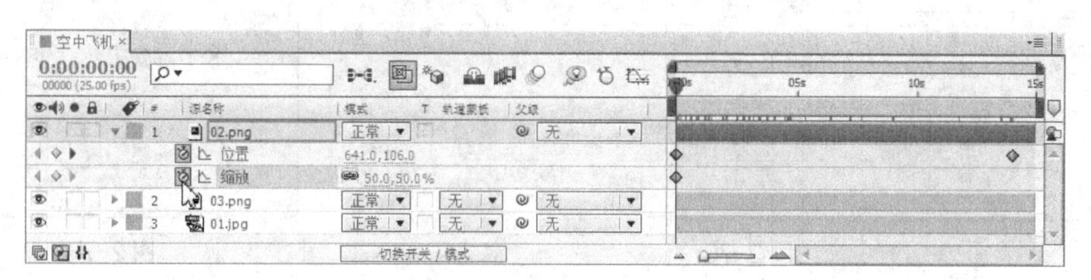

图 2-73

按 Alt+Shift+S 组合键也可以实现上述操作，此快捷键还可以在任意位置添加或删除“缩放”属性关键帧。

移动当前时间标签到 0:00:14:00 的位置，将 x 轴和 y 轴的“缩放”值都调整为 80%，或者选择“选择”工具，在“合成”窗口中拖曳图层边框上的变换框进行缩放操作，如果同时按 Shift 键，则可以实现等比例缩放，还可以观察“信息”面板和“时间线”面板中的“缩放”属性，了解表示具体缩放程度的数值，如图 2-74 所示。“时间线”面板当前时间下的“缩放”属性会自动添加一个关键帧，如图 2-75 所示。按 0 键，预览动画。

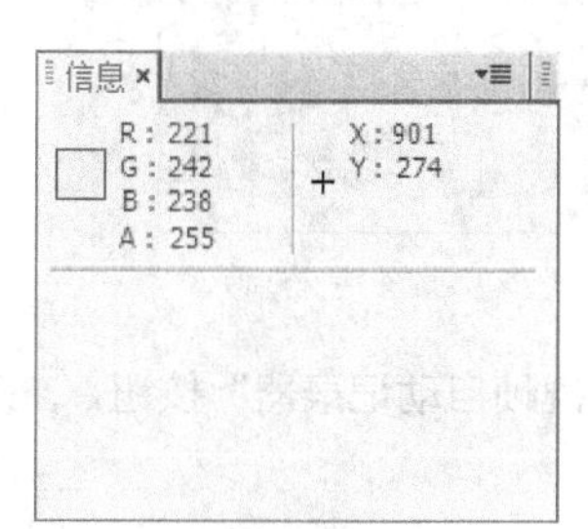

图 2-74

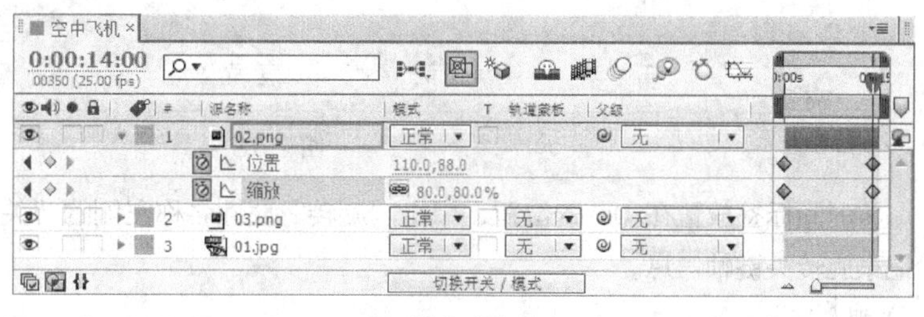

图 2-75

1. 以手动方式调整“缩放”属性

选择“选择”工具，直接在“合成”窗口中拖曳图层边框上的变换框进行缩放操作，如果同时按住 Shift 键，则可以实现等比例缩放。

可以在按住 Alt 键的同时，按 +（加号）键以 1%递增幅缩放百分比，也可以在按住 Alt 键的同时，按 -（减号）键以 1%递减缩放百分比；如果要以 10%递增或者递减调整，则只需要在按住上述快捷键的同时，按 Shift 键即可，如 Shift+Alt+ - 组合键。

2. 以数字方式调整“缩放”属性

当鼠标指针呈形状时，在参数值上左右拖曳鼠标可以修改缩放值。

单击参数将会弹出输入框，可以在其中输入具体数值。输入框也支持加减法运算，例如，输入“+3”，表示在原有的值上加上 3%，如果是减法，则输入“80-3”，如图 2-76 所示。

在属性标题或参数值上单击鼠标右键，在弹出的快捷菜单中选择“编辑数值”命令，在弹出的“缩放比例”对话框中设置参数，如图 2-77 所示。

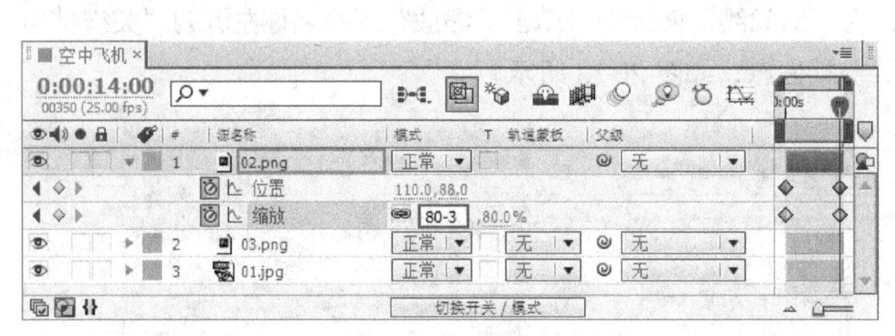

图 2-76

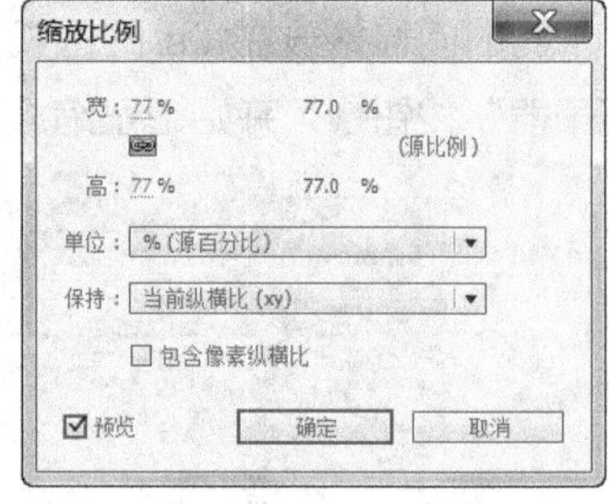

图 2-77

提示

如果使“缩放”值变为负值，则实现图像翻转效果。

2.2.4 加入“旋转”动画

在“时间线”面板中，选择“02.png”图层，在按住 Shift 键的同时，按 R 键，展开“旋转”属性，如图 2-78 所示。

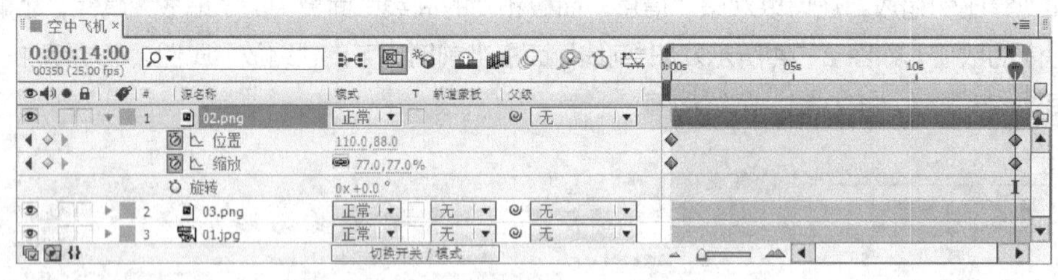

图 2-78

将时间标签放置在 0s 的位置，单击“旋转”属性名称左侧的“关键帧自动记录器”按钮，开始记录旋转关键帧信息。

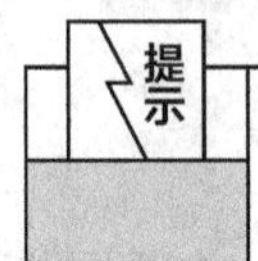
提示

按 Alt+Shift+R 组合键也可以实现上述操作，此快捷键还可以实现在任意位置添加或删除旋转属性关键帧。

移动当前时间标签到0:00:14:00的位置，调整“旋转”属性值为“0×+180°”，旋转半圈，如图2-79所示；或者选择“旋转”工具，在“合成”窗口中以顺时针方向旋转图层，同时可以观察“信息”面板和“时间线”面板中的“旋转”属性了解具体旋转圈数和度数，效果如图2-80所示。按0键，预览动画。

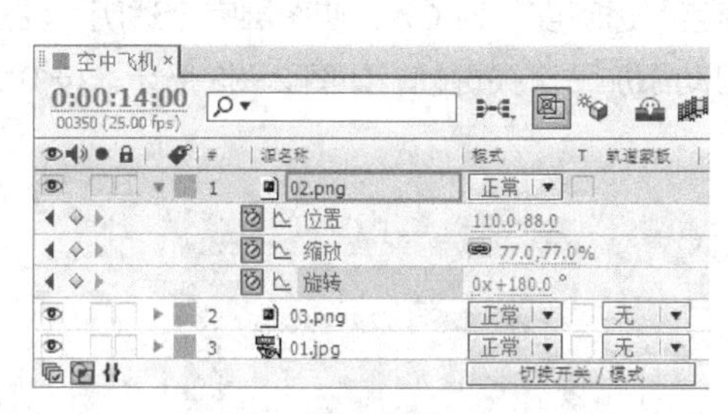

图2-79

图2-80

1. 以手动方式调整“旋转”属性

选择“旋转”工具，在“合成”窗口以顺时针方向或者逆时针方向旋转图层，如果同时按住Shift键，则以45°为调整幅度。

可以按数字键盘的+（加号）键以1°为增幅顺时针旋转图层，也可以按数字键盘的 -（减号）键以1°为增幅逆时针旋转图层；如果要以10°为增幅旋转调整图层，则只需要在按下上述快捷键的同时，按住Shift键即可，如Shift+数字键盘的 - 组合键。

2. 以数字方式调整“旋转”属性

当鼠标指针呈 形状时，在参数值上左右拖动鼠标可以修改。

单击参数将会弹出输入框，可以在其中输入具体数值。输入框也支持加减法运算，例如，输入“+2”，表示在原有的值上加上2°或2圈（取决于是在度数输入框还是在圈数输入框中输入）；如果是减法，则输入“45-10”。

在属性标题或参数值上单击鼠标右键，在弹出的快捷菜单中选择“编辑数值”命令，或按Ctrl+Shift+R组合键，在弹出的“旋转”对话框中调整具体参数值，如图2-81所示。

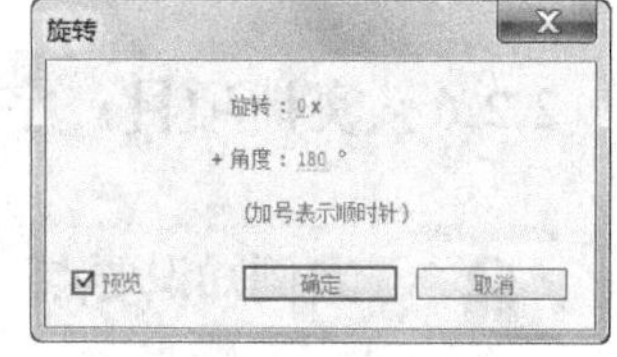

图2-81

2.2.5 加入“透明度”动画

在“时间线”面板中，选择“02.png” 图层，在按住Shift键的同时，按T键，展开“透明度”属性，如图2-82所示。

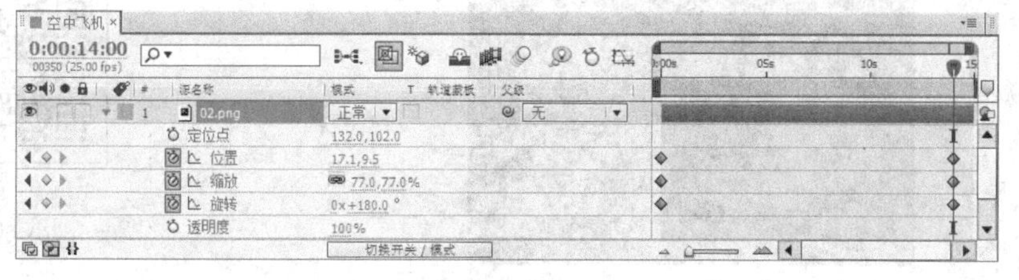

图2-82

将时间标签放置在0s的位置，将"透明度"调整为100%，使图层完全不透明。单击"透明度"属性名称左侧的"关键帧自动记录器"按钮◎，开始记录透明关键帧信息。

按Alt+Shift+T组合键也可以实现上述操作，此快捷键还可以实现在任意位置添加或删除"透明度"属性关键帧的操作。

移动当前时间标签到0:00:14:00的位置，调整"透明度"为0%，使图层完全透明，注意观察"时间线"面板，当前时间下的"透明度"属性会自动添加一个关键帧，如图2-83所示。按0键，预览动画内存。

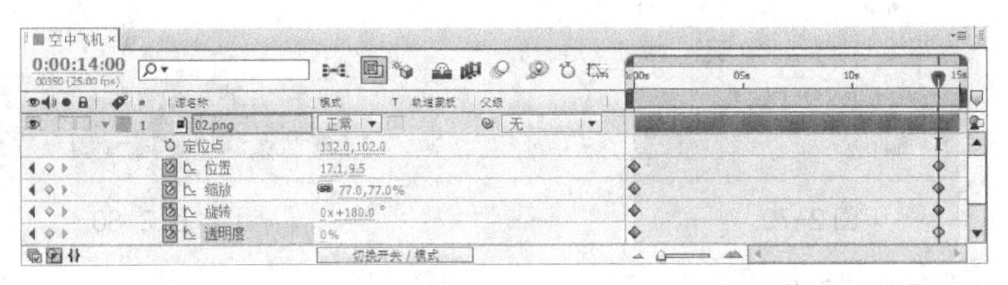

图2-83

以数字方式调整"透明度"属性

当鼠标指针呈形状时，在参数值上左右拖动鼠标可以修改。

单击参数将会弹出输入框，可以在其中输入具体数值。输入框也支持加减法运算，例如，输入"+20"，表示在原有的值上增加10%；如果是减法，则输入"100-20"。

在属性标题或参数值上单击鼠标右键，在弹出的快捷菜单中选择"编辑数值"命令或按Ctrl+Shift+O组合键，在弹出的"透明度"对话框中调整具体参数值，如图2-84所示。

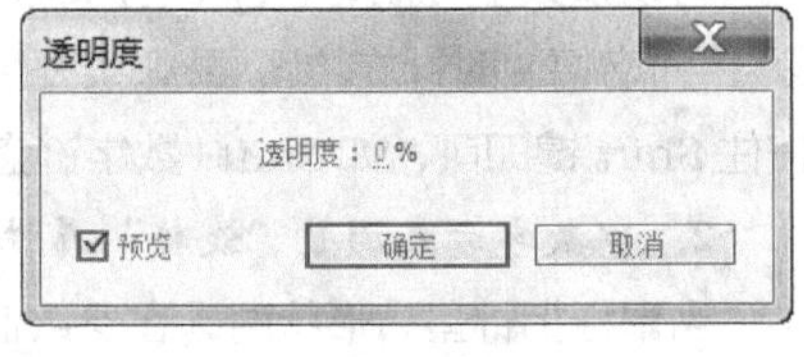

图2-84

2.2.6 实训项目：宇宙小飞碟

案例知识要点

使用"导入"命令导入素材；使用"缩放"和"位置"选项制作小飞碟动画；使用"阴影"命令制作投影效果。宇宙小飞碟效果如图2-85所示。

图2-85

微课：宇宙小飞碟

案例操作步骤

步骤① 按 Ctrl+N 组合键，弹出“图像合成设置”对话框，在“合成组名称”文本框中输入“宇宙小飞碟”，设置其他选项如图 2–86 所示，单击“确定”按钮，创建一个新的合成“宇宙小飞碟”。选择“文件 > 导入 > 文件”命令，在弹出的“导入文件”对话框中，选择云盘中的“项目二\宇宙小飞碟\(Footage)”中的 01.jpg 和 02.png 文件，如图 2–87 所示，单击“打开”按钮，将图片导入“项目”面板。

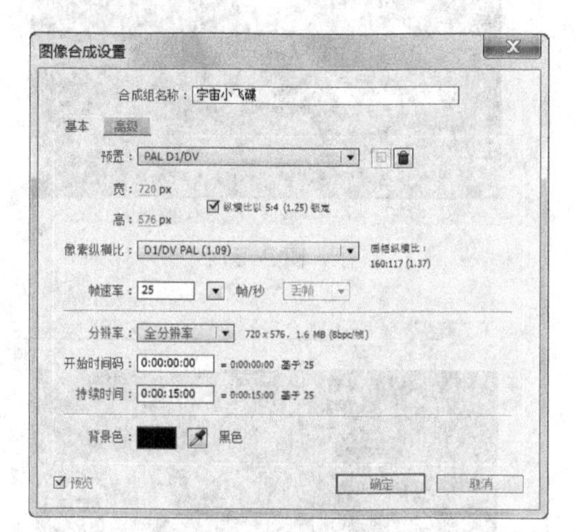

图 2–86

图 2–87

步骤② 在“项目”面板中选中“01.jpg”和“02.png”文件，并将它们拖曳到“时间线”面板中，如图 2–88 所示。“合成”窗口中的效果如图 2–89 所示。

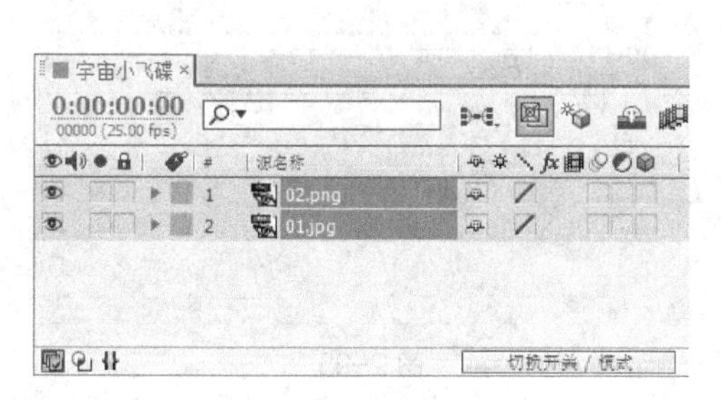

图 2–88

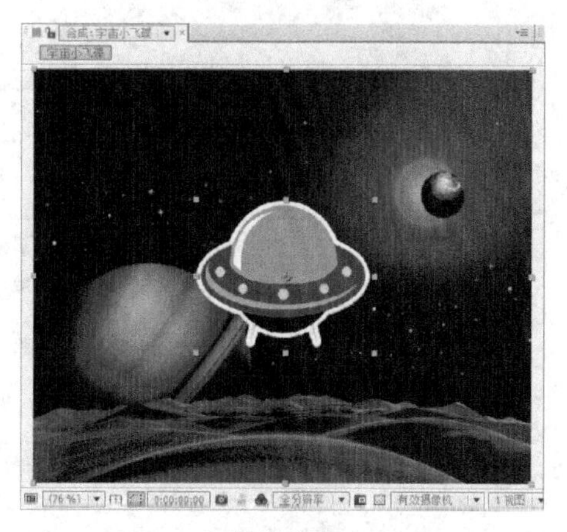

图 2–89

步骤③ 选中“02.png”图层，按 S 键，展开“缩放”属性，设置“缩放”为 46%，如图 2–90 所示。“合成”窗口中的效果如图 2–91 所示。

步骤④ 按 P 键，展开“位置”属性，设置“位置”为-51、168，如图 2–92 所示。“合成”窗口中的效果如图 2–93 所示。

步骤⑤ 在“时间线”面板中，单击“位置”选项左侧的“关键帧自动记录器”按钮 ，如图 2–94

所示，记录第 1 个关键帧。将时间标签放置在 12s 的位置，在“时间线”面板中，设置“位置”为 803、214，如图 2-95 所示，记录第 2 个关键帧。

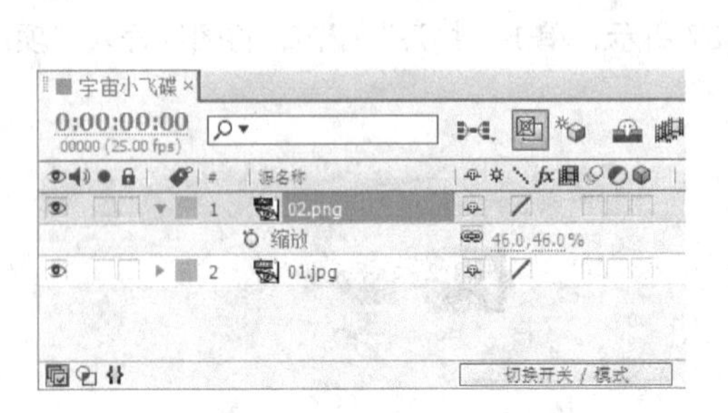

图 2-90

图 2-91

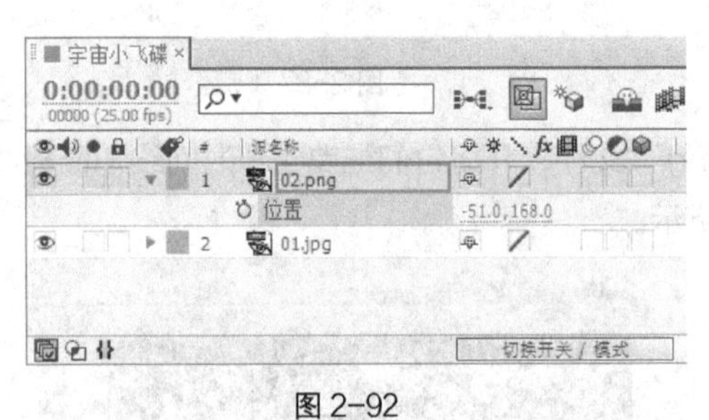

图 2-92

图 2-93

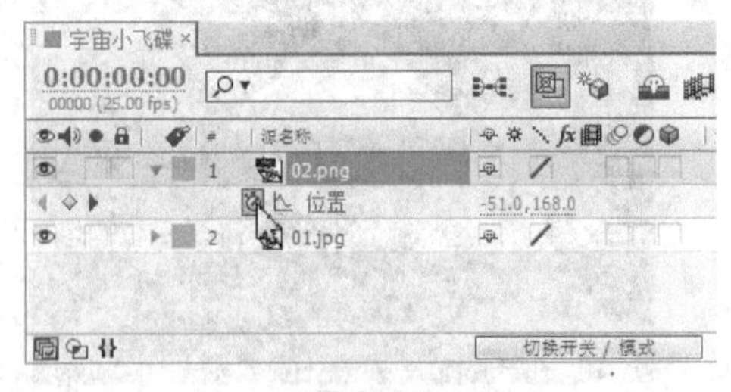

图 2-94

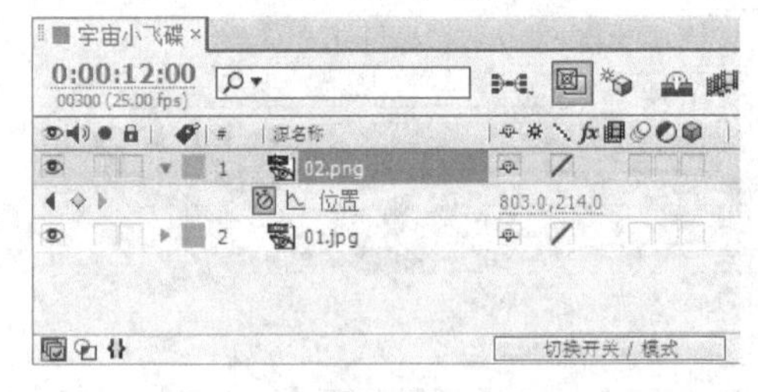

图 2-95

步骤 6 将时间标签放置在 2s 的位置，选择“选择”工具，在“合成”窗口中选中飞碟，将其拖动到图 2-96 所示的位置，记录第 3 个关键帧。将时间标签放置在 4s 的位置，在“合成”窗口中，将飞碟拖动到图 2-97 所示的位置，记录第 4 个关键帧。

步骤 7 将时间标签放置在 6s 的位置，在“合成”窗口中，将飞碟拖动到图 2-98 所示的位置，记录第 5 个关键帧。将时间标签放置在 8s 的位置，在“合成”窗口中，将飞碟拖动到图 2-99 所示的位置，记录第 6 个关键帧。

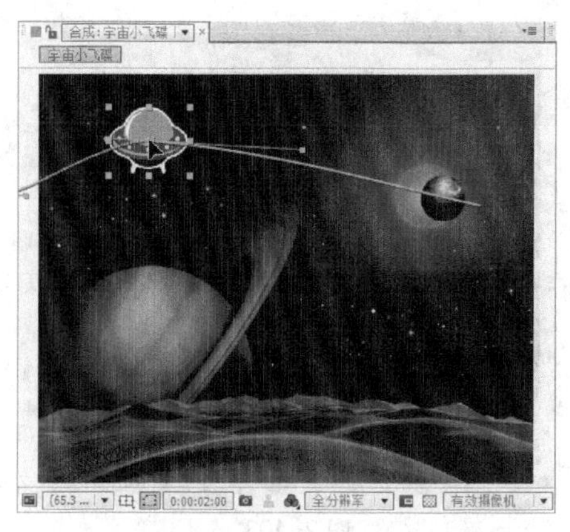

图 2-96

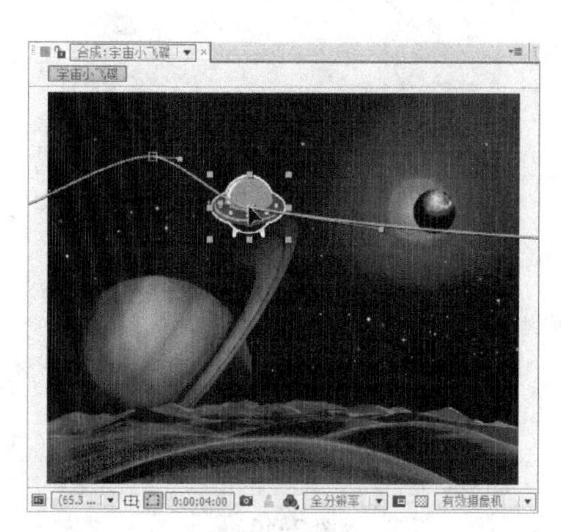

图 2-97

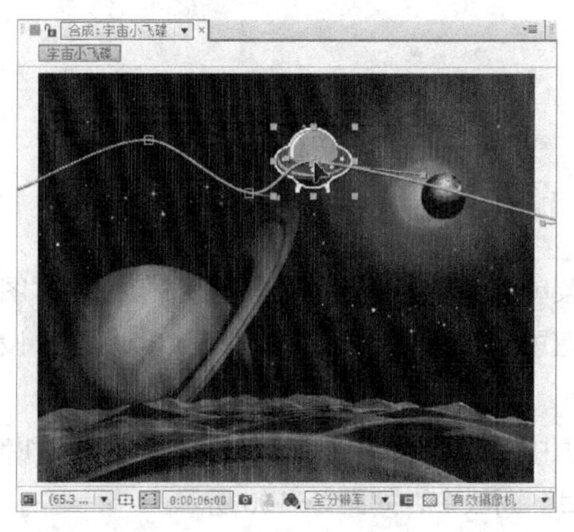

图 2-98

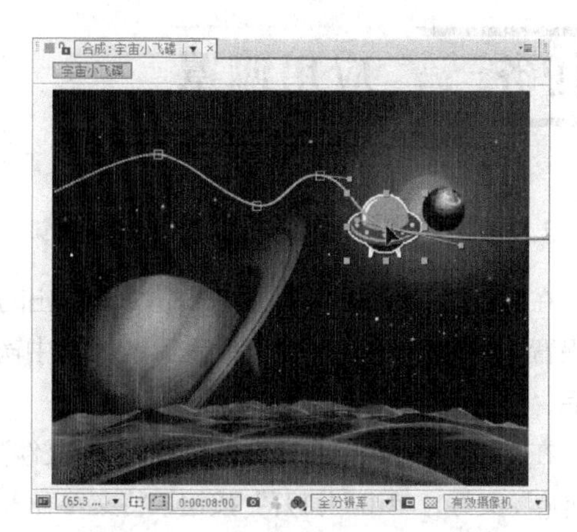

图 2-99

步骤⑧ 将时间标签放置在 10s 的位置，在“合成”窗口中，将飞碟拖动到图 2-100 所示的位置，记录第 7 个关键帧。

步骤⑨ 选择“图层 > 变换 > 自动定向”命令，弹出“自动方向”对话框，如图 2-101 所示，选择“沿路径方向设置”单选项，如图 2-102 所示，单击“确定”按钮，对象沿路径的角度变换。宇宙小飞碟制作完成，如图 2-103 所示。

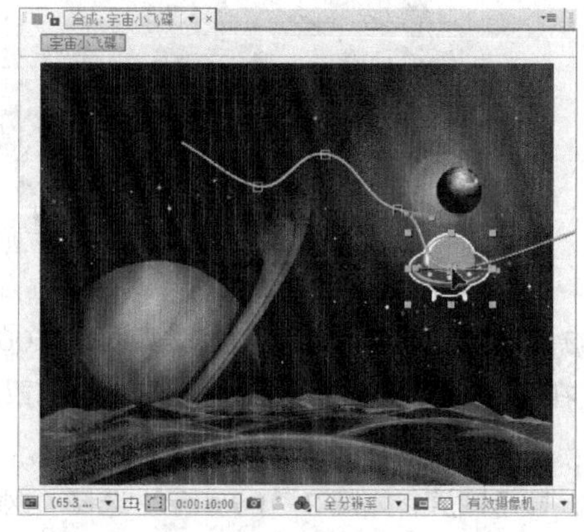

图 2-100

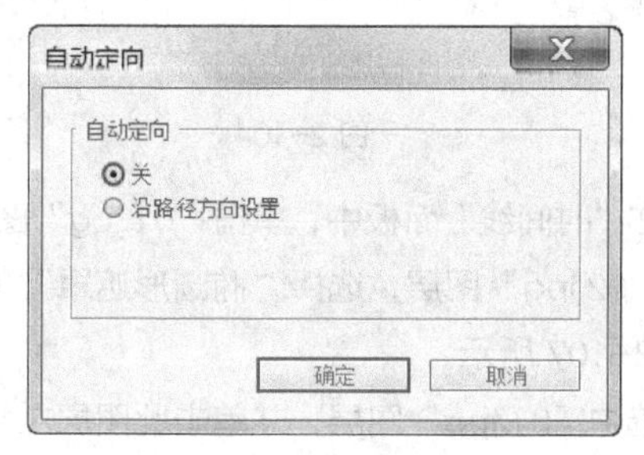

图 2-101

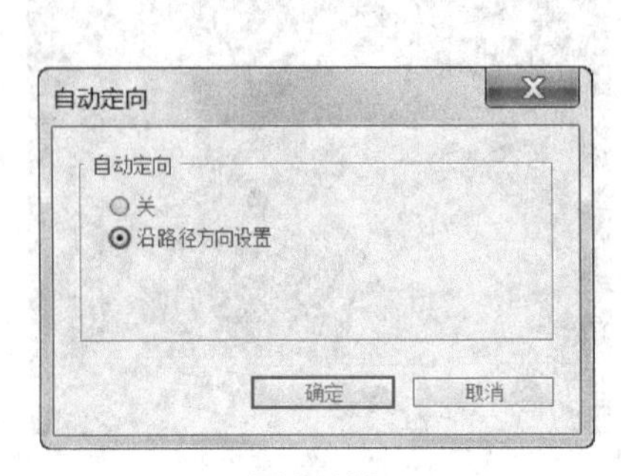

图 2-102

图 2-103

任务三 应用遮罩

2.3.1 使用遮罩设计图形

在“项目”面板中单击鼠标右键，在弹出的快捷菜单中选择“新建合成组”命令，弹出“图像合成设置”对话框。在“合成组名称”文本框中输入“遮罩”，设置其他选项如图 2-104 所示，设置完成后，单击“确定”按钮。

在“项目”面板中双击，在弹出的“导入文件”对话框中，选择云盘中的“基础素材\项目二\01.jpg～03.jpg”文件，单击“打开”按钮，将文件导入“项目”面板中，如图 2-105 所示。

图 2-104

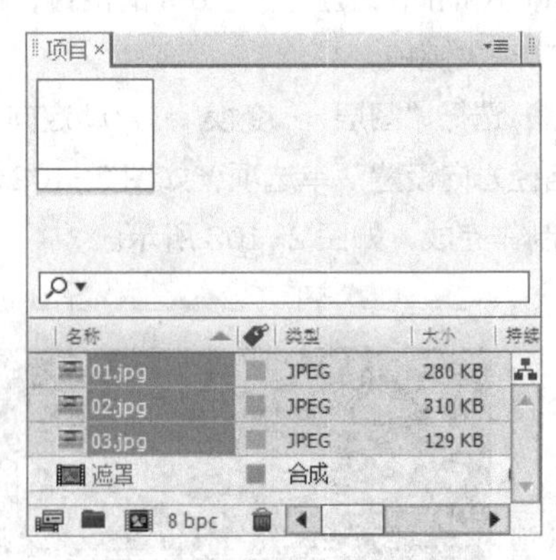

图 2-105

在“时间线”面板中，单击“01.jpg”图层左侧的“眼睛”按钮，将其隐藏，如图 2-106 所示。选中“02.jpg”图层，选择“椭圆形遮罩”工具，在“合成”窗口中拖曳鼠标绘制圆形遮罩，效果如图 2-107 所示。

选中“01.jpg”图层，并单击此图层左侧的方框，显示图层，如图 2-108 所示。选择“钢笔”工具，在“合成”窗口中沿蝴蝶的边缘绘制轮廓，效果如图 2-109 所示。

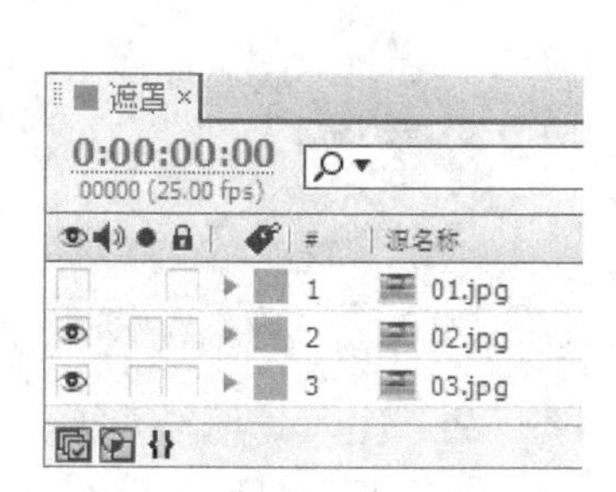

图 2-106

图 2-107

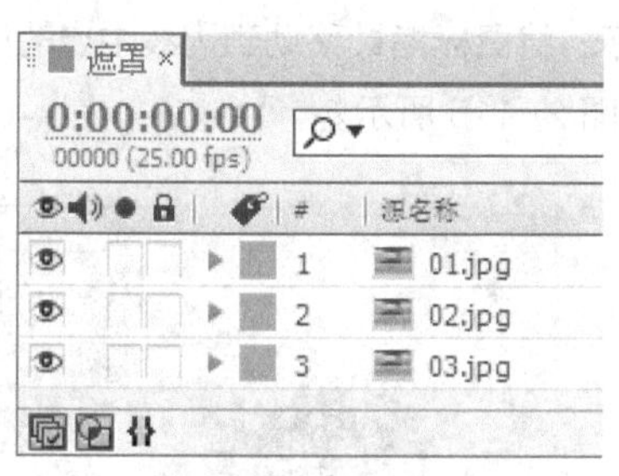

图 2-108

图 2-109

2.3.2 调整遮罩图形形状

选择“钢笔”工具，在“合成”窗口中绘制遮罩图形，如图 2-110 所示。使用“顶点转换”工具。单击一个节点，则该节点处的线段转换为折角；在节点处拖曳鼠标可以拖出调节手柄，拖动调节手柄，可以调整线段的弧度，如图 2-111 所示。

图 2-110

图 2-111

使用“顶点添加”工具和“顶点清除”工具添加或删除节点。选择“顶点添加”工具，将鼠标指针移动到需要添加节点的线段处单击，该线段会添加一个节点，如图 2-112 所示；选择“顶点清除”工具，单击任意节点，将节点删除，如图 2-113 所示。

图 2-112

图 2-113

2.3.3　遮罩的变换

在遮罩边线上双击，会创建一个遮罩控制框，将鼠标指针移动到边框的右上角，鼠标指针呈↷形状时，拖动鼠标可以旋转整个遮罩图形，如图 2-114 所示；将鼠标指针移动到边线中点的位置，鼠标指针呈↕形状时，拖动鼠标，可以调整该边框的高度，如图 2-115 所示。

图 2-114

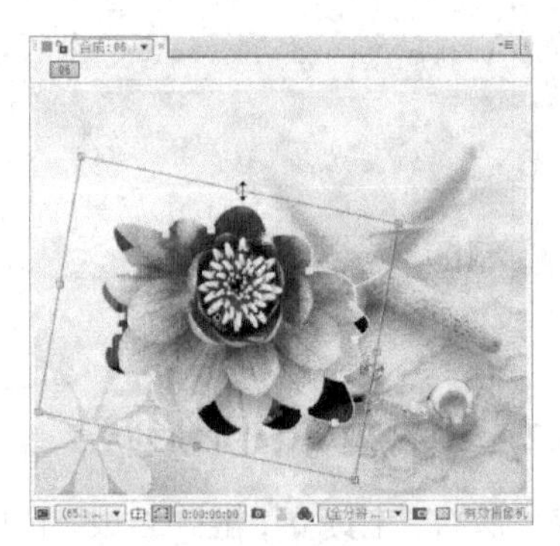

图 2-115

2.3.4　实训项目：粒子文字

案例知识要点

建立新的合成并命名；使用“横排文字”工具输入并编辑文字；使用“卡通”命令制作背景效果；将多个合成拖曳到“时间线”面板中，编辑形状蒙版。粒子文字效果如图 2-116 所示。

图 2-116

微课：粒子文字

案例操作步骤

1. 输入文字并制作粒子

步骤① 按 Ctrl+N 组合键，弹出“图像合成设置”对话框，在“合成组名称”文本框中输入“文字”，其他选项的设置如图 2-117 所示，单击“确定”按钮，创建一个新的合成“文字”。

步骤② 选择“横排文字”工具[T]，在“合成”窗口输入英文“COLD CENTURY”，选中英文，在“文字”面板中设置“填充色”为白色，设置其他参数如图 2-118 所示。“合成”窗口中的效果如图 2-119 所示。

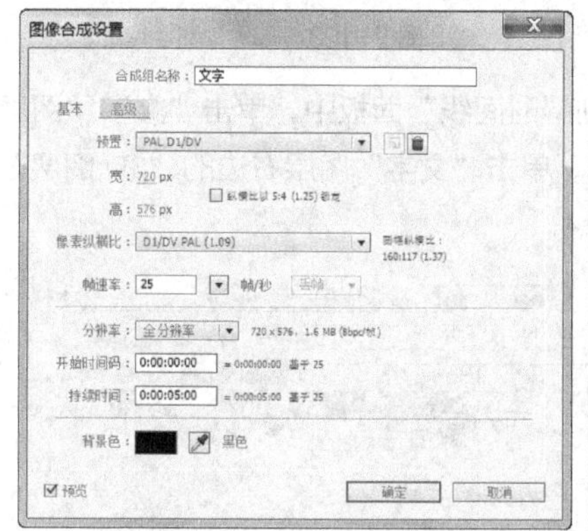

图 2-117

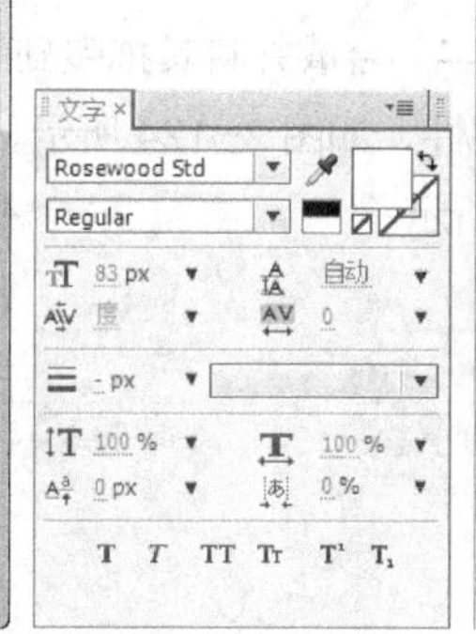

图 2-118

图 2-119

步骤③ 再次创建一个新的合成并命名为“粒子文字”，如图 2-120 所示。选择“文件 > 导入 > 文件”命令，弹出“导入文件”对话框，选择云盘中的“项目二\粒子文字\(Footage)\01.jpg”文件，单击“打开”按钮，导入“01.jpg”文件，并将其拖曳到“时间线”面板中，如图 2-121 所示。

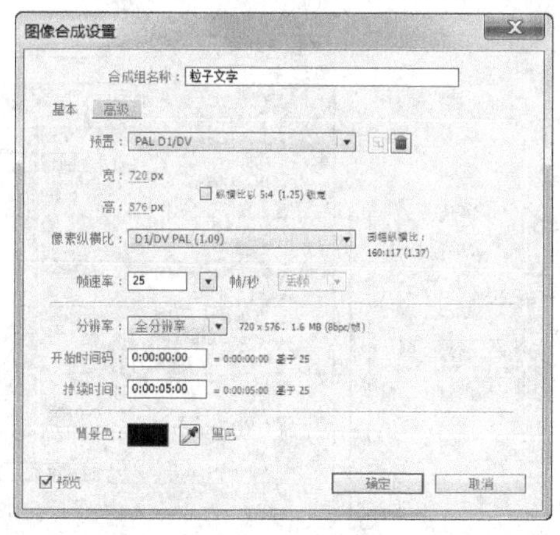

图 2-120

图 2-121

步骤④ 选中“01.jpg”图层，选择“效果 > 风格化 > 卡通”命令，在“特效控制台”面板中设置参数，如图 2-122 所示。“合成”窗口中的效果如图 2-123 所示。

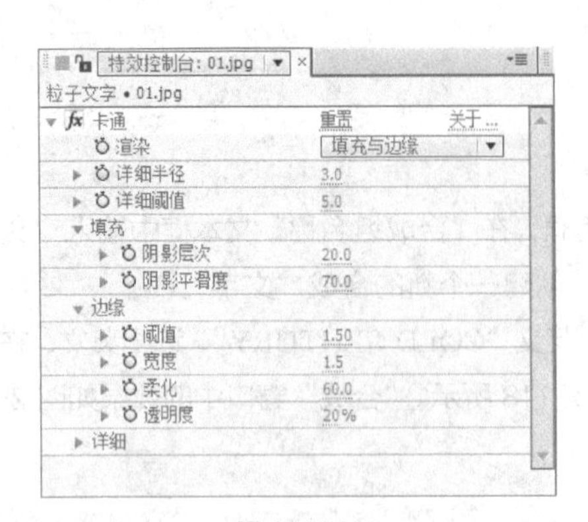

图 2-122

图 2-123

步骤 5 在“项目”面板中，选中“文字”合成并将其拖曳到“时间线”面板中，单击“文字”图层前面的眼睛按钮，关闭该图层的可视性，如图 2-124 所示。单击“文字”图层右边的“3D 图层”按钮，打开三维属性，如图 2-125 所示。

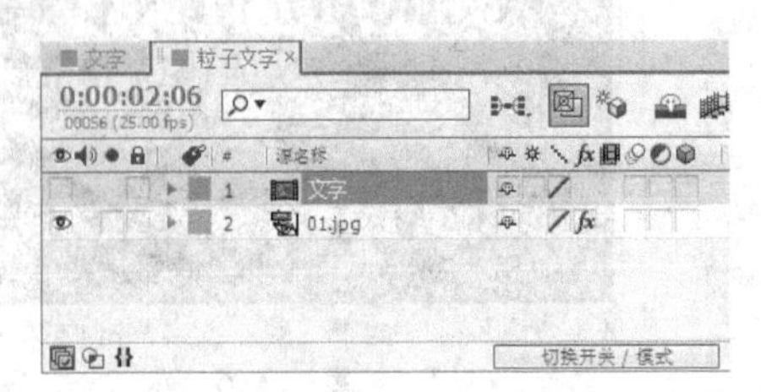

图 2-124

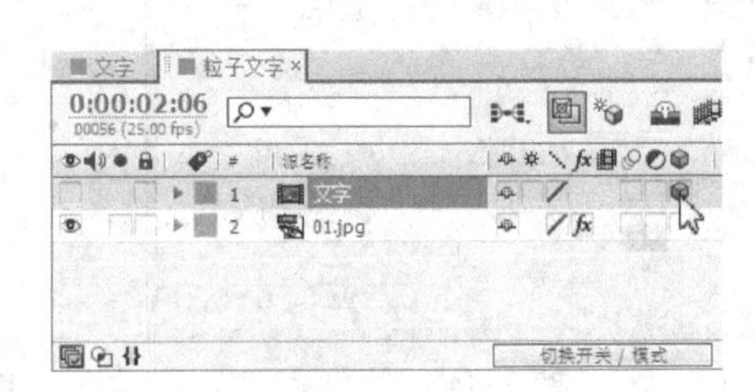

图 2-125

步骤 6 在当前合成中新建一个黑色固态层“粒子 1”。选中“粒子 1”图层，选择“效果 > Trapcode > Particular”命令，展开“Emitter”属性，在“特效控制台”面板中设置参数，如图 2-126 所示。展开“Particle”属性，在“特效控制台”面板中设置参数，如图 2-127 所示。

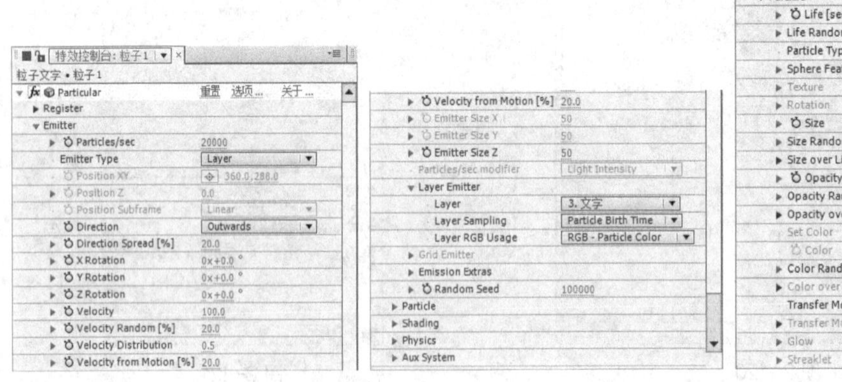

图 2-126

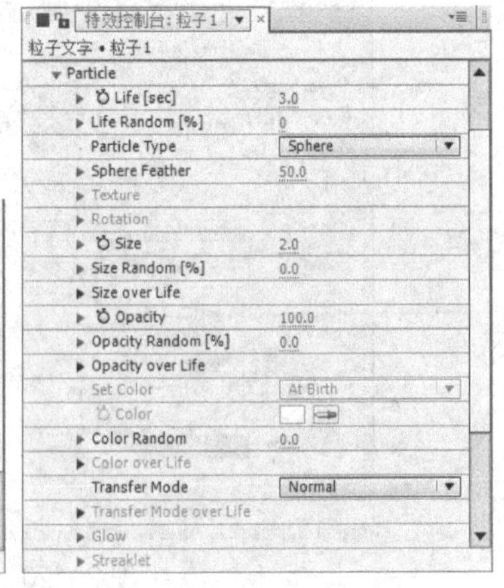

图 2-127

步骤 7 展开“Physics”选项下的“Air”属性，在“特效控制台”面板中设置参数，如图 2-128 所示。展开“Turbulence Field”属性，在“特效控制台”面板中设置参数，如图 2-129 所示。

步骤 8 展开“Rendering”选项下的“Motion Blur”属性，单击“Motion Blu”右边的下拉按钮，

在弹出的下拉列表中选择“On”，如图 2–130 所示。设置完毕后，“时间线”面板中自动添加一个灯光图层，如图 2–131 所示。

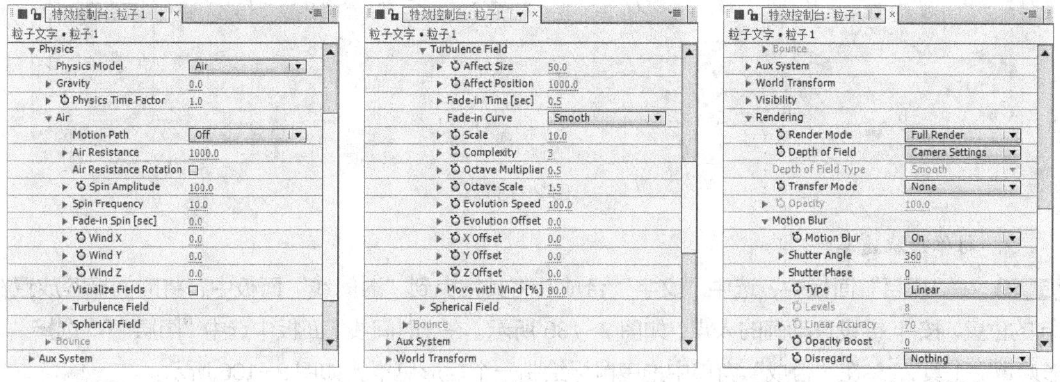

图 2–128　　图 2–129　　图 2–130

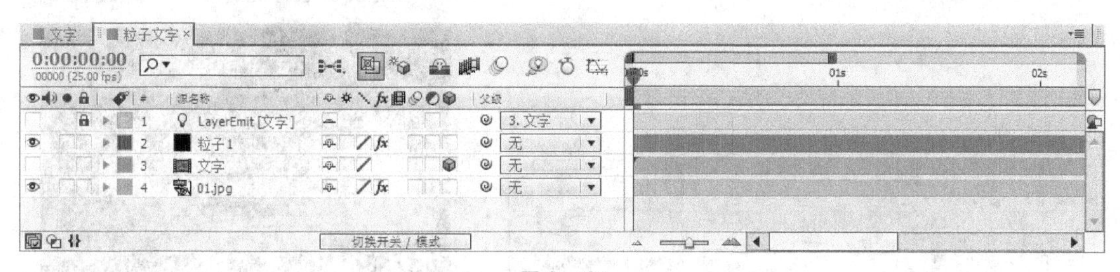

图 2–131

步骤⑨ 选中“粒子 1”图层，在“时间线”面板中，将时间标签放置在 0s 的位置。在“时间线”面板中分别单击“Emitter”下的“Particles/sec”“Physics/Air”下的“Spin Amplitude”、“Turbulence Field”下的“Affect Size”和“Affect Position”选项左侧的“关键帧自动记录器”按钮，如图 2–132 所示，记录第 1 个关键帧。

步骤⑩ 在“时间线”面板中，将时间标签放置在 1s 的位置。在“时间线”面板中设置“Particles/sec”为 0，“Spin Amplitude”为 50，“Affect Size”为 20，“Affect Position”为 500，如图 2–133 所示，记录第 2 个关键帧。

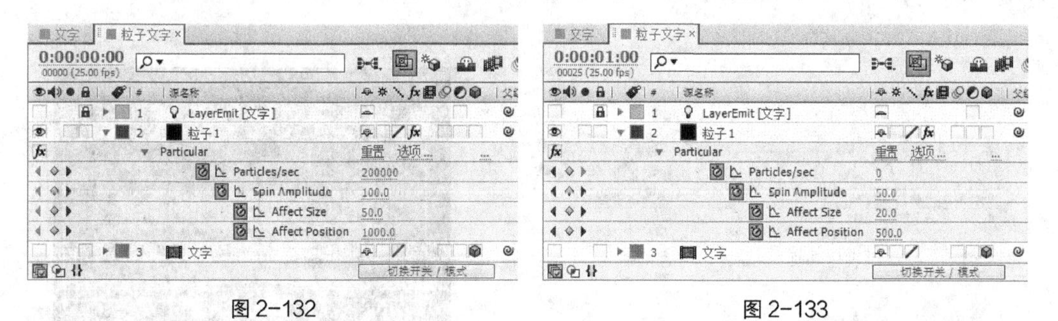

图 2–132　　图 2–133

步骤⑪ 在“时间线”面板中，将时间标签放置在 3s 的位置。在“时间线”面板中设置“Particles/sec”为 0，“Spin Amplitude”为 30，“Affect Size”为 5，“Affect Position”为 5，如图 2–134 所示，记录第 3 个关键帧。

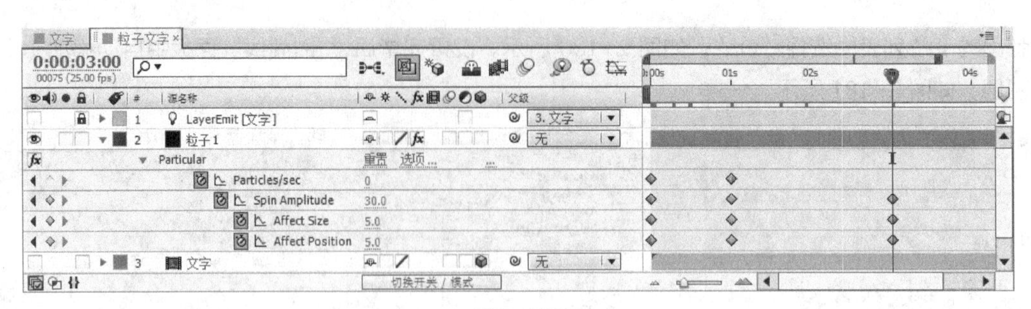

图 2-134

2. 制作形状遮罩

步骤① 在“项目”面板中，选中“文字”合成并将其拖曳到“时间线”面板中，将时间标签放置在2s的位置，按［键设置动画的入点，如图2-135所示。在“时间线”面板中选中“图层1”，选择“矩形遮罩”工具，在“合成”窗口中拖曳鼠标绘制一个矩形遮罩，如图2-136所示。

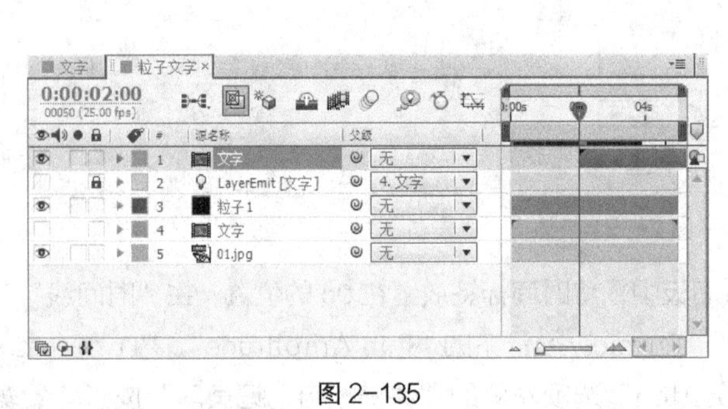

图 2-135

图 2-136

步骤② 选中“图层1”，按M键两次展开“遮罩”属性。单击“遮罩形状”选项左侧的“关键帧自动记录器”按钮，如图2-137所示，记录第1个“遮罩形状”关键帧。将时间标签放置在4s的位置。选择“选择”工具，在“合成”窗口中，同时选中“遮罩形状”右边的两个控制点，将控制点向右拖曳到图2-138所示的位置，在4s的位置再次记录1个关键帧。

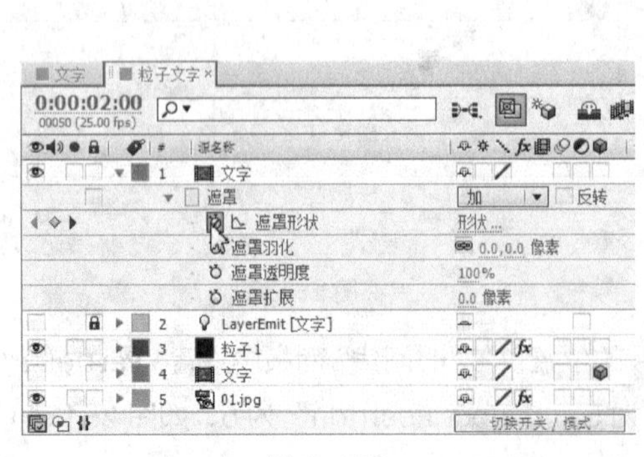

图 2-137

图 2-138

步骤③ 在当前合成中新建一个黑色固态层“粒子 2”。选中“粒子 2”图层，选择“效果 > Trapcode > Particular”命令，展开“Emitter”属性，在“特效控制台”面板中设置参数，如图 2-139 所示。展开“Particle”属性，在“特效控制台”面板中设置参数，如图 2-140 所示。

步骤④ 展开“Physics”属性，设置“Grarity”为-100，展开“Air”属性，在“特效控制台”面板中设置参数，如图 2-141 所示。

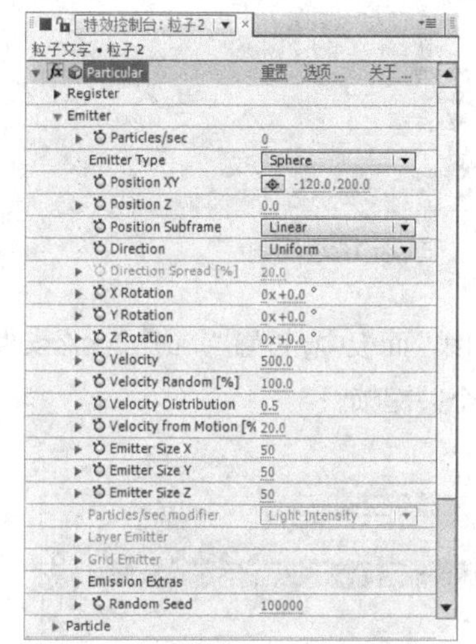

图 2-139

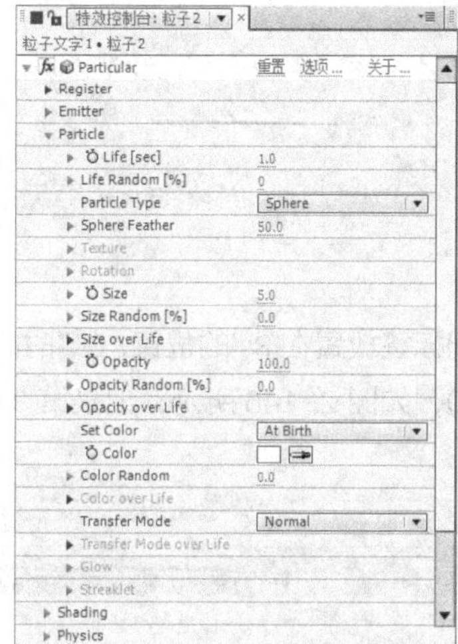

图 2-140

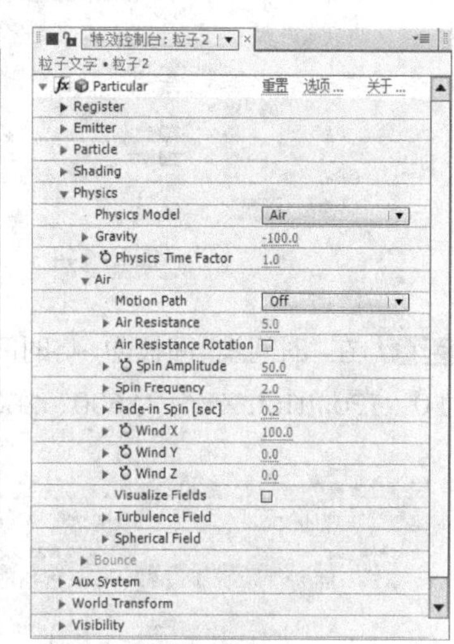

图 2-141

步骤⑤ 展开“Turbulence Field”属性，在“特效控制台”面板中设置参数，如图 2-142 所示。展开“Rendering”选项下的“Motion Blur”属性，单击“Motion Blur”右边的下拉按钮，在弹出的下拉列表中选择“On”，如图 2-143 所示。

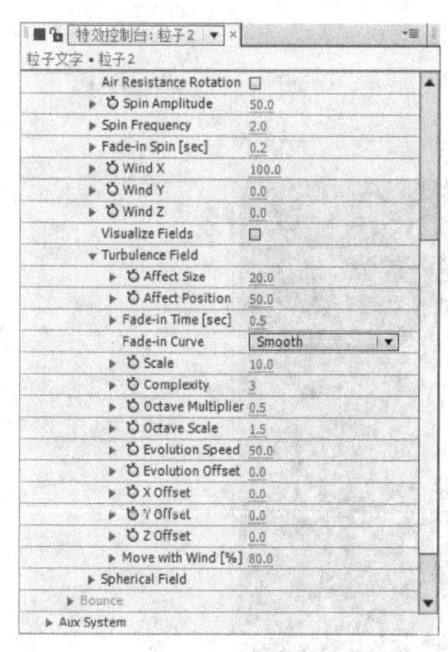

图 2-142

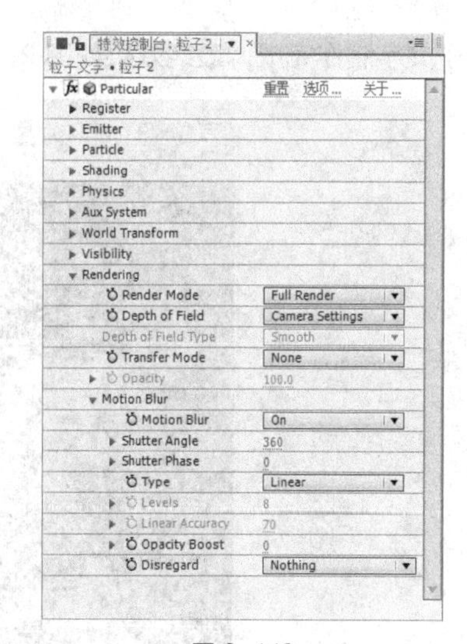

图 2-143

步骤⑥ 在“时间线”面板中，将时间标签放置在 0s 的位置，在“时间线”面板中，分别单击“Emitter”下的“Particles/sec”和“Position XY”选项左侧的“关键帧自动记录器”按钮⏱，记录第 1 个关键帧，如图 2-144 所示。在“时间线”面板中，将时间标签放置在 2s 的位置，在“时间线”面板中，设置“Particles/sec”为 5 000，“Position XY”为 120、280，如图 2-145 所示，记录第 2 个关键帧。

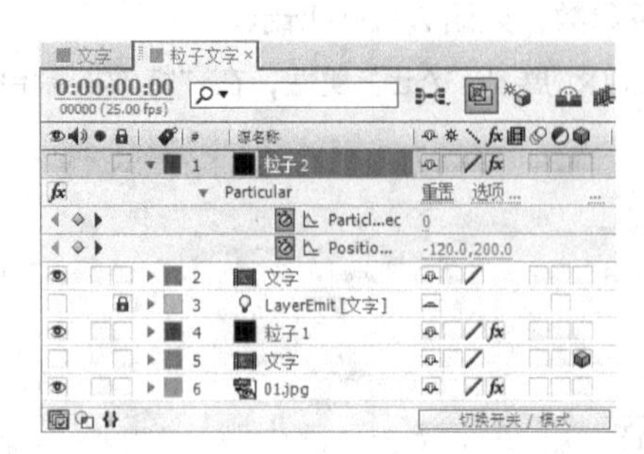

图 2-144

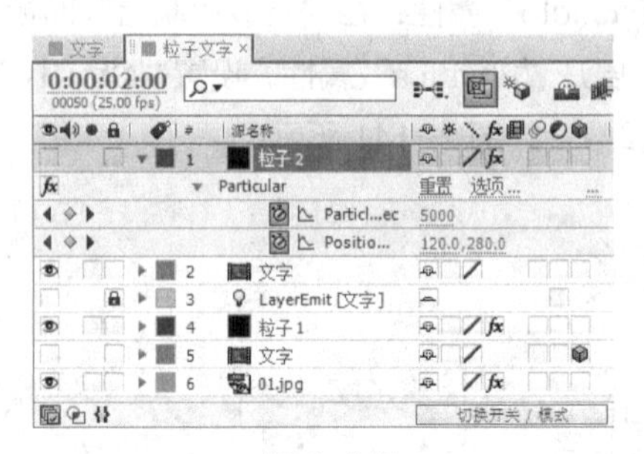

图 2-145

步骤 7 在“时间线”面板中，将时间标签放置在 3s 的位置，在“时间线”面板中，设置“Particles/sec”为 0，“Position XY”为 600、280，如图 2-146 所示，记录第 3 个关键帧。

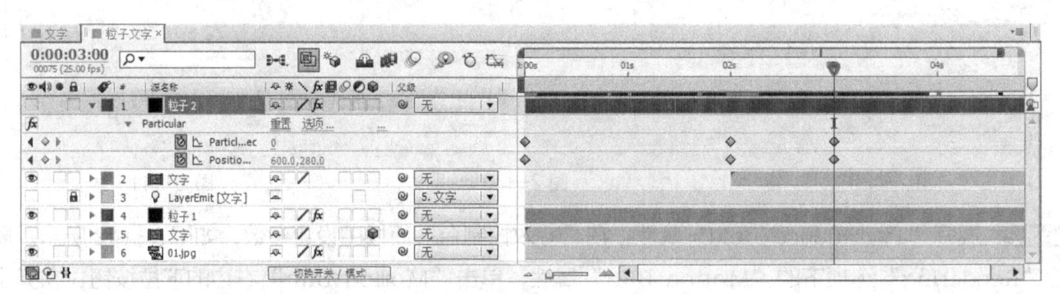

图 2-146

步骤 8 粒子文字制作完成，最终效果如图 2-147 所示。

图 2-147

任务四 综合实训项目

2.4.1 制作化妆品广告

案例知识要点

使用“CC 吹泡泡”命令制作气泡动画效果；使用“透明度”属性制作人物闪白效果；使用“缩放”属性制作化妆品动画效果。最终效果如图 2-148 所示。

图 2-148

微课：化妆品广告

案例操作步骤

步骤① 按 Ctrl+N 组合键，弹出“图像合成设置”对话框，在“合成组名称”文本框中输入“最终效果”，其他选项的设置如图 2-149 所示，单击“确定”按钮，创建一个新的合成“最终效果”。选择“文件 > 导入 > 文件”命令，弹出“导入文件”对话框，选择云盘中的“项目二\制作化妆品广告\(Footage)\01.png～04.png”文件，单击“打开”按钮，将文件导入“项目”面板，如图 2-150 所示。

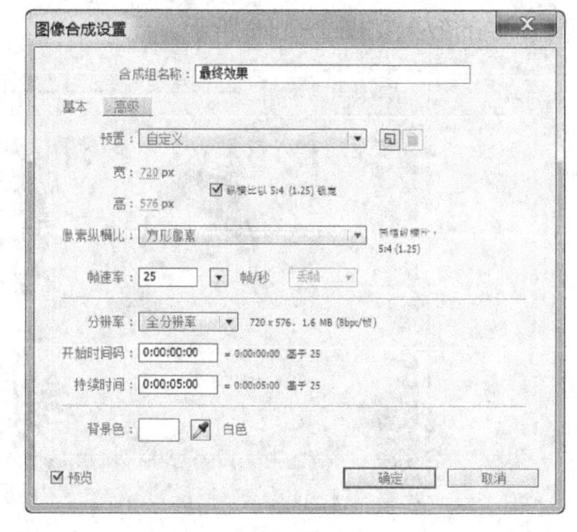

图 2-149

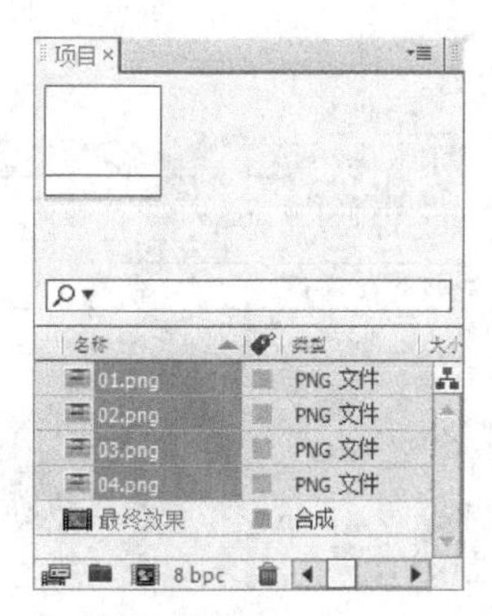

图 2-150

步骤❷ 在“项目”面板中选中“01.png”文件并将其拖曳到“时间线”面板中，按 Ctrl+D 组合键复制图层，“时间线”面板如图 2-151 所示。“合成”窗口中的效果如图 2-152 所示。

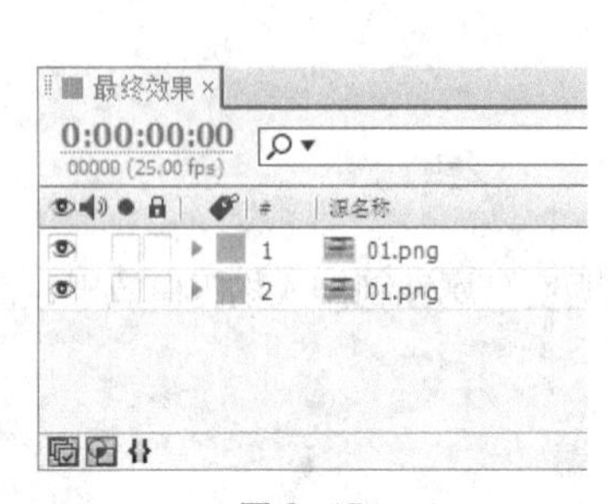

图 2-151

图 2-152

步骤❸ 选中“图层 2”，选择“效果 > 模拟仿真 > CC 吹泡泡”命令，在“特效控制台”面板中设置参数，如图 2-153 所示。“合成”窗口中的效果如图 2-154 所示。

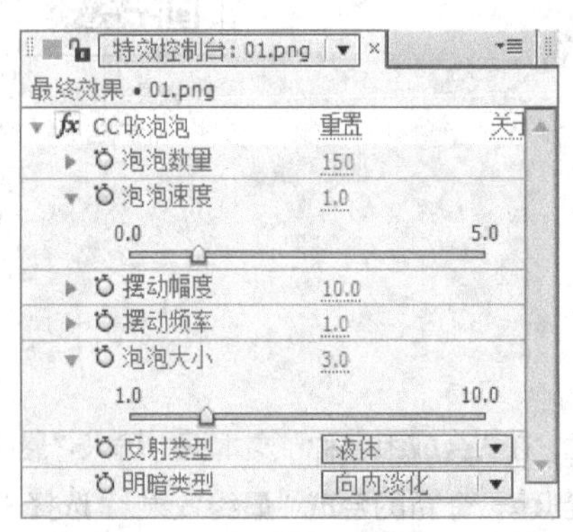

图 2-153

图 2-154

步骤❹ 在“项目”面板中选中“02.png”“03.png”和“04.png”并将它们拖曳到“时间线”面板中，图层的排列顺序如图 2-155 所示。“合成”窗口中的效果如图 2-156 所示。

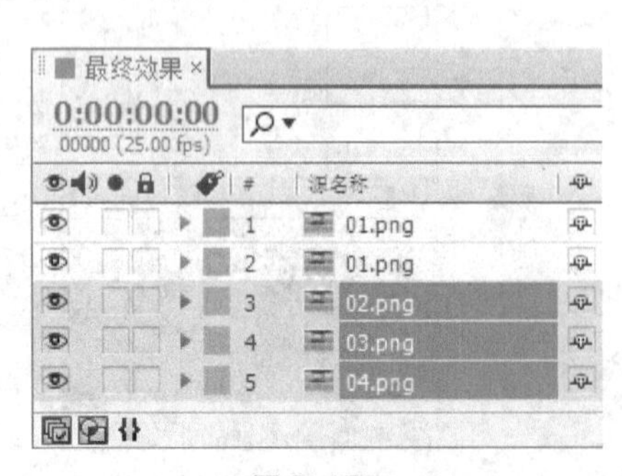

图 2-155

图 2-156

步骤⑤ 选中“02.png”图层，按P键，展开“位置”属性，设置“位置”为141、340.7，如图2-157所示。“合成”窗口中的效果如图2-158所示。

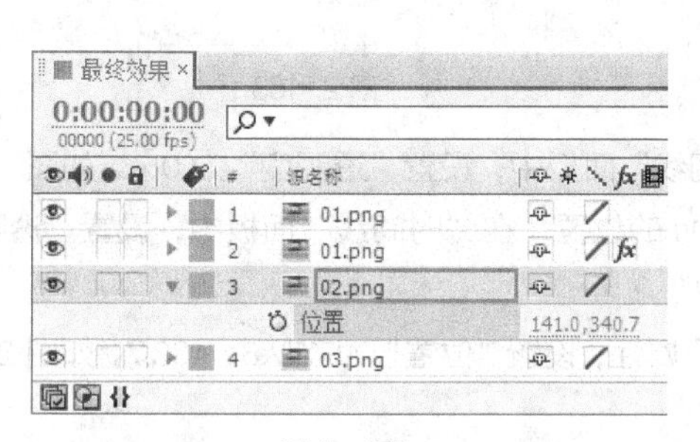

图2-157

图2-158

步骤⑥ 将时间标签放置在0:05s的位置，按Alt+[组合键，设置动画的入点，如图2-159所示。

图2-159

步骤⑦ 选中“02.png”图层，按T键，展开“透明度”属性，设置“透明度”为0%，单击“透明度”选项左侧的“关键帧自动记录器”按钮⏱，如图2-160所示，记录第1个关键帧。将时间标签放置在0:06s的位置，在“时间线”面板中，设置“透明度”为100%，如图2-161所示，记录第2个关键帧。

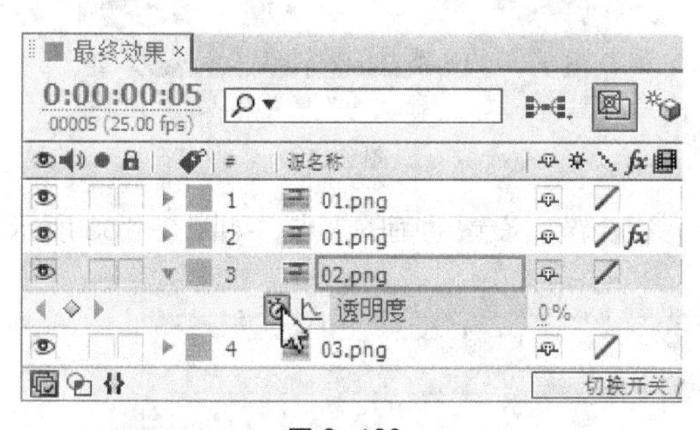

图2-160

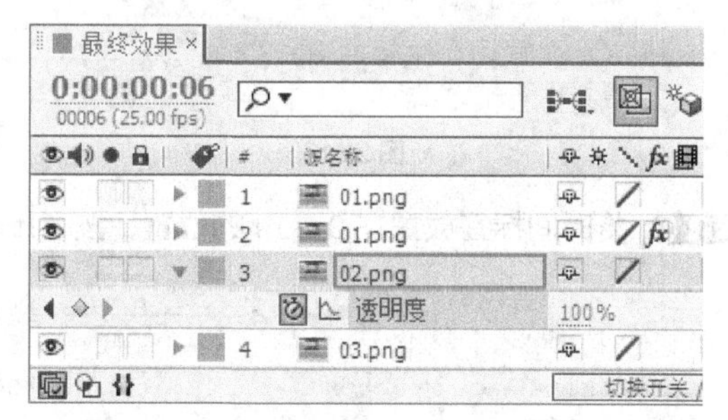

图2-161

步骤⑧ 将时间标签放置在0:07s的位置，在“时间线”面板中，设置“透明度”为0%，如图2-162所示，记录第3个关键帧。将时间标签放置在0:08s的位置，在“时间线”面板中，设置“透明度”为100%，如图2-163所示，记录第4个关键帧。

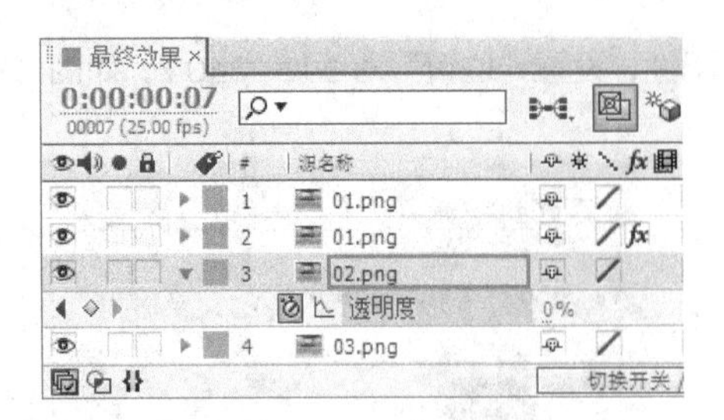
图 2-162

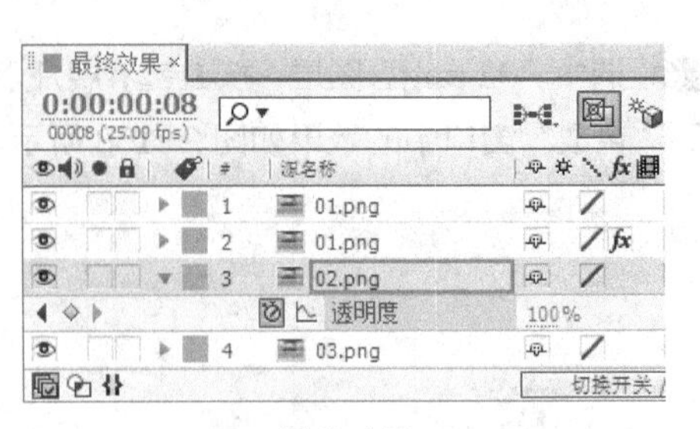
图 2-163

步骤⑨ 将时间标签放置在 0:09s 的位置，在“时间线”面板中，设置“透明度”为 0%，如图 2-164 所示，记录第 5 个关键帧。将时间标签放置在 0:10s 的位置，在“时间线”面板中，设置“透明度”为 100%，如图 2-165 所示，记录第 6 个关键帧。

步骤⑩ 选中“03.png”图层，按 P 键，展开“位置”属性，设置“位置”为 477.6、432.7，如图 2-166 所示。“合成”窗口中的效果如图 2-167 所示。

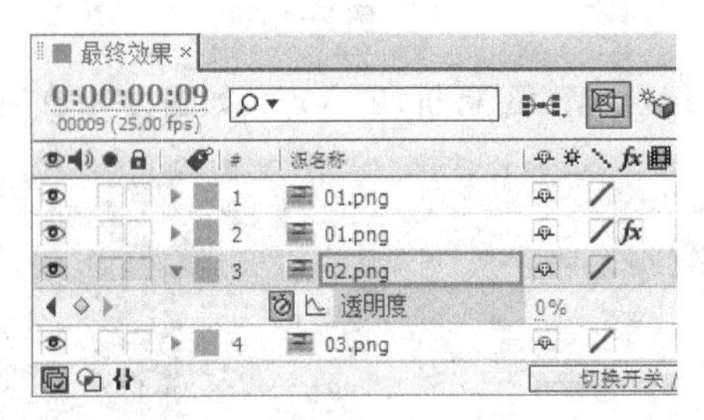
图 2-164

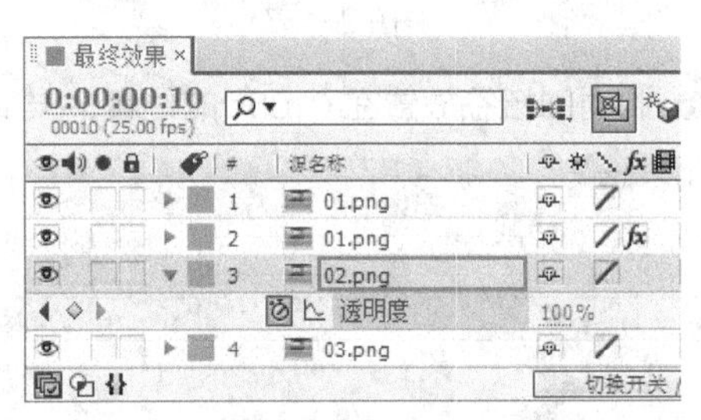
图 2-165

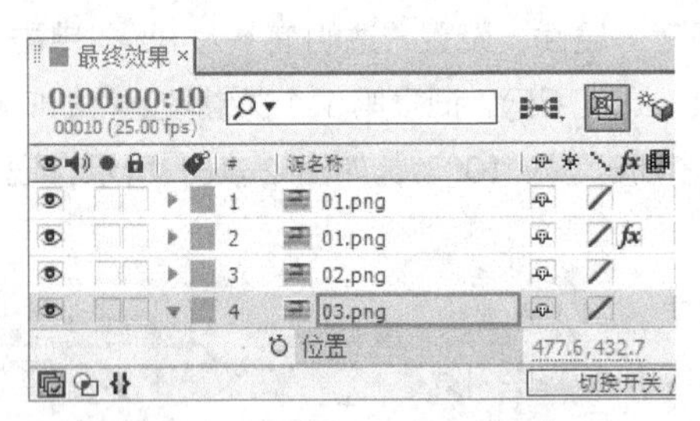
图 2-166

图 2-167

步骤⑪ 将时间标签放置在 0:11s 的位置，按 Alt+ [组合键，设置动画的入点，如图 2-168 所示。

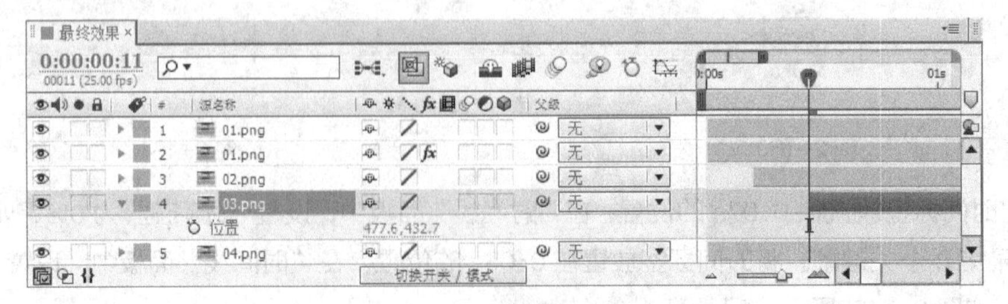
图 2-168

步骤⑫ 选中“03.png”图层，按 S 键，展开“缩放”属性，设置“缩放”为 0%，单击“缩放”选项左侧的“关键帧自动记录器”按钮，如图 2-169 所示，记录第 1 个关键帧。将时间标签放置在 0:14s 的位置，在“时间线”面板中，设置“缩放”为 100%，如图 2-170 所示，记录第 2 个关键帧。

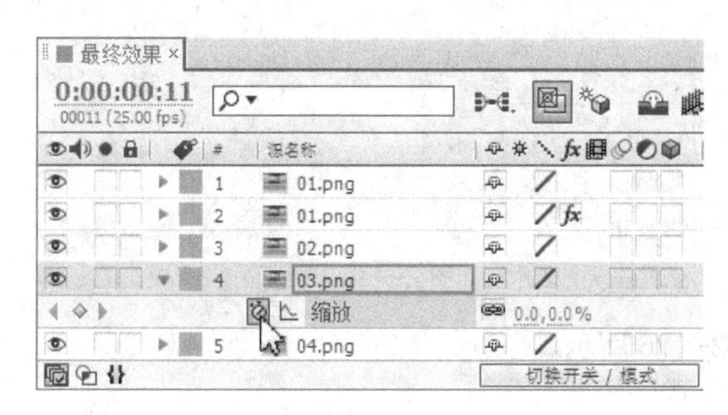
图 2-169

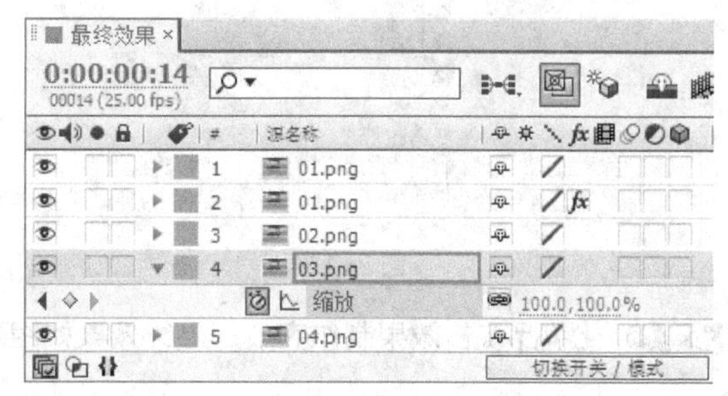
图 2-170

步骤⑬ 选中“04.png”图层，单击右侧的“3D 图层”按钮，按 P 键，展开“位置”属性，设置“位置”为 483、213.6、0，如图 2-171 所示。“合成”窗口中的效果如图 2-172 所示。

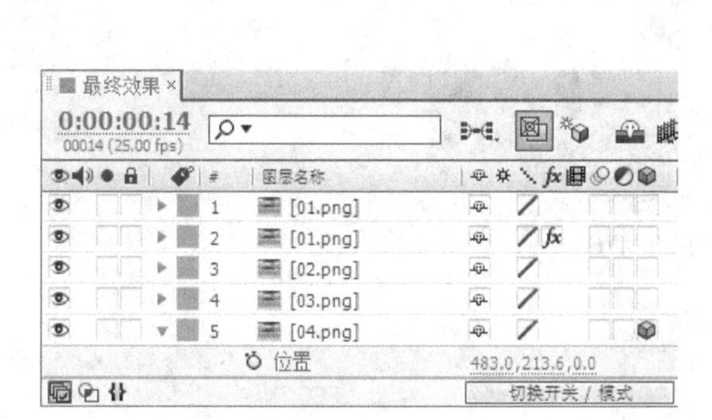
图 2-171

图 2-172

步骤⑭ 将时间标签放置在 0:14s 的位置，按 Alt+ [组合键，设置动画的入点，如图 2-173 所示。

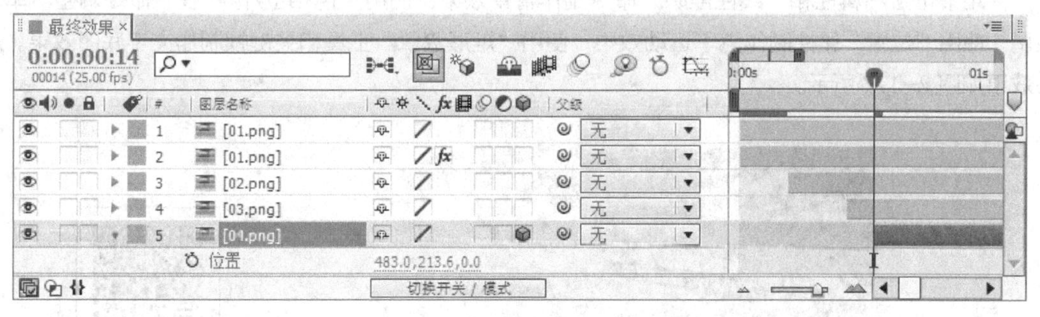
图 2-173

步骤⑮ 选中“04.png”图层，展开“变换”属性，设置“缩放”为 0%，“Y 轴旋转”为 2、0，分别单击“缩放”选项和“Y 轴旋转”选项左侧的“关键帧自动记录器”按钮，如图 2-174 所示，记录第 1 个关键帧。将时间标签放置在 1s 的位置，在“时间线”面板中，设置“缩放”为 100%，“Y 轴旋转”为 0、0，如图 2-175 所示，记录第 2 个关键帧。

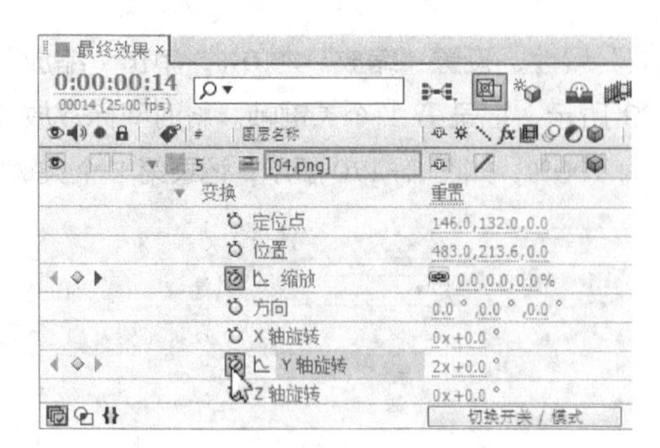

图 2-174

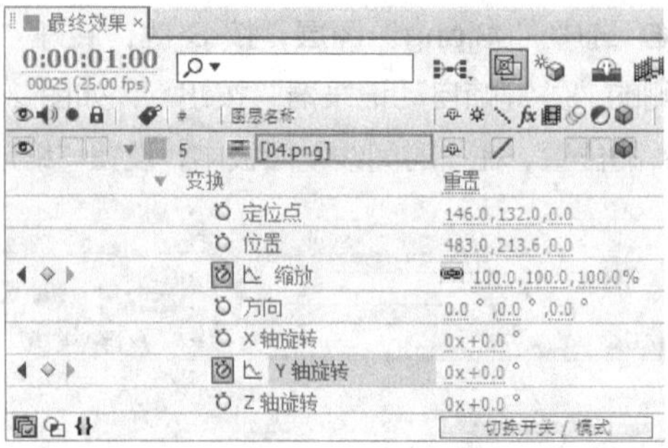

图 2-175

步骤⑯ 化妆品广告效果制作完成，最终效果如图 2-176 所示。

图 2-176

2.4.2 制作汽车广告

案例知识要点

使用“位置”属性和“线性擦除”命令制作背景效果；使用“色相位/饱和度”命令调整汽车的色调；使用“位置”属性制作汽车运动效果；使用“矩形遮罩”工具和关键帧制作文字底图效果。最终效果如图 2-177 所示。

图 2-177

微课：制作汽车广告

案例操作步骤

步骤① 按 Ctrl+N 组合键，弹出“图像合成设置”对话框，在“合成组名称”文本框中输入“最终效果”，其他选项的设置如图 2-178 所示，单击“确定”按钮，创建一个新的合成“最终效果”。选择“文件 > 导入 > 文件”命令，弹出“导入文件”对话框，选择云盘中的“项目二\制作汽车广告\(Footage)\01.jpg～07.mov”文件，单击“打开”按钮，将文件导入“项目”面板，如图 2-179 所示。

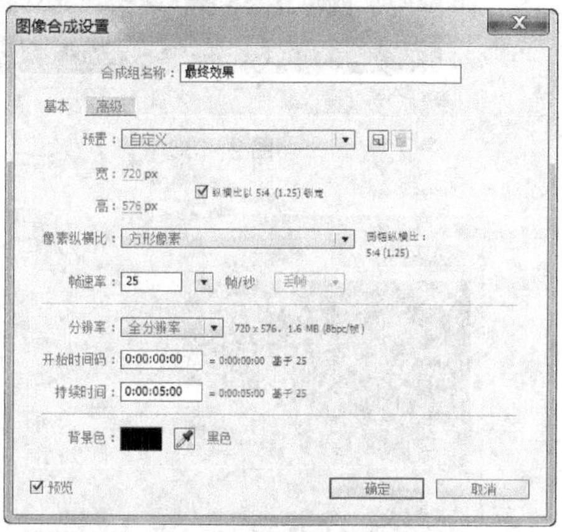

图 2-178

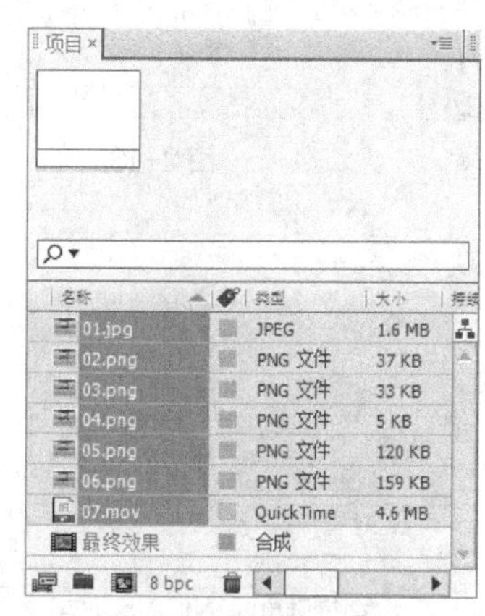

图 2-179

步骤② 在按住 Ctrl 键的同时，在“项目”面板中选中“01.jpg”和“07.mov”文件并将它们拖曳到“时间线”面板中，图层的排列顺序如图 2-180 所示。设置“07.mov”图层的混合模式为“正片叠底”。“合成”窗口中的效果如图 2-181 所示。

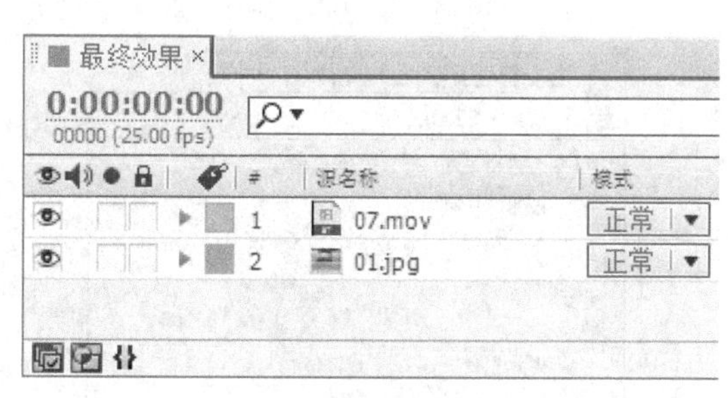

图 2-180

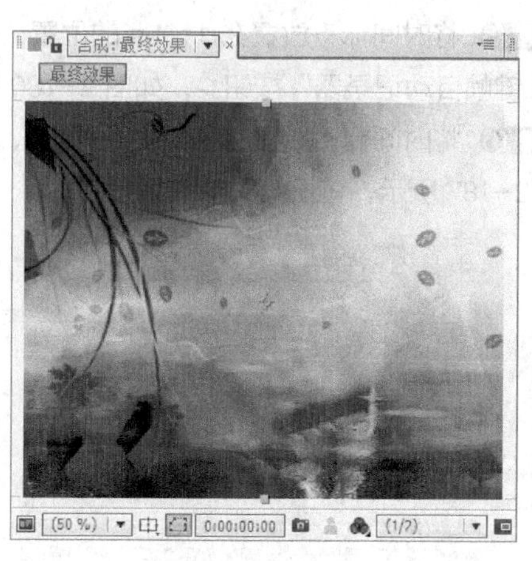

图 2-181

步骤③ 在“项目”面板中选中“02.png”文件并将其拖曳到“时间线”面板中，按 P 键，展开“位置”属性，设置“位置”为 345.1、224.5，如图 2-182 所示。“合成”窗口中的效果如图 2-183 所示。

步骤④ 选择“效果 > 过渡 > 线性擦除”命令，在“特效控制台”面板中设置参数，如图 2-184 所示。“合成”窗口中的效果如图 2-185 所示。

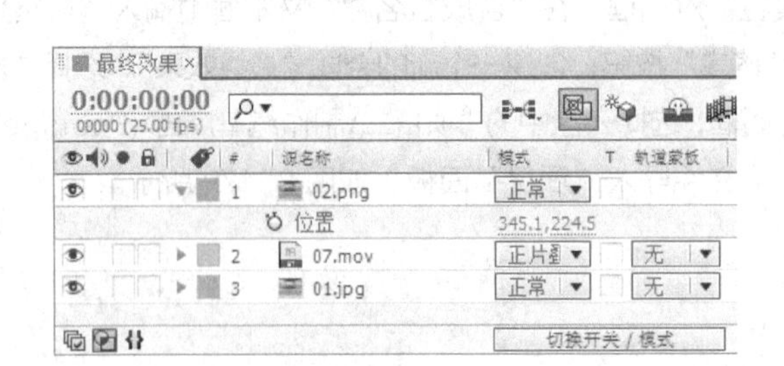

图 2-182

图 2-183

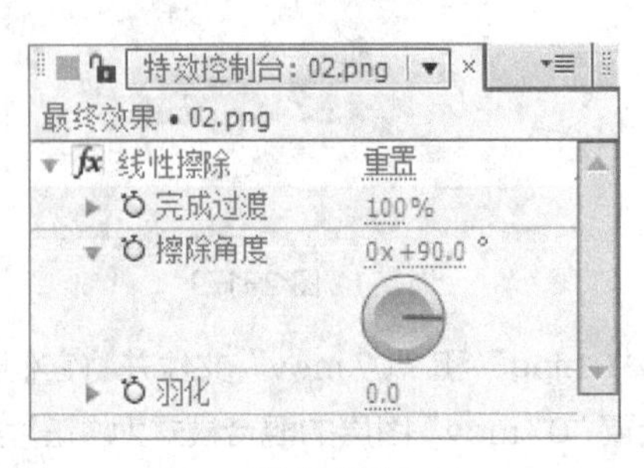

图 2-184

图 2-185

步骤 5 将时间标签放置在 1:05s 的位置，在“特效控制台”面板中，单击“完成过渡”选项左侧的“关键帧自动记录器”按钮，如图 2-186 所示，记录第 1 个关键帧。

步骤 6 将时间标签放置在 1:13s 的位置，在“特效控制台”面板中，设置“完成过渡”为 0%，如图 2-187 所示，记录第 2 个关键帧。

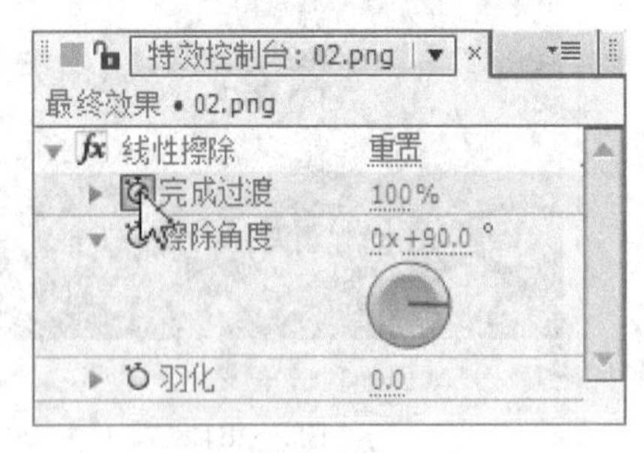

图 2-186

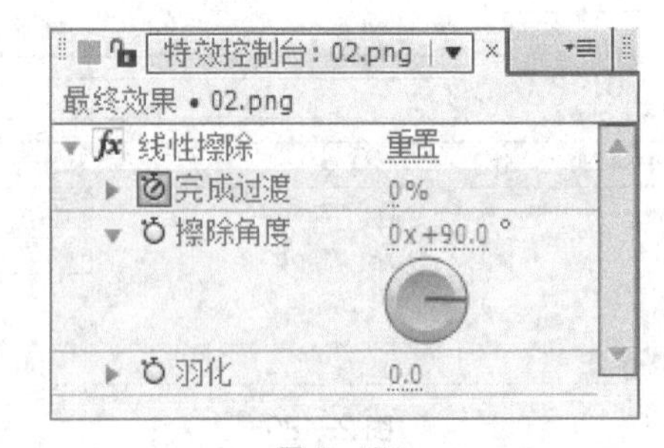

图 2-187

步骤 7 将时间标签放置在 0s 的位置，在“项目”面板中选中“06.png”文件并将其拖曳到“时间线”面板中，按 P 键，展开“位置”属性，设置“位置”为 981、427.3，单击“位置”选项左侧的“关键帧自动记录器”按钮，如图 2-188 所示，记录第 1 个关键帧。

步骤 8 将时间标签放置在 0:09s 的位置，在“时间线”面板中，设置“位置”为 360、427.3，如

图 2-189 所示，记录第 2 个关键帧。

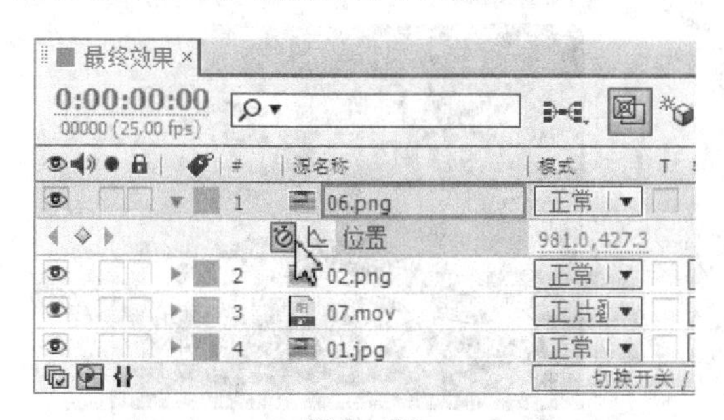

图 2-188

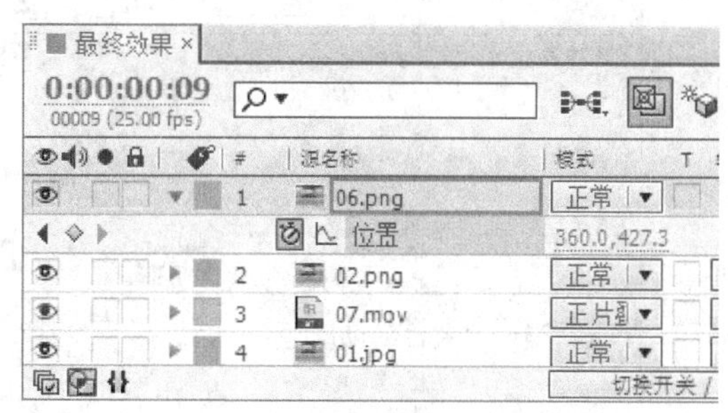

图 2-189

步骤⑨ 选中“06.png”图层，选择“效果 > 色彩校正 > 色相位/饱和度”命令，在“特效控制台”面板中设置参数，如图 2-190 所示。“合成”窗口中的效果如图 2-191 所示。

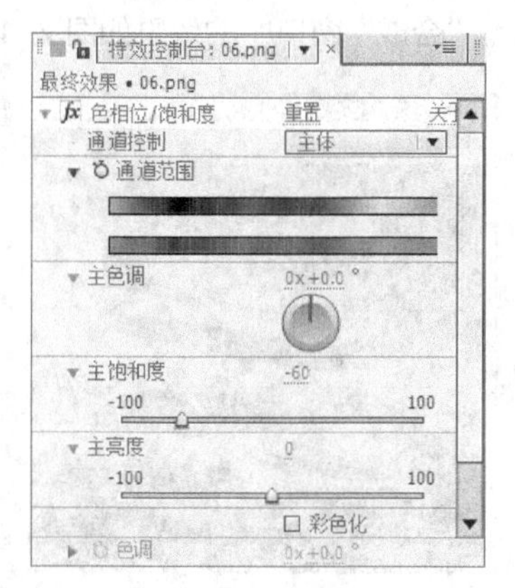

图 2-190

图 2-191

步骤⑩ 在“项目”面板中选中“05.png”文件并将其拖曳到“时间线”面板中，单击右侧的“3D 图层”按钮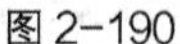，展开“变换”属性，设置如图 2-192 所示。分别单击“缩放”选项和“Y 轴旋转”选项左侧的“关键帧自动记录器”按钮，如图 2-193 所示，记录第 1 个关键帧。

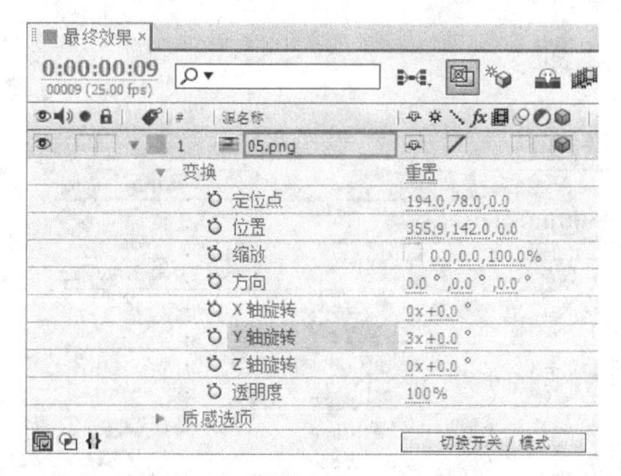

图 2-192

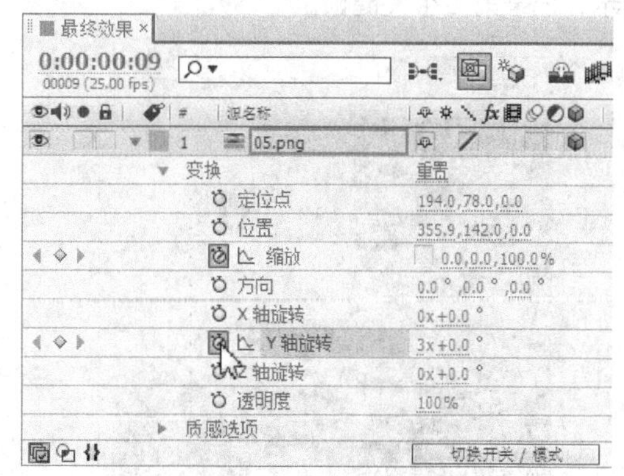

图 2-193

步骤⑪ 将时间标签放置在 0:18s 的位置，在“时间线”面板中，设置“缩放”为 100%，“Y 轴旋转”为 0、0，如图 2-194 所示。“合成”窗口中的效果如图 2-195 所示。

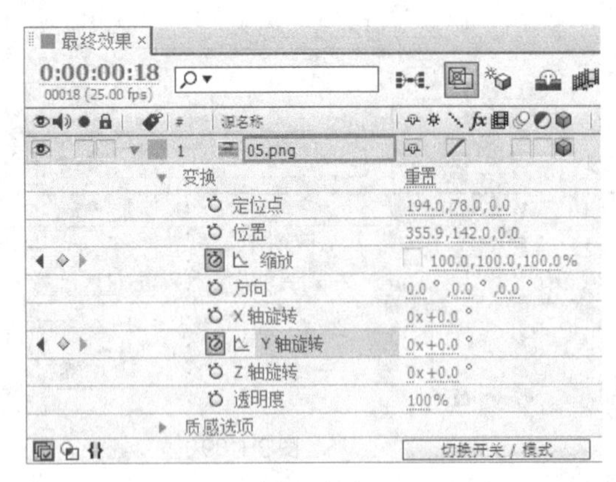

图 2-194

图 2-195

步骤⑫ 在“项目”面板中选中“03.png”文件并将其拖曳到“时间线”面板中，按 P 键，展开“位置”属性，设置“位置”为 355.9、252.8，如图 2-196 所示。“合成”窗口中的效果如图 2-197 所示。

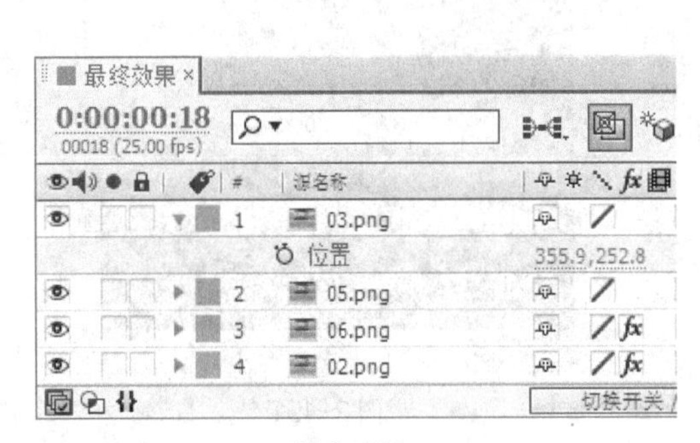

图 2-196

图 2-197

步骤⑬ 选择“矩形遮罩”工具，在“合成”窗口中绘制一个矩形遮罩，如图 2-198 所示。按 M 键，展开“遮罩形状”属性，单击“遮罩形状”选项左侧的“关键帧自动记录器”按钮，如图 2-199 所示，记录第 1 个关键帧。

图 2-198

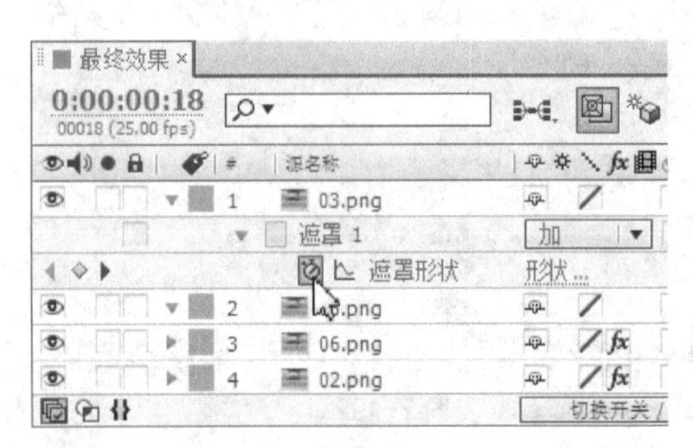

图 2-199

步骤⑭ 将时间标签放置在 1s 的位置。选择“选择”工具，在“合成”窗口中，同时选中“遮罩形状”右边的两个控制点，将控制点向右拖曳到图 2-200 所示的位置，在 1s 的位置再次记录 1 个关键帧。

步骤⑮ 在“项目”面板中选中“04.png”文件并将其拖曳到“时间线”面板中，按 P 键，展开“位置”属性，设置“位置”为 361.4、252.8，如图 2-201 所示。

图 2-200

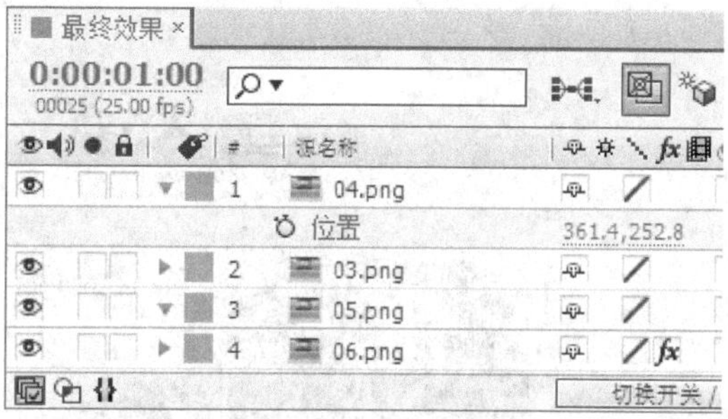

图 2-201

步骤⑯ 按 T 键，展开“透明度”属性，设置“透明度”为 0%，单击“透明度”选项左侧的“关键帧自动记录器”按钮，如图 2-202 所示，记录第 1 个关键帧。将时间标签放置在 1:08s 的位置，在“时间线”面板中，设置“透明度”为 100%，如图 2-203 所示，记录第 2 个关键帧。

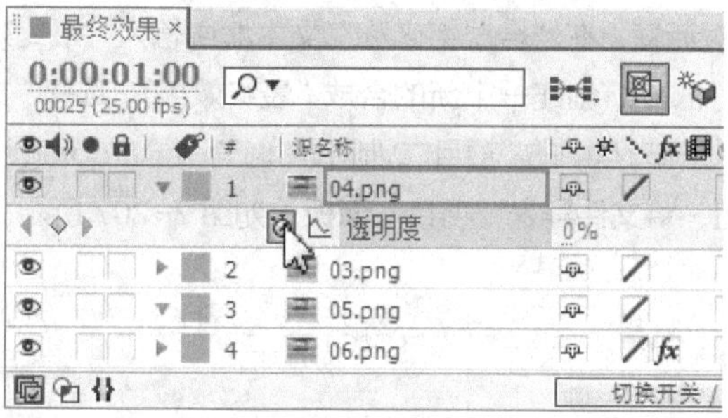

图 2-202

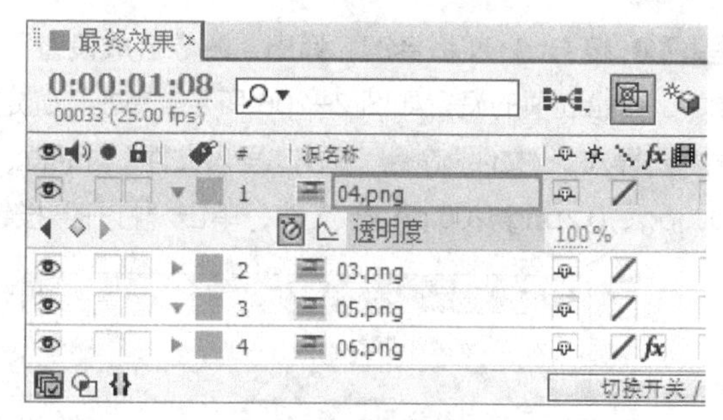

图 2-203

步骤⑰ 汽车广告效果制作完成，效果如图 2-204 所示。

图 2-204

2.4.3 制作房地产广告

案例知识要点

使用“位置”属性和关键帧制作背景动画效果；使用图层入点控制画面的出场时间；使用“曲线”命令调整图像的亮度；使用“遮罩”命令制作文字动画效果。最终效果如图 2-205 所示。

图 2-205

微课：制作房地产广告

案例操作步骤

步骤① 按 Ctrl+N 组合键，弹出“图像合成设置”对话框，在“合成组名称”文本框中输入“最终效果”，其他选项的设置如图 2-206 所示，单击“确定”按钮，创建一个新的合成“最终效果”。选择“文件 > 导入 > 文件”命令，弹出“导入文件”对话框，选择云盘中的“项目二\制作房地产广告\(Footage)\01.jpg、0.2png～06.png”文件，单击“打开”按钮，将文件导入“项目”面板，如图 2-207 所示。

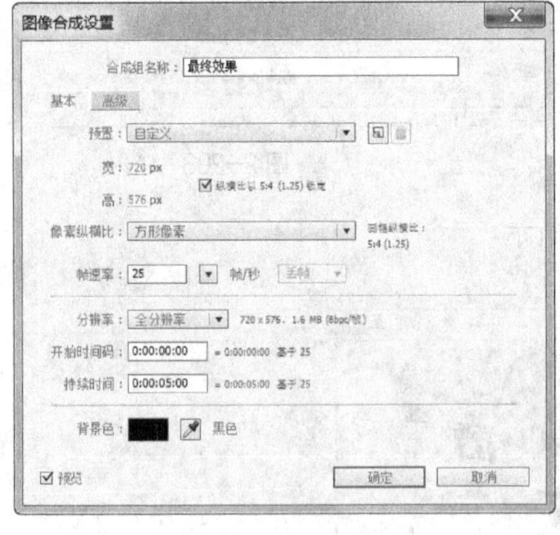

图 2-206

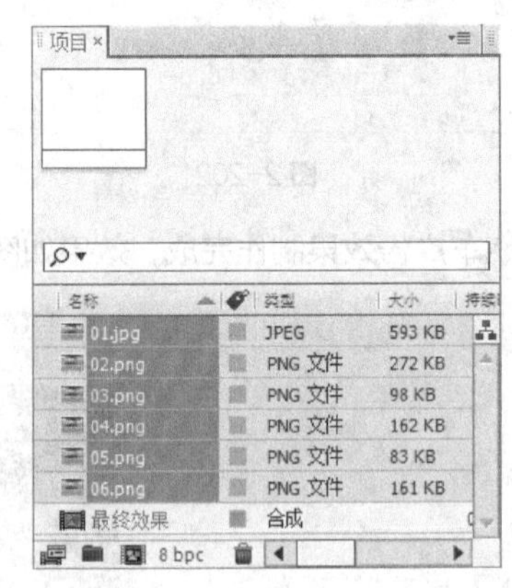

图 2-207

步骤② 在“项目”面板中选中“01.jpg”文件并将其拖曳到“时间轴”面板中，如图 2-208 所示。“合成”窗口中的效果如图 2-209 所示。

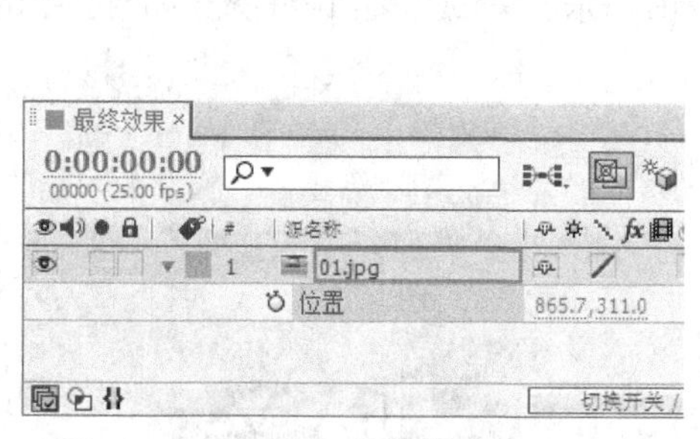

图 2-208

图 2-209

步骤③ 保持时间标签在 0s 的位置，单击“位置”选项左侧的“关键帧自动记录器”按钮 ⏱，如图 2-210 所示，记录第 1 个关键帧。将时间标签放置在“时间线”面板中，设置“位置”为-149.9、311，如图 2-211 所示，记录第 2 个关键帧。

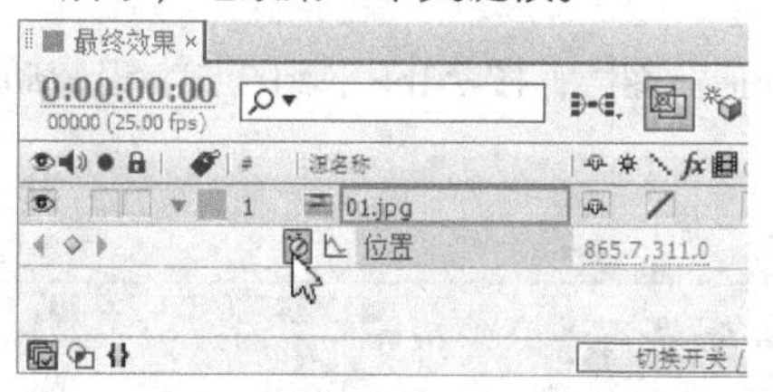

图 2-210

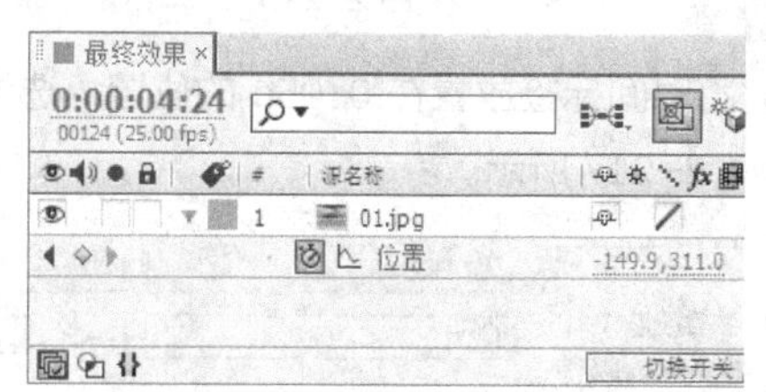

图 2-211

步骤④ 在“项目”面板中选中“04.png”文件并将其拖曳到“时间线”面板中，按 P 键，展开“位置”属性，设置“位置”为 400.6、515.2，如图 2-212 所示。“合成”窗口中的效果如图 2-213 所示。

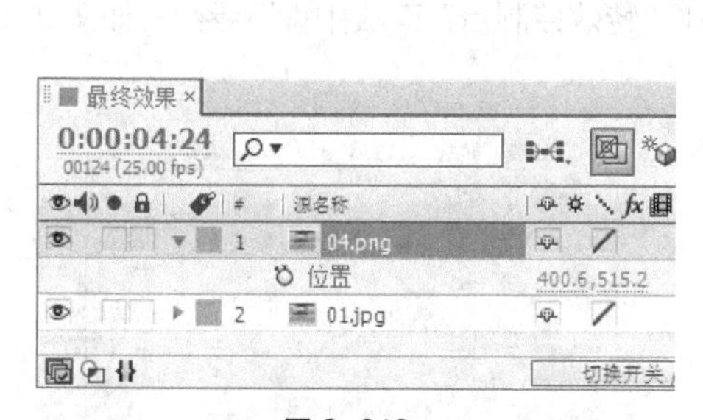

图 2-212

图 2-213

步骤⑤ 将时间标签放置在 0:15s 的位置，选中“04.png”图层，按 Alt+［组合键，设置动画的入点，如图 2-214 所示。

图 2-214

步骤⑥ 在“项目”面板中选中“02.png”文件并将其拖曳到“时间线”面板中，按 P 键，展开“位置”属性，设置“位置”为 326.2、404.3，如图 2-215 所示。“合成”窗口中的效果如图 2-216 所示。

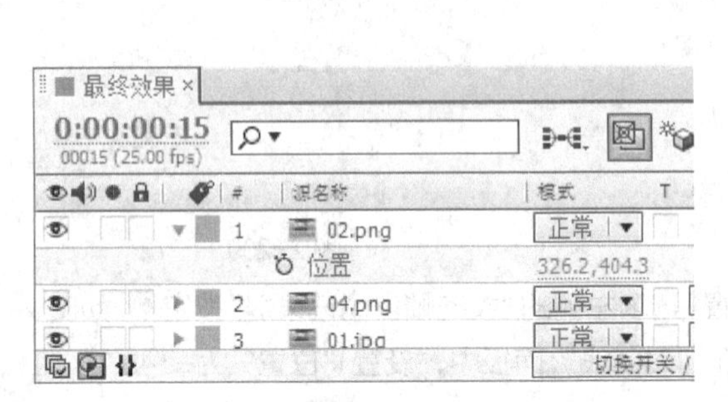

图 2-215

图 2-216

步骤⑦ 将时间标签放置在 0:05s 的位置，选中“02.png”图层，按 Alt+［组合键，设置动画的入点，如图 2-217 所示。

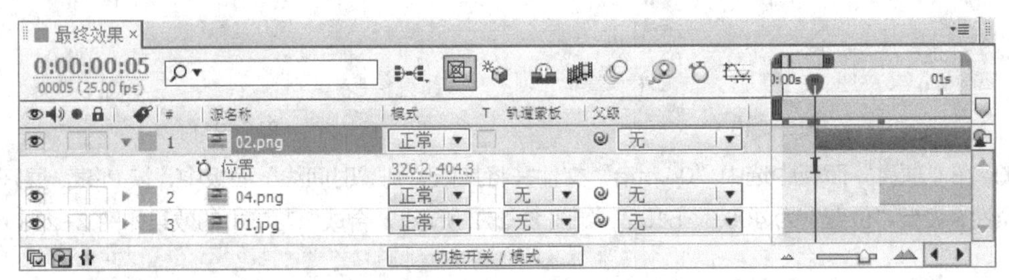

图 2-217

步骤⑧ 选择“效果 > 色彩校正 > 曲线”命令，在“特效控制台”面板中设置参数，如图 2-218 所示。“合成”窗口中的效果如图 2-219 所示。

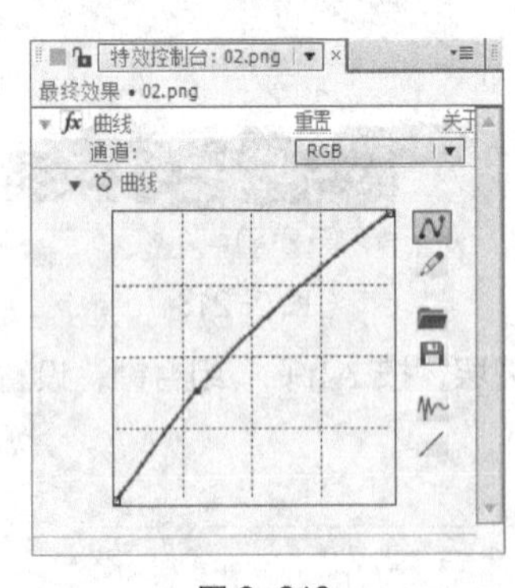

图 2-218

图 2-219

步骤⑨ 在“项目”面板中选中“03.png”文件并将其拖曳到“时间线”面板中，按 P 键，展开“位置”属性，设置“位置”为 169.4、534.1，如图 2-220 所示。“合成”窗口中的效果如图 2-221 所示。

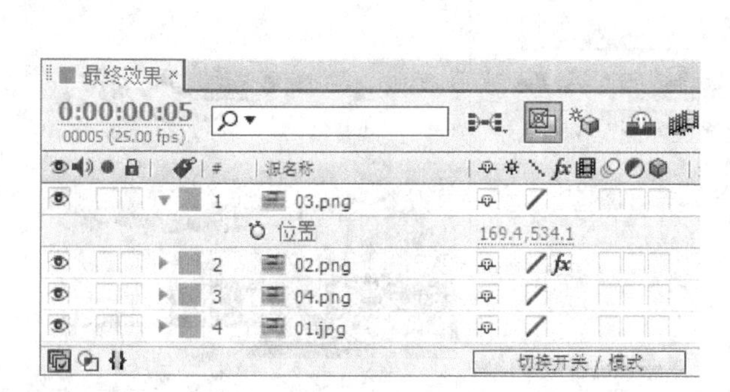

图 2-220

图 2-221

步骤⑩ 将时间标签放置在 0:10s 的位置，选中“03.png”图层，按 Alt+［组合键，设置动画的入点，如图 2-222 所示。

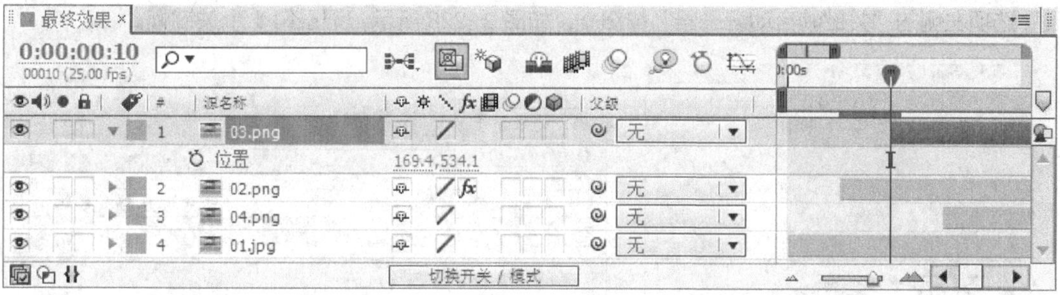

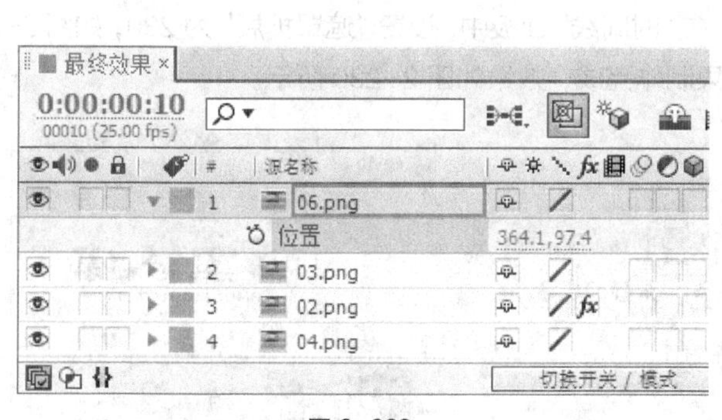

图 2-222

步骤⑪ 在“项目”面板中选中“06.png”文件并将其拖曳到“时间线”面板中，按 P 键，展开“位置”属性，设置“位置”为 364.1、97.4，如图 2-223 所示。“合成”窗口中的效果如图 2-224 所示。

图 2-223

图 2-224

步骤⑫ 在“项目”面板中选中“05.png”文件并将其拖曳到“时间线”面板中，按 P 键，展开“位置”属性，设置“位置”为 445.2、147.4，如图 2-225 所示。“合成”窗口中的效果如图 2-226 所示。

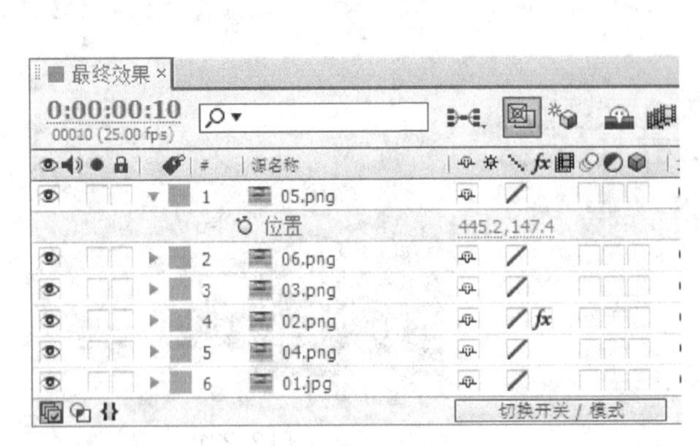

图 2-225

图 2-226

步骤⑬ 选中“05.png”图层，选择“椭圆形遮罩”工具，在“合成”窗口中绘制一个圆形遮罩，如图 2-227 所示。按两次 M 键，展开“遮罩”属性，保持时间标签在 0:10s 的位置，单击“遮罩扩展”选项左侧的“关键帧自动记录器”按钮，如图 2-228 所示，记录第 1 个关键帧。

图 2-227

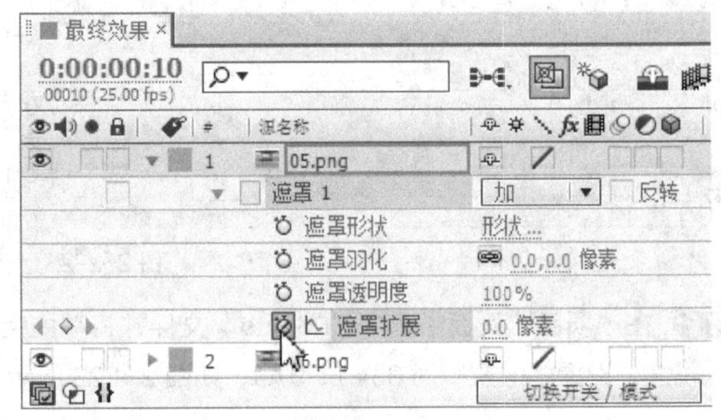

图 2-228

步骤⑭ 将时间标签放置在 0:16s 的位置，在“时间线”面板中，设置“遮罩扩展”为 230，如图 2-229 所示，记录第 2 个关键帧。房地产广告效果制作完成，效果如图 2-230 所示。

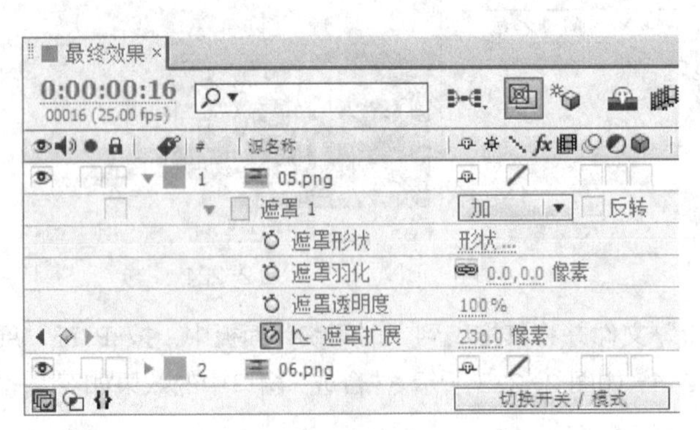

图 2-229

图 2-230

任务五 课后实战演练

2.5.1 动感相册

【练习知识要点】

使用“导入”命令导入素材；使用“矩形遮罩”工具和“椭圆遮罩”工具制作照片动画效果；使用“时间线”面板控制动画的出场时间。

【案例所在位置】

云盘中的“项目二 > 动感相册 > 动感相册.eap”，效果如图 2-231 所示。

图 2-231

微课：动感相册

2.5.2 运动的线条

【练习知识要点】

使用“粒子运动”命令、“变换”命令、“快速模糊”命令制作线条效果；使用“缩放”属性制作缩放效果。

【案例所在位置】

云盘中的“项目二 > 运动的线条 > 运动的线条.eap”，效果如图 2-232 所示。

图 2-232

微课：运动的线条

03

项目三 制作电视纪录片

应用时间线制作效果是 After Effects 的重要功能，本项目讲解重置时间、关键帧的基本操作等功能。读者通过本项目的学习，能够应用时间线来制作视频特效。

课堂学习目标

- 掌握制作时间线动画的方法
- 熟练掌握关键帧的基本操作

任务一 制作时间线动画

3.1.1 使用时间线控制速度

选择“文件 > 打开项目”命令，或按 Ctrl+O 组合键，在弹出的“打开”对话框中，选择云盘中的“基础素材\项目三\任务一.aep”文件，单击“打开”按钮打开文件。

在“时间线”面板中，单击⇵按钮，展开伸缩属性，如图 3-1 所示。伸缩属性可以加快或者放慢速度，延长或缩短持续时间，默认情况下伸缩值为 100%，表示以正常速度播放片段；小于 100%时，会加快播放速度；大于 100%时，将减慢播放速度。不过时间伸缩不可以形成关键帧，因此不能制作时间速度变化的动画特效。

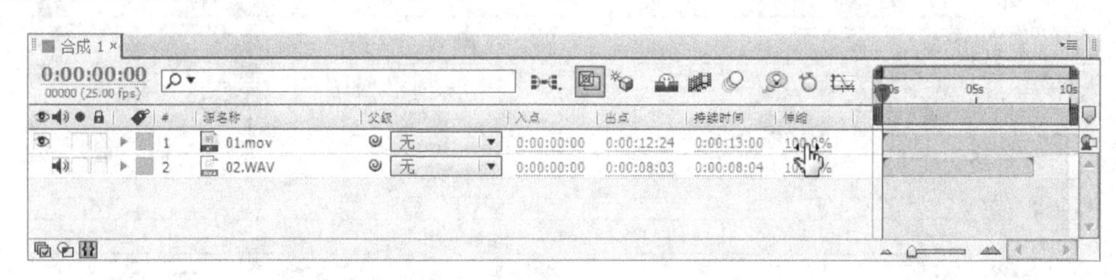

图 3-1

3.1.2 设置声音的时间线属性

除了视频，在 After Effects 中还可以对音频应用伸缩功能。调整音频图层中的伸缩值，随着伸缩值的变化，可以听到声音的变化，如图 3-2 所示。

如果某个素材图层同时包含音频和视频信息，在调整伸缩值时，希望只影响视频信息，音频信息保持正常速度播放，就需要将该素材图层复制一份，两个图层中一个图层关闭视频信息，但保留音频部分，不改变伸缩速度；另一个图层关闭音频信息，保留视频部分，调整伸缩速度。

图 3-2

3.1.3 使用“入点”和“出点”面板

“入点”和“出点”面板可以方便地控制图层的入点和出点信息，不过它还隐藏了一些快捷功能，通过它们同样可以改变素材片段的播放速度和伸缩值。

在“时间线”面板中，调整当前时间标签到某个时间位置，在按住 Ctrl 键的同时，单击入点或者出点参数，即可改变素材片段的播放速度，如图 3-3 所示。

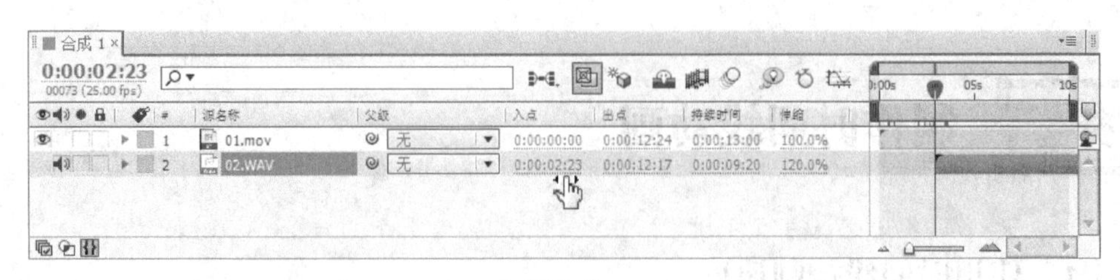

图 3-3

3.1.4 时间线上的关键帧

如果素材图层上已经制作了关键帧动画，那么在改变其伸缩值时，不仅会影响其本身的播放速度，关键帧之间的时间距离也会随之改变。例如，将伸缩值设置为 50%，原来关键帧之间的距离会缩短一半，关键帧动画的播放速度也会加快一倍，如图 3-4 所示。

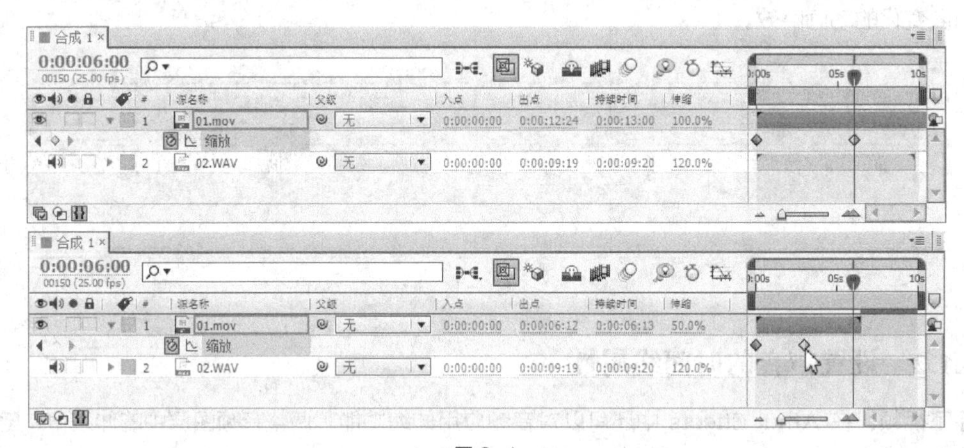

图 3-4

如果不希望改变伸缩值时影响关键帧的时间位置，则需要全选当前图层的所有关键帧，然后选择"编辑 > 剪切"命令，或按 Ctrl+X 组合键，暂时将关键帧信息剪切到系统剪贴板中，调整伸缩值，改变素材图层的播放速度后，选取使用关键帧的属性，再选择"编辑 > 粘贴"命令，或按 Ctrl+V 组合键，将关键帧粘贴回当前图层。

3.1.5 颠倒时间

在视频节目中，经常会看到倒放的动态影像，利用伸缩属性可以很方便地实现这一点，把伸缩值调整为负值即可。例如，保持片段原来的播放速度，只是实现倒放，可以将伸缩值设置为-100%，如图 3-5 所示。

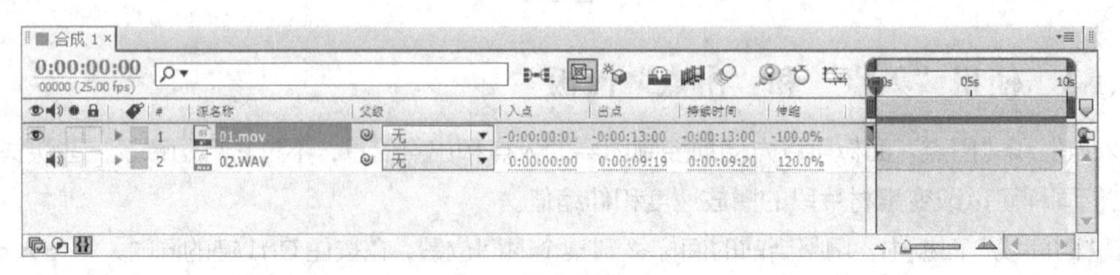

图 3-5

当伸缩值设置为负值时，图层上出现了红色的斜线，表示已经颠倒了时间。但是图层会移动到别的位置，这是因为在颠倒时间的过程中，是以图层的入点为变化基准，所以反向时导致位置上的变动，将设置伸缩的对象时间拖曳到合适位置即可。

3.1.6　确定时间调整基准点

在伸缩时间的过程中，发现变化时的基准点在默认情况下是以入点为标准的，特别是在颠倒时间的练习中更明显地感受到了这一点。其实在 After Effects 中，时间调整的基准点同样是可以改变的。

单击“拉伸”参数，弹出“时间伸缩”对话框，在“放置保持”区域可以设置在改变时间伸缩值时图层变化的基准点，如图 3-6 所示。

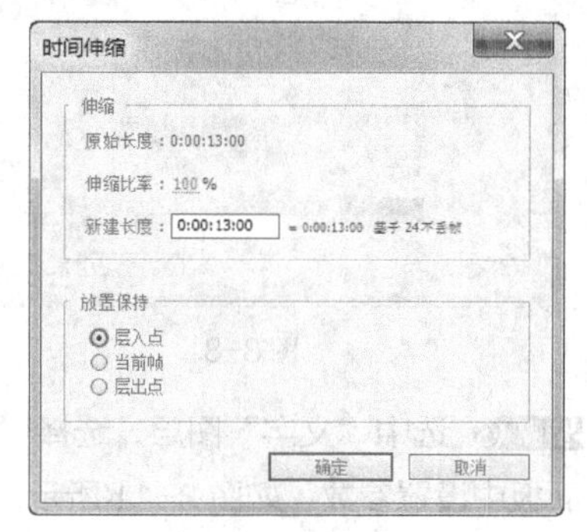

图 3-6

层入点：以图层入点为基准，也就是在调整过程中，固定入点位置。

当前帧：以当前时间标签为基准，也就是在调整过程中，同时影响入点和出点位置。

层出点：以图层出点为基准，也就是在调整过程中，固定出点位置。

3.1.7　实训项目：粒子汇集文字

案例知识要点

使用“横排文字”工具编辑文字；使用“CC 像素多边形”命令制作文字粒子特效；使用“辉光”命令、“Shine”命令制作文字发光；使用“时间伸缩”命令制作动画倒放效果。粒子汇集文字效果如图 3-7 所示。

图 3-7

微课：粒子汇集文字 1

微课：粒子汇集文字 2

微课：粒子汇集文字 3

案例操作步骤

步骤① 按 Ctrl+N 组合键，弹出“图像合成设置”对话框，在“合成组名称”文本框中输入“粒子发散”，其他选项的设置如图 3-8 所示，单击“确定”按钮，创建一个新的合成“粒子发散”。

步骤② 选择“横排文字”工具T，在“合成”窗口中输入文字“POLAR REGIONS”。选中文字，在“文字”面板中设置文字参数，如图 3-9 所示，“合成”窗口中的效果如图 3-10 所示。

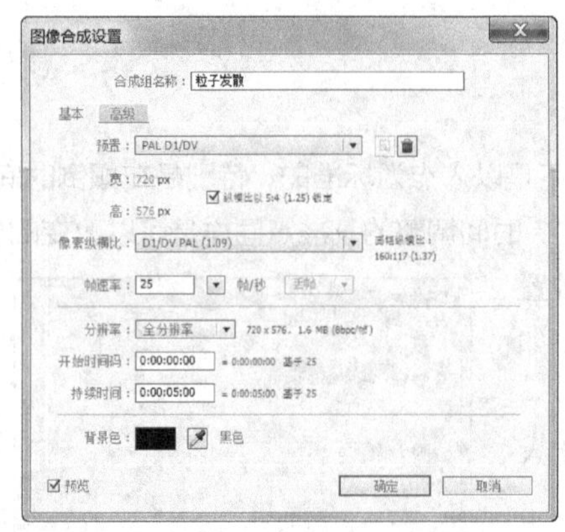

图 3-8

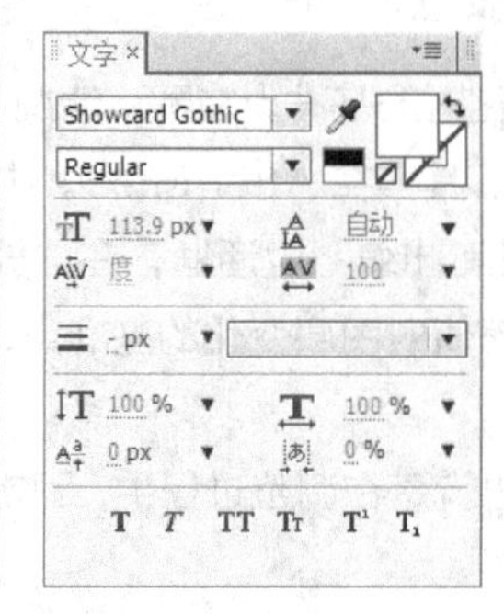

图 3-9

图 3-10

步骤③ 选中“文字”图层，选择“效果 > 模拟仿真 > CC 像素多边形”命令，在“特效控制台”面板中设置参数，如图 3-11 所示。“合成”窗口中的效果如图 3-12 所示。

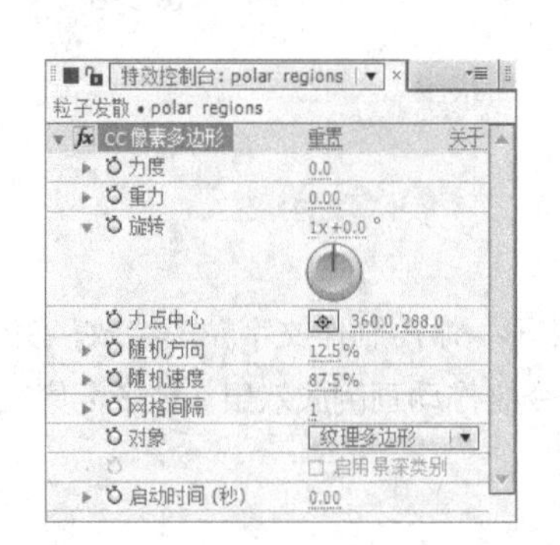

图 3-11

图 3-12

步骤④ 选中“文字”图层，在“时间线”面板中将时间标签放置在 0s 的位置，在“特效控制台”面板中单击“力度”选项左侧的“关键帧自动记录器”按钮⏱，记录第 1 个关键帧，如图 3-13 所示。将时间标签放置在 4:24s 的位置，在“特效控制台”面板中设置“力度”为-0.6，如图 3-14 所示，记录第 2 个关键帧。

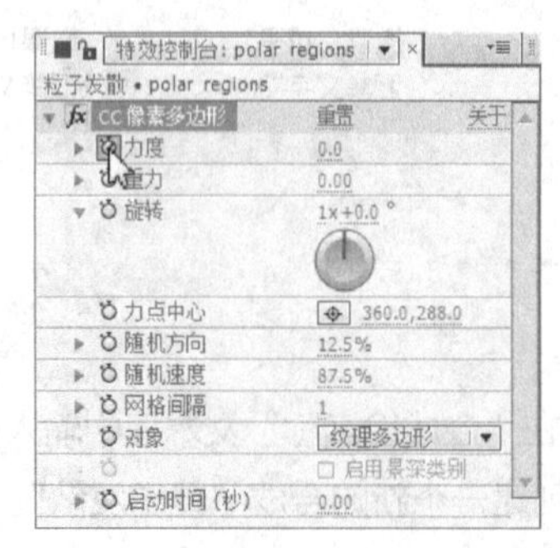

图 3-13

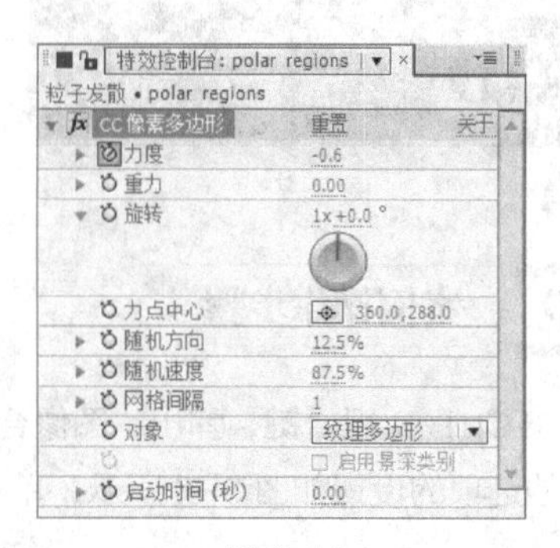

图 3-14

步骤⑤ 选中“文字”图层，将时间标签放置在3s的位置，在“特效控制台”面板中单击“重力”选项左侧的“关键帧自动记录器”按钮，记录第1个关键帧，如图3-15所示。将时间标签放置在4s的位置，设置“重力”为3，如图3-16所示，记录第2个关键帧。

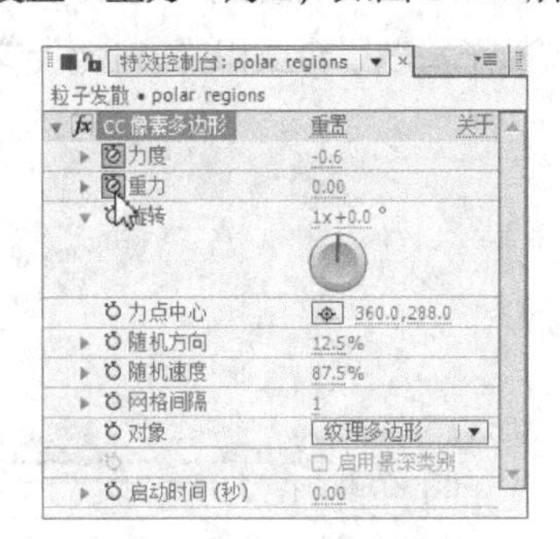

图3-15

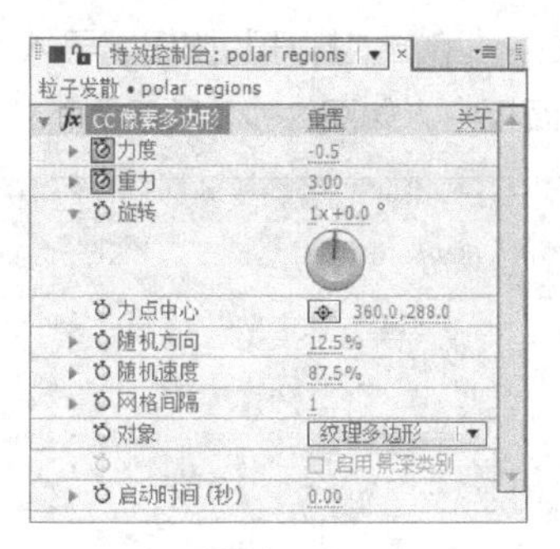

图3-16

步骤⑥ 选中“文字”图层，选择“效果 > 风格化 > 辉光”命令，在“特效控制台”面板中设置“颜色A”为蓝色（其R、G、B值分别为0、24、255），“颜色B”为白色，设置其他参数如图3-17所示。“合成”窗口中的效果如图3-18所示。

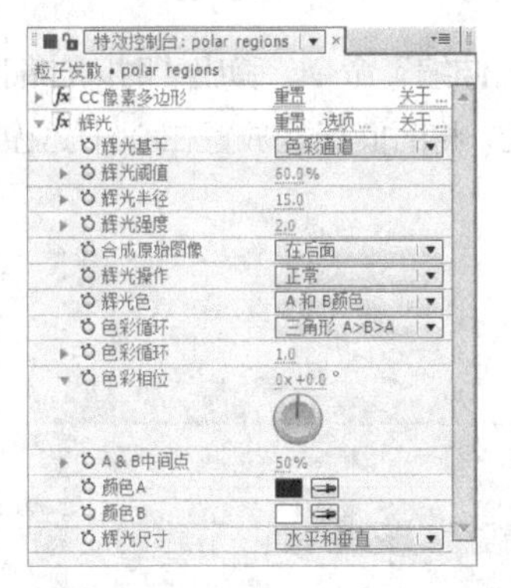

图3-17

图3-18

步骤⑦ 选中“文字”图层，选择“效果 > Trapcode > Shine”命令，在“特效控制台”面板中设置参数，如图3-19所示。“合成”窗口中的效果如图3-20所示。

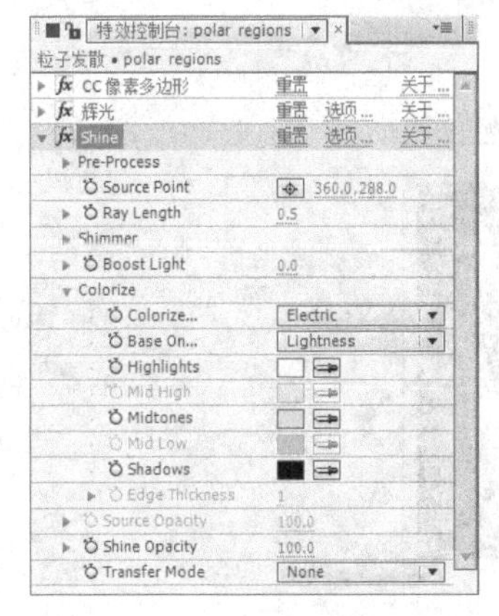

图3-19

图3-20

步骤⑧ 按 Ctrl+N 组合键，弹出“图像合成设置”对话框，在“合成组名称”文本框中输入“粒子汇集”，其他选项的设置如图 3-21 所示，单击“确定”按钮，创建一个新的合成“粒子汇集”。选择“文件 > 导入 > 文件”命令，弹出“导入文件”对话框，选择云盘中的“项目三\粒子汇集文字\(Footage)\01.jpg”文件，单击“打开”按钮，导入背景图片，并将“粒子发散”合成和“01.jpg”文件拖曳到“时间线”面板中，如图 3-22 所示。

图 3-21

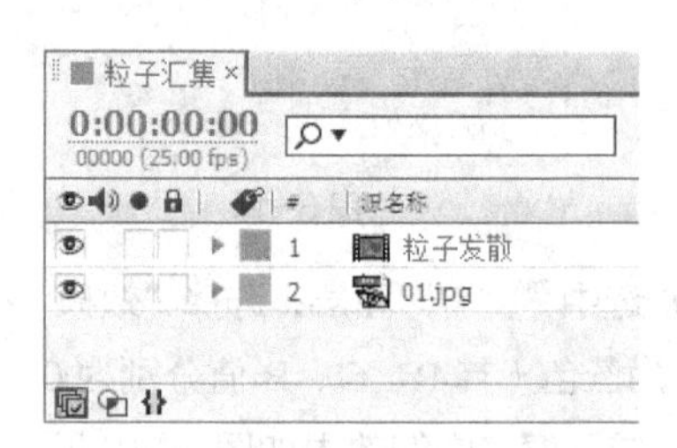

图 3-22

步骤⑨ 选中“粒子发散”图层，选择“图层 > 时间 > 时间伸缩”命令，弹出“时间伸缩”对话框，设置“伸缩比率”为-100，如图 3-23 所示，单击“确定”按钮。将时间标签放置在 0s 的位置，按［键将素材对齐，如图 3-24 所示，实现倒放功能。

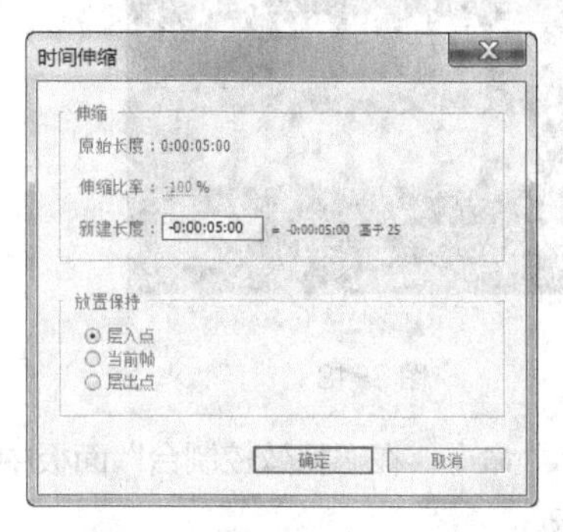

图 3-23

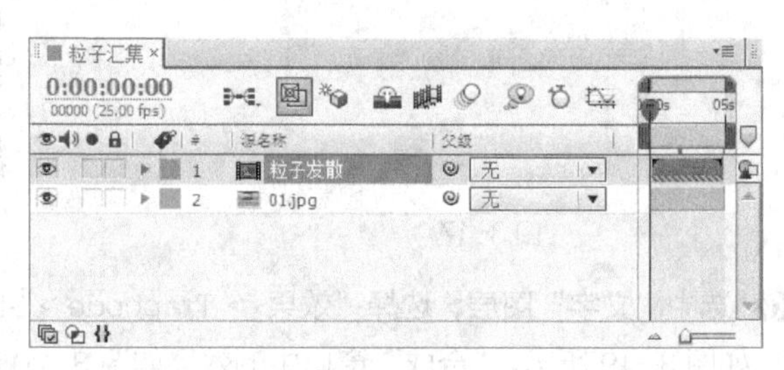

图 3-24

步骤⑩ 粒子汇集文字制作完成，效果如图 3-25 所示。

图 3-25

任务二　应用关键帧

3.2.1　理解关键帧的概念

在 After Effects 中，把包含关键信息的帧称为关键帧。位置、旋转、透明度等所有能够用数值表示的信息都包含在关键帧中。

在制作电影时，通常要制作许多不同的片断，然后将片断连接到一起制作成电影。每一个片段的开头和结尾都要做标记，这样在看到标记时就知道这一段的内容是什么。

在 After Effects 中，依据前后两个关键帧识别动画开始和结束的状态，并自动计算中间的动画过程（此过程也叫插值运算），产生视觉动画。这也就意味着，要产生关键帧动画，就必须有两个或两个以上有变化的关键帧。

3.2.2　关键帧自动记录器

After Effects 提供了非常丰富的方法来调整和设置图层的各个属性，但是在普通状态下，这种设置被看作是针对整个持续时间的，如果要进行动画处理，则必须单击“关键帧自动记录器”按钮，记录两个或两个以上含有不同变化信息的关键帧，如图 3-26 所示。

图 3-26

关键帧自动记录器为启用状态时，After Effects 将自动记录当前时间标签下，该图层该属性的任何变动，形成关键帧。关闭关键帧自动记录器时，此属性的所有已有的关键帧将被删除，由于缺少关键帧，动画信息丢失，所以再次调整属性时，被视为针对整个持续时间的调整。

3.2.3　添加关键帧

添加关键帧的方法很多，基本方法是首先激活某属性的关键帧自动记录器，然后改变属性值，在当前时间标签处将形成关键帧，具体操作步骤如下。

步骤① 选择某图层，单击小箭头按钮▸或按属性的快捷键，展开图层的属性。

步骤② 将当前的时间标签移动到建立第一个关键帧的时间位置。

步骤③ 单击某属性的“关键帧自动记录器”按钮，当前时间标签位置将产生第一个关键帧◇，调整此属性到合适值。

步骤④ 将当前时间标签移动到建立下一个关键帧的时间位置，在“合成”窗口或者“时间线”面板调整相应的图层属性，关键帧将自动产生。

步骤⑤ 按 0 键，预览动画。

如果某图层的遮罩属性打开了关键帧自动记录器，那么在“图层”窗口中调整遮罩时也会产生关键帧信息。

另外，单击“时间线”控制区中的关键帧面板◀ ◇ ▶中间的◇按钮，可以添加关键帧；如果是在已经有关键帧的情况下单击此按钮，则将已有的关键帧删除，其快捷键是 Alt+Shift+属性快捷键，如 Alt+Shift+P 组合键。

3.2.4 关键帧导航

在 3.2.3 小节中，提到了“时间线”控制区的关键帧面板，此面板最主要的功能是关键帧导航，通过关键帧导航可以快速跳转到上一个或下一个关键帧位置，还可以方便地添加和删除关键帧。如果此面板没有出现，则单击“时间线”面板右上方的按钮，在弹出的列表中选择“显示栏目 > A/V 功能”命令，即可打开此面板，如图 3-27 所示。

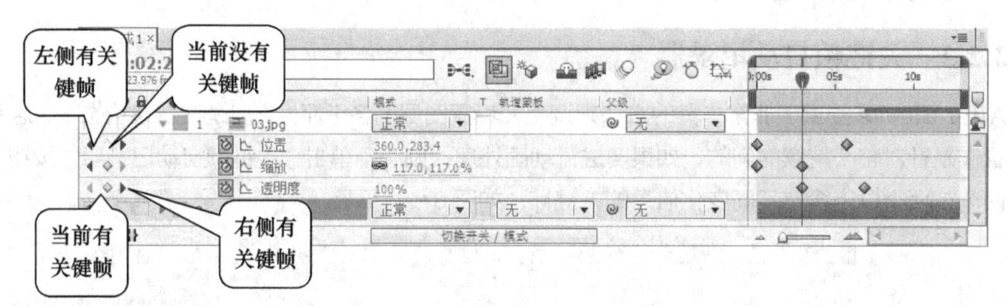

图 3-27

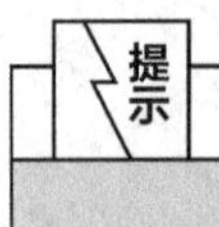

既然要对关键帧进行导航操作，就必须将关键帧呈现出来，按 U 键，可以显示图层中的所有关键帧动画信息。

◀跳转到上一个关键帧位置，其快捷键是 J。
▶跳转到下一个关键帧位置，其快捷键是 K。

关键帧导航按钮仅针对本属性的关键帧进行导航，而快捷键 J 和 K 则可以针对画面中显现的所有关键帧进行导航，这是有区别的。

“添加删除关键帧”按钮◇：在当前无关键帧状态时，单击此按钮将生成关键帧。
“添加删除关键帧”按钮◆：在当前已有关键帧状态时，单击此按钮将删除关键帧。

3.2.5 选择关键帧

1. 选择单个关键帧

在“时间线”面板中，展开含有关键帧的某个属性，单击某个关键帧，此关键帧即被选中。

2. 选择多个关键帧

在“时间线”面板中，按住 Shift 键的同时，逐个选择关键帧，可同时选择多个关键帧。

在“时间线”面板中，用鼠标拖曳出一个选取框，选取框内的所有关键帧即被选中，如图 3-28 所示。

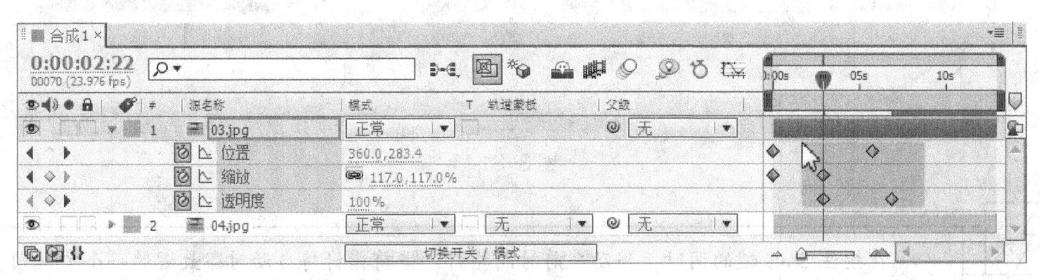

图 3-28

3. **选择所有关键帧**

单击图层属性名称，即可选择所有关键帧，如图 3-29 所示。

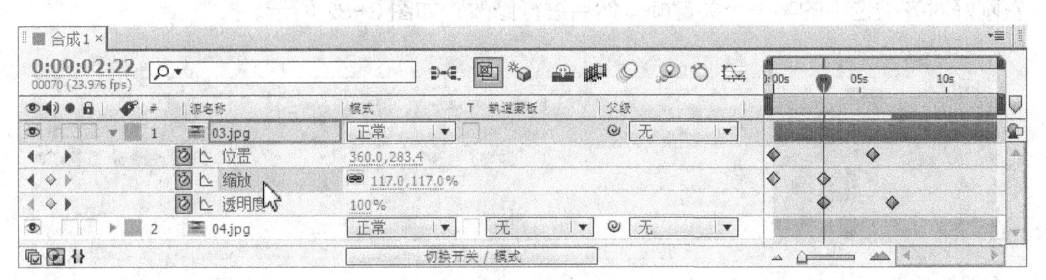

图 3-29

3.2.6 编辑关键帧

1. **编辑关键帧值**

在关键帧上双击，在弹出的对话框中设置参数，如图 3-30 所示。

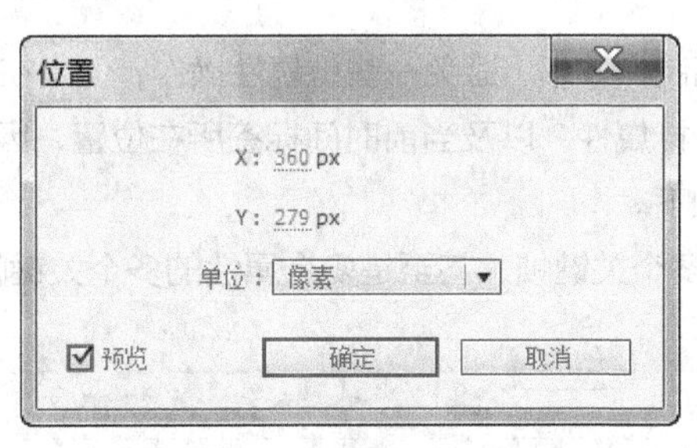

图 3-30

不同的属性对话框呈现的内容也会不同，图 3-30 所示为双击“位置”属性关键帧时弹出的对话框。

要在“合成”窗口或者“时间线”面板中调整关键帧，就必须选中当前关键帧，否则编辑关键帧操作将变成生成新的关键帧操作，如图 3-31 所示。

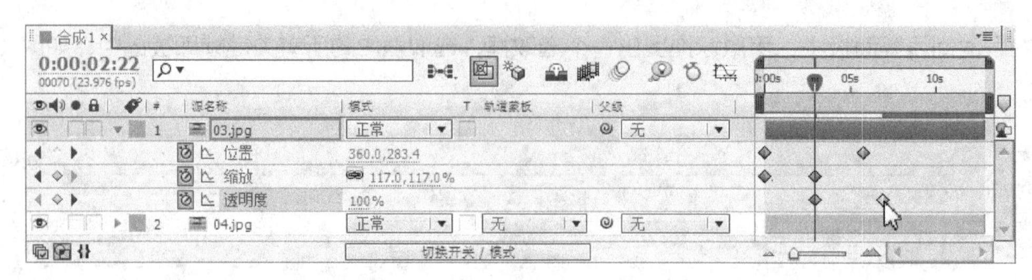

图 3-31

在按住 Shift 键的同时，移动当前时间指针，当前指针将自动对齐最近的一个关键帧，如果在按住 Shift 键的同时移动关键帧，则关键帧将自动对齐当前时间标签。

同时改变某属性的几个或所有关键帧的值，还需要同时选中几个或者所有关键帧，并确定当前时间标签刚好对齐被选中的某一个关键帧，然后进行修改，如图 3-32 所示。

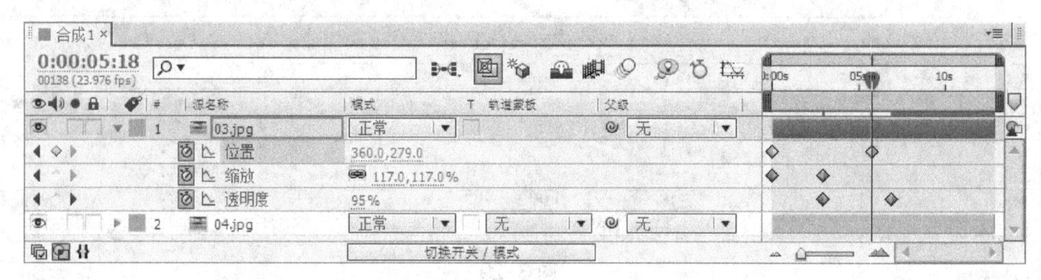

图 3-32

2. 移动关键帧

选中单个或者多个关键帧，将其拖曳到目标时间位置即可移动选中的关键帧。还可以在按住 Shift 键的同时，锁定到当前时间标签位置。

3. 复制关键帧

复制关键帧可以大大提高制作效率，避免一些重复性操作，但是在粘贴操作前一定要注意当前选择的目标图层、目标图层的目标属性，以及当前时间标签所在位置，因为这是粘贴操作的重要依据。复制关键帧的具体操作步骤如下。

步骤❶ 选中要复制的单个或多个关键帧，甚至是多个属性的多个关键帧，如图 3-33 所示。

图 3-33

步骤❷ 选择“编辑 > 复制”命令，将选中的多个关键帧复制。选择目标图层，将时间标签移动到目标时间位置，如图 3-34 所示。

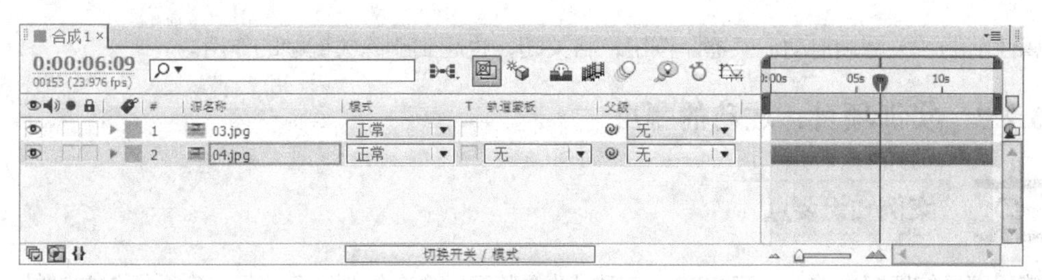

图 3-34

步骤③ 选择“编辑 > 粘贴”命令，将复制的关键帧粘贴，如图 3-35 所示。

图 3-35

复制的关键帧不仅可以粘贴到本图层的属性上，还可以粘贴到其他图层的属性上。如果是复制粘贴到本图层或其他图层的属性上，那么两个属性的数据类型必须一致。例如，将某个二维图层的“位置”动画信息复制粘贴到另一个二维图层的“定位点”属性上，由于两个属性的数据类型是一致的（都是 x 轴和 y 轴的两个值），所以可以实现复制操作。只要粘贴操作前，确定选中目标图层的目标属性即可，如图 3-36 所示。

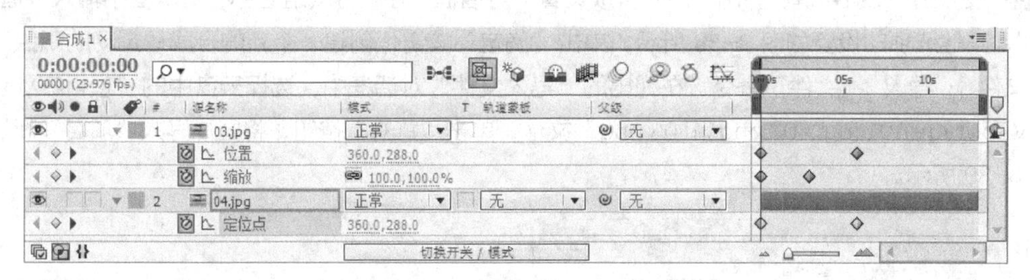

图 3-36

如果粘贴的关键帧与目标图层上的关键帧在同一时间位置，则覆盖目标图层中原来的关键帧。另外，图层的属性值在无关键帧时也可以复制，通常用于统一不同图层间的属性。

4. 删除关键帧

◎ 选中需要删除的单个或多个关键帧，选择“编辑 > 清除”命令，将其删除。

◎ 选中需要删除的单个或多个关键帧，按 Delete 键，即可将其删除。

◎ 当前时间指针对齐关键帧，关键帧面板中的添加删除关键帧按钮呈◆状态，此时单击该按钮将删除当前关键帧，或按 Alt+Shift+属性快捷键，如 Alt+Shift+P 组合键。

◎ 要删除某属性的所有关键帧，则单击属性的名称选中全部关键帧，然后按 Delete 键；单击关键帧属性前的“关键帧自动记录器”按钮，将关闭，也起到删除关键帧的作用。

3.2.7　实训项目：运动的瓢虫

案例知识要点

使用图层编辑瓢虫的大小和方向；使用“动态草图”命令绘制动画路径并自动添加关键帧；使用“平滑器”命令自动减少关键帧；使用“阴影”命令给瓢虫添加投影。运动的瓢虫效果如图 3-37 所示。

图 3-37

微课：运动的瓢虫

案例操作步骤

步骤① 按 Ctrl+N 组合键，弹出“图像合成设置”对话框，在“合成组名称”文本框中输入“运动的瓢虫”，其他选项的设置如图 3-38 所示，单击“确定”按钮，创建一个新的合成“运动的瓢虫”。选择“文件 > 导入 > 文件”命令，在弹出的“导入文件”对话框中，选择云盘中的“项目三\运动的瓢虫\(Footage)\01.jpg、02.png 和 03.png”文件，单击“打开”按钮，将图片导入“项目”面板中，如图 3-39 所示。

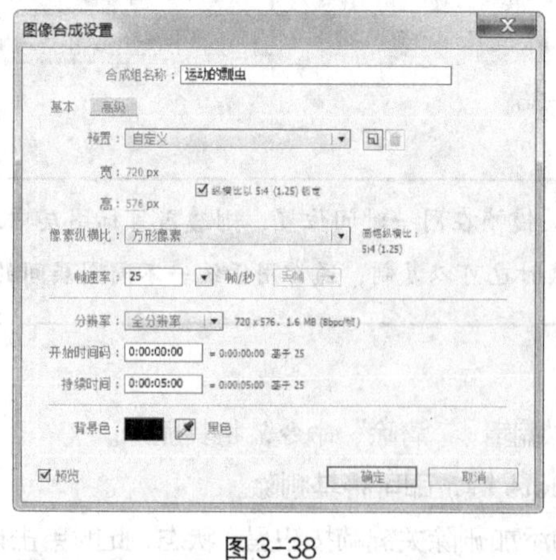

图 3-38

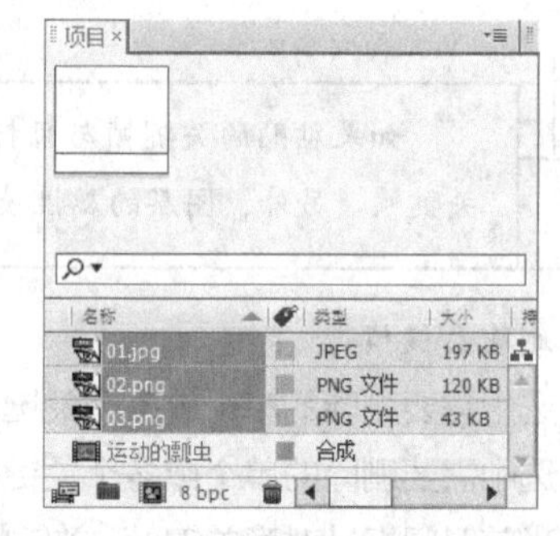

图 3-39

步骤② 在“项目”面板中选中“01.jpg”和“03.png”文件并将它们拖曳到“时间线”面板中，如图 3-40 所示。选中“03.png”图层，按 S 键，展开“缩放”属性，设置“缩放”为 25%，如图 3-41 所示。

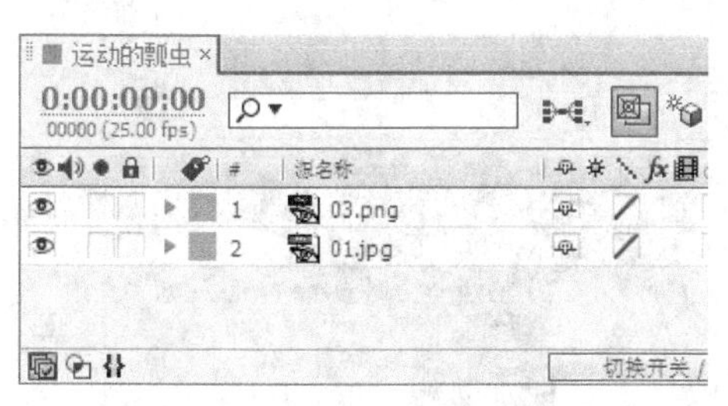

图 3-40

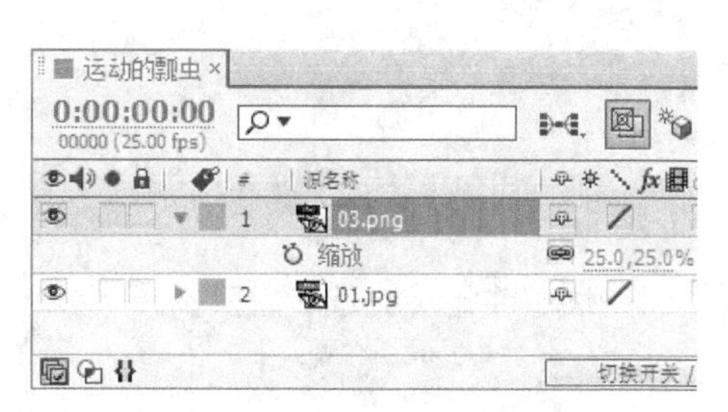

图 3-41

步骤③ 按 P 键，展开“位置”属性，设置“位置”为 570、52，如图 3-42 所示。选择“定位点”工具，在“合成”窗口中调整瓢虫的中心点位置，如图 3-43 所示。

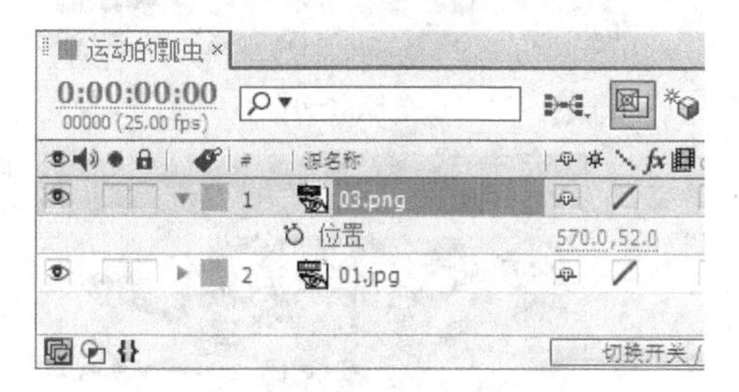

图 3-42

图 3-43

步骤④ 按 R 键，展开“旋转”属性，设置“旋转”为 0 、98，如图 3-44 所示。“合成”窗口中的效果如图 3-45 所示。

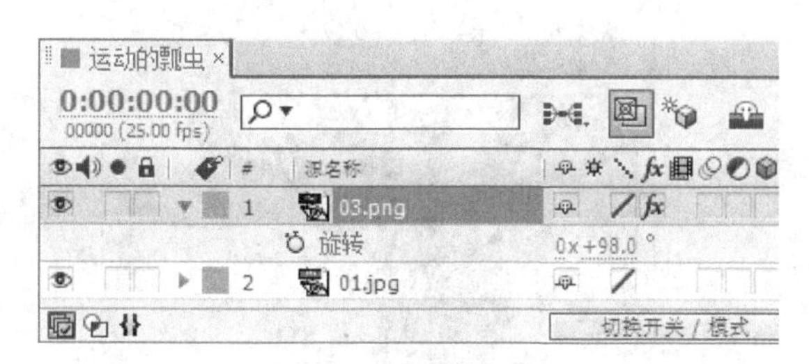

图 3-44

图 3-45

步骤⑤ 选择“窗口 > 动态草图”命令，弹出“动态草图”面板，在面板中设置参数，如图 3-46 所示，单击“开始采集”按钮。当“合成”窗口中的鼠标指针变成十字形状时，在窗口中绘制运动路径，如图 3-47 所示。

步骤⑥ 选择“图层 > 变换 > 自动定向”命令，弹出“自动定向”对话框，在对话框中选择“沿路径方向设置”单选按钮，如图 3-48 所示，单击“确定”按钮。“合成”窗口中的效果如图 3-49 所示。

步骤⑦ 按 P 键，展开“位置”属性，用框选的方法选中所有关键帧，选择“窗口 > 平滑器”命令，打开“平滑器”面板，在对话框中设置参数，如图 3-50 所示，单击“应用”按钮。“合成”窗口中的效果如图 3-51 所示。制作完成后动画会更加流畅。

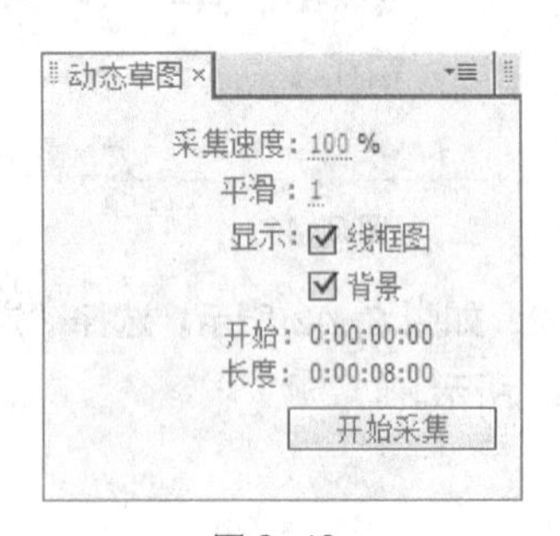

图 3-46

图 3-47

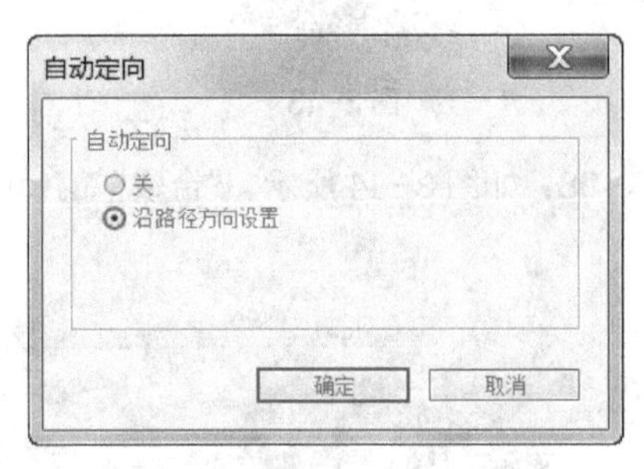

图 3-48

图 3-49

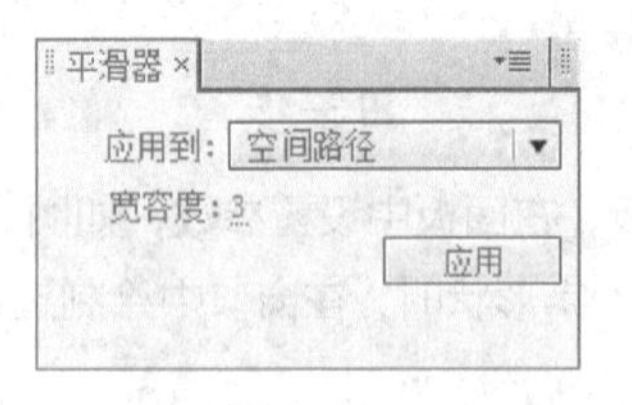

图 3-50

图 3-51

步骤⑧ 选择“效果 > 透视 > 阴影”命令，在“特效控制台”面板中设置参数，如图 3-52 所示。“合成”窗口中的效果如图 3-53 所示。

步骤⑨ 选中“03.png”图层，按 Ctrl+D 组合键复制一层，如图 3-54 所示。按 P 键，展开新复制图层的“位置”属性，单击“位置”选项左侧的“关键帧自动记录器”按钮 ，取消所有关键帧，如图 3-55 所示。按照上述方法制作出另外一只瓢虫的路径动画。

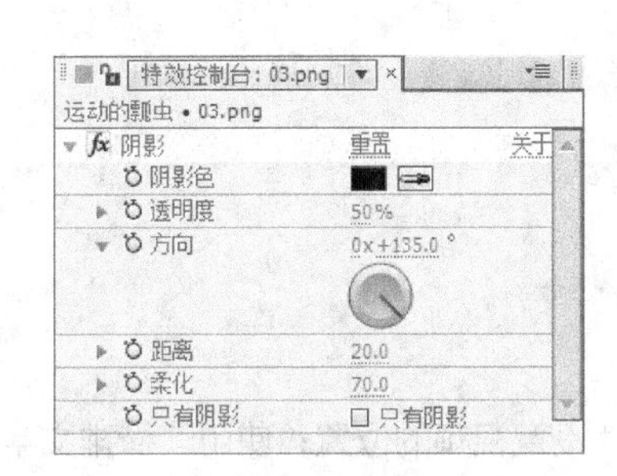

图 3-52

图 3-53

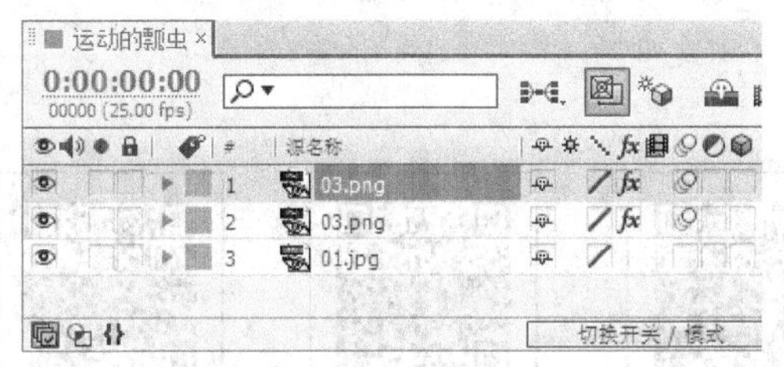

图 3-54

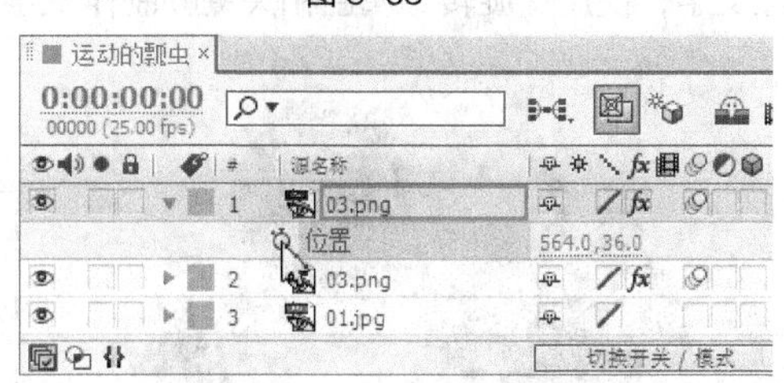

图 3-55

步骤⑩ 选中新复制的“03.png”图层，将时间标签放置在 1:20s 的位置，如图 3-56 所示。按 [键，设置动画的入点时间，如图 3-57 所示。

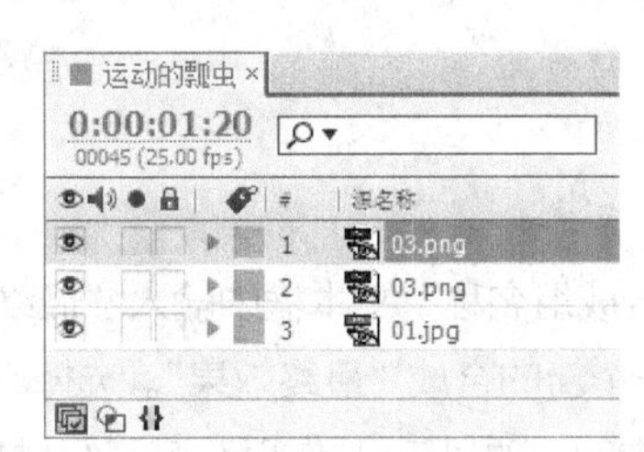

图 3-56

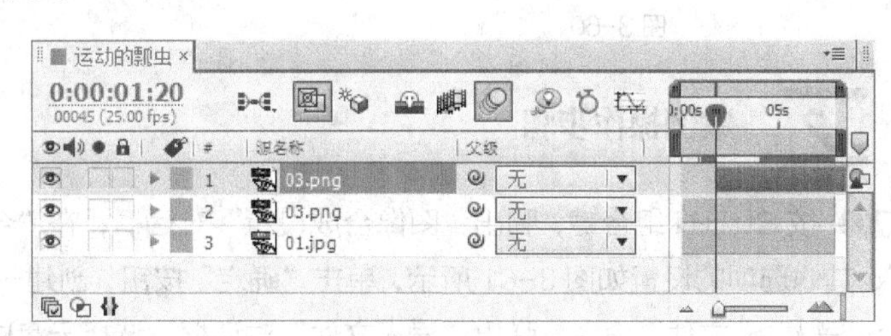

图 3-57

步骤⑪ 在“项目”面板中选中“02.png”文件并将其拖曳到“时间线”面板中，如图 3-58 所示。运动的瓢虫制作完成，如图 3-59 所示。

图 3-58

图 3-59

任务三　综合实训项目

3.3.1　制作百花盛开纪录片

案例知识要点

使用“缩放”属性调整视频的大小；使用“位置”属性设置视频的位置；使用“横排文字”工具添加文字；使用“旋转”属性和关键帧制作文字旋转效果，如图 3-60 所示。

图 3-60

微课：制作百花盛开纪录片

微课：制作健身运动纪录片

微课：制作野生动物世界纪录片

案例操作步骤

步骤① 按 Ctrl+N 组合键，弹出“图像合成设置”对话框，在“合成组名称”文本框中输入“最终效果”，其他选项的设置如图 3-61 所示，单击“确定”按钮，创建一个新的合成“最终效果”。选择“文件 > 导入 > 文件”命令，弹出“导入文件”对话框，选择云盘中的“项目三\制作百花盛开纪录片\(Footage) \01.mov，02.avi、03.avi，04.png 和 05.jpg”文件，单击“打开”按钮，将文件导入“项目”面板，如图 3-62 所示。

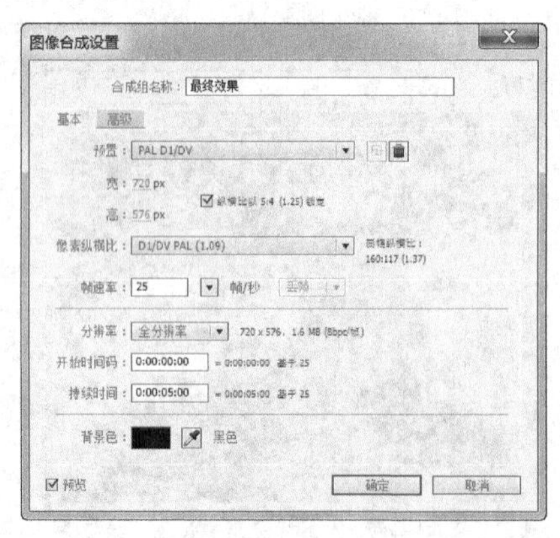

图 3-61

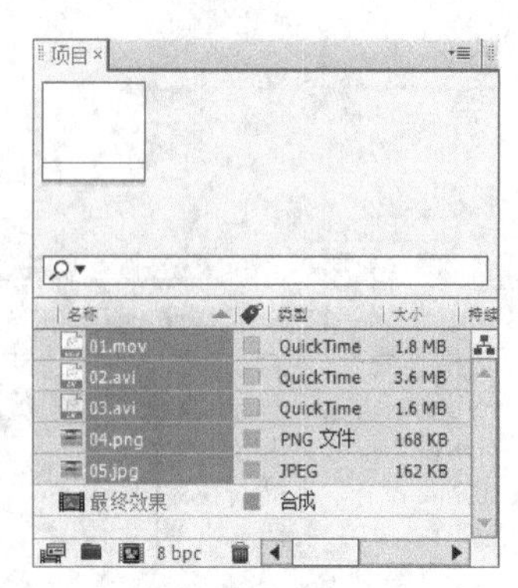

图 3-62

步骤② 在“项目”面板中选中“05.jpg”文件并将其拖曳到“时间线”面板中，如图 3-63 所示。“合成”窗口中的效果如图 3-64 所示。

图 3-63

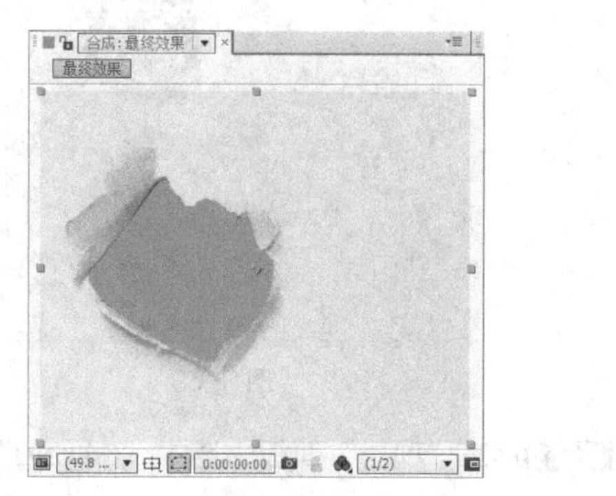

图 3-64

步骤③ 在“项目”面板中选中“01.mov”文件并将其拖曳到“时间线”面板中，按 S 键，展开“缩放”属性，设置“缩放”为 60%，在按住 Shift 键的同时，按 P 键，展开“位置”属性，设置“位置”为 524.7、133.5，如图 3-65 所示。“合成”窗口中的效果如图 3-66 所示。

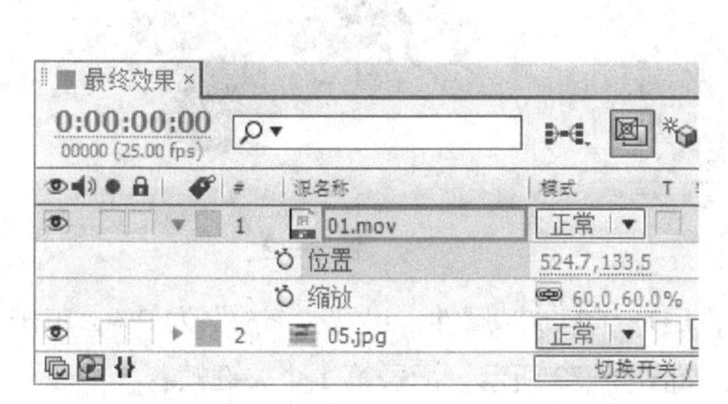

图 3-65

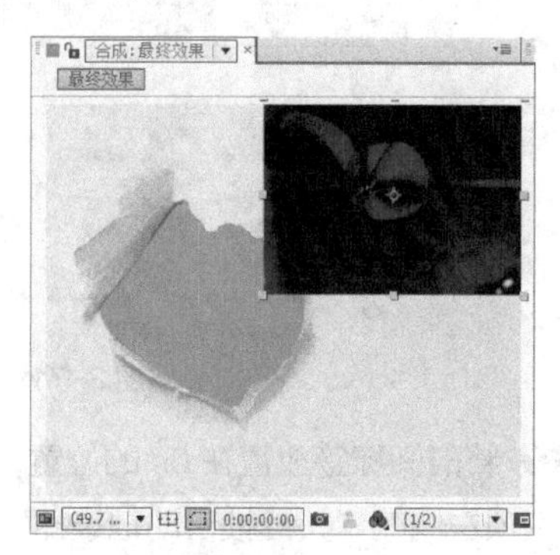

图 3-66

步骤④ 在“时间线”面板中选中“01.mov”图层，选择“椭圆形遮罩”工具，在“合成”窗口中拖曳鼠标绘制一个圆形遮罩，如图 3-67 所示。按 F 键，展开“遮罩羽化”选项，设置“遮罩羽化”为 45，如图 3-68 所示。“合成”窗口中的效果如图 3-69 所示。

步骤⑤ 用上述的方法将“02.avi”和“03.avi”文件拖曳到“时间线”面板中，分别设置“缩放”属性和“位置”属性，并添加椭圆遮罩，制作出图 3-70 所示的效果。

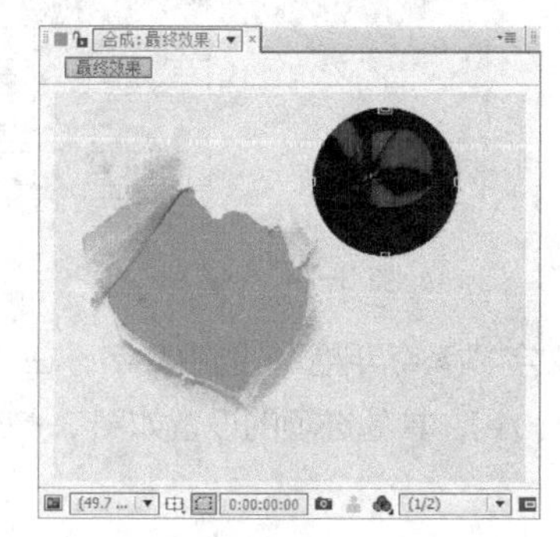

图 3-67

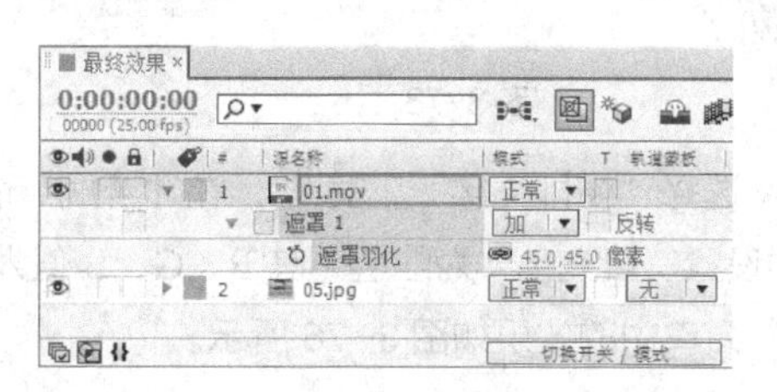

图 3-68

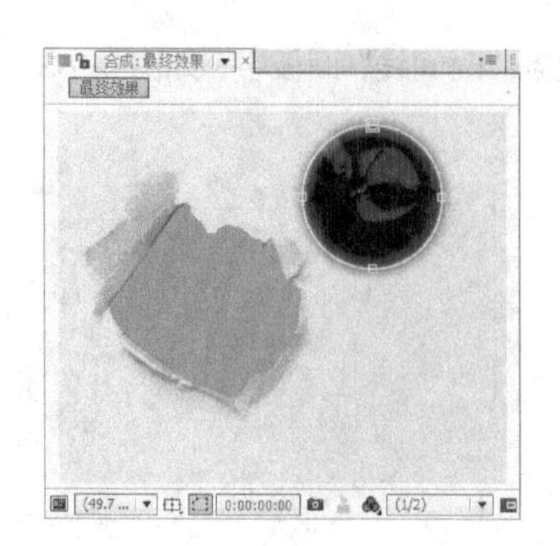

图 3-69

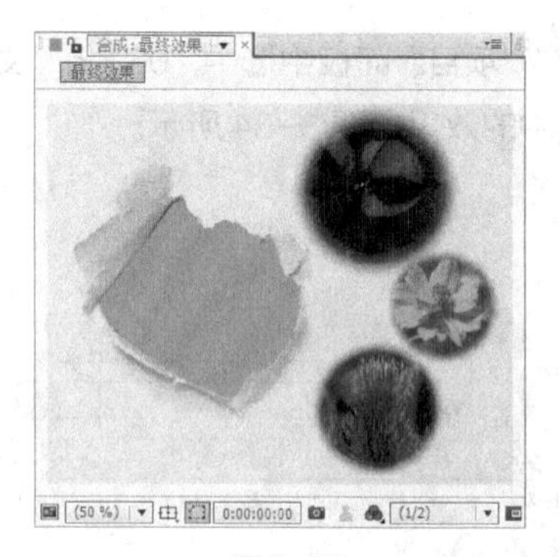

图 3-70

步骤⑥ 在“项目”面板中选中“04.png”文件并将其拖曳到“时间线”面板中，按 P 键，展开“位置”属性，设置“位置”为 288.5、342，如图 3-71 所示。“合成”窗口中的效果如图 3-72 所示。

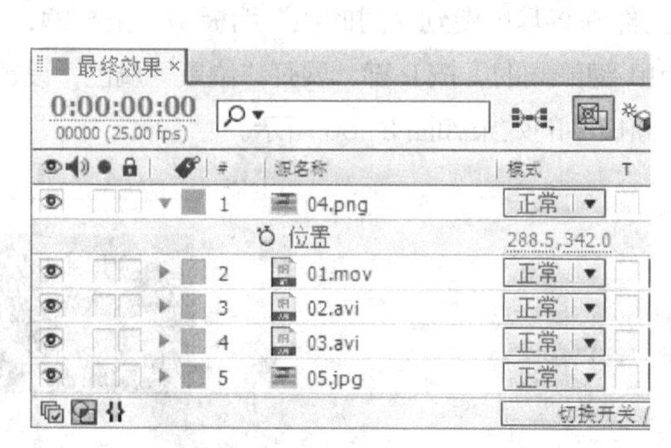

图 3-71

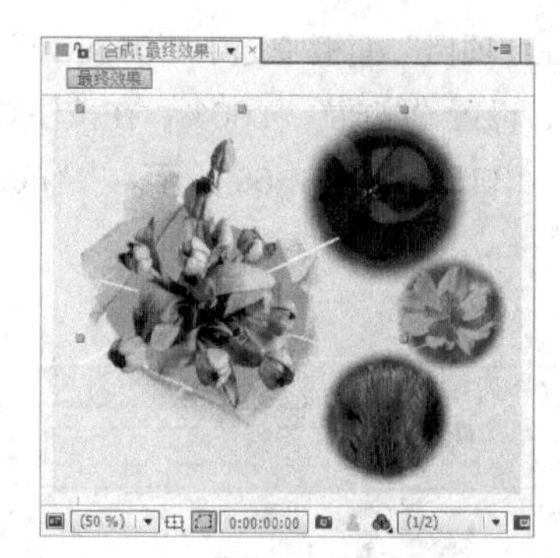

图 3-72

步骤⑦ 将时间标签放置在 0s 的位置，按 S 键，展开“缩放”属性，设置“缩放”为 0%，单击“缩放”选项左侧的“关键帧自动记录器”按钮⏱，如图 3-73 所示，记录第 1 个关键帧。

步骤⑧ 将时间标签放置在 0:06s 的位置，在“时间线”面板中，设置“缩放”为 100%，如图 3-74 所示，记录第 2 个关键帧。

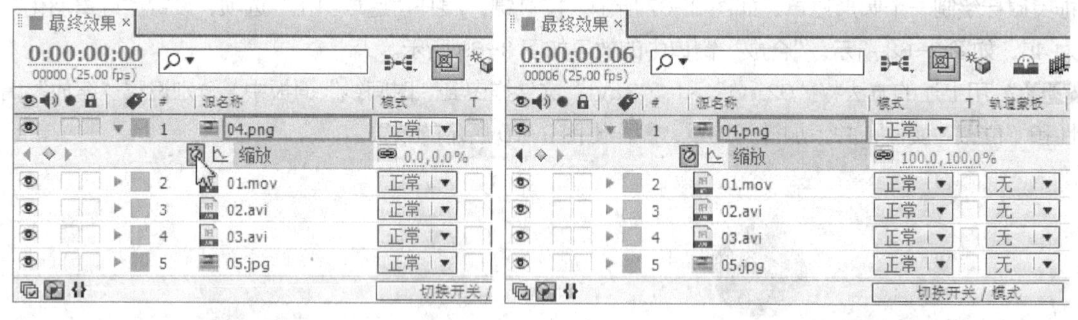

图 3-73　　图 3-74

步骤⑨ 选择“横排文字”工具T，在“合成”窗口中输入文字“争奇斗艳”。选中文字，在“文字”面板中设置“填充色”为红色（其 R、G、B 值为 228、68、101），其他选项的设置如图 3-75 所示。“合成”窗口中的效果如图 3-76 所示。

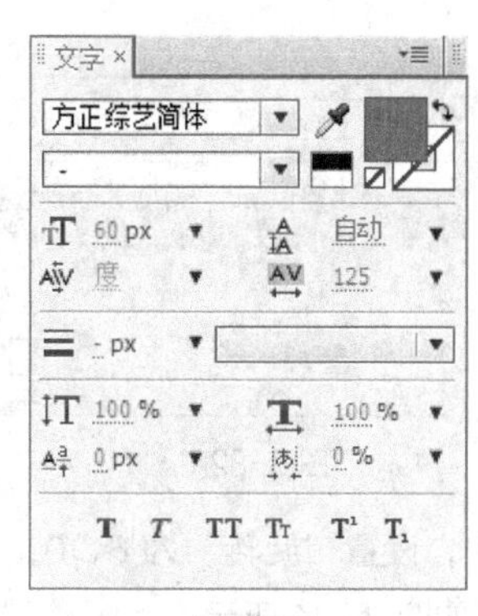

图 3-75

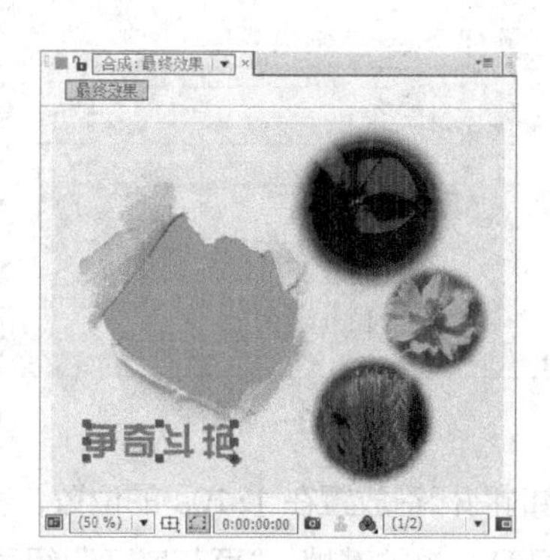

图 3-76

步骤⑩ 将时间标签放在 0s 的位置，选中“文字”图层，按 P 键，展开“位置”属性，设置“位置”为-33.9、46.8，单击“位置”选项左侧的“关键帧自动记录器”按钮，如图 3-77 所示，记录第 1 个关键帧。将时间标签放置在 0:14s 的位置，在“时间线”面板中，设置“位置”为 778.2、116.9，如图 3-78 所示，记录第 2 个关键帧。

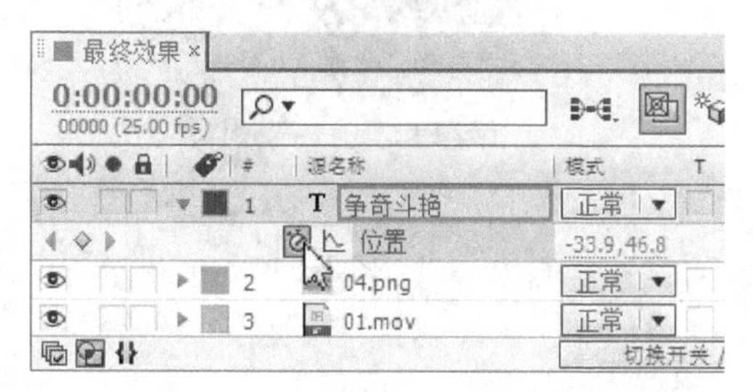

图 3-77

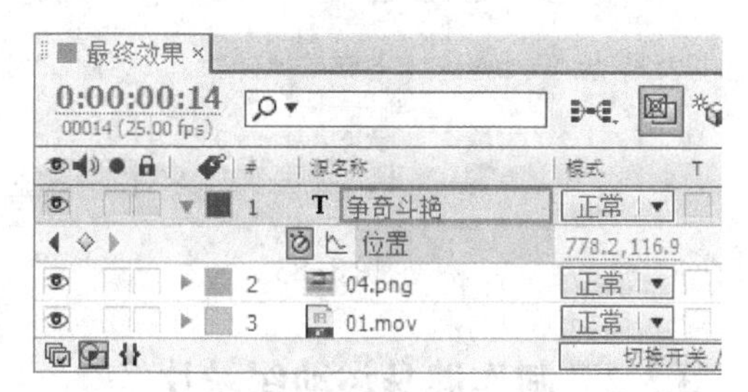

图 3-78

步骤⑪ 将时间标签放置在 1s 的位置，在“时间线”面板中，设置“位置”为 257.6、276，如图 3-79 所示，记录第 3 个关键帧。将时间标签放置在 1:10s 的位置，在“时间线”面板中，设置“位置”为 311.6、525.2，如图 3-80 所示，记录第 4 个关键帧。

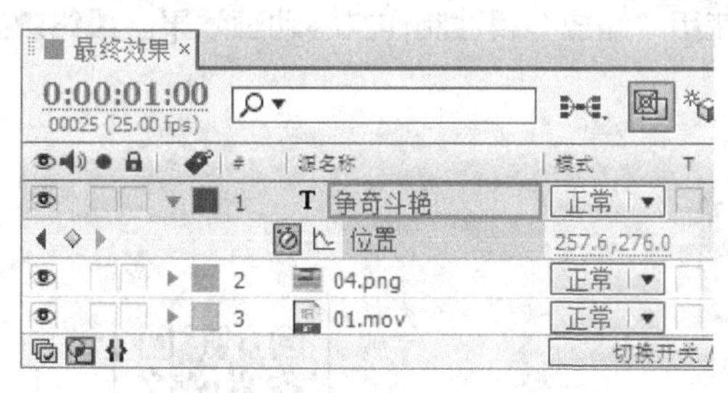

图 3-79

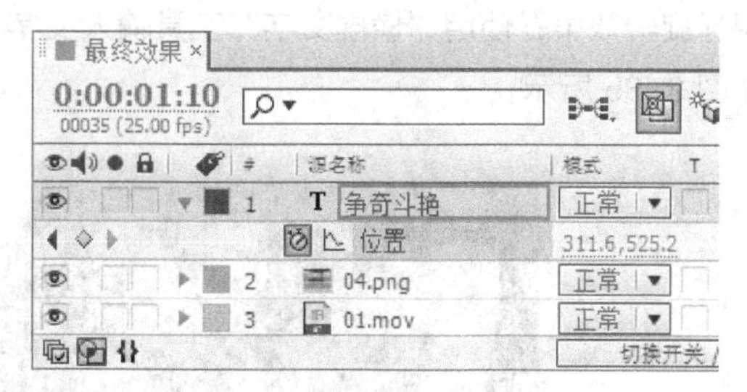

图 3-80

步骤⑫ 将时间标签放置在 0:14s 的位置，按 R 键，展开“旋转”属性，设置“旋转”为 0，单击“旋转”选项左侧的“关键帧自动记录器”按钮，如图 3-81 所示，记录第 1 个关键帧。将时间标签放置在 1s 的位置，在“时间线”面板中，设置“旋转”为 3、22.7，如图 3-82 所示，记录第 2 个关键帧。

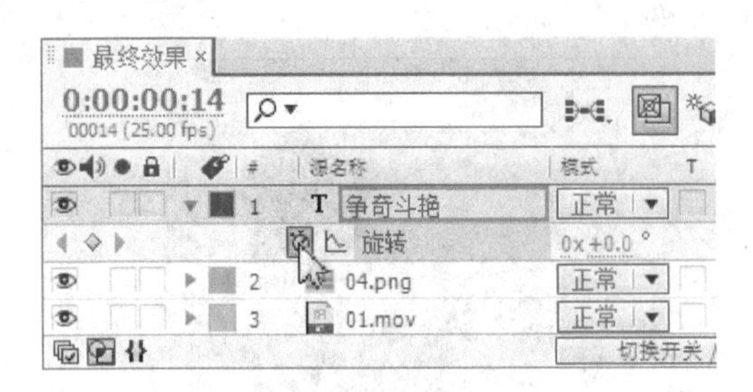
图 3-81

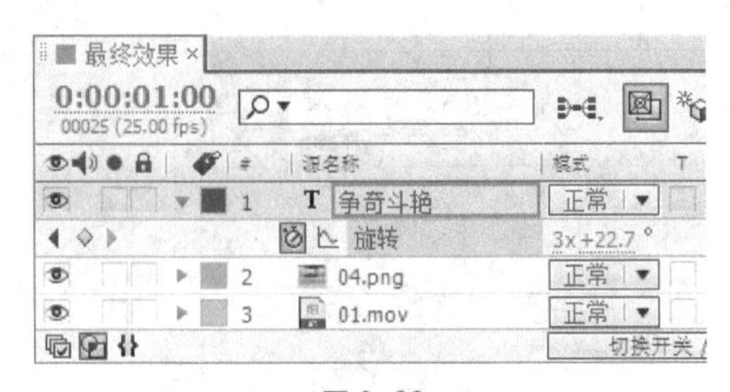
图 3-82

步骤⑬ 将时间标签放置在 1:10s 的位置，在“时间线”面板中，设置“旋转”为 6、0，如图 3-83 所示，记录第 3 个关键帧。“百花盛开”纪录片效果制作完成，如图 3-84 所示。

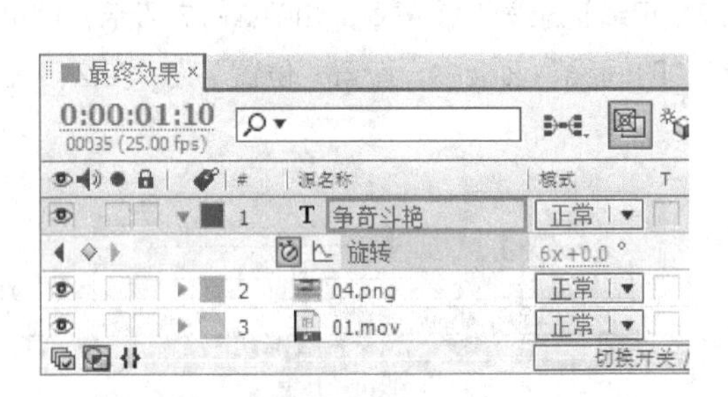
图 3-83

图 3-84

3.3.2 制作健身运动纪录片

案例知识要点

使用“矩形遮罩”工具和图层混合模式制作背景效果；使用“位置”属性和“旋转”属性制作图标旋转效果；使用“横排文字”工具输入文字；使用“缩放”属性制作文字动画效果。最终效果如图 3-85 所示。

图 3-85

微课：制作健身运动纪录片

案例操作步骤

步骤① 按 Ctrl+N 组合键，弹出“图像合成设置”对话框，在“合成组名称”文本框中输入“最终效果”，其他选项的设置如图 3-86 所示，单击“确定”按钮，创建一个新的合成“最终效果”。选择“文件 > 导入 > 文件”命令，弹出“导入文件”对话框，选择云盘中的“项目三\制作健身运动纪录片\(Footage)\ 01.jpg，02.png，03.mov 和 04.mov”文件，单击“打开”按钮，将文件导入“项目”面板，如图 3-87 所示。

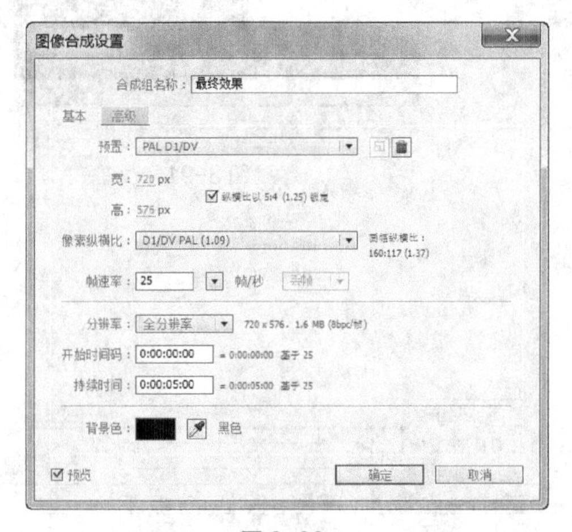

图 3-86

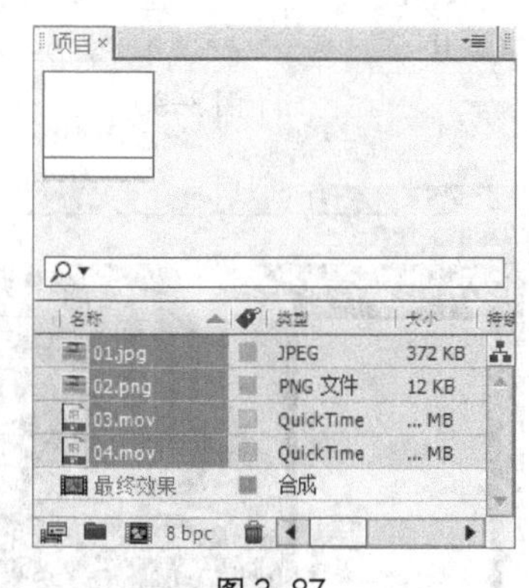

图 3-87

步骤② 在“项目”面板中选中“01.jpg”文件并将其拖曳到“时间线”面板中，如图 3-88 所示。“合成”窗口中的效果如图 3-89 所示。

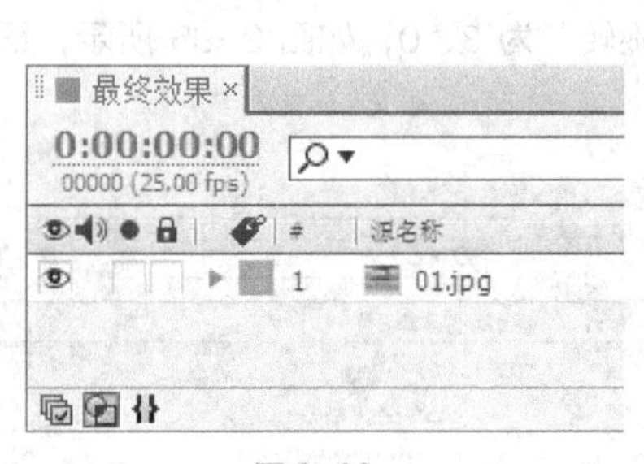

图 3-88

图 3-89

步骤③ 在“项目”面板中选中“04.mov”文件并将其拖曳到“时间线”面板中，设置图层的混合模式为“添加”，如图 3-90 所示。“合成”窗口中的效果如图 3-91 所示。

步骤④ 在“时间线”面板中选中“04.mov”图层，选择“矩形遮罩”工具，在“合成”窗口中拖曳鼠标绘制一个矩形遮罩，如图 3-92 所示。

步骤⑤ 在“项目”面板中选中“02.png”文件并将其拖曳到“时间线”面板中，按 P 键，展开“位置”属性，设置“位置”为 515.4、191.2，如图 3-93 所示。

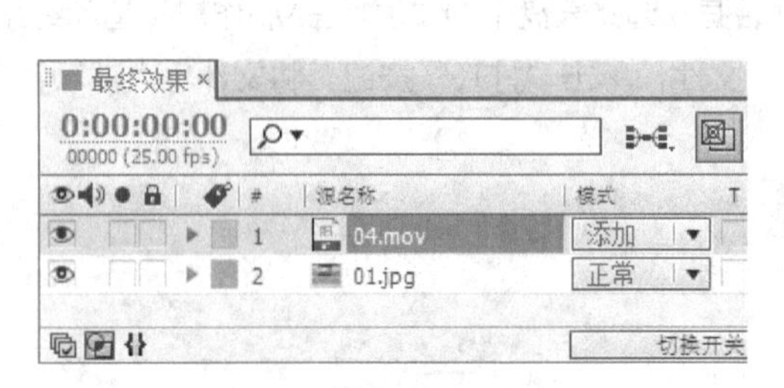

图 3-90

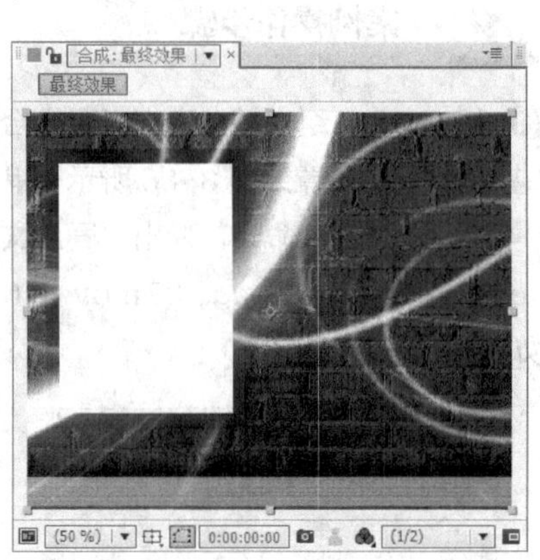

图 3-91

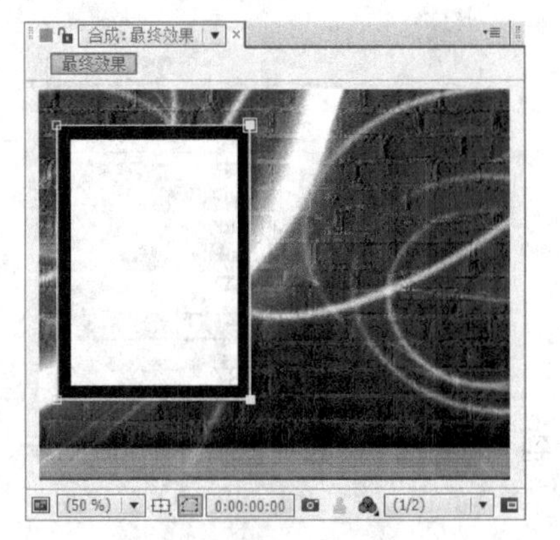

图 3-92

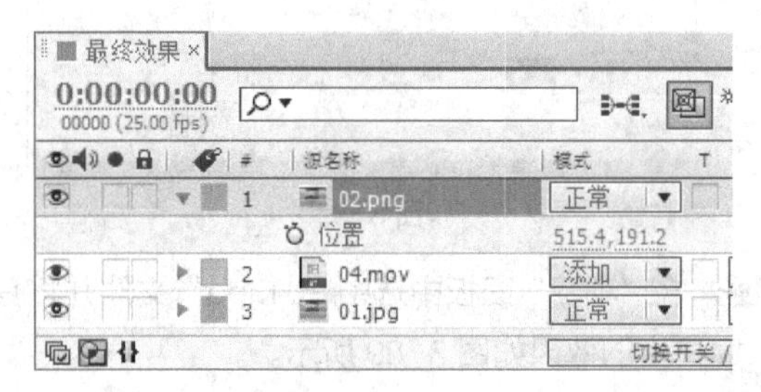

图 3-93

步骤⑥ 将时间标签放置在 0s 的位置，按 R 键，展开“旋转”属性，设置“旋转”为 0，单击“旋转”选项左侧的“关键帧自动记录器”按钮，如图 3-94 所示，记录第 1 个关键帧。将时间标签放置在 4:24s 的位置，在“时间线”面板中，设置“旋转”为 3、0，如图 3-95 所示，记录第 2 个关键帧。

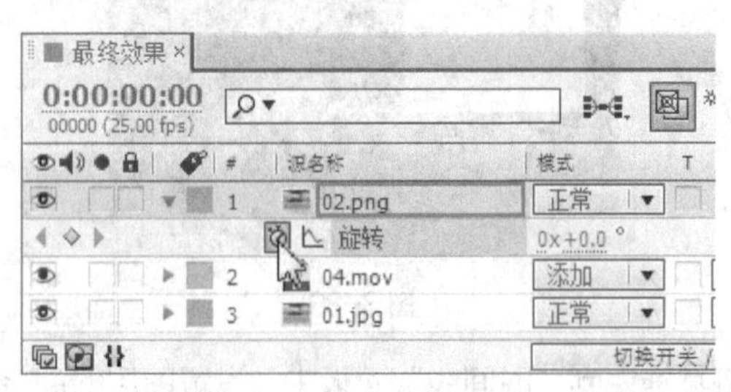

图 3-94

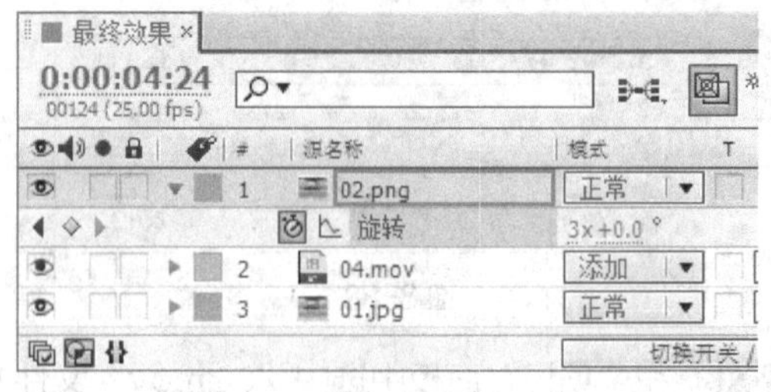

图 3-95

步骤⑦ 在“项目”面板中选中“03.mov”文件并将其拖曳到“时间线”面板中，按 S 键，展开“缩放”属性，设置“缩放”为 77.9%，在按住 Shift 键的同时，按 P 键，展开“位置”属性，设置“位置”为 168、248.8，如图 3-96 所示。“合成”窗口中的效果如图 3-97 所示。

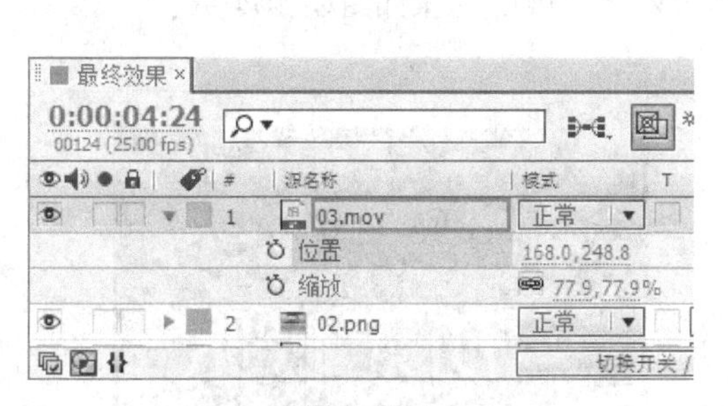

图 3-96

图 3-97

步骤⑧ 在"时间线"面板中选中"03.mov"图层，选择"矩形遮罩"工具，在"合成"窗口中拖曳鼠标绘制一个矩形遮罩，如图 3-98 所示。

步骤⑨ 将时间标签放置在 0s 的位置，选择"横排文字"工具，在"合成"窗口中输入文字"运动无极限"。选中文字，在"文字"面板中设置"填充色"为白色，设置其他选项如图 3-99 所示。在"段落"面板中，单击"文字右对齐"按钮。"合成"窗口中的效果如图 3-100 所示。

图 3-98

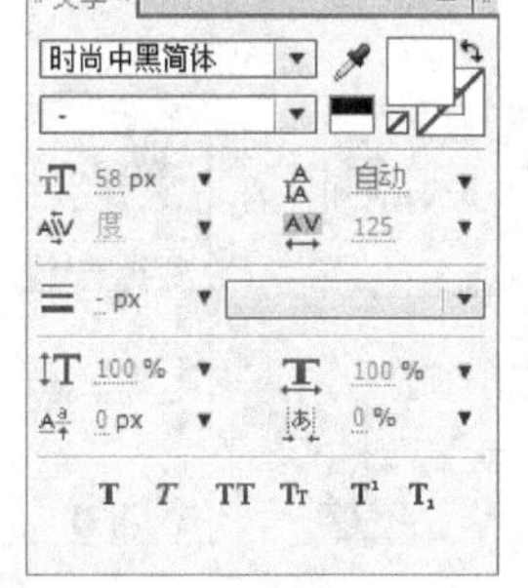

图 3-99

图 3-100

步骤⑩ 将时间标签放置在 2:24s 的位置，按 S 键，展开"缩放"属性，设置"缩放"为 0%，单击"缩放"选项左侧的"关键帧自动记录器"按钮，如图 3-101 所示，记录第 1 个关键帧。将时间标签放置在 3:15s 的位置，在"时间线"面板中，设置"缩放"为 100%，如图 3-102 所示，记录第 2 个关键帧。

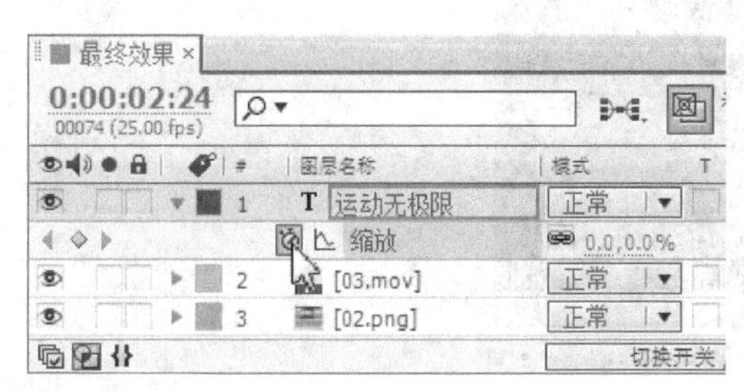

图 3-101

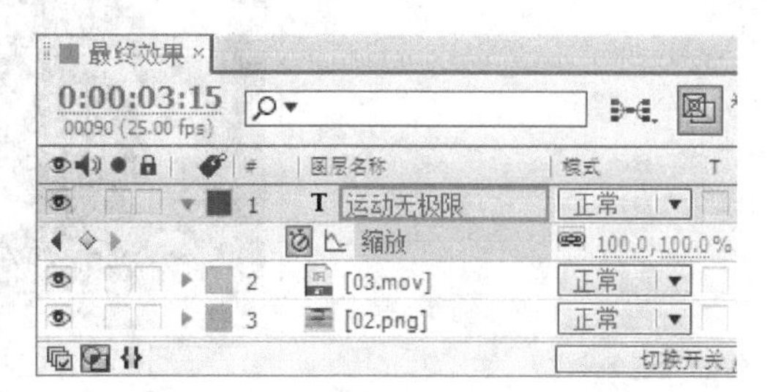

图 3-102

步骤⑪ 将时间标签放置在 0s 的位置，选择“横排文字”工具[T]，在“合成”窗口中输入文字“No limit sports”。选中文字，在“文字”面板中设置“填充色”为白色，设置其他选项如图 3-103 所示。在“段落”面板中，单击“文字右对齐”按钮。“合成”窗口中的效果如图 3-104 所示。

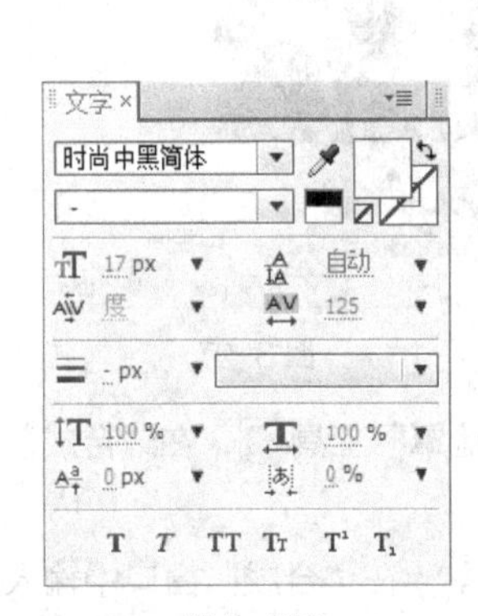

图 3-103

图 3-104

步骤⑫ 将时间标签放置在 2:24s 的位置，按 S 键，展开“缩放”属性，设置“缩放”为 0%，单击“缩放”选项左侧的“关键帧自动记录器”按钮，如图 3-105 所示，记录第 1 个关键帧。将时间标签放置在 3:15s 的位置，在“时间线”面板中，设置“缩放”为 100%，如图 3-106 所示，记录第 2 个关键帧。

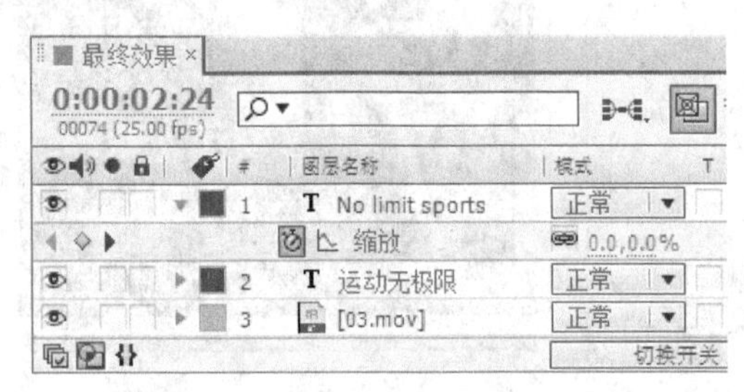

图 3-105

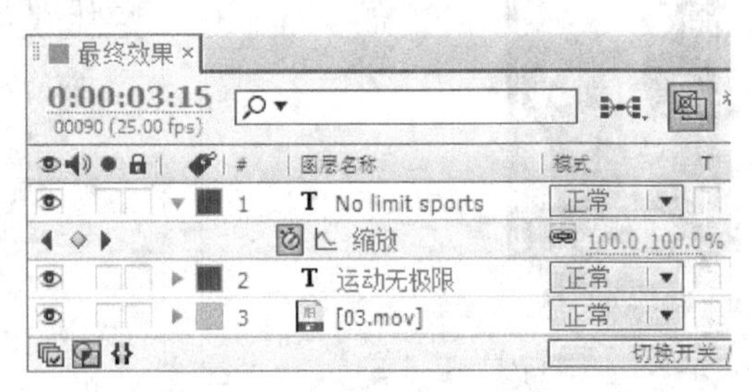

图 3-106

步骤⑬ 健身运动纪录片制作完成，效果如图 3-107 所示。

图 3-107

3.3.3 制作野生动物世界纪录片

案例知识要点

使用“缩放”属性和“位置”属性制作视频排列效果；使用“位置”属性和“矩形遮罩”工具制作影片效果，如图 3-108 所示。

图 3-108

微课：制作野生动物世界纪录片

案例操作步骤

步骤 1 按 Ctrl+N 组合键，弹出“图像合成设置”对话框，在“合成组名称”文本框中输入“排列”，其他选项的设置如图 3-109 所示，单击“确定”按钮，创建一个新的合成“排列”。选择“文件 > 导入 > 文件”命令，弹出“导入文件”对话框，选择云盘中的“项目三\制作野生动物世界纪录片\(Footage) \01.jpg、02.avi～06.avi”文件，单击“打开”按钮，将文件导入“项目”面板，如图 3-110 所示。

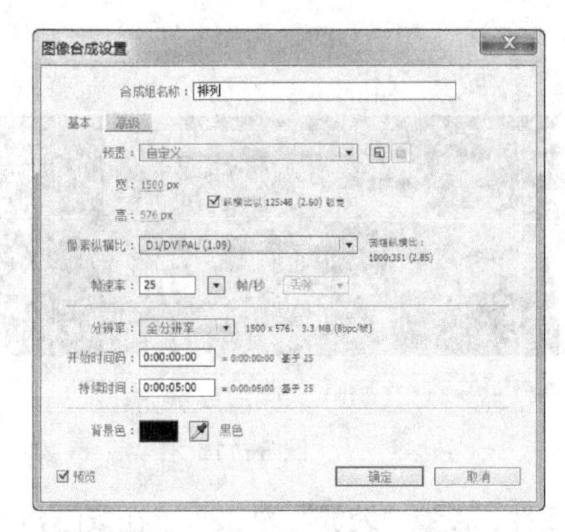

图 3-109

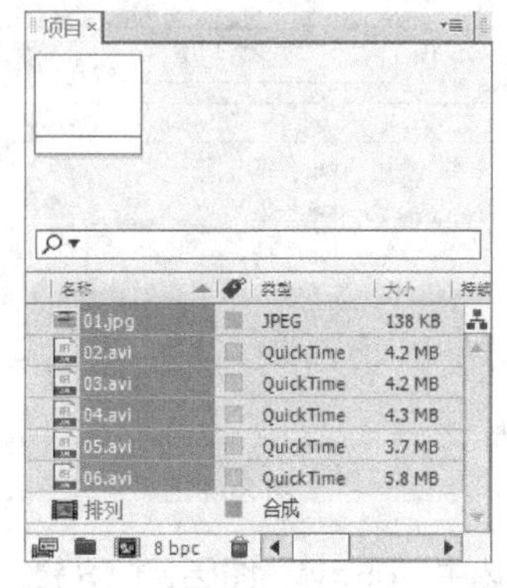

图 3-110

步骤 2 在“项目”面板中选中“02.avi～06.avi”文件并将它们拖曳到“时间线”面板中，选中“02.avi”图层，按 S 键，展开“缩放”属性，设置“缩放”为 42%，在按住 Shift 键的同时，按 P 键，展开“位置”属性，设置“位置”为 144、297，如图 3-111 所示。“合成”窗口中的效果如图 3-112 所示。

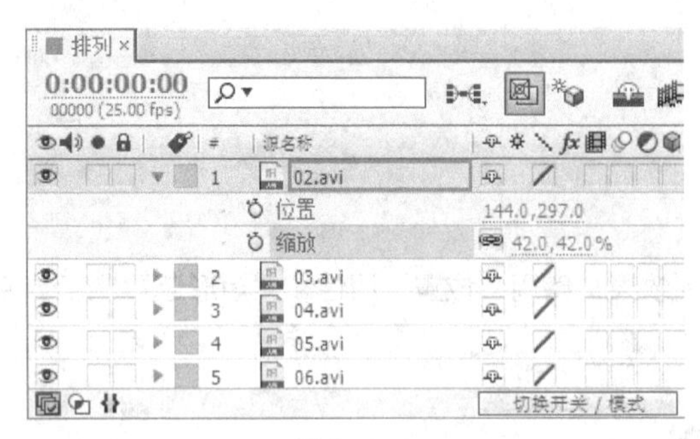

图 3-111

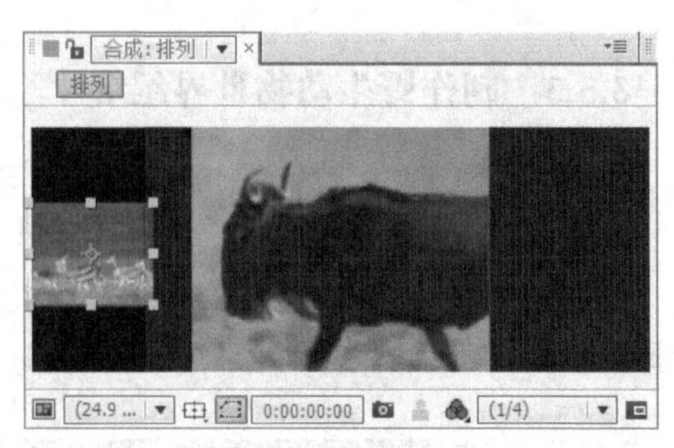

图 3-112

步骤③ 选中“03.avi”图层，按S键，展开“缩放”属性，设置“缩放”为42%，在按住Shift键的同时，按P键，展开“位置”属性，设置“位置”为444.2、297，如图3-113所示。“合成”窗口中的效果如图3-114所示。

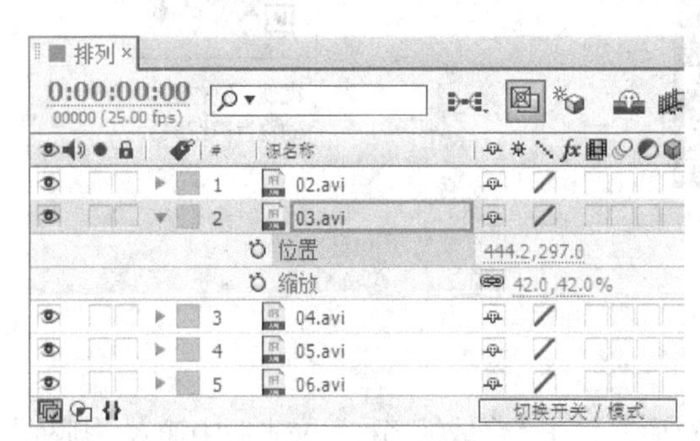

图 3-113

图 3-114

步骤④ 选中“04.avi”图层，按S键，展开“缩放”属性，设置“缩放”为42%，在按住Shift键的同时，按P键，展开“位置”属性，设置“位置”为745.4、297，如图3-115所示。“合成”窗口中的效果如图3-116所示。

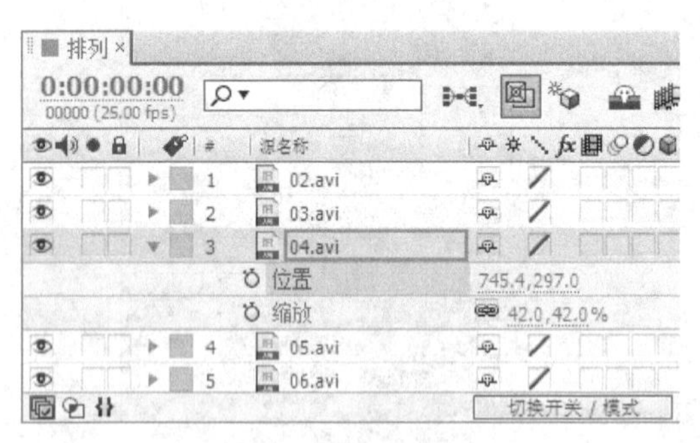

图 3-115

图 3-116

步骤⑤ 选中“05.avi”图层，按S键，展开“缩放”属性，设置“缩放”为42%，在按住Shift键的同时，按P键，展开“位置”属性，设置“位置”为1045.9、297，如图3-117所示。“合成”窗口中的效果如图3-118所示。

步骤⑥ 选中“06.avi”图层，按S键，展开“缩放”属性，设置“缩放”为42%，在按住Shift键的同时，按P键，展开“位置”属性，设置“位置”为1 347.4、297，如图3-119所示。“合成”窗口中的效果如图 3-120 所示。

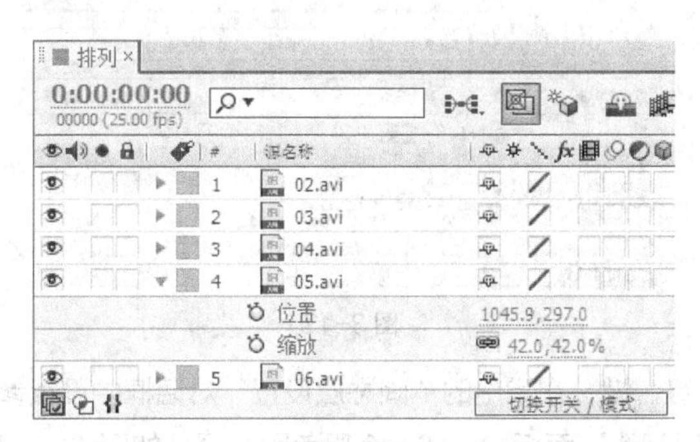

图 3-117

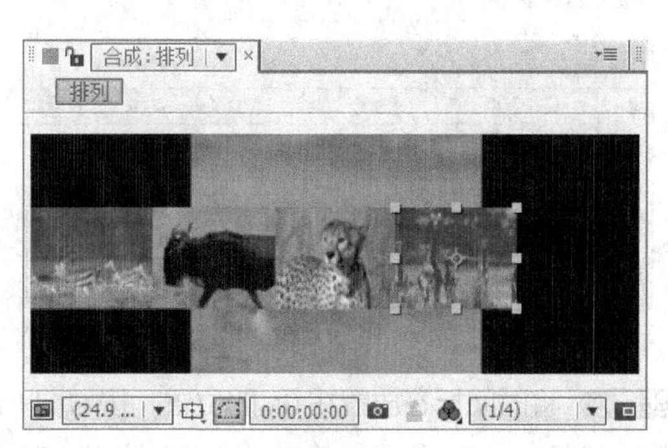

图 3-118

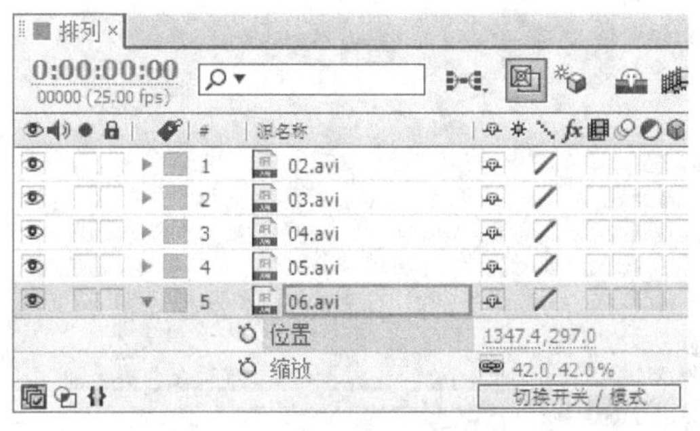

图 3-119

图 3-120

步骤⑦ 按 Ctrl+N 组合键，弹出“图像合成设置”对话框，在“合成组名称”文本框中输入“最终效果”，设置其他选项如图 3-121 所示，单击“确定”按钮，创建一个新的合成“最终效果”。

步骤⑧ 在“项目”面板中选中“01.jpg”文件并将其拖曳到“时间线”面板中，如图 3-122 所示。“合成”窗口中的效果如图 3-123 所示。

图 3-121

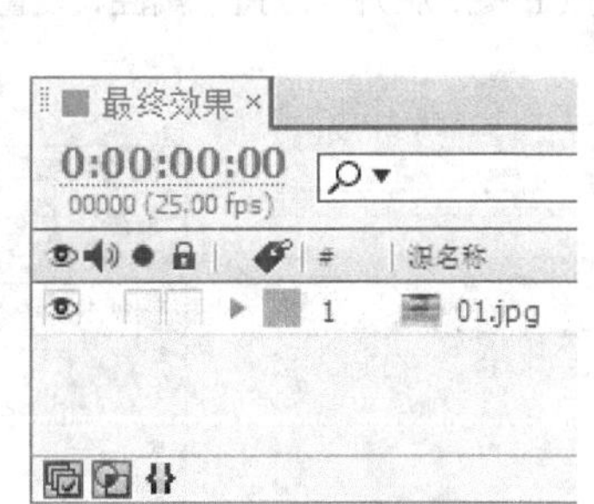

图 3-122

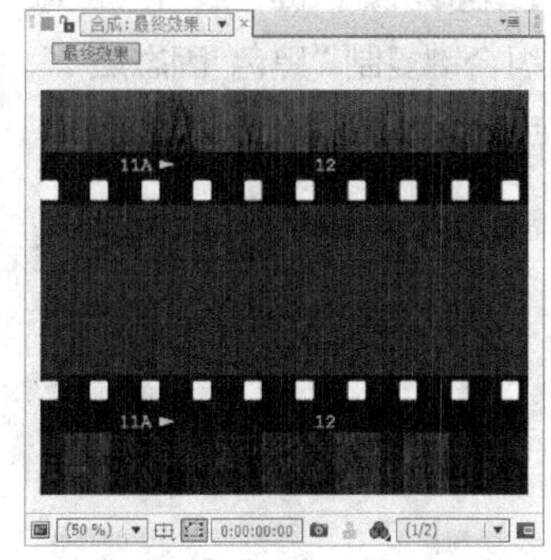

图 3-123

步骤⑨ 在“项目”面板中选中“排列”合成并将其拖曳到“时间线”面板中，按 P 键，展开“位置”属性，设置“位置”为 750.1、277.2，单击“位置”选项左侧的“关键帧自动记录器”按钮⏱，如图 3-124 所示，记录第 1 个关键帧。将时间标签放置在 4:24s 的位置，在“时间线”面板中，设置“位置”为-28.3、277.2，如图 3-125 所示，记录第 2 个关键帧。

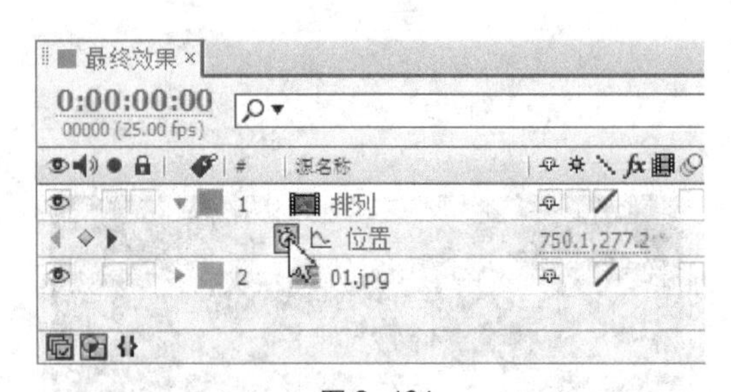

图 3-124

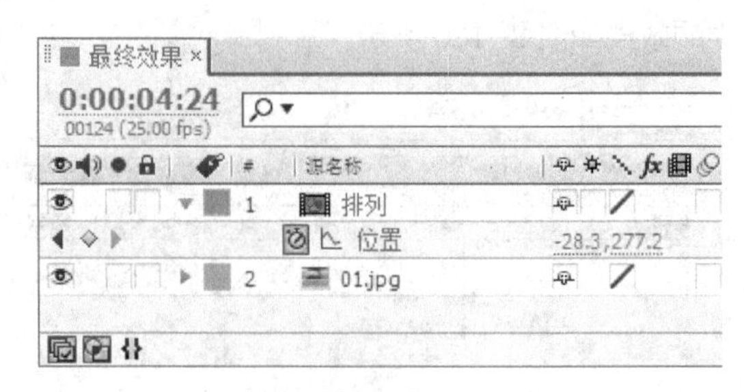

图 3-125

步骤⑩ 将时间标签放置在 0s 的位置，按 Ctrl+Y 组合键，在弹出的“固态层设置”对话框中设置参数，如图 3-126 所示，单击“确定”按钮，在“时间线”面板中生成一个黑色固态层，如图 3-127 所示。

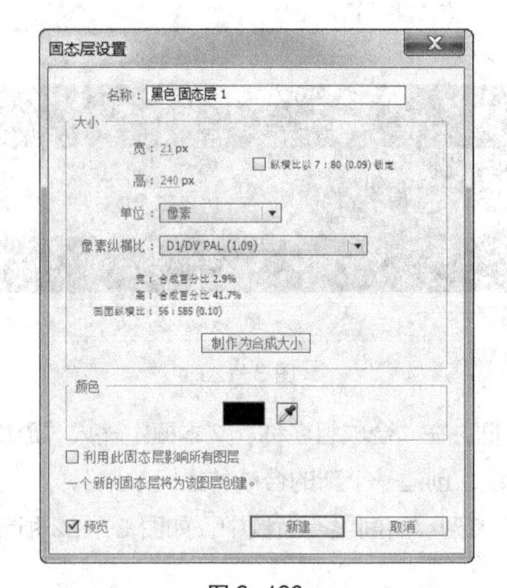

图 3-126

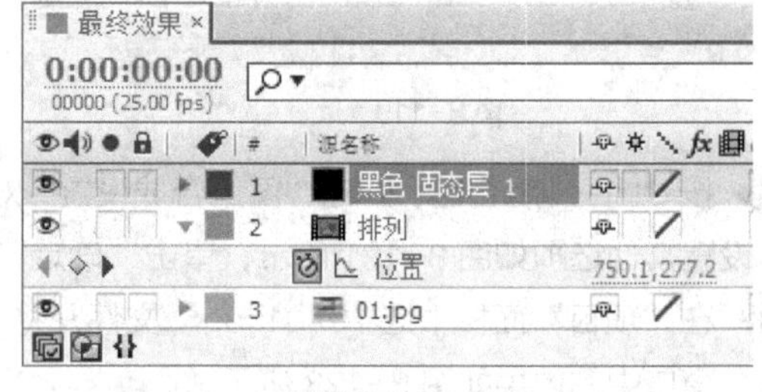

图 3-127

步骤⑪ 按 P 键，展开“位置”属性，设置“位置”为 193.7、281.2，如图 3-128 所示。按 Ctrl+D 组合键复制“黑色 固态层 1”。按 P 键，展开“位置”属性，设置“位置”为 495.2、281.2，如图 3-129 所示。

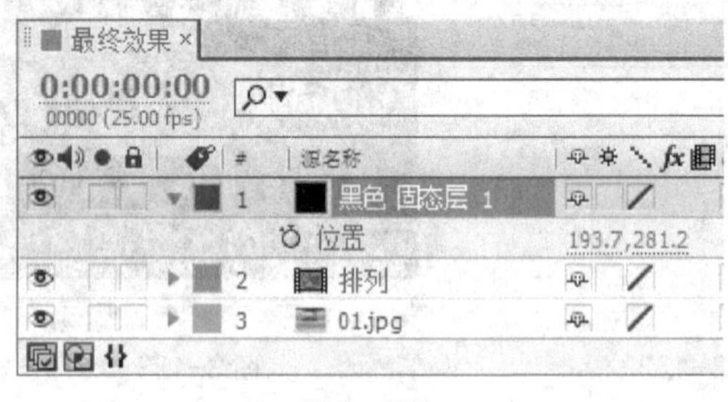

图 3-128

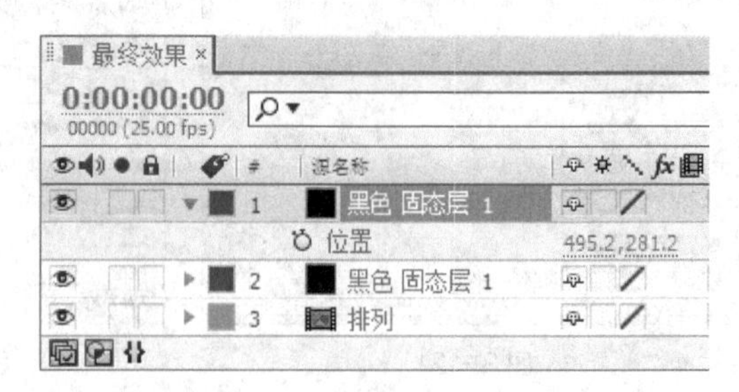

图 3-129

步骤⑫ “野生动物世界”纪录片制作完成，效果如图 3-130 所示。

图 3-130

任务四　课后实战演练

3.4.1　花开放

【练习知识要点】

使用“导入”命令导入视频与图片；使用“缩放”属性缩放效果；使用“位置”属性改变形状位置；使用“色阶”命令调整颜色；使用“启用时间重置”命令添加并编辑关键帧效果。

【案例所在位置】

云盘中的“项目三 > 花开放 > 花开放.eap”，最终效果如图 3-131 所示。

图 3-131

微课：花开放

3.4.2　水墨过渡效果

【练习知识要点】

使用“复合模糊”命令制作快速模糊；使用“置换映射”命令制作置换效果；使用“透明度”属性添加关键帧并编辑不透明度；使用“矩形遮罩”工具绘制遮罩形状效果。

【案例所在位置】

云盘中的“项目三 > 水墨过渡效果 > 水墨过渡效果.eap”，如图 3-132 所示。

图 3-132

微课：水墨
过渡效果 1

微课：水墨
过渡效果 2

微课：水墨
过渡效果 3

微课：水墨
过渡效果 4

04 项目四 制作电子相册

本项目介绍创建文字的方法，内容包括文字工具、文字图层、文字效果、编号效果、时间码效果。读者通过本项目的学习，可以掌握使用 After Effects 创建文字的方法。

课堂学习目标

- 掌握创建文字的方法
- 掌握制作文字效果的技巧

任务一 创建文字

4.1.1 文字工具

在 After Effects CS6 中创建文字非常方便，有以下几种方法。

◎ 单击工具箱中的“横排文字”工具T，如图 4-1 所示。

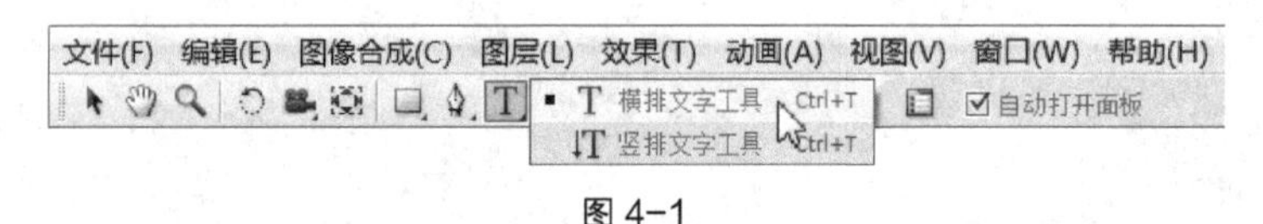

图 4-1

◎ 选择“图层 > 新建 > 文字”命令，或按 Ctrl+Alt+Shift+T 组合键，如图 4-2 所示。

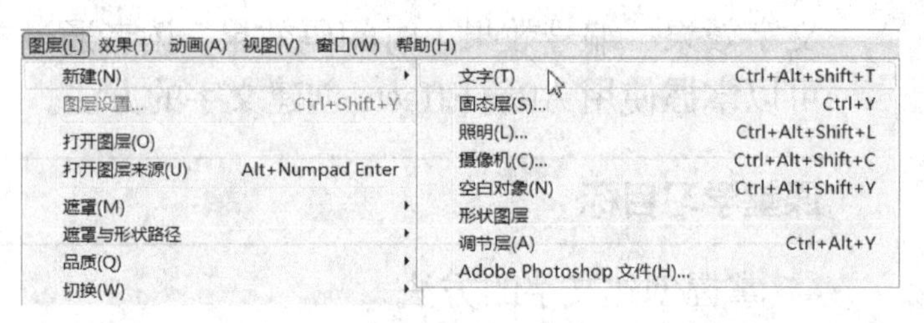

图 4-2

此外工具箱提供了建立文本的工具，包括“横排文字”工具T和“竖排文字”工具IT，分别用于建立水平文字和垂直文字，如图 4-3 所示。“文字”面板用于设置字体类型、字号、颜色、字间距、行间距和比例关系等。“段落”面板用于设置段落的对齐方式，包括左对齐、中心对齐和右对齐等，如图 4-4 所示。

图 4-3

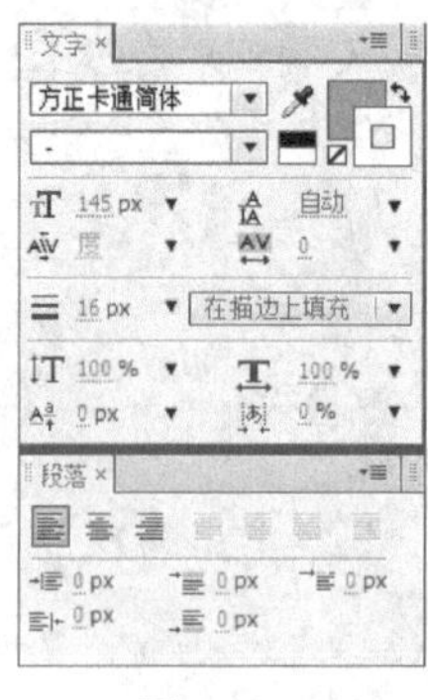

图 4-4

4.1.2 文字图层

在菜单栏中选择“图层 > 新建 > 文字”命令，如图 4-5 所示，可以建立一个文字图层。建立文字图层后，可以直接在窗口中输入需要的文字，如图 4-6 所示。

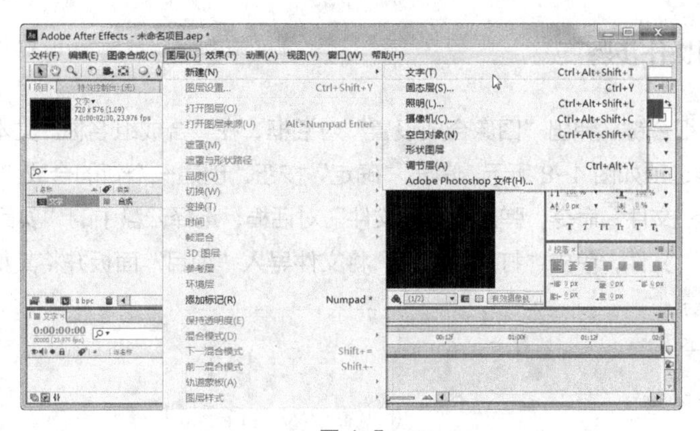

图 4-5

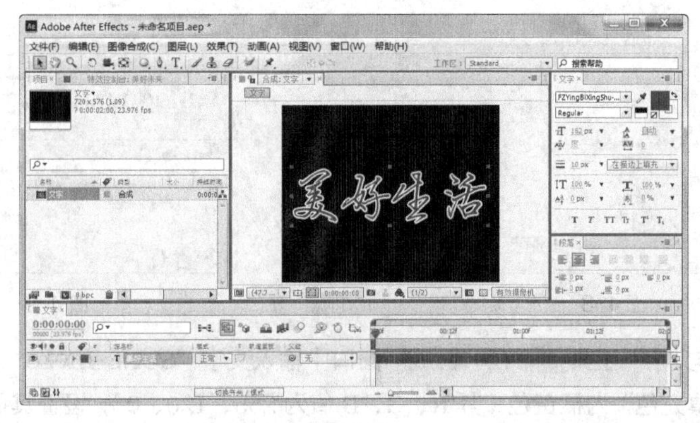

图 4-6

4.1.3 实训项目：运动模糊文字

案例知识要点

使用“横排文字”工具输入文字；使用“镜头光晕”命令添加镜头效果；使用“模式”编辑图层的混合模式。运动模糊文字效果如图 4-7 所示。

图 4-7

微课：运动模糊文字

案例操作步骤

步骤① 按 Ctrl+N 组合键，弹出“图像合成设置”对话框，在“合成组名称”文本框中输入“运动模糊文字”，设置其他选项如图 4–8 所示。单击“确定”按钮，创建一个新的合成“运动模糊文字”。选择“文件 > 导入 > 文件”命令，弹出“导入文件”对话框，选择云盘中的“项目四 \运动模糊文字\ (Footage) \ 01.jpg”文件，单击“打开”按钮，将文件导入“项目”面板并将其拖曳到“时间线”面板中，如图 4–9 所示。

图 4–8

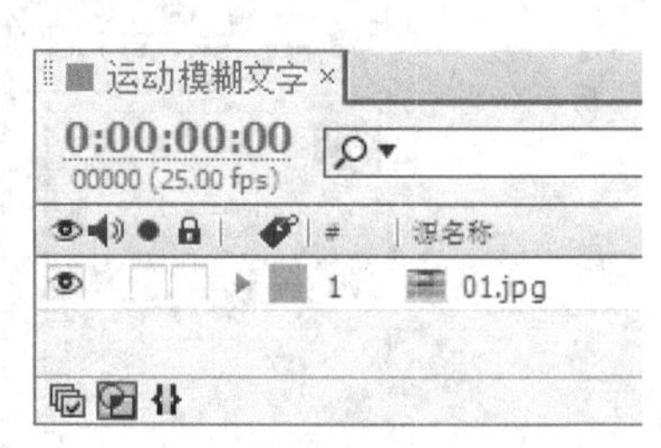

图 4–9

步骤② 选择“横排文字”工具T，在“合成”窗口中输入文字“SUNSHINEe”。选中文字，在“文字”面板中设置“填充色”为橘黄色（其 R、G、B 值为 255、120、0），设置其他选项如图 4–10 所示。“合成”窗口中的效果如图 4–11 所示。

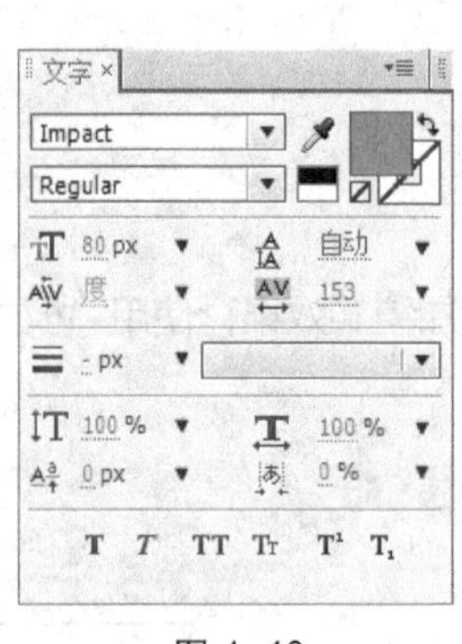

图 4–10

图 4–11

步骤③ 展开“文字”图层的“变换”属性，设置选项如图 4–12 所示。“合成”窗口中的效果如图 4–13 所示。

步骤④ 展开“文字”图层的“高级选项”属性，设置“定位点编组”为“行”，“编组对齐”为 0、–50，如图 4–14 所示。单击“动画”右侧的按钮，在弹出的菜单中选择“缩放”命令，在“时间线”面板中自动添加一个“动画 1”选项。

步骤⑤ 单击“动画 1”选项右侧的“添加”按钮，在弹出的菜单中选择“特性 > 模糊”命令，设置“缩放”为 300%，“模糊”为 150，如图 4–15 所示。

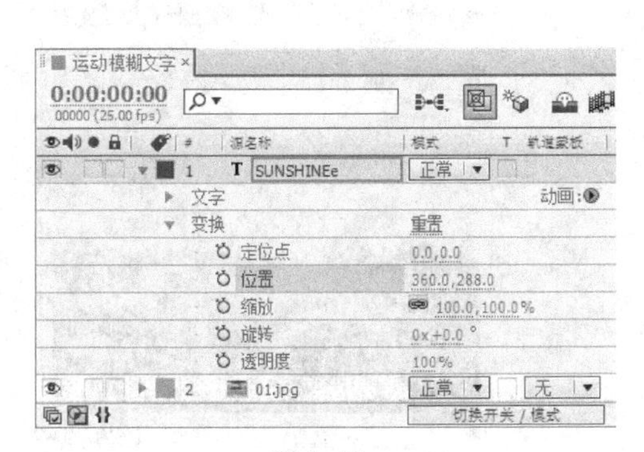

图 4-12

图 4-13

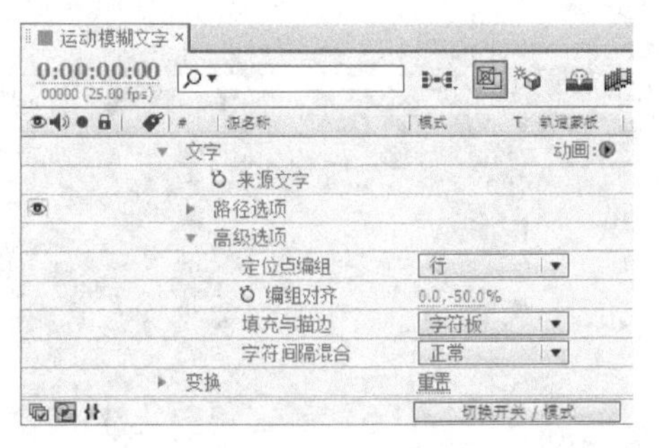

图 4-14

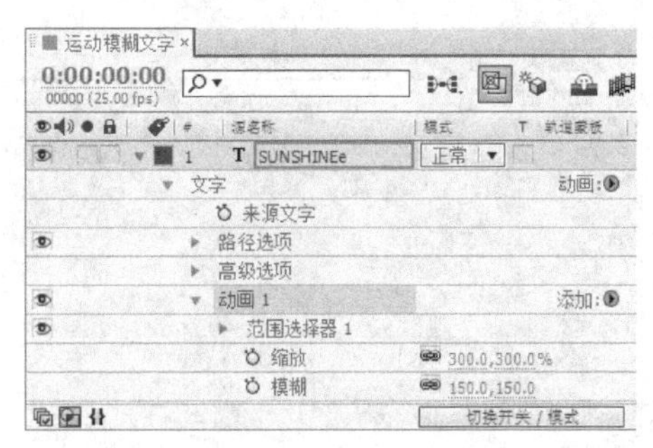

图 4-15

步骤⑥ 保持时间标签在 0s 的位置，展开“范围选择器 1”属性，设置“开始”为 100%，“结束”为 0%，单击“偏移”选项左侧的“关键帧自动记录器”按钮 ，如图 4-16 所示，记录第 1 个关键帧。

步骤⑦ 将时间标签放置在 1:15s 的位置，在“时间线”面板中，设置“偏移”为-100%，如图 4-17 所示，记录第 2 个关键帧。

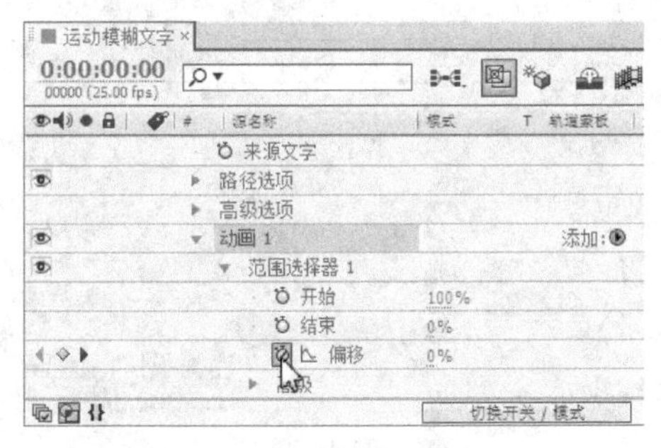

图 4-16

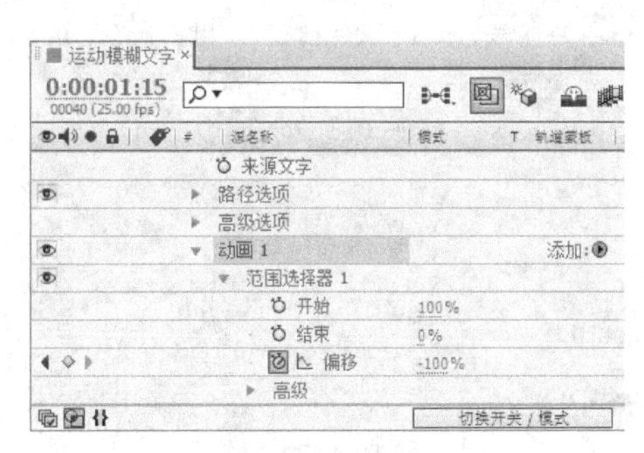

图 4-17

步骤⑧ 展开“范围选择器 1”选项下的“高级”选项，设置“形状”为“上倾斜”，“柔和（低）”为 100%，如图 4-18 所示。“合成”窗口中的效果如图 4-19 所示。

步骤⑨ 将时间标签放置在 0s 的位置，展开“文字”图层的“变换”属性，设置“缩放”为 120%，单击“缩放”选项左侧的“关键帧自动记录器”按钮 ，如图 4-20 所示，记录第 1 个关键帧。

步骤⑩ 将时间标签放置在 1:15s 的位置，在“时间线”面板中，设置“缩放”为 70%，如图 4-21 所示，记录第 2 个关键帧。

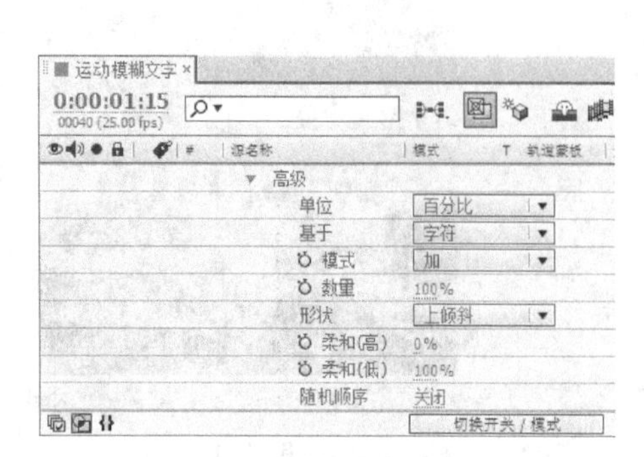

图 4-18

图 4-19

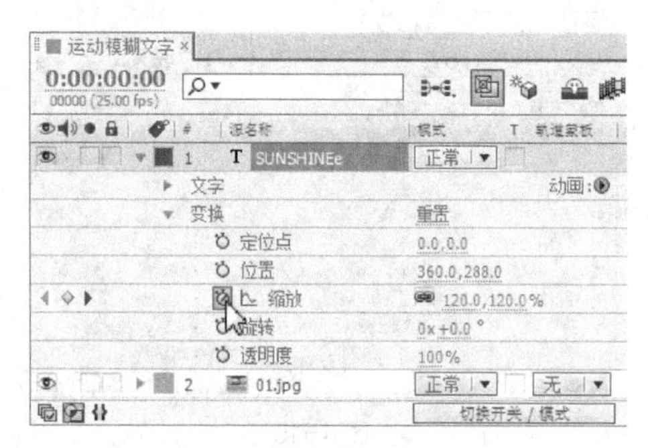

图 4-20

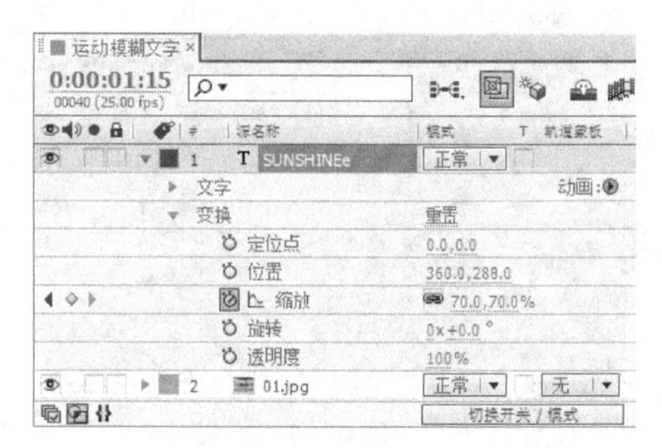

图 4-21

步骤⑪ 将时间标签放置在 1s 的位置，单击“透明度”选项左侧的“关键帧自动记录器”按钮，如图 4-22 所示，记录第 1 个关键帧。将时间标签放置在 2s 的位置，在“时间线”面板中，设置“透明度”为 0%，如图 4-23 所示，记录第 2 个关键帧。

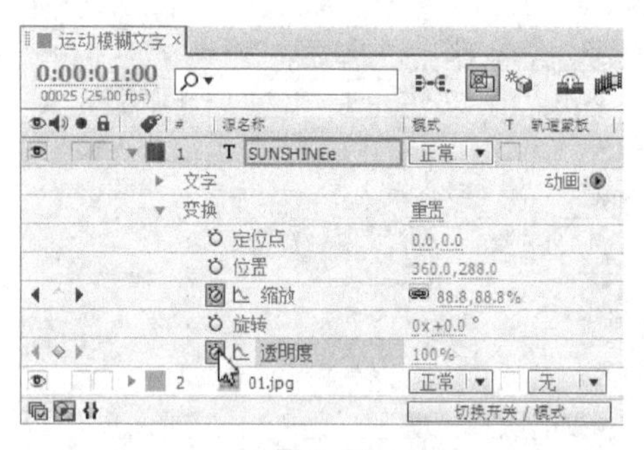

图 4-22

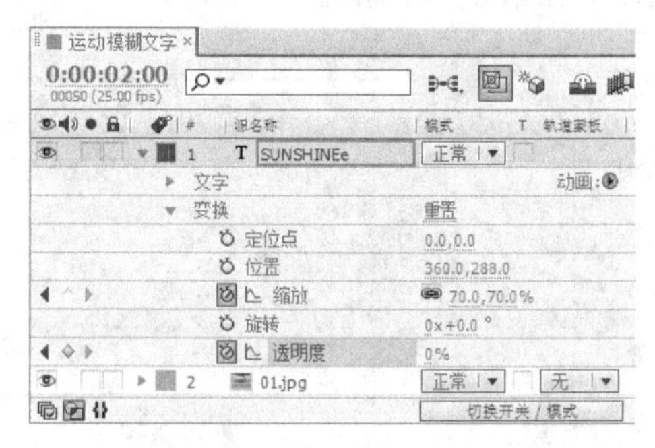

图 4-23

步骤⑫ 选择“图层 > 新建 > 固态层”命令，弹出“固态层设置”对话框，在“名称”文本框中输入“光晕”，设置其他选项如图 4-24 所示，单击“新建”按钮，在“时间线”面板中新建一个黑色固态层“光晕”，如图 4-25 所示。

步骤⑬ 选择“效果 > 生成 > 镜头光晕”命令，在“特效控制台”面板中设置参数，如图 4-26 所示。将时间标签放置在 0s 的位置，在“特效控制台”面板中，单击“光晕中心”选项左侧的“关键帧自动记录器”按钮，如图 4-27 所示，记录第 1 个关键帧。将时间标签放置在 1:08s 的位置，在“特效控制台”面板中，设置“光晕中心”为 825、250，如图 4-28 所示，记录第 2 个关键帧。

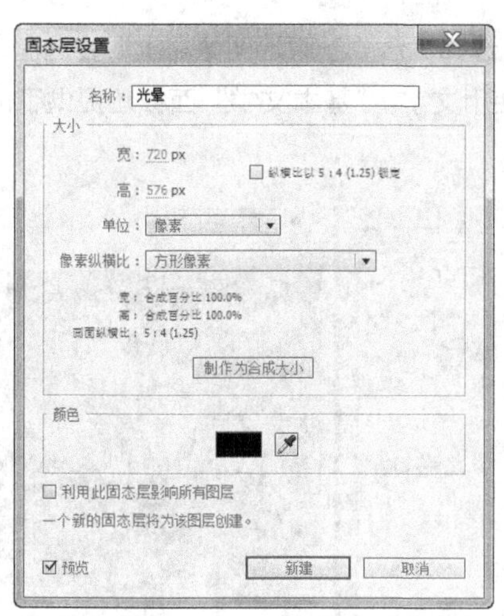

图 4-24

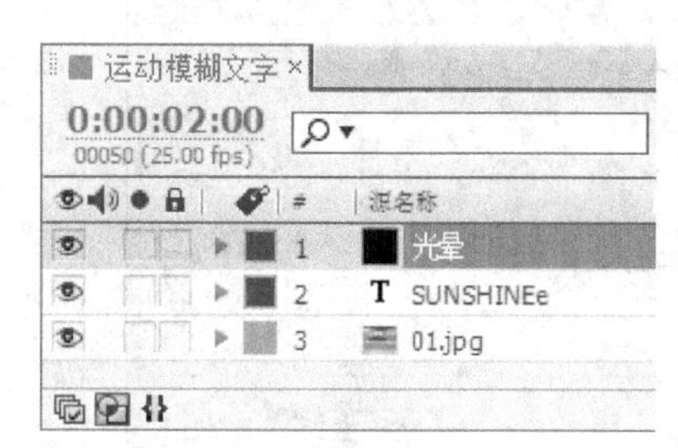

图 4-25

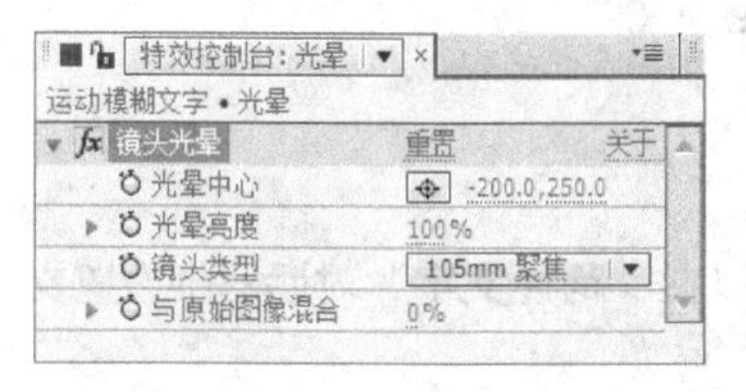

图 4-26

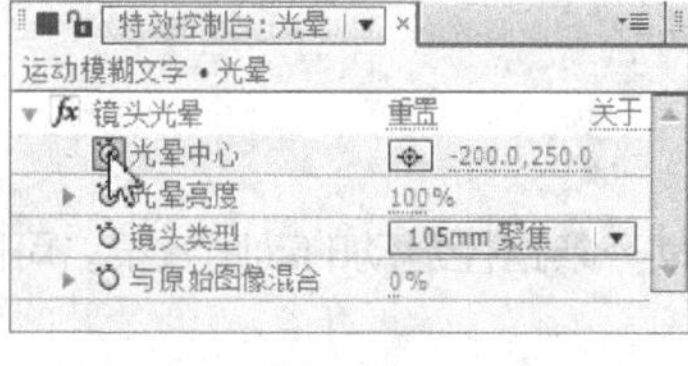

图 4-27

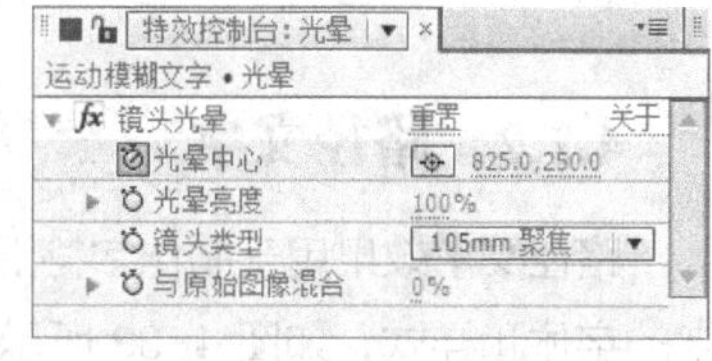

图 4-28

步骤⑭ 在“时间线”面板中，设置“光晕”图层的混合模式为“添加”，“文字”图层的混合模式为“正片叠底”，如图 4-29 所示。运动模糊文字效果制作完成，效果如图 4-30 所示。

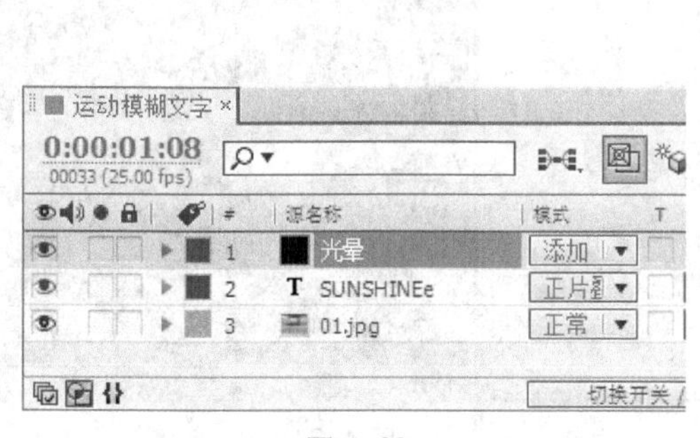

图 4-29

图 4-30

任务二 制作文字特效

4.2.1 基本文字

基本文字效果用于创建文本或文本动画，可以指定文字的字体、样式、方向以及排列，如图 4-31 所示。

该效果还可以将文字创建在一个现有的图像层中，选择“合成于原始图像之上”复选框，可以将文字与图像融合在一起，或者取消选择该复选框，只使用文字。“基本文字”面板还提供了位置、填充与描边、大小、跟踪和行距等信息，如图 4-32 所示。

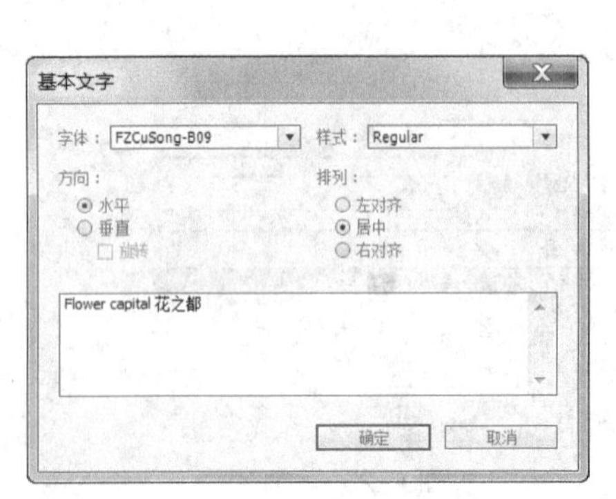

图 4-31

图 4-32

4.2.2 路径文字

路径文字效果用于制作字符沿某一条路径运动的动画效果。可以在“路径文字”对话框中设置文字的字体和样式，如图 4-33 所示。

“路径文字”面板还提供了信息、路径选项、填充与描边、字符、段落、高级和合成于原始图像上等设置，如图 4-34 所示。

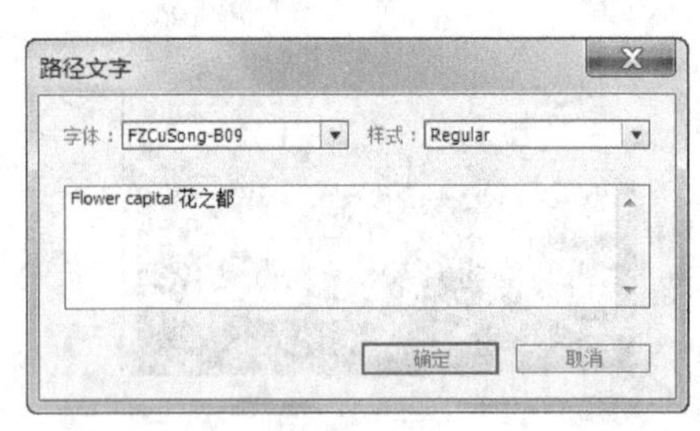

图 4-33

图 4-34

4.2.3 编号

编号效果可以生成不同格式的随机数或序数，如小数、日期和时间码，甚至是当前日期和时间（在渲染时）。使用编号效果可以创建各种各样的计数器。序数的最大偏移是 30 000。此效果适用于 8-bpc 颜色。在“数字编号”对话框中可以设置字体、样式、方向和排列方式等，如图 4-35 所示。

编号的“特效控制台”面板还提供格式、填充和描边、大小和跟踪等设置，如图 4-36 所示。

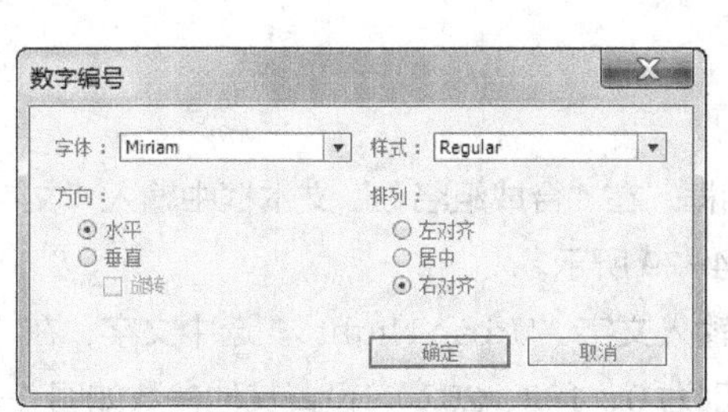

图 4-35

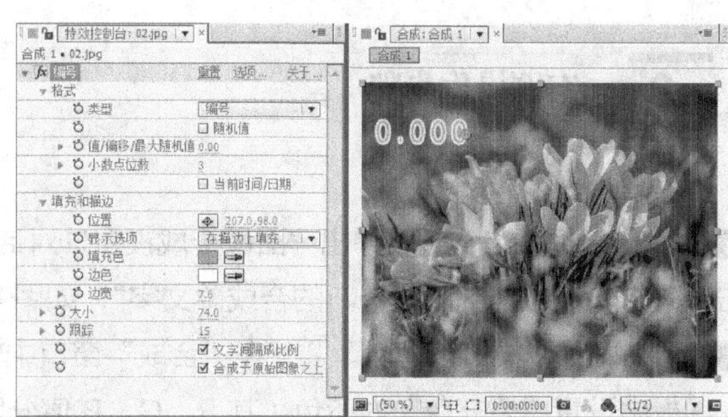

图 4-36

4.2.4 时间码

时间码效果主要用于在素材图层中显示时间信息或者关键帧上的编码信息，还可以将时间码的信息译成密码并保存于图层中以供显示。在“特效控制台”面板中可以设置显示格式、时间单位、丢帧、起始帧、文字位置、文字大小和文字颜色等，如图 4-37 所示。

图 4-37

4.2.5 实训项目：烟飘文字

案例知识要点

使用“横排文字”工具输入文字；使用“分形噪波”命令制作背景效果；使用“矩形遮罩”工具制作遮罩效果；使用“复合模糊”命令、“置换映射”命令制作烟飘效果。烟飘文字效果如图 4-38 所示。

图 4-38

微课：烟飘文字

案例操作步骤

1. 输入文字与添加噪波

步骤① 按 Ctrl+N 组合键，弹出“图像合成设置”对话框，在“合成组名称”文本框中输入“文字”，单击“确定”按钮，创建一个新的合成“文字”，如图 4-39 所示。

步骤② 选择“横排文字”工具[T]，在“合成”窗口中输入文字“Urban Night”。选中文字，在“文字”面板中设置“填充色”为蓝色（其 R、G、B 值分别为 0、132、202），设置其他参数如图 4-40 所示。“合成”窗口中的效果如图 4-41 所示。

图 4-39

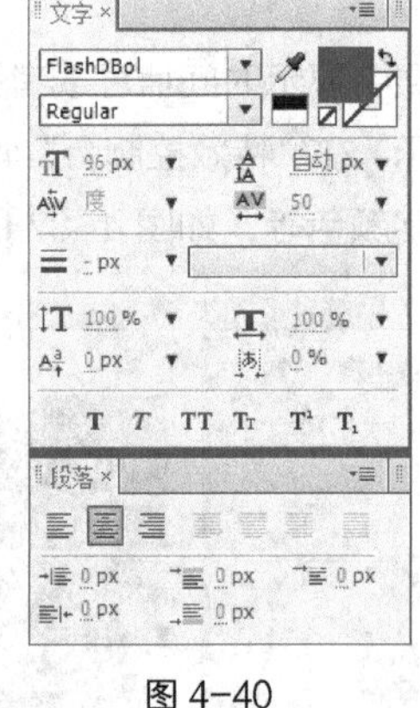

图 4-40

图 4-41

步骤③ 按 Ctrl+N 组合键，弹出“图像合成设置”对话框，在“合成组名称”文本框中输入“噪波”，如图 4-42 所示，单击“确定”按钮。创建一个新的合成“噪波”。选择“图层 > 新建 > 固态层”命令，弹出“固态层设置”对话框，在“名称”文本框中输入文字“噪波”，将“颜色”设为灰色（其 R、G、B 值均为 135），单击“确定”按钮，在“时间线”面板中新增一个灰色固态层，如图 4-43 所示。

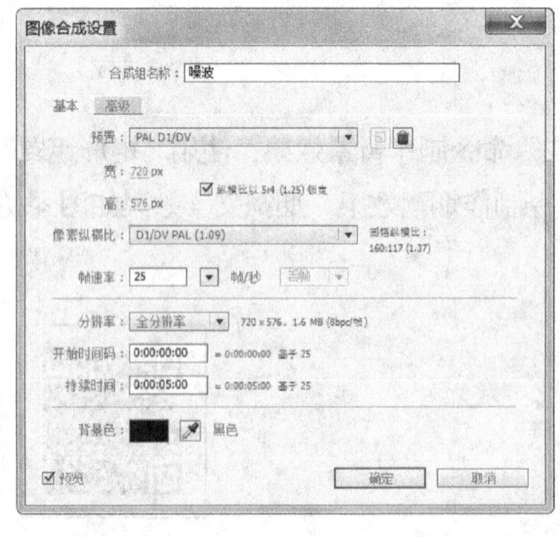

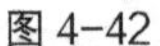
图 4-42

图 4-43

步骤④ 选中“噪波”图层，选择“效果 > 杂色与颗粒 > 分形噪波”命令，在“特效控制台”面板中设置参数，如图 4-44 所示。“合成”窗口中的效果如图 4-45 所示。

步骤⑤ 将时间标签放置在0s的位置，在“特效控制台”面板中，单击“演变”选项左侧的“关键帧自动记录器”按钮，如图4-46所示，记录第1个关键帧。将时间标签放置在4:24s的位置，在“特效控制台”面板中，设置“演变”为3、0，如图4-47所示，记录第2个关键帧。

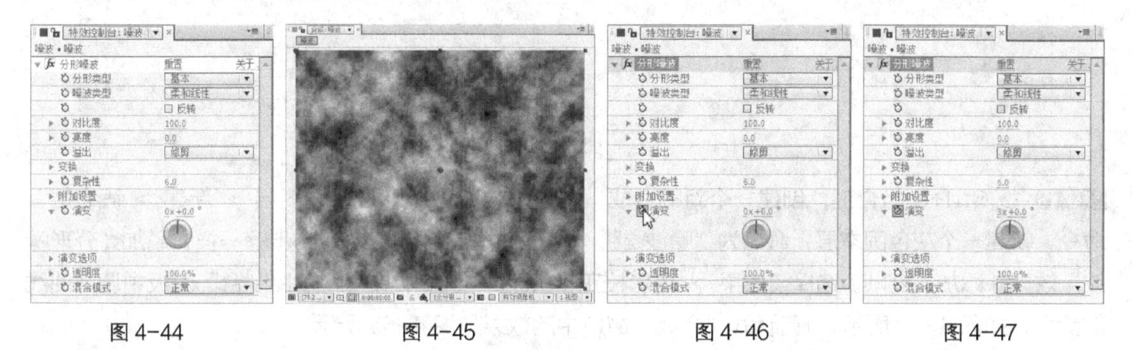

图4-44　　图4-45　　图4-46　　图4-47

2. 添加蒙版效果

步骤① 选择“矩形遮罩”工具，在“合成”窗口中拖曳鼠标指针绘制一个矩形遮罩，如图4-48所示。按F键，展开“遮罩羽化”属性，设置“遮罩羽化”为70，如图4-49所示。

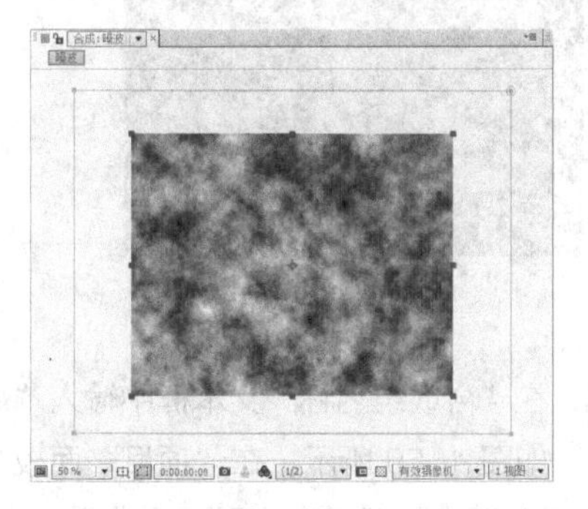

图4-48

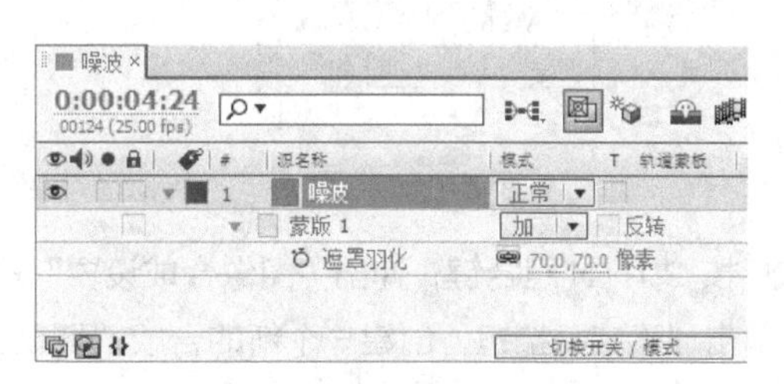

图4-49

步骤② 将时间标签放置在0s的位置，选中“噪波”图层，按两次M键，展开“遮罩”属性，单击“遮罩形状”选项左侧的“关键帧自动记录器”按钮，如图4-50所示，记录第1个遮罩形状关键帧。将时间标签放置在04:24s的位置，选择“选择”工具，在“合成”窗口中同时选中遮罩左侧的两个控制点，将控制点向右拖曳到适当的位置，如图4-51所示，记录第2个遮罩形状关键帧，如图4-52所示。

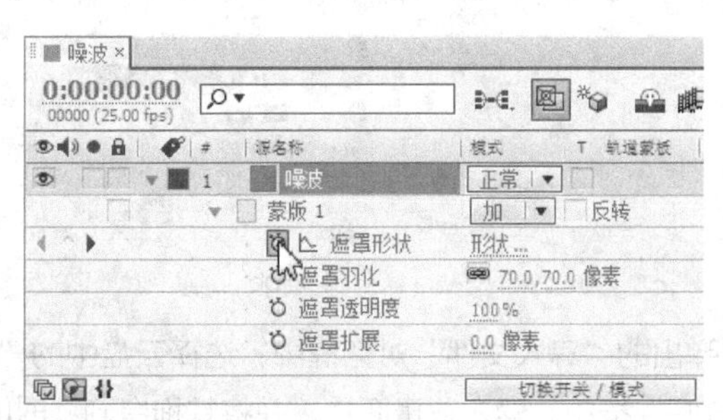

图4-50

图4-51

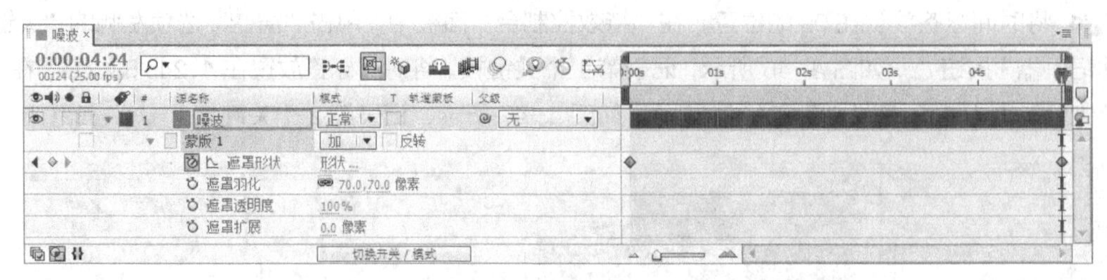

图 4-52

步骤③ 按 Ctrl+N 组合键，创建一个新的合成，命名为“噪波 2”。选择“图层 > 新建 > 固态层”命令，新建一个灰色固态层，命名为“噪波 2”。与前面制作“噪波”合成的步骤一样，添加“分形噪波”效果并添加关键帧。选择“效果 > 色彩校正 > 曲线”命令，在“特效控制台”面板中调节曲线的参数，如图 4-53 所示。调节后，“合成”窗口中的效果如图 4-54 所示。

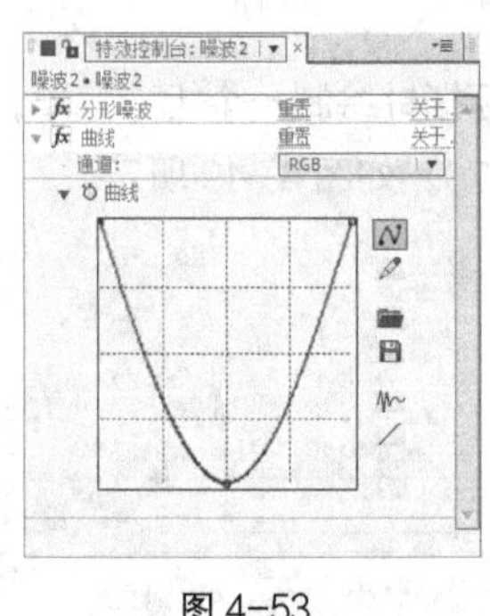

图 4-53

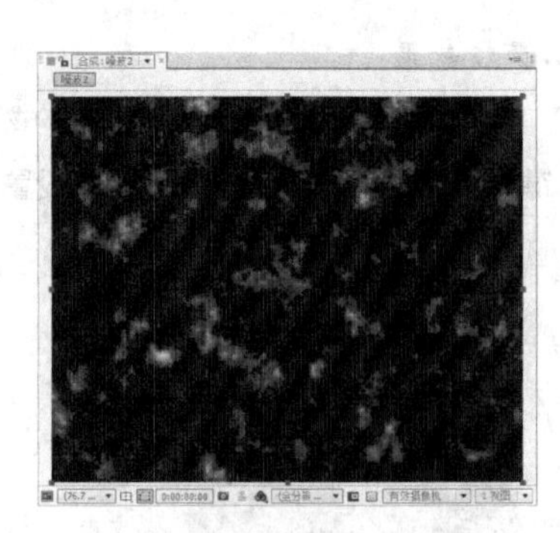

图 4-54

步骤④ 按 Ctrl+N 组合键，弹出“图像合成设置”对话框，在“合成组名称”文本框中输入“烟飘文字”，单击“确定”按钮，创建一个新的合成“烟飘文字”，如图 4-55 所示。在“项目”面板中，分别选中“文字”“噪波”和“噪波 2”合成并将它们拖曳到“时间线”面板中，图层的排列如图 4-56 所示。

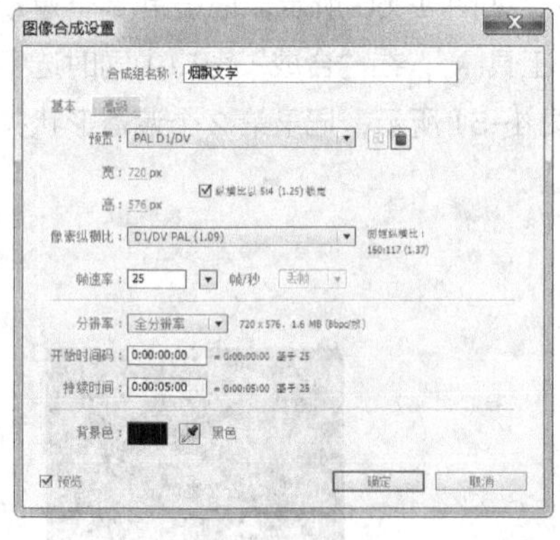

图 4-55

图 4-56

步骤⑤ 选择“文件 > 导入 > 文件”命令，在弹出的“导入文件”对话框中，选择云盘中的“项目四\烟飘文字\(Footage)\01.jpg”文件，单击“打开”按钮，导入背景图片，并将其拖曳到“时间线”

面板中，如图 4-57 所示。

步骤⑥ 分别单击“噪波”和“噪波 2”图层左侧的眼睛按钮，将图层隐藏。选中“文字”图层，选择“效果 > 模糊与锐化 > 复合模糊”命令，在“特效控制台”面板中设置参数，如图 4-58 所示。“合成”窗口中的效果如图 4-59 所示。

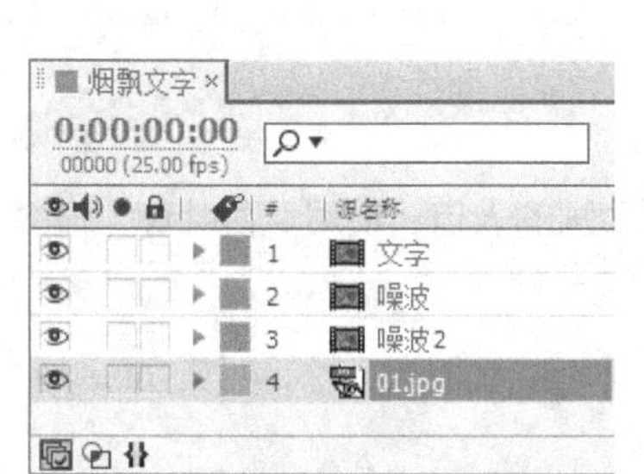

图 4-57

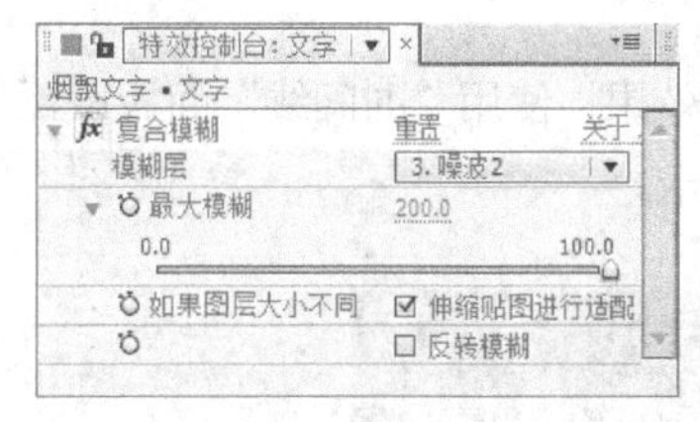

图 4-58

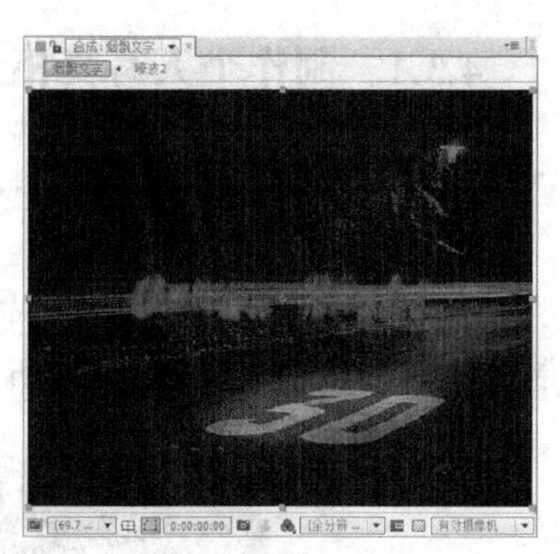

图 4-59

步骤⑦ 在“特效控制台”面板中，单击“最大模糊”选项左侧的“关键帧自动记录器”按钮，如图 4-60 所示，记录第 1 个关键帧。将时间标签放置在 4:24s 的位置，在“特效控制台”面板中，设置“最大模糊”为 0，如图 4-61 所示，记录第 2 个关键帧。

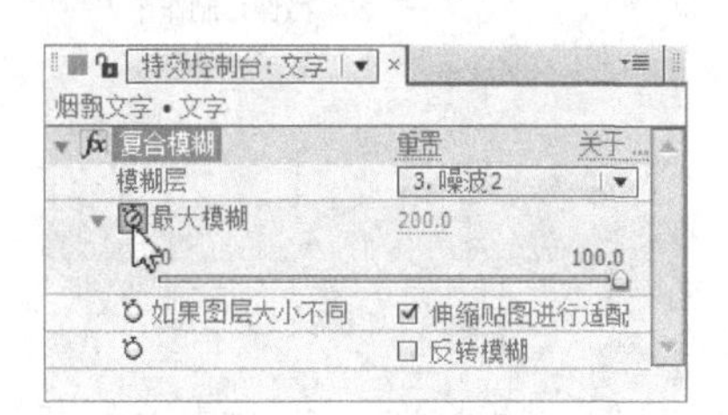

图 4-60

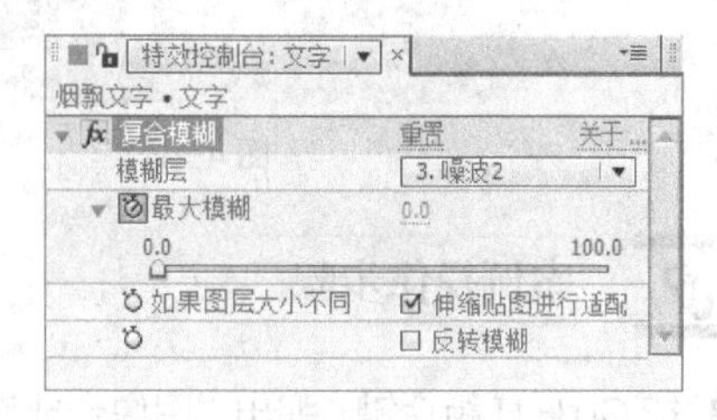

图 4-61

步骤⑧ 选择“效果 > 扭曲 > 置换映射”命令，在“特效控制台”面板中设置参数，如图 4-62 所示。烟飘文字制作完成，效果如图 4-63 所示。

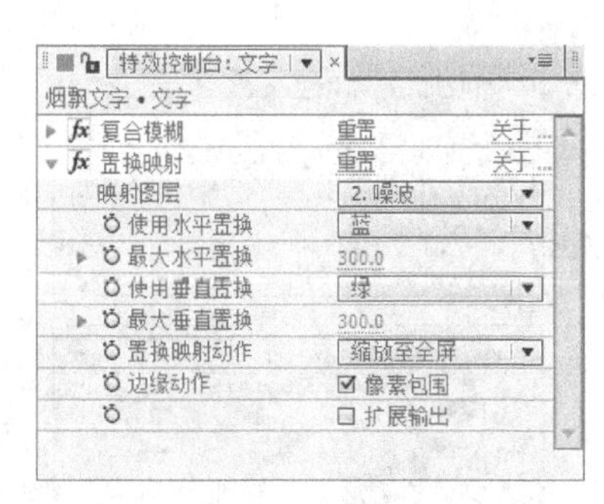

图 4-62

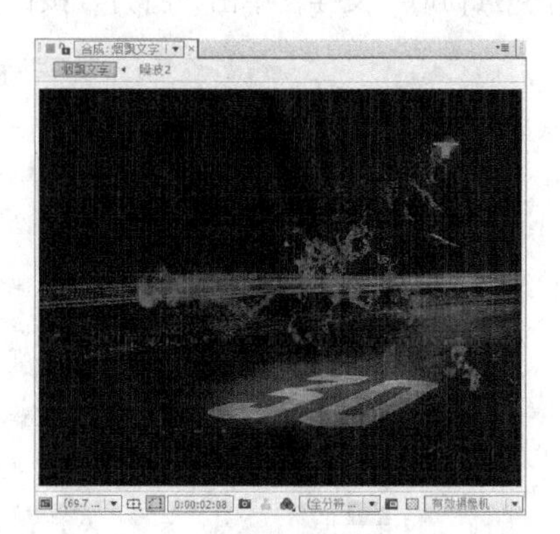

图 4-63

任务三 综合实训项目

4.3.1 制作个人写真相册

案例知识要点

用“矩形遮罩”工具制作照片效果；使用“时间线”面板设置动画的入点；使用“百叶窗”命令制作动画过渡效果，如图 4-64 所示。

图 4-64

微课：制作个人写真相册

案例操作步骤

步骤❶ 按 Ctrl+N 组合键，弹出“图像合成设置”对话框，在“合成组名称”文本框中输入“照片 1”，设置其他选项如图 4-65 所示，单击“确定”按钮，创建一个新的合成“照片 1”。选择“文件 > 导入 > 文件”命令，弹出“导入文件”对话框，选择云盘中的“项目四\制作个人写真相册\(Footage)\01.png～04.png”文件，单击“打开”按钮，将文件导入“项目”面板，如图 4-66 所示。

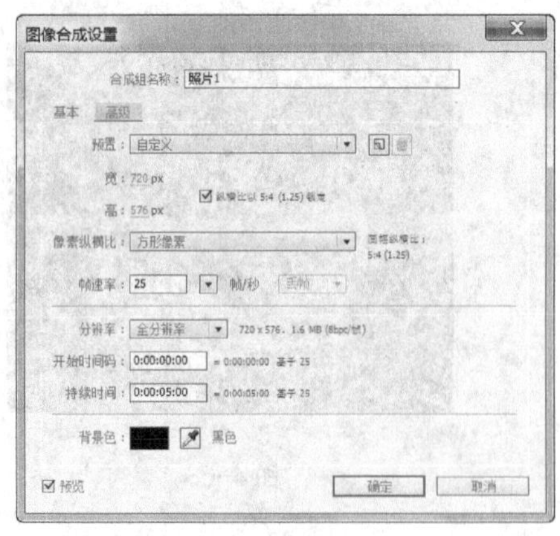

图 4-65

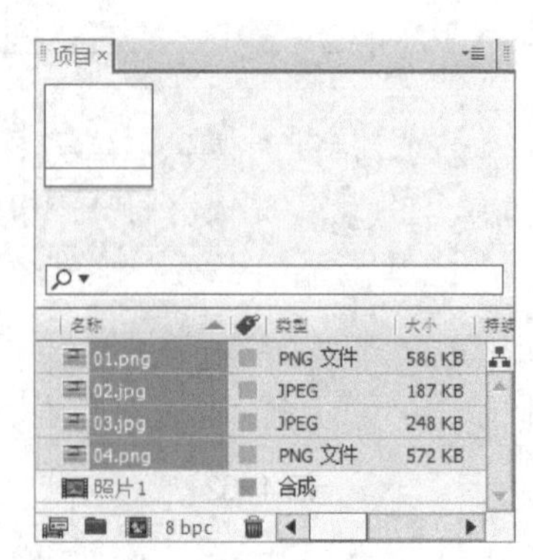

图 4-66

步骤② 在“项目”面板中选中“01.png”和“02.jpg”文件并将它们拖曳到“时间线”面板中，图层的排列顺序如图 4-67 所示。“合成”窗口中的效果如图 4-68 所示。

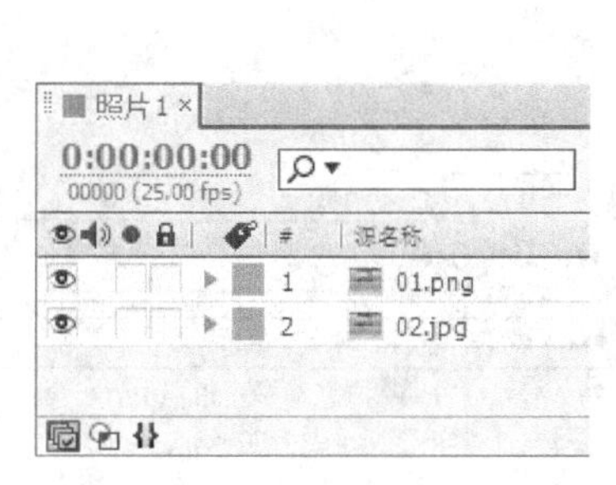

图 4-67

图 4-68

步骤③ 选中“01.png”图层，按 P 键，展开“位置”属性，设置“位置”为 265.4、306.9，如图 4-69 所示。“合成”窗口中的效果如图 4-70 所示。

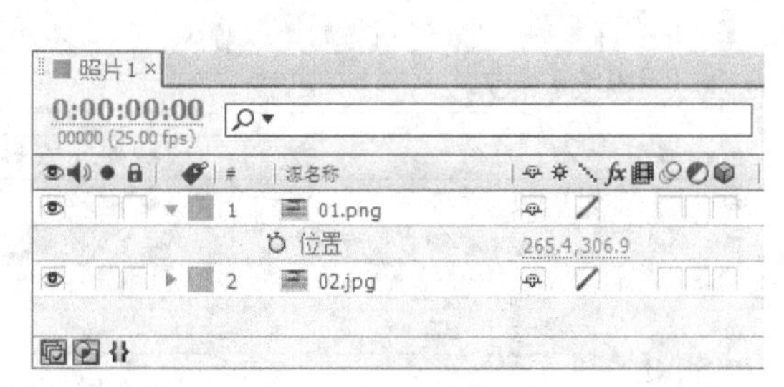

图 4-69

图 4-70

步骤④ 选中“01.png”图层，选择“矩形遮罩”工具，在“合成”窗口中绘制一个矩形遮罩，如图 4-71 所示。选中“02.jpg”图层，按 P 键，展开“位置”属性，设置“位置”为 580.4、288。“合成”窗口中的效果如图 4-72 所示。

图 4-71

图 4-72

步骤⑤ 按 Ctrl+N 组合键，弹出“图像合成设置”对话框，在“合成组名称”文本框中输入“照片 2”，设置其他选项如图 4-73 所示，单击“确定”按钮，创建一个新的合成“照片 2”。在“项目”面板中选中“03.jpg”和“04.png”文件并将其拖曳到“时间线”面板中，图层的排列顺序如图 4-74 所示。

图 4-73

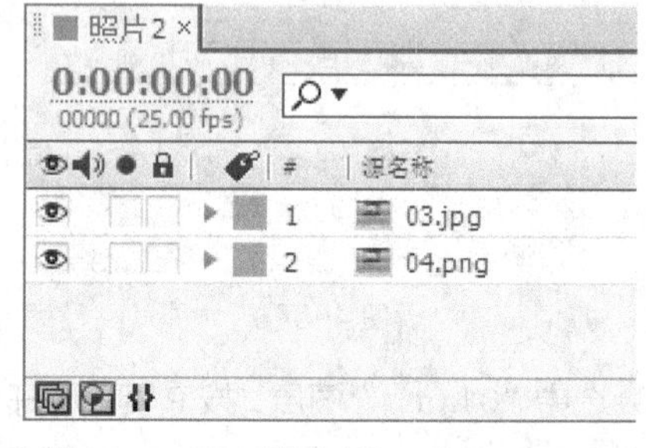

图 4-74

步骤⑥ 选中“04.png”图层，按 Ctrl+D 组合键复制图层，如图 4-75 所示。选中“图层 2”，按 P 键，展开“位置”属性，设置“位置”为 630.4、194.7，如图 4-76 所示。

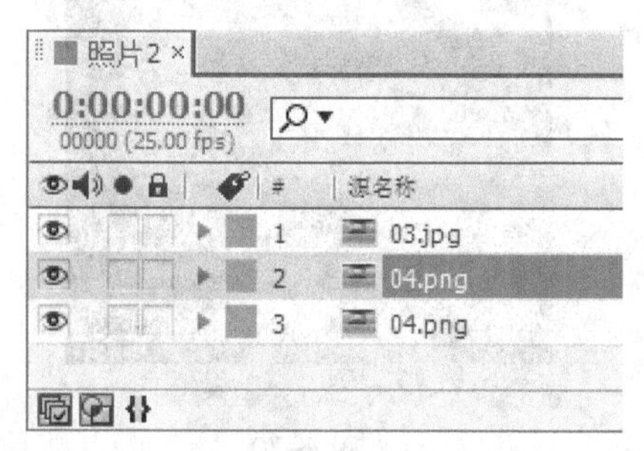

图 4-75

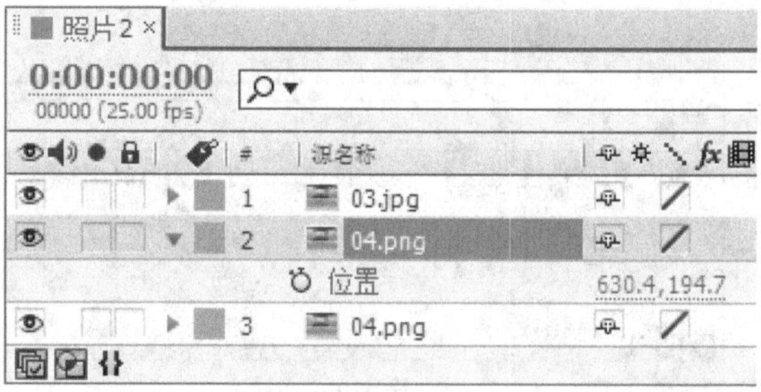

图 4-76

步骤⑦ 选中“图层 2”，选择“矩形遮罩”工具，在“合成”窗口中绘制一个矩形遮罩，如图 4-77 所示。选中“图层 3”，按 P 键，展开“位置”属性，设置“位置”为 118.0、194.7，如图 4-78 所示。

图 4-77

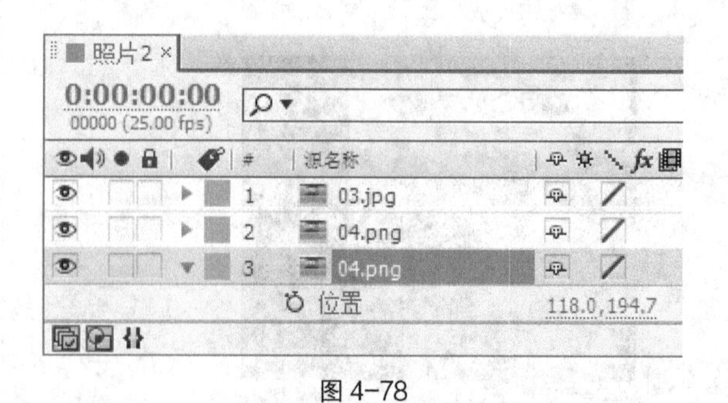

图 4-78

步骤⑧ 选中“图层 3”，选择“矩形遮罩”工具，在“合成”窗口中绘制一个矩形遮罩，如图 4-79

所示。按 Ctrl+N 组合键，弹出“图像合成设置”对话框，在“合成组名称”文本框中输入“最终效果”，设置其他选项如图 4-80 所示，单击“确定”按钮，创建一个新的合成“最终效果”。

图 4-79

图 4-80

步骤 9 在“项目”面板中选中“照片 1”和“照片 2”合成，图层的排列顺序如图 4-81 所示。“合成”窗口中的效果如图 4-82 所示。

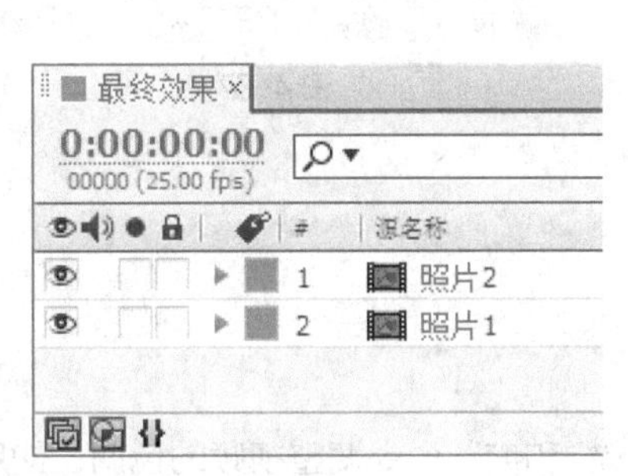

图 4-81

图 4-82

步骤 10 将时间标签放置在 2:10s 的位置，选中“照片 2”图层，按 Alt+ [组合键，设置图层的入点，如图 4-83 所示。

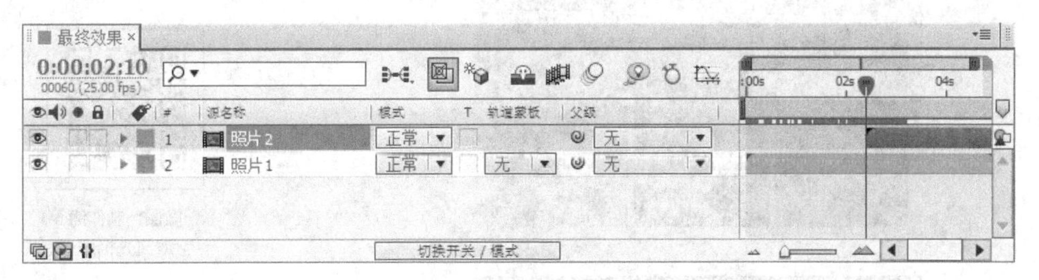

图 4-83

步骤 11 选择“效果 > 过渡 > 百叶窗”命令，在“特效控制台”面板中设置参数，如图 4-84 所示。单击“变换完成量”选项左侧的“关键帧自动记录器”按钮，记录第 1 个关键帧，如图 4-85 所示。

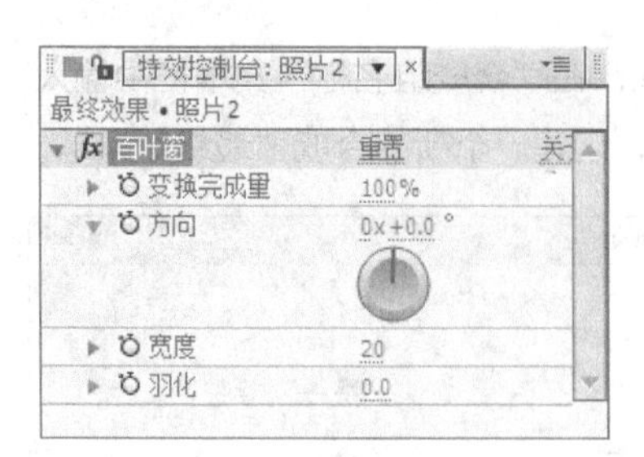

图 4-84

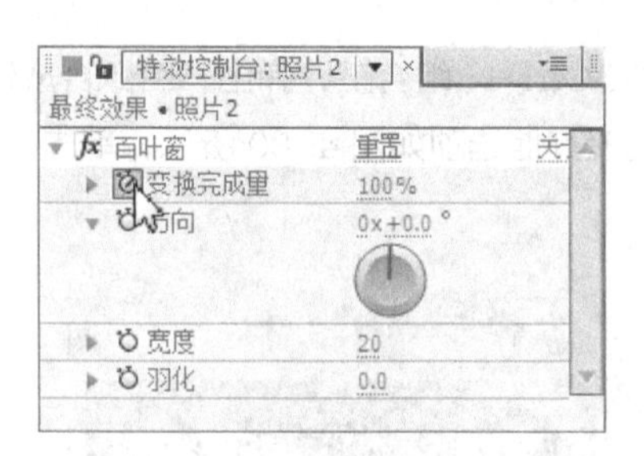

图 4-85

步骤⑫ 将时间标签放置在 2:17s 的位置，在“特效控制台”面板中设置“变换完成量”为 0%，如图 4-86 所示，记录第 2 个关键帧。个人写真相册制作完成，效果如图 4-87 所示。

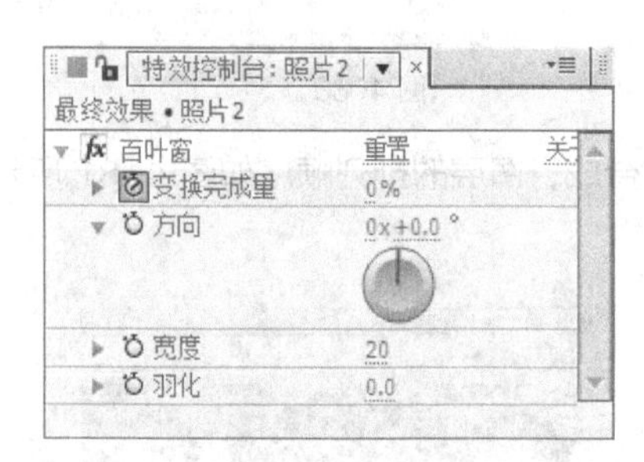

图 4-86

图 4-87

4.3.2 制作海滩风光相册

案例知识要点

使用“色阶”命令调整视频的颜色；使用“色相位/饱和度”命令调整视频的色调；使用“透明度”属性设置文字动画效果，如图 4-88 所示。

图 4-88

微课：制作海滩风光相册

案例操作步骤

步骤① 按 Ctrl+N 组合键，弹出“图像合成设置”对话框，在“合成组名称”文本框中输入“最终效果”，设置其他选项如图 4-89 所示，单击“确定”按钮，创建一个新的合成“最终效果”。选择“文件 > 导入 > 文件”命令，弹出“导入文件”对话框，选择云盘中的“项目四\制作海滩风光相册\(Footage) \01.jpg 和 02.avi”文件，单击“打开”按钮，将文件导入“项目”面板，如图 4-90 所示。

图 4-89

图 4-90

步骤② 在“项目”面板中选中“01.jpg”和“02.avi 文件并将它们拖曳到“时间线”面板中，图层的排列顺序如图 4-91 所示。“合成”窗口中的效果如图 4-92 所示。

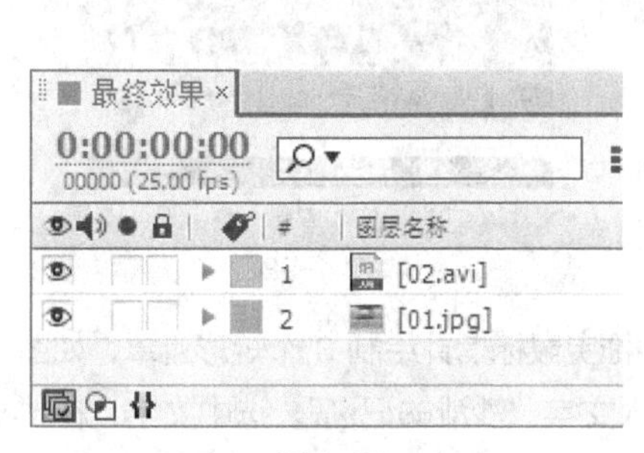

图 4-91

图 4-92

步骤③ 选中“02.avi”图层，按 P 键，展开“位置”属性，设置“位置”为 360、193，如图 4-93 所示。“合成”窗口中的效果如图 4-94 所示。

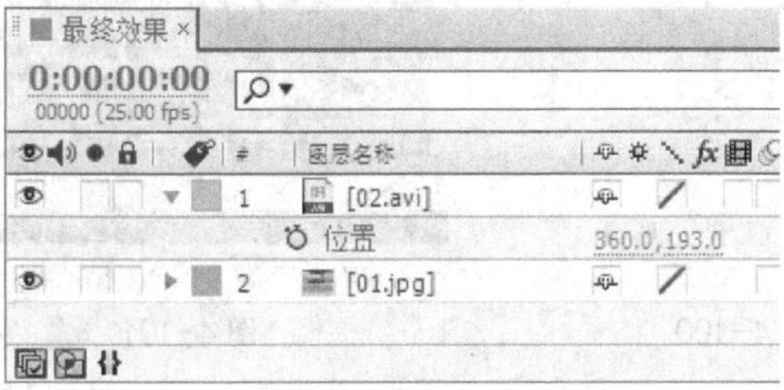

图 4-93

图 4-94

步骤④ 选择“效果 > 色彩校正 > 色相位/饱和度”命令，在“特效控制台”面板中设置参数，如图 4-95 所示。“合成”窗口中的效果如图 4-96 所示。

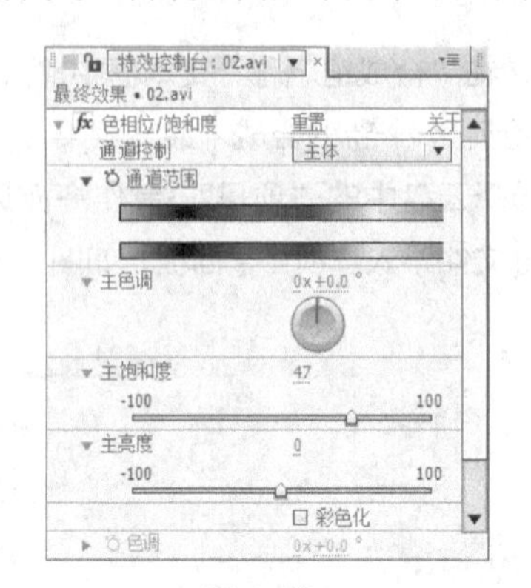

图 4-95

图 4-96

步骤⑤ 选择“效果 > 色彩校正 > 色阶”命令，在“特效控制台”面板中设置参数，如图 4-97 所示。“合成”窗口中的效果如图 4-98 所示。

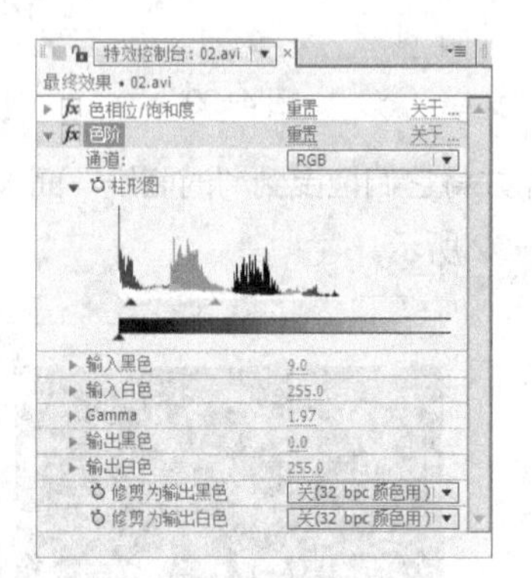

图 4-97

图 4-98

步骤⑥ 选择“矩形遮罩”工具，在“合成”窗口中拖曳鼠标指针绘制 3 个矩形遮罩，如图 4-99 所示。选择“横排文字”工具T，在“合成”窗口中输入文字“沙滩的记忆”。选中文字，在“文字”面板中设置“填充色”为白色，设置其他选项如图 4-100 所示。“合成”窗口中的效果如图 4-101 所示。

图 4-99

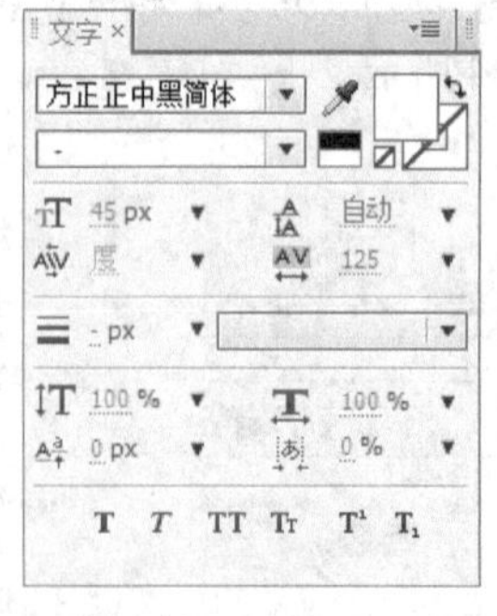

图 4-100

图 4-101

步骤⑦ 按 P 键，展开“位置”属性，设置“位置”为 353.7、107.1，如图 4-102 所示。“合成”窗口中的效果如图 4-103 所示。

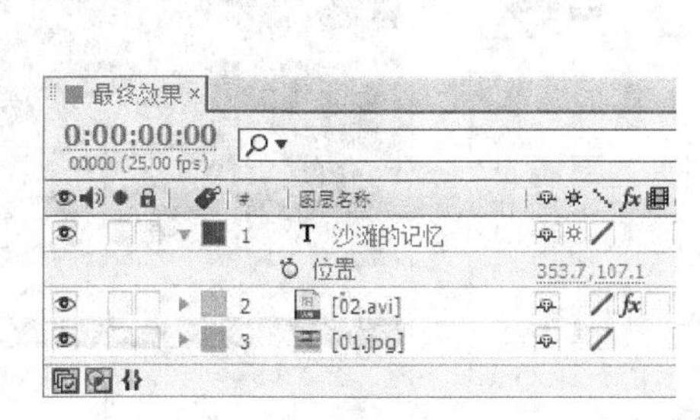

图 4-102

图 4-103

步骤⑧ 展开“沙滩的记忆”图层的属性，单击“动画”右侧的按钮◉，在弹出的菜单中选择“缩放”命令，在“时间线”面板中自动添加一个“动画 1”选项，设置“缩放”为 500%，如图 4-104 所示。单击“添加”右侧的◉按钮，在弹出的菜单中选择“特性 > 模糊”选项，设置“模糊”为 240、240，如图 4-105 所示。

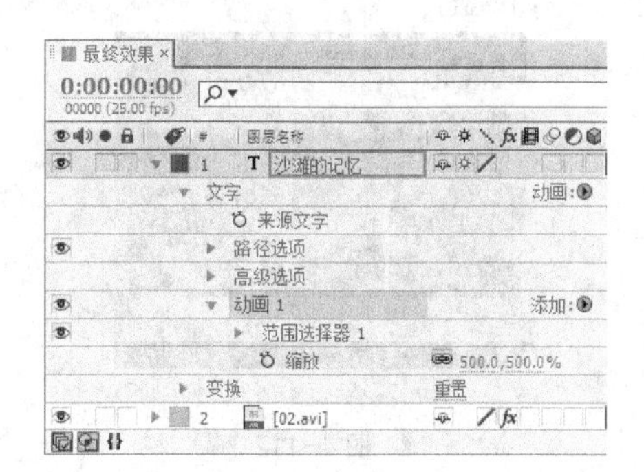

图 4-104

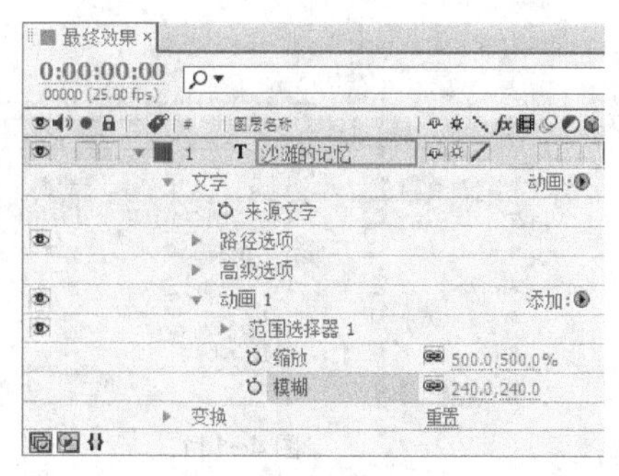

图 4-105

步骤⑨ 展开“范围选择器 1”属性，设置“偏移”为-100，单击“偏移”选项左侧的“关键帧自动记录器”按钮⏱，如图 4-106 所示，记录第 1 个关键帧。将时间标签放置在 3s 的位置，在“时间线”面板中设置“偏移”为 100，如图 4-107 所示，记录第 2 个关键帧。

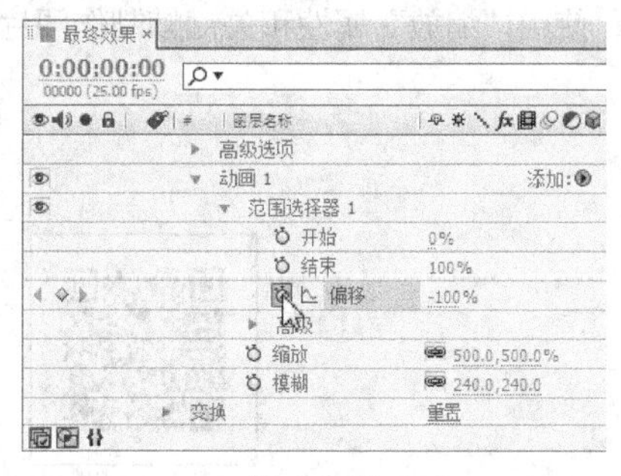

图 4-106

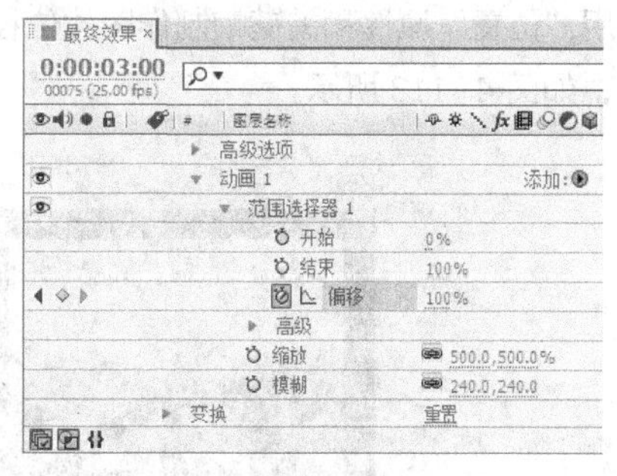

图 4-107

步骤⑩ 展开“高级选项”属性，设置“编组对齐”为 0、-55，如图 4-108 所示。选择“横排文字”工具T，在“合成”窗口中输入需要的文字。选中文字，在“文字”面板中设置“填充色”为黑色，设置其他选项如图 4-109 所示。“合成”窗口中的效果如图 4-110 所示。

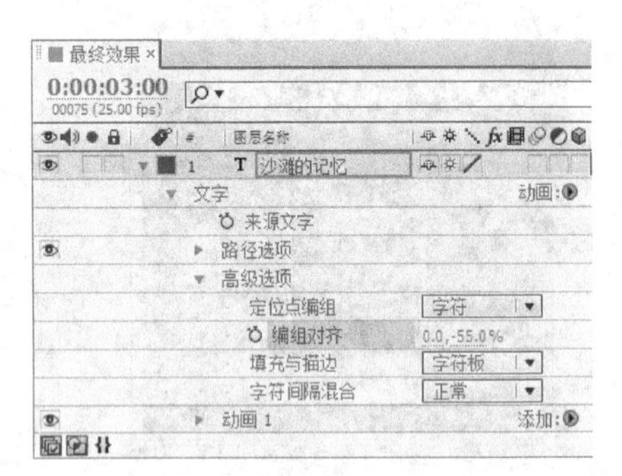

图 4-108

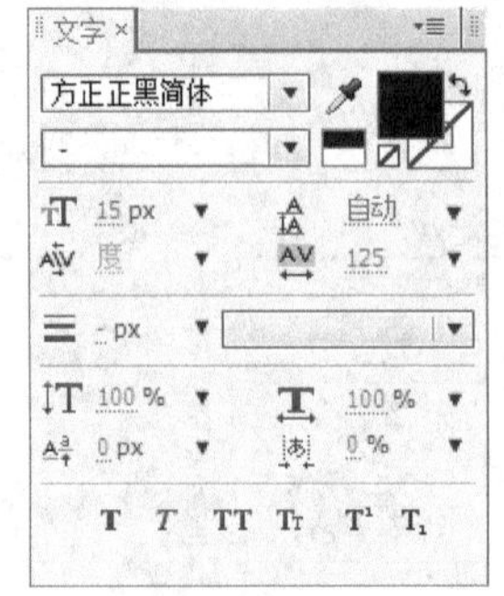

图 4-109

图 4-110

步骤⑪ 将时间标签放置在 3:12s 的位置，按 T 键，展开“透明度”属性，设置“透明度”为 0%，如图 4-111 所示，记录第 1 个关键帧。将时间标签放置在 4:12s 的位置，在“时间线”面板中，设置“透明度”为 100%，记录第 2 个关键帧。海滩风光相册制作完成，效果如图 4-112 所示。

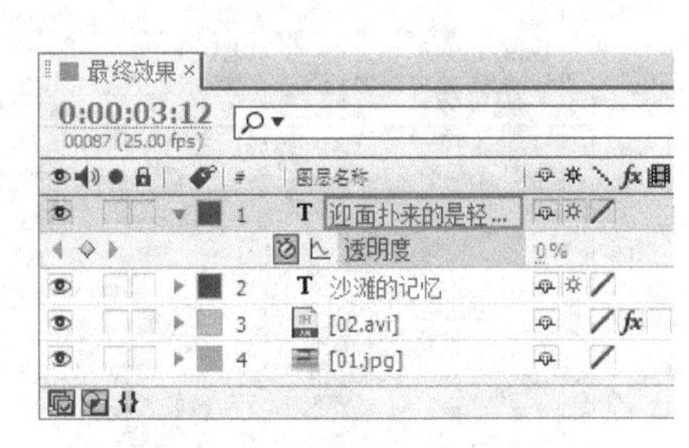

图 4-111

图 4-112

4.3.3 制作草原美景相册

案例知识要点

使用“位置”属性和关键帧制作图片位移动画效果；使用“缩放”属性和关键帧制作图片缩放动画效果，如图 4-113 所示。

图 4-113

微课：制作草原美景相册

案例操作步骤

步骤❶ 按Ctrl+N组合键，弹出“图像合成设置”对话框，在“合成组名称”文本框中输入“最终效果”，其他选项的设置如图 4-114 所示，单击“确定”按钮，创建一个新的合成“最终效果”。选择“文件 > 导入 > 文件”命令，弹出“导入文件”对话框，选择云盘中的“项目四\制作草原美景相册\(Footage)\01.jpg、02.png～04.png”文件，单击“打开”按钮，将文件导入“项目”面板，如图 4-115 所示。

图 4-114

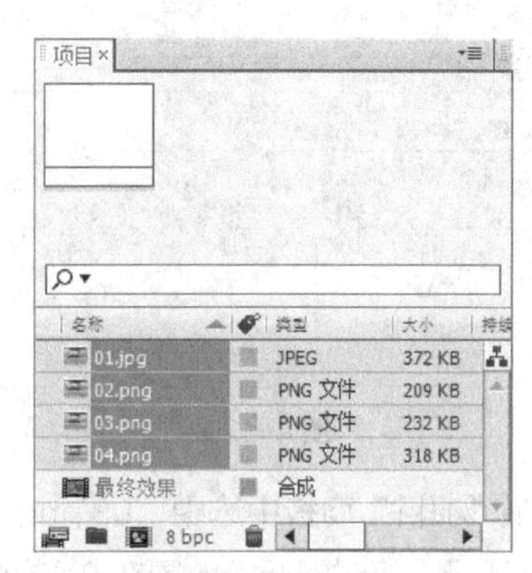

图 4-115

步骤❷ 在“项目”面板中选中“01.jpg”和“02.png”文件并将它们拖曳到“时间线”面板中，如图 4-116 所示。“合成”窗口中的效果如图 4-117 所示。

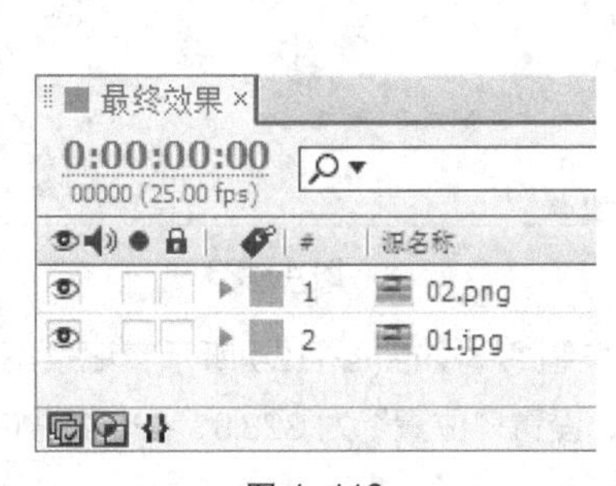

图 4-116

图 4-117

步骤❸ 保持时间标签在0s的位置，选中“02.png”图层，按P键，展开“位置”属性，设置“位置”为-308.8、173.1，单击“位置”选项左侧的“关键帧自动记录器”按钮，如图 4-118 所示，记录第 1 个关键帧。

步骤❹ 将时间标签放置在2s的位置，在“时间线”面板中，设置“位置”为403.3、173.1，如图 4-119 所示，记录第 2 个关键帧。

步骤❺ 按T键，展开“透明度”属性，单击“透明度”选项左侧的“关键帧自动记录器”按钮，如图 4-120 所示，记录第 1 个关键帧。将时间标签放置在2:10s的位置，在“时间线”面板中，设置“透明度”为 0%，如图 4-121 所示，记录第 2 个关键帧。

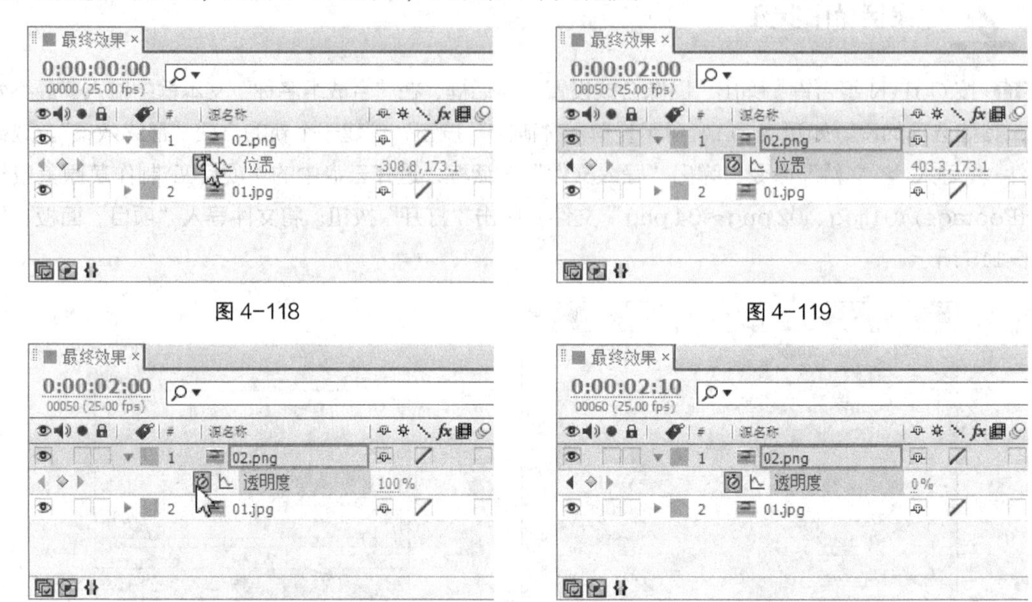

图 4-118

图 4-119

图 4-120

图 4-121

步骤 6 在“项目”面板中选中“03.png”文件并将其拖曳到“时间线”面板中，图层的排列顺序如图 4-122 所示。将时间标签放置在 0s 的位置，按 P 键，展开“位置”属性，设置“位置”为 1 037.3、435.4，如图 4-123 所示。

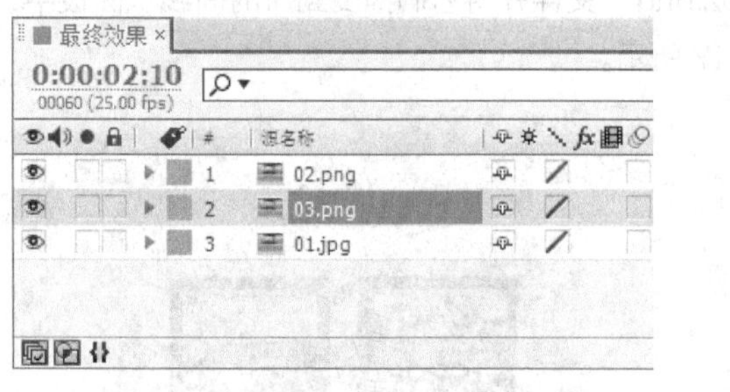

图 4-122

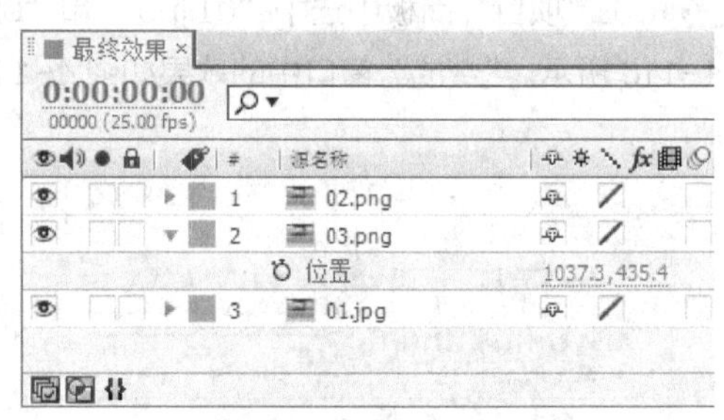

图 4-123

步骤 7 单击“位置”选项左侧的“关键帧自动记录器”按钮，如图 4-124 所示，记录第 1 个关键帧。将时间标签放置在 2s 的位置，在“时间线”面板中，设置“位置”为 328.8、435.4，如图 4-125 所示，记录第 2 个关键帧。

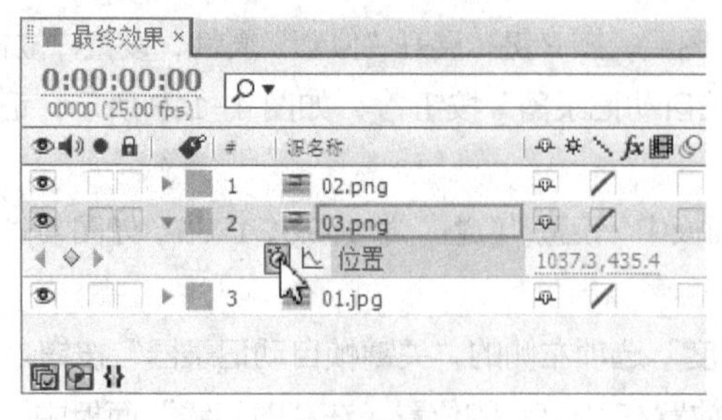

图 4-124

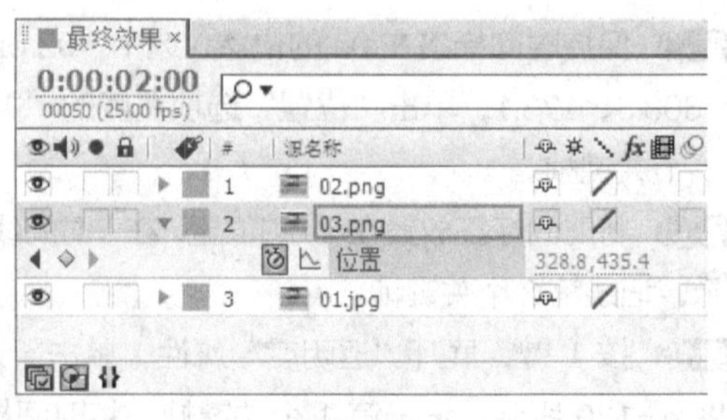

图 4-125

步骤⑧ 按T键，展开“透明度”属性，单击“透明度”选项左侧的“关键帧自动记录器”按钮⏱，如图4-126所示，记录第1个关键帧。将时间标签放置在2:10s的位置，在“时间线”面板中，设置“透明度”为0%，如图4-127所示，记录第2个关键帧。

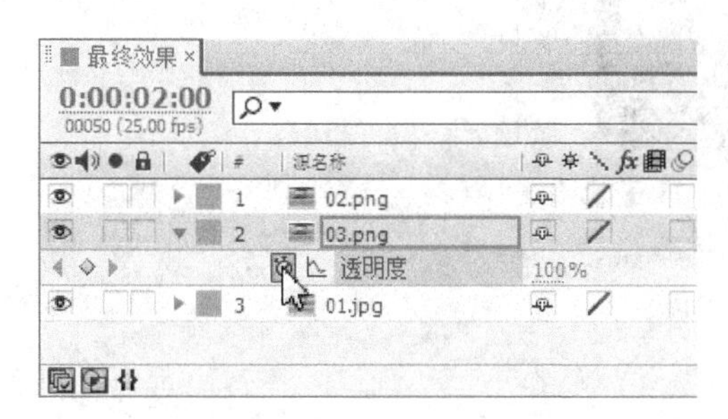

图4-126

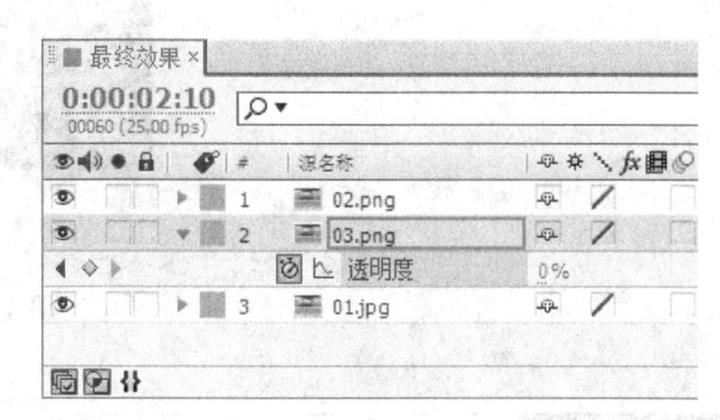

图4-127

步骤⑨ 在“项目”面板中选中“04.png”文件并将其拖曳到“时间线”面板的最上方，按Alt+[组合键，设置动画的入点，如图4-128所示。

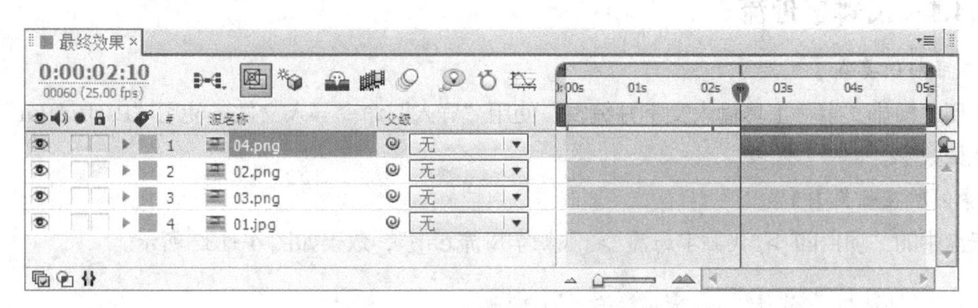

图4-128

步骤⑩ 按S键，展开“缩放”属性，设置“缩放”为0%，单击“缩放”选项左侧的“关键帧自动记录器”按钮⏱，如图4-129所示，记录第1个关键帧。将时间标签放置在4s的位置，在“时间线”面板中，设置“缩放”为100%，如图4-130所示，记录第2个关键帧。

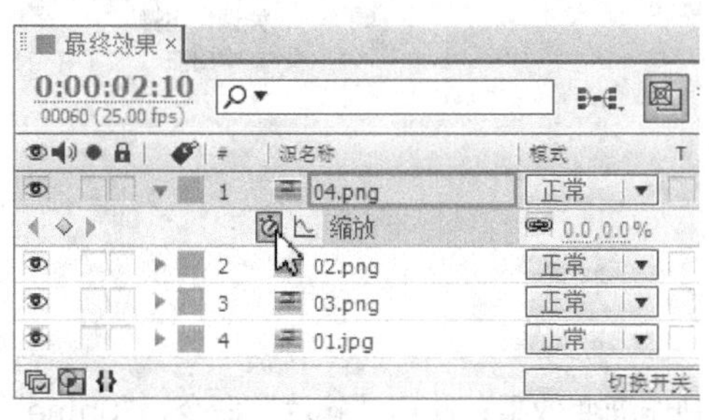

图4-129

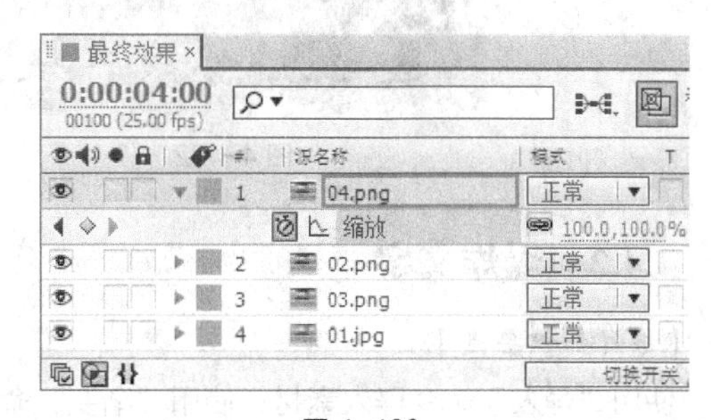

图4-130

步骤⑪ 草原美景相册制作完成，效果如图4-131所示。

图 4-131

任务四 课后实战演练

4.4.1 飞舞字母流

【练习知识要点】

使用“横排文字”工具输入文字并编辑；使用“导入”命令导入文件；使用“Particular”命令制作飞舞数字。

【案例所在位置】

云盘中的“项目四 > 飞舞字母流 > 飞舞字母流.eap”，效果如图 4-132 所示。

图 4-132

微课：飞舞字母流

4.4.2 爆炸文字

【练习知识要点】

使用“导入”命令导入素材；使用“渐变”命令制作渐变效果；使用“碎片”命令、“Shine”命令制作爆炸文字效果；使用“镜头光晕”命令制作光晕效果。

【案例所在位置】

云盘中的“项目四 > 爆炸文字 > 爆炸文字.eap”，如图 4-133 所示。

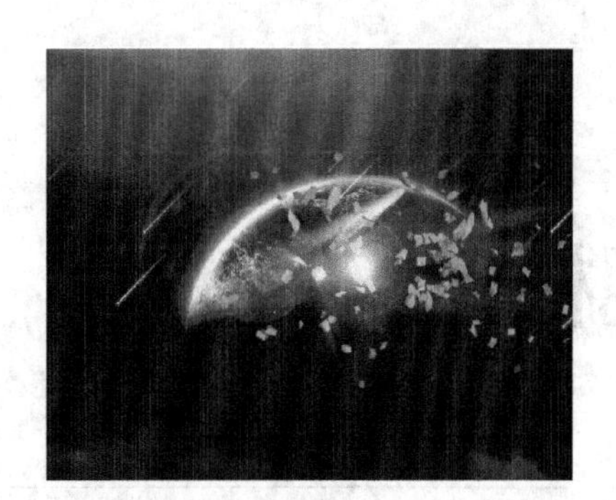

图 4-133

微课：爆炸文字

05 项目五 制作电视栏目

本项目主要介绍 After Effects 中的各种效果控制面板、跟踪与表达式及其应用方式和参数设置，对常用滤镜效果进行重点讲解。通过本项目的学习，读者可以掌握 After Effects 效果制作特效和表达式动画的精髓部分。

课堂学习目标

- 了解在图层上编辑效果的方法
- 掌握模糊与锐化效果组的应用方法
- 掌握生成效果组的应用方法
- 掌握扭曲效果组的应用方法
- 掌握杂波与颗粒效果组的应用方法
- 掌握模拟仿真效果组的应用方法
- 掌握风格化效果组的应用方法
- 掌握对象跟踪的应用技巧

任务一　初步了解效果

5.1.1　为图层赋予效果

After Effects 软件本身自带了许多标准滤镜效果，包括音频、模糊与锐化、色彩校正、扭曲、键控、蒙版、风格化、文字等。滤镜效果不仅能够对影片进行丰富的艺术加工，还可以提高影片的画面质量和播放效果。

给图层赋予效果的方法其实很简单，方式也有很多种，可以根据情况灵活应用。

◎ 在“时间线”面板，选中某个图层，选择“效果”命令中的各项效果命令即可。

◎ 在“时间线”面板的某个图层上单击鼠标右键，在弹出的快捷菜单中选择“效果”中的各项效果命令即可。

◎ 选择“窗口 > 效果和预置”命令，或按 Ctrl+5 组合键，打开“效果和预置”面板，从分类中选中需要的效果，然后拖曳到“时间线”面板中的某图层上即可，如图 5-1 所示。

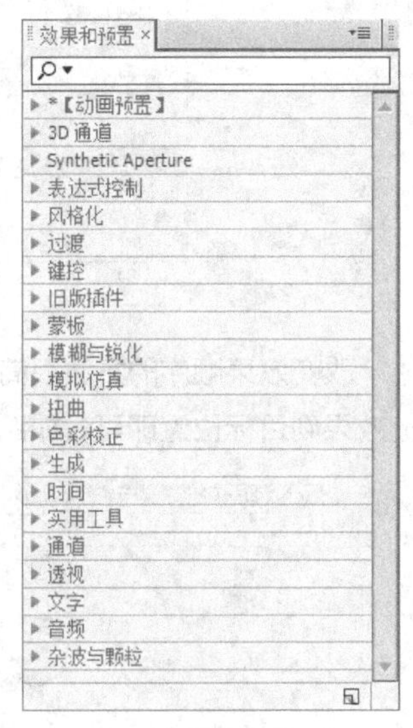

图 5-1

◎ 在“时间线”面板中选择某个图层，然后选择“窗口 > 效果和预置”命令，打开“效果和预置”面板，双击分类中选择的效果即可。

对于图层来讲，一个效果常常不能完全满足创作需要。通常需要为图层添加多个效果，才可以制作出复杂而千变万化的效果。但是，对同一图层应用多个效果时，一定要注意效果的顺序，因为不同的顺序可能会产生完全不同的画面效果，如图 5-2 和图 5-3 所示。

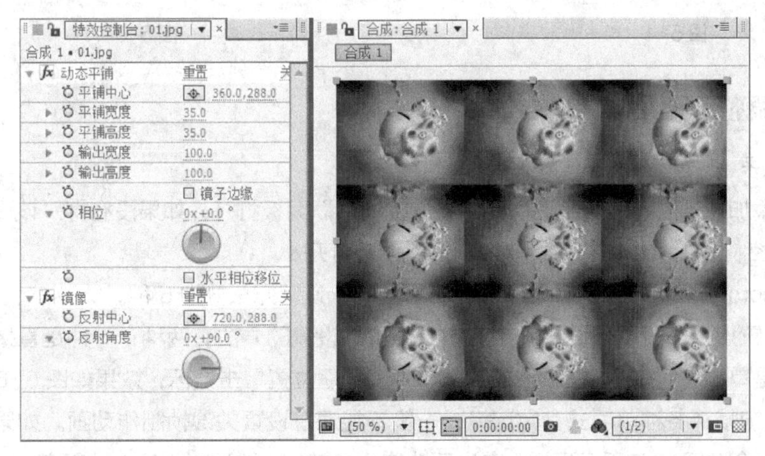

图 5-2

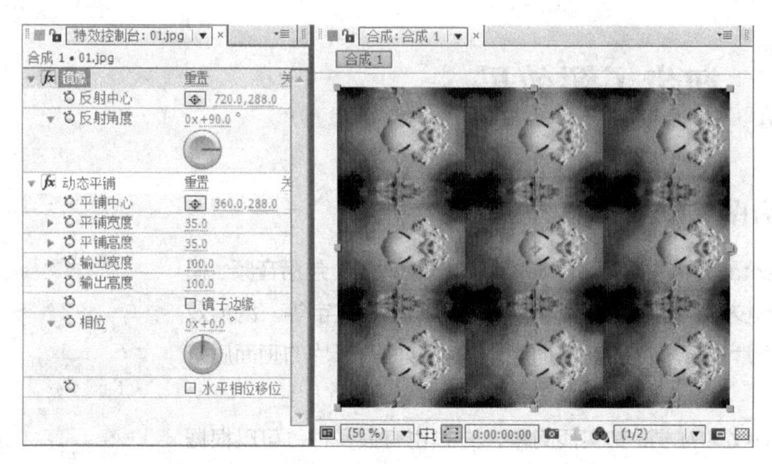

图 5-3

改变效果顺序的方法很简单，只要在“特效控制台”面板或者“时间线”面板中，上下拖曳需要的效果到目标位置即可，如图 5-4 和图 5-5 所示。

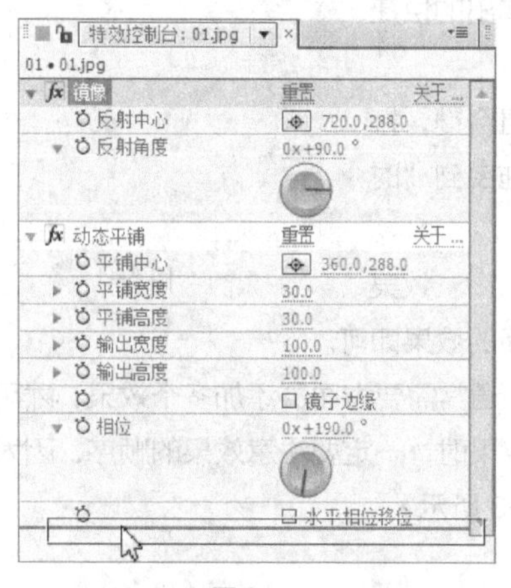

图 5-4

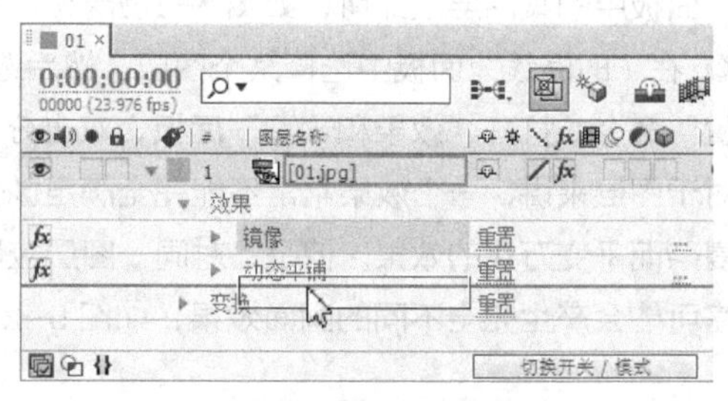

图 5-5

5.1.2 调整、复制和移除效果

1. 调整效果

在为图层添加效果时，一般会自动将“特效控制台”面板打开，如果没有打开该面板，可以选择“窗口 > 特效控制台”命令，将“特效控制台”面板打开。

After Effects 有多种效果，且各个功能有所不同，设置方法分为 5 种。

◎ 定义位置点：一般用来设置效果的中心位置。设置的方法有两种：一种是直接调整后面的参数值；另一种是单击[⊕]按钮，在“合成”窗口中的合适位置单击鼠标，效果如图 5-6 所示。

◎ 参数关键帧：各种单项式参数选择，一般不能通过设置关键帧制作动画。如果是可以设置关键帧动画的，也会像图 5-7 所示那样，产生硬性停止关键帧，这种变化是一种突变，不能出现连续性的渐变效果。

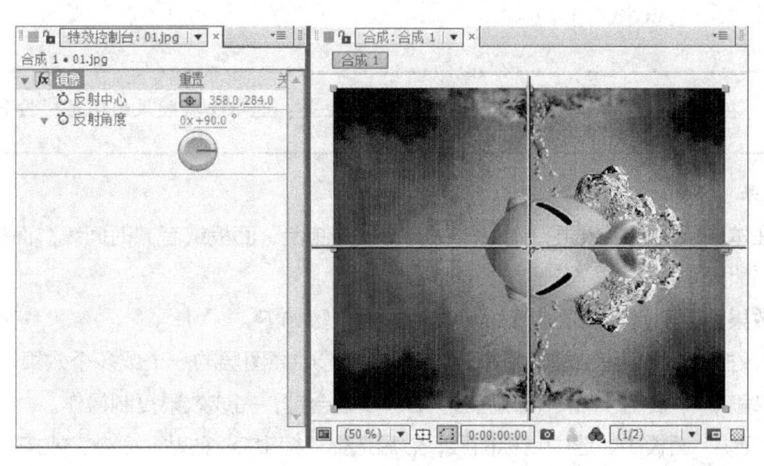

图 5-6

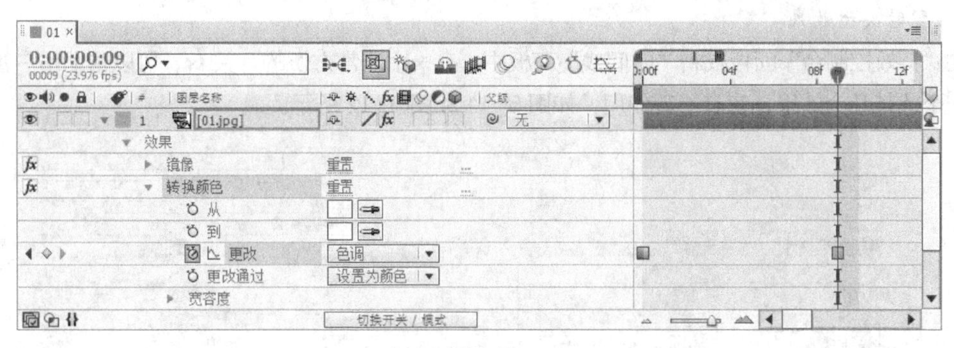

图 5-7

◎ 调整滑块：左右拖动滑块调整数值。不过需要注意，滑块并不能显示参数的极限值。例如，复合模糊效果，虽然在调整滑块中看到的调整范围是 0～100，但是用直接输入数值的方法调整，最大值能输入 4 000，因此在滑块中看到的调整范围一般是常用的数值段，如图 5-8 所示。

◎ 颜色选取框：主要用于选取或者改变颜色，单击将会弹出图 5-9 所示的色彩选择对话框。

◎ 角度旋转器：一般与角度和圈数设置有关，如图 5-10 所示。

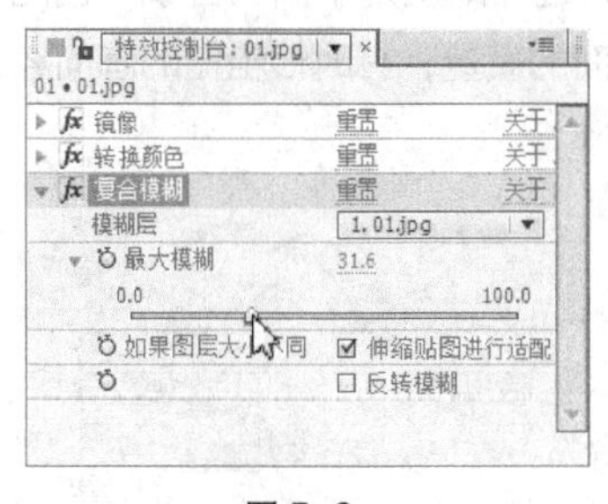

图 5-8

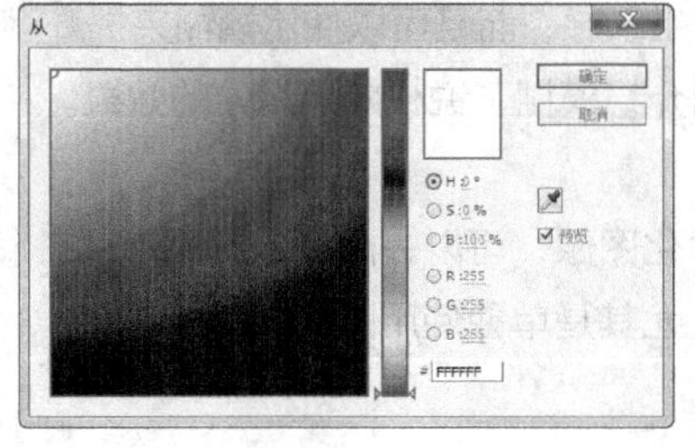

图 5-9

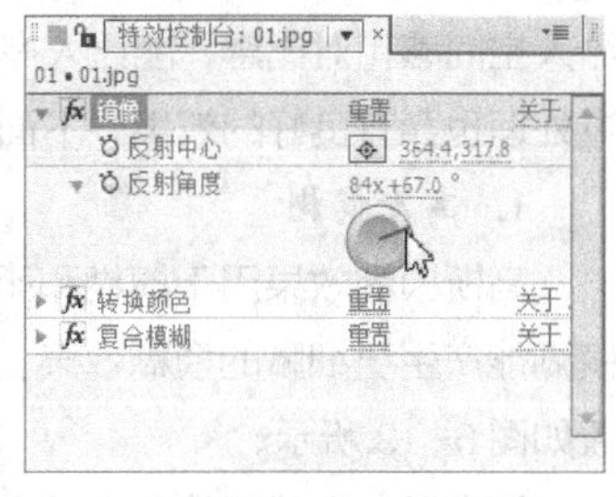

图 5-10

2. 删除效果

删除效果的方法很简单，只需要在“特效控制台”面板或者“时间线”面板中选择某个效果，按 Delete 键即可删除。

在“时间线”面板中快速展开效果的方法是：选中含有效果的图层，按E键。

3. 复制效果

如果只是在本图层中复制效果，则只需在“特效控制台”面板或者“时间线”面板中选中效果，按Ctrl+D组合键即可。

如果是将效果复制到其他图层使用，则具体操作步骤如下。

步骤① 在“特效控制台”面板或者“时间线”面板中选中原图层的一个或多个效果。

步骤② 选择“编辑 > 复制”命令，或者按Ctrl+C组合键，完成效果复制操作。

步骤③ 在“时间线”面板中，选中目标图层，然后选择“编辑 > 粘贴”命令，或按Ctrl+V组合键，完成效果粘贴操作。

4. 暂时关闭效果

在“特效控制台”面板或者“时间线”面板中，有一个非常方便的开关fx，可以帮助用户暂时关闭某一个或某几个效果，使其不起作用，如图5-11和图5-12所示。

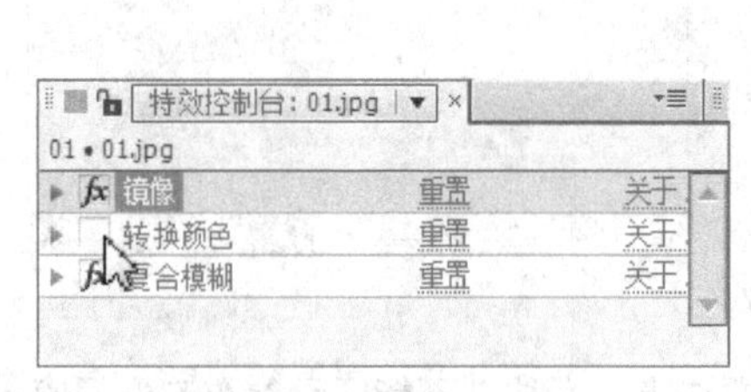

图5-11

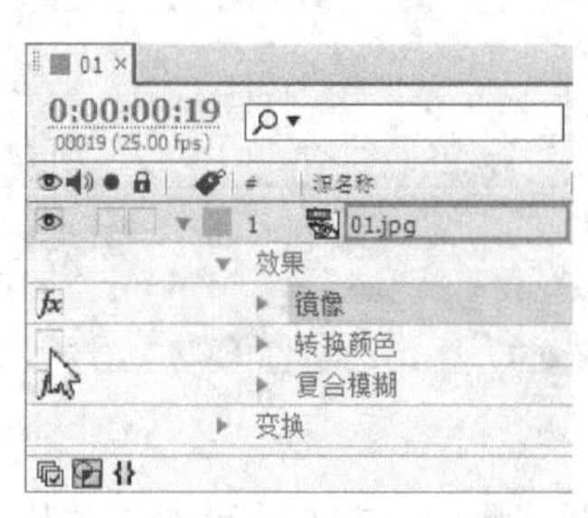

图5-12

5.1.3 模糊与锐化效果组

模糊与锐化效果组中的效果用来使图像模糊和锐化。模糊效果是最常应用的效果之一，也是一种简便易行的改变画面视觉效果的途径。动态的画面需要“虚实结合”，这样即使是平面的合成，也能给人空间感和对比感，能让人产生联想，而且可以使用模糊来提升画面的质量，有时很粗糙的画面经过处理也会有良好的效果。下面介绍模糊了锐化效果组中的效果。

1. 高斯模糊

高斯模糊效果用于模糊和柔化图像，可以去除杂点。高斯模糊能产生更细腻的模糊效果，尤其是单独使用时。其参数设置如图5-13所示。

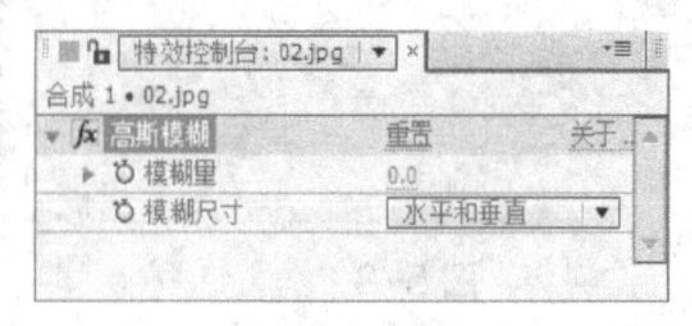

图5-13

模糊量：调整图像的模糊程度。

模糊尺寸：设置模糊的方式，包括水平、垂直、水平和垂直3种模糊方式。

高斯模糊效果演示如图5-14～图5-16所示。

图 5-14

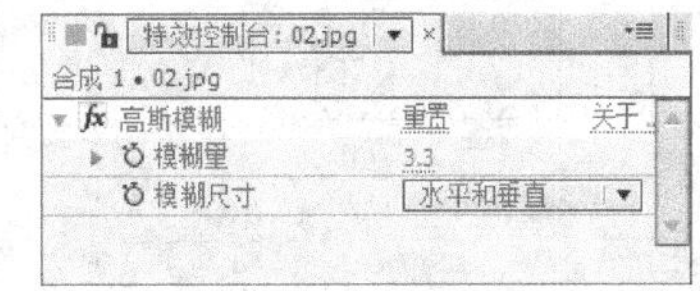

图 5-15

图 5-16

2. 方向模糊

方向模糊也称为定向模糊。这是一种十分具有动感的模糊效果，可以产生任何方向的运动视觉。当图层为草稿质量时，应用图像边缘的平均值；为最高质量时，应用高斯模式的模糊，产生平滑、渐变的模糊效果。方向模糊的参数设置如图 5-17 所示。

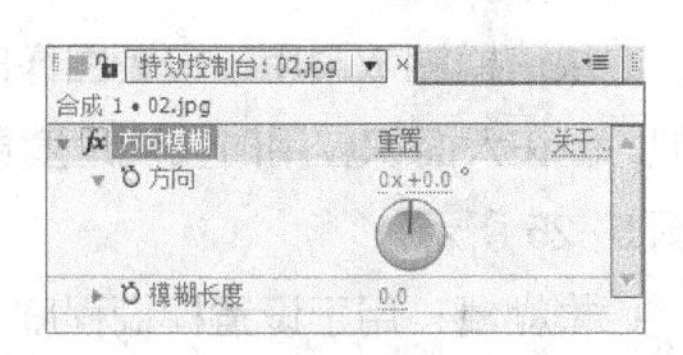

图 5-17

方向：调整模糊的方向。

模糊长度：调整模糊的程度，数值越大，模糊的程度也就越大。

方向模糊效果演示如图 5-18～图 5-20 所示。

图 5-18

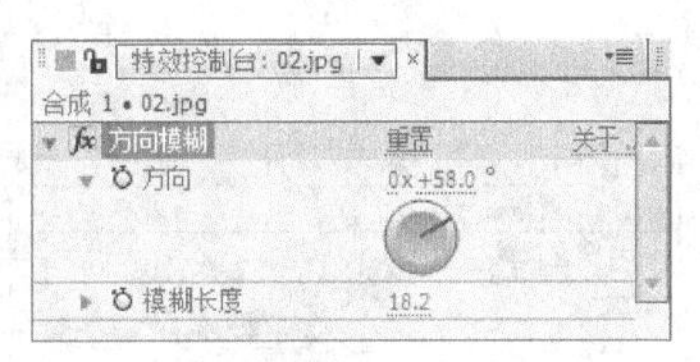

图 5-19

图 5-20

3. 径向模糊

径向模糊效果可以在图层中围绕特定点为图像增加移动或旋转模糊的效果。径向模糊效果的参数设置如图 5-21 所示。

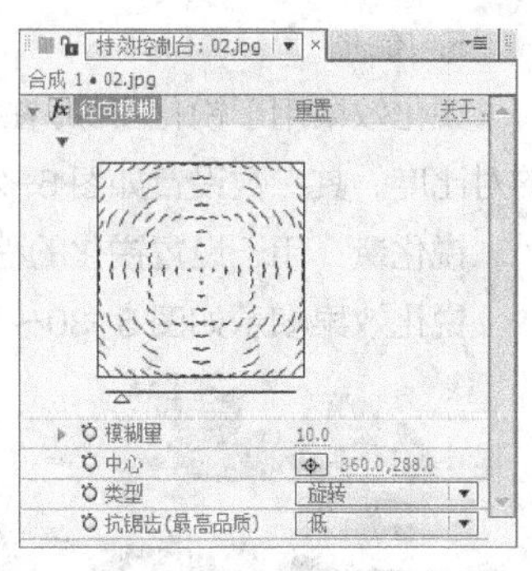

图 5-21

模糊量：控制图像的模糊程度。模糊程度的大小取决于模糊量，在旋转类型状态下，模糊量表示旋转模糊程度；在缩放类型下，模糊量表示缩放模糊程度。

中心：调整模糊中心点的位置。可以单击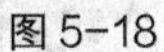按钮在视频窗口中指定中心点位置。

类型：设置模糊类型，包括旋转和缩放两种模糊类型。

抗锯齿（最高品质）：该功能只在图像的最高品质下起作用。

径向模糊效果演示如图 5-22～图 5-24 所示。

图 5-22

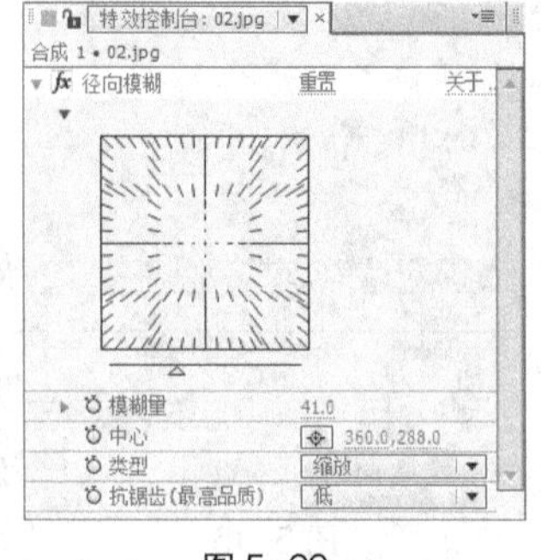

图 5-23

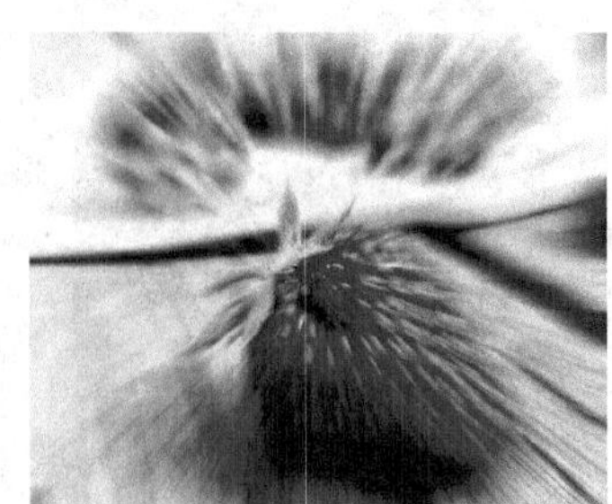
图 5-24

4. 快速模糊

快速模糊效果用于设置图像的模糊程度，它和高斯模糊十分类似，但在大面积应用时实现速度更快，效果更明显。其参数设置如图 5-25 所示。

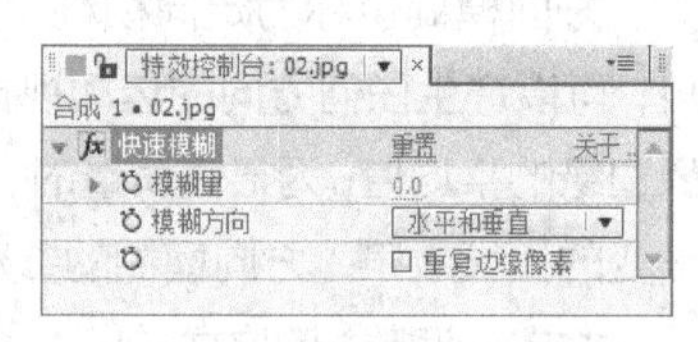

图 5-25

模糊量：用于设置模糊程度。

模糊方向：设置模糊方向，包括水平和垂直、水平、垂直 3 种方式。

重复边缘像素：勾选此复选框，可让边缘保持清晰度。

快速模糊效果演示如图 5-26～图 5-28 所示。

图 5-26

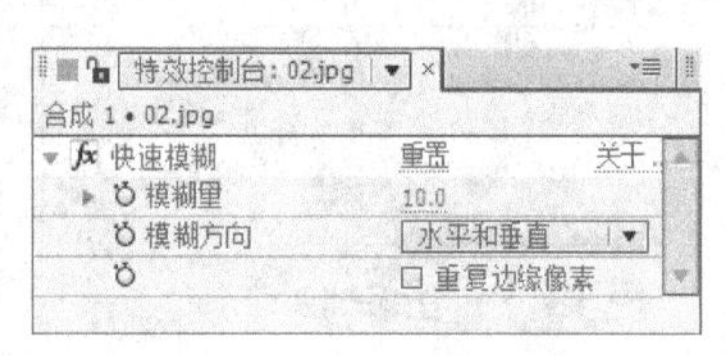

图 5-27

图 5-28

5. 锐化

锐化效果用于锐化图像，在图像颜色发生变化的位置提高图像的对比度。其参数设置如图 5-29 所示。

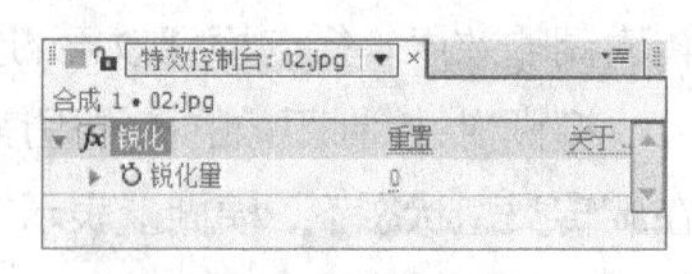

图 5-29

锐化量：用于设置锐化的程度。

锐化效果演示如图 5-30～图 5-32 所示。

图 5-30

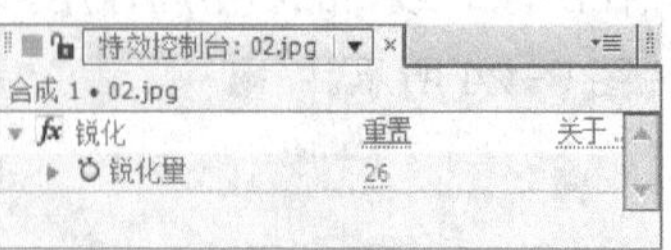

图 5-31

图 5-32

5.1.4 生成效果组

生成效果组包含很多效果，可以创造一些原画面中没有的效果，这些效果在影视后期制作过程中应用广泛。

1. 镜头光晕

镜头光晕效果可以模拟镜头拍摄到发光的物体上时，经过多片镜头所产生的很多光环效果，这是影视后期制作中经常使用的提升画面效果的手法。其参数设置如图 5-33 所示。

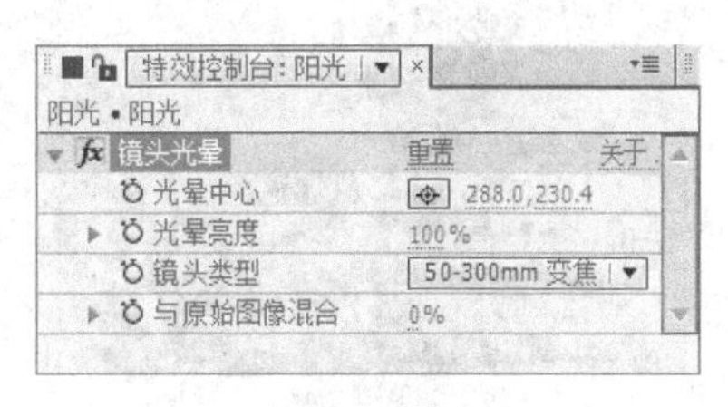

图 5-33

光晕中心：设置发光点的中心位置。

光晕亮度：设置光晕的亮度。

镜头类型：选择镜头的类型，有 50-300mm 变焦、35mm 聚焦和 105mm 聚焦。

与原始图像混合：设置与原素材图像的混合程度。

镜头光晕效果演示如图 5-34～图 5-36 所示。

图 5-34

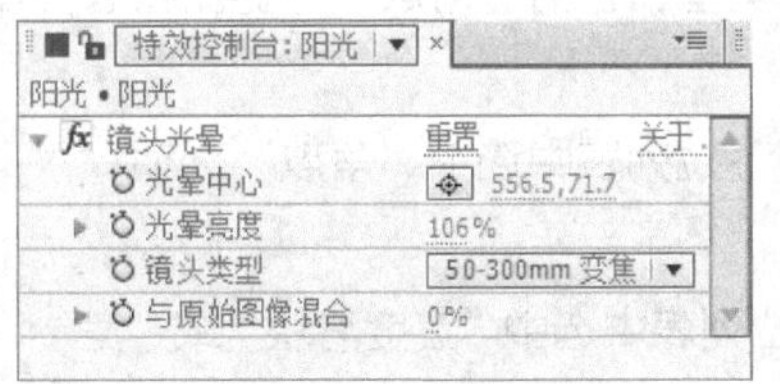

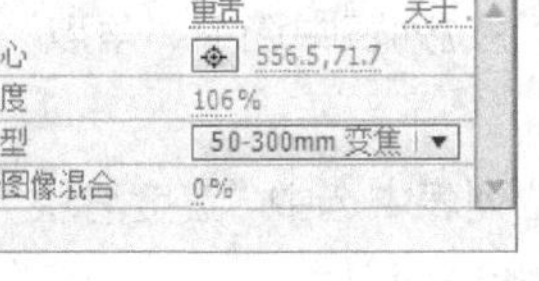

图 5-35

图 5-36

2. 蜂巢图案

蜂巢图案效果可以创建多种类型的类似细胞图案的单元图案拼合效果。其参数设置如图 5-37 所示。

图 5-37

蜂巢图案：选择图案的类型，包括“气泡”“结晶”“盘面”“静盘面”“结晶化”“枕状”“高品质结晶”“高品质盘面”“高品质静态盘面”“高品质结晶化”“混合结晶”和“管状”。

反转：是否反转图案效果。

对比度：设置单元格的颜色对比度。

溢出：包括“修剪”“柔和夹住”“背面包围”。

分散：设置图案的分散程度。

大小：设置单个图案的尺寸。

偏移：设置图案偏离中心点的量。

平铺选项：在该选项下勾选“启用平铺”复选框后，可以设置水平单元格和垂直单元格的数值。

展开：为该参数设置关键帧，可以记录运动变化的动画效果。

展开选项：设置图案的各种扩展变化。

循环（周期）：设置图案的循环。

随机种子：设置图案的随机速度。

蜂巢图案效果演示如图 5-38～图 5-40 所示。

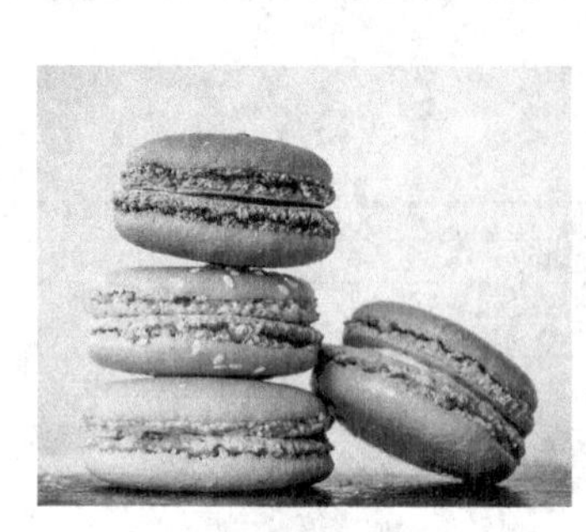

图 5-38

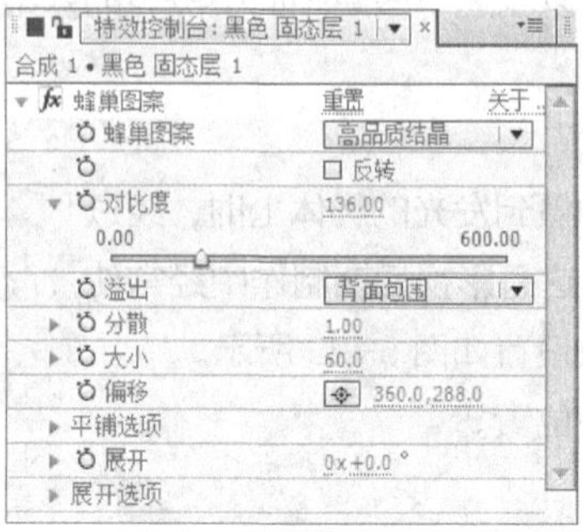

特效控制台：黑色 固态层 1
合成 1 • 黑色 固态层 1
蜂巢图案
重置
关于...
蜂巢图案
高品质结晶
反转
对比度
136.00
0.00
600.00
溢出
背面包围
分散
1.00
大小
60.0
偏移
360.0,288.0
平铺选项
展开
0x+0.0 °
展开选项

图 5-39

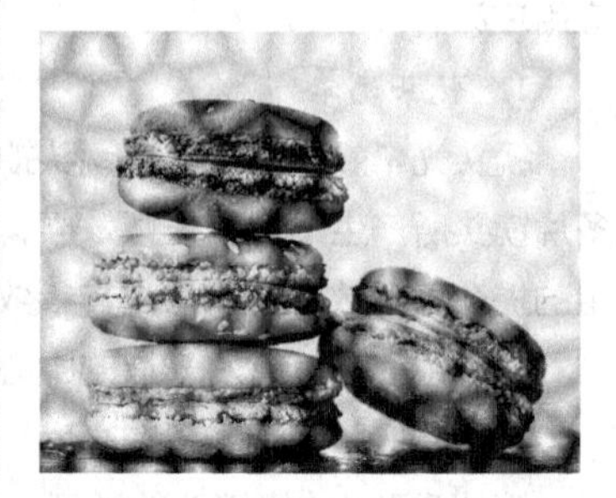

图 5-40

3．棋盘

棋盘效果能在图像上创建棋盘格的图案效果，其参数设置如图 5-41 所示。

特效控制台：黑色 固态层 1
合成 1 • 黑色 固态层 1
棋盘
重置
关于...
定位点
360.0,288.0
大小来自
宽度滑块
角点
417.6,334.1
宽
16.0
2.0
200.0
高
8.0
羽化
宽
0.0
高
0.0
颜色
透明度
100.0%
混合模式
无

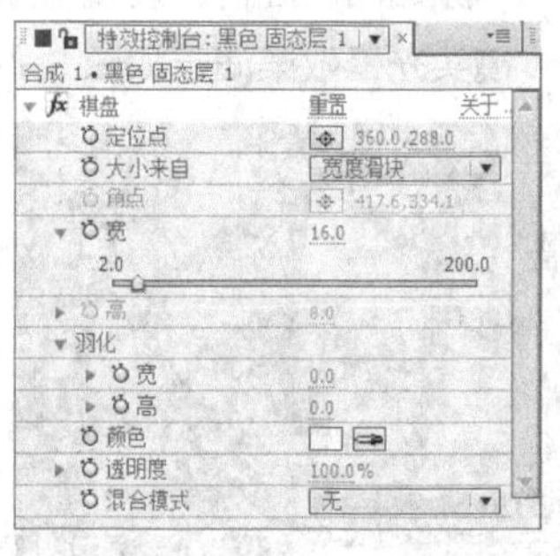

图 5-41

定位点：设置棋盘格的位置。

大小来自：选择棋盘的尺寸类型，包括“角点”“宽度滑块”和“宽度和高度滑块”。

角点：只有在“大小来自”下拉列表中选中“角点”选项，才能激活此选项。

宽：只有在“大小来自”下拉列表中选中“宽度滑块”或“宽度和高度滑块”选项，才能激活此选项。

高：只有在“大小来自”下拉列表中选中“宽度滑块”或“宽度和高度滑块”选项，才能激活此选项。

羽化：设置棋盘格子水平或垂直边缘的羽化程度。

颜色：选择格子的颜色。

透明度：设置棋盘的不透明度。

混合模式：选择棋盘与原图的混合方式。

棋盘格效果演示如图 5-42～图 5-44 所示。

图 5-42

特效控制台：黑色 固态层 1
合成 1 • 黑色 固态层 1
棋盘
重置
关于...
定位点
360.0,288.0
大小来自
宽度滑块
角点
417.6,334.1
宽
36.0
2.0
200.0
高
8.0
羽化
宽
0.0
高
0.0
颜色
透明度
100.0%
混合模式
变亮

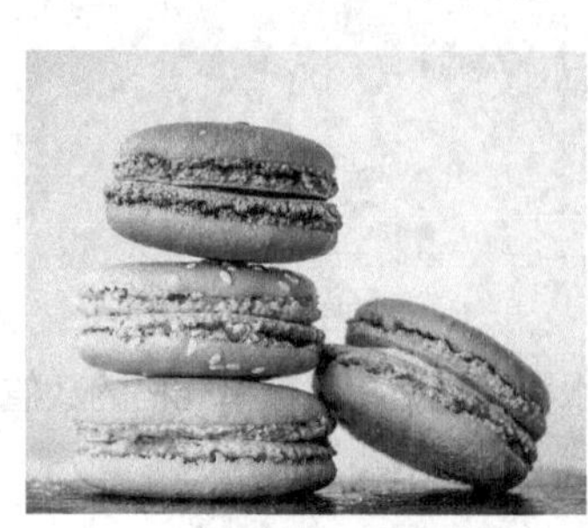

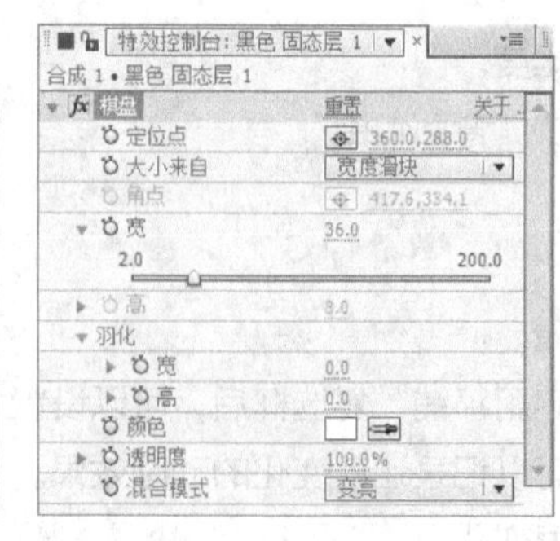

图 5-43

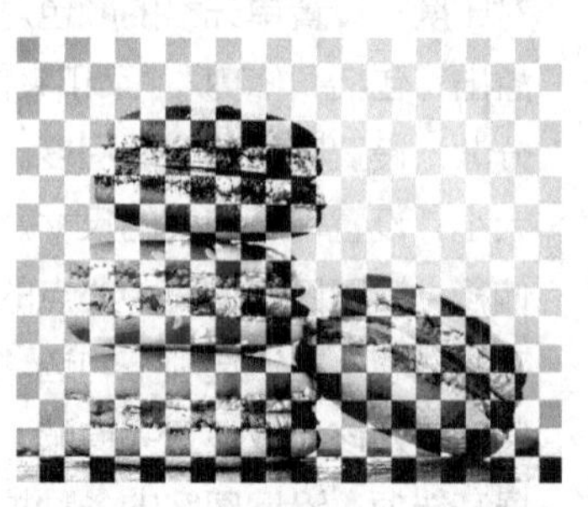

图 5-44

5.1.5 扭曲效果组

扭曲组中的效果主要用来对图像进行扭曲变形，是很重要的一类画面效果，可以对画面的形状进行校正，还可以使平常的画面变形为特殊的效果。下面介绍扭曲效果组中的效果。

1. 膨胀

膨胀效果可以模拟图像透过气泡或放大镜时产生的放大效果。其参数设置如图 5-45 所示。

特效控制台：05.jpg
合成 1 • 05.jpg
膨胀
重置
关于
水平半径 50.0
垂直半径 50.0
凸透中心 360.0,288.0
凸透高度 1.0
锥化半径 0.0
抗锯齿(仅最佳品质) 低
固定
固定所有边缘

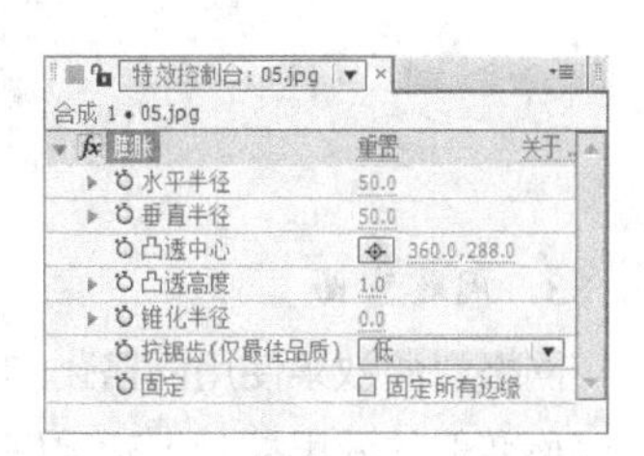

图 5-45

水平半径：设置膨胀效果的水平半径。

垂直平径：设置膨胀效果的垂直半径。

凸透中心：设置膨胀效果的中心定位点。

凸透高度：设置膨胀程度。正值为膨胀，负值为收缩。

锥化半径：设置膨胀边界的锐利程度。

抗锯齿（仅最佳品质）：反锯齿设置，只用于最高质量。

固定所有边缘：选择该复选框可固定住所有边界。

膨胀效果演示如图 5-46～图 5-48 所示。

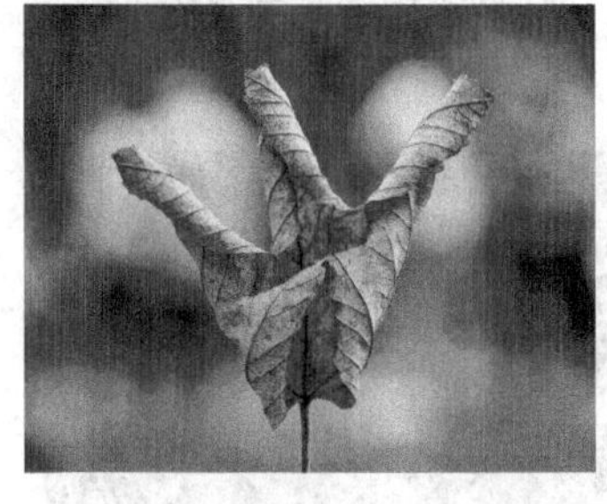

图 5-46

特效控制台：05.jpg
合成 1 • 05.jpg
膨胀
重置
关于
水平半径 343.0
垂直半径 287.0
凸透中心 360.0,288.0
凸透高度 1.4
锥化半径 26.0
抗锯齿(仅最佳品质) 低
固定
固定所有边缘

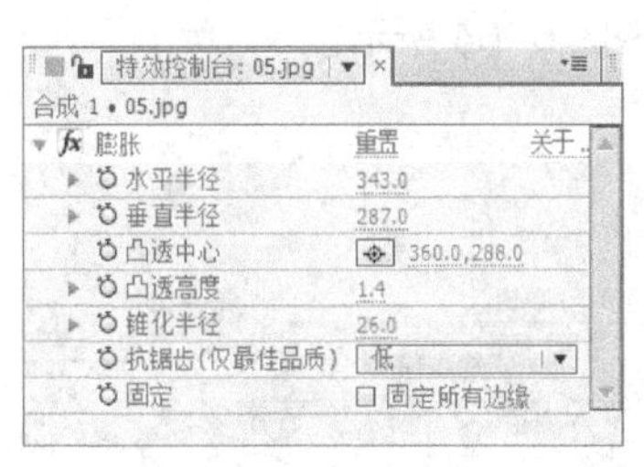

图 5-47

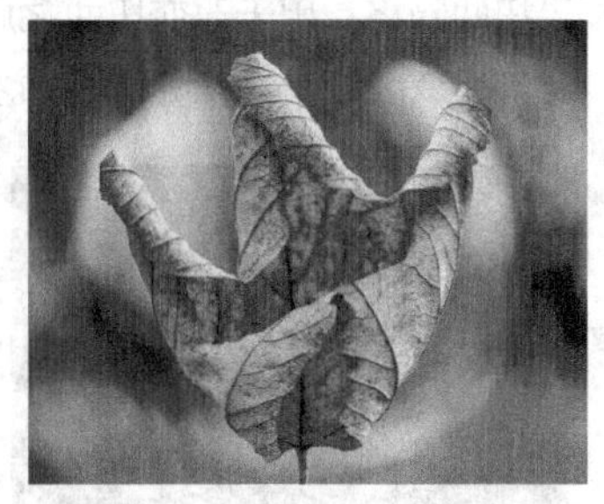

图 5-48

2. 边角固定

边角固定效果通过改变 4 个角的位置来使图像变形，可根据需要来定位。可以拉伸、收缩、倾斜和扭曲图形，也可以用来模拟透视效果，还可以和运动遮罩层相结合，形成画中画的效果。其参数设置如图 5-49 所示。

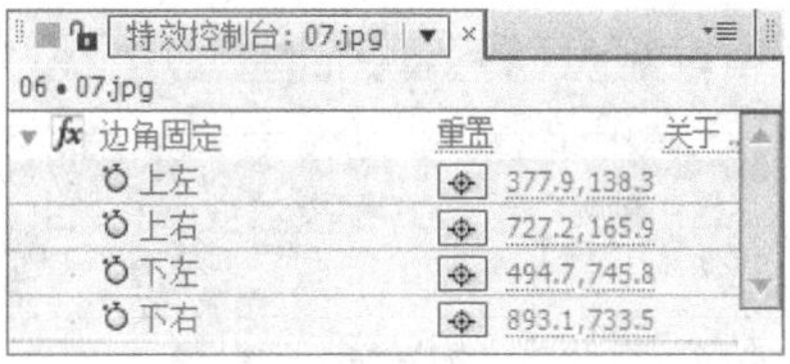

特效控制台：07.jpg
06 • 07.jpg
边角固定
重置
关于
上左 377.9,138.3
上右 727.2,165.9
下左 494.7,745.8
下右 893.1,733.5

图 5-49

上左：设置左上定位点。

上右：设置右上定位点。

下左：设置左下定位点。

下右：设置右下定位点。

边角固定效果演示如图 5-50 所示。

图 5-50

3. 网格弯曲

网格弯曲效果使用网格化的曲线切片控制图像的变形区域。对于网格变形的效果控制，确定好网格数量之后，更多的是在合成图像中拖曳网格的节点来完成。该效果的参数设置如图 5-51 所示。

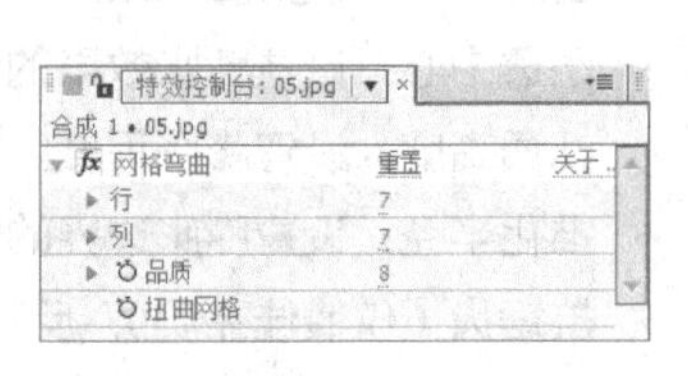

图 5-51

行：用于设置行数。

列：用于设置列数。

品质：用于设置扭曲之后的图像品质。

扭曲网格：用于改变扭曲之后的图像分辨率。拖曳节点调整时，可以显示更细微的效果。

网格弯曲效果演示如图 5-52～图 5-54 所示。

图 5-52

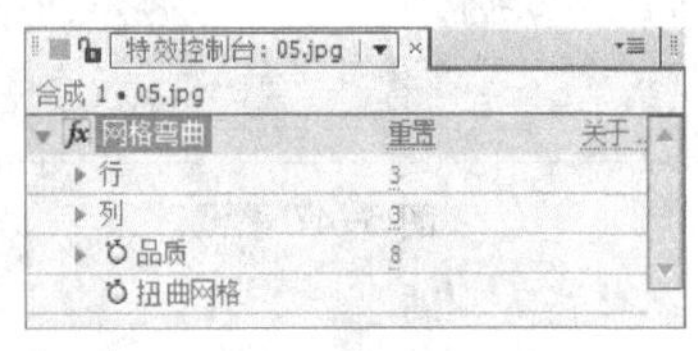

图 5-53

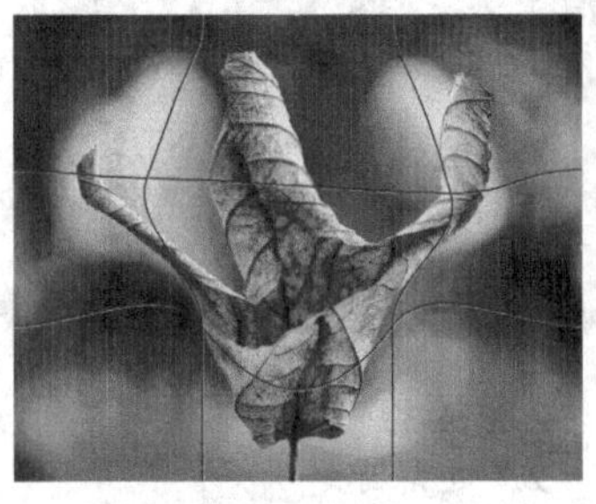

图 5-54

4. 极坐标

极坐标效果用来将图像的直角坐标转化为极坐标，以产生扭曲效果。其参数设置如图 5-55 所示。

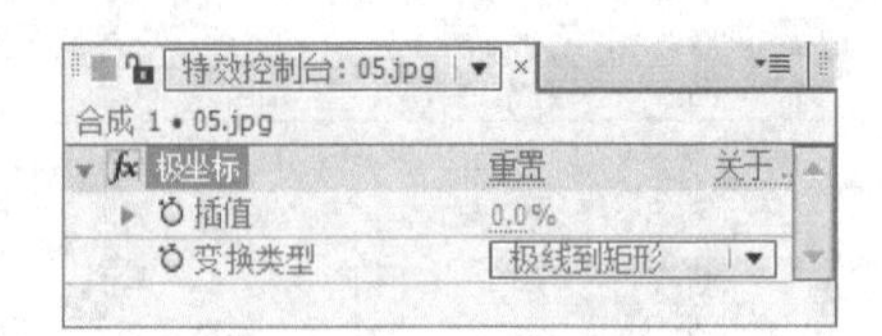

图 5-55

插值：设置扭曲程度。

变换类型：设置转换类型。“极线到矩形”表示将极坐标转化为直角坐标，“矩形到极线”表示将直角坐标转化为极坐标。

极坐标效果演示如图 5-56～图 5-58 所示。

图 5-56

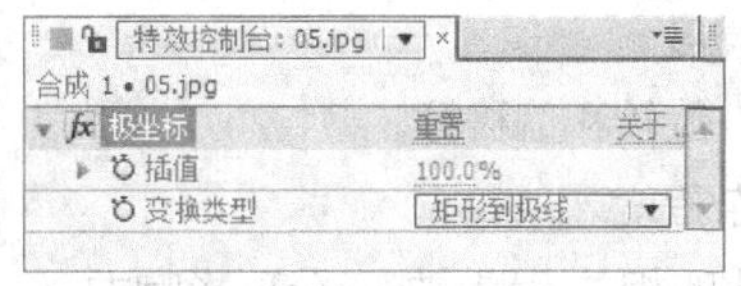

图 5-57

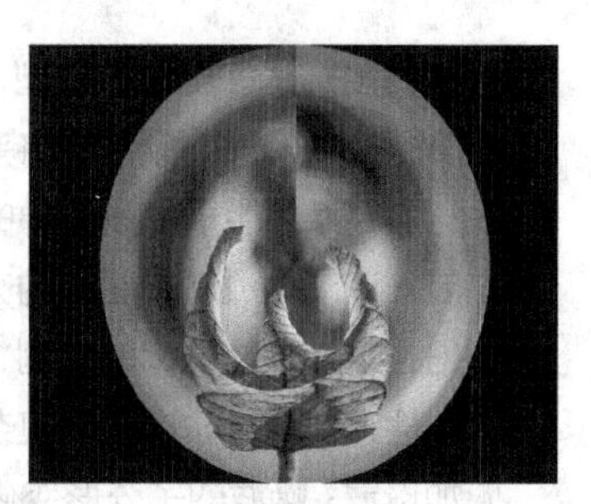

图 5-58

5. 置换映射

置换映射效果是用另一张作为映射层的图像的像素来置换原图像像素，通过映射的像素颜色值对本图层变形，变形分水平和垂直两个方向。该效果的参数设置如图 5-59 所示。

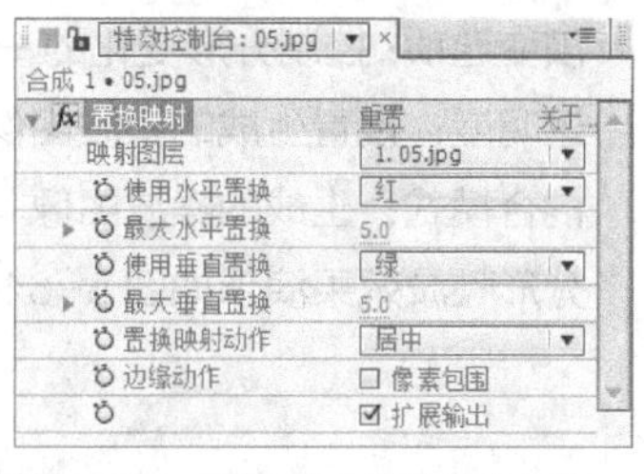

图 5-59

映射图层：选择作为映射层的图像。

使用水平置换：调节水平或垂直方向的通道，默认值范围为-100～100。

最大水平置换：调节映射层的水平或垂直位置，在水平方向上，负值表示向左移动，正值为向右移动，在垂直方向上，负值是向下移动，正值是向上移动，默认值范围为-100～100。

置换映射动作：选择映射方式。

边缘动作：设置边缘行为。

像素包围：锁定边缘像素。

扩展输出：为使此效果的结果伸展到原图像边缘外。

置换映射效果演示如图 5-60～图 5-62 所示。

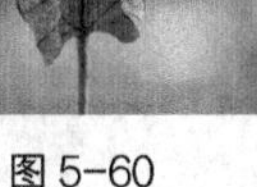

图 5-60

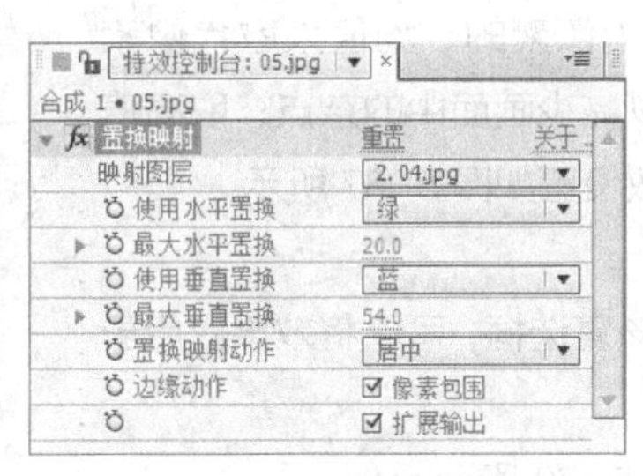

图 5-61

图 5-62

5.1.6 杂波与颗粒效果组

杂波与颗粒效果组中的效果可以为素材设置噪波或颗粒效果，使素材分散或使素材的形状产生变化。该效果组中的效果如下。

1. 分形噪波

分形噪波效果可以模拟烟、云、水流等纹理图案，其参数设置如图 5-63 所示。

分形类型：选择分形类型。

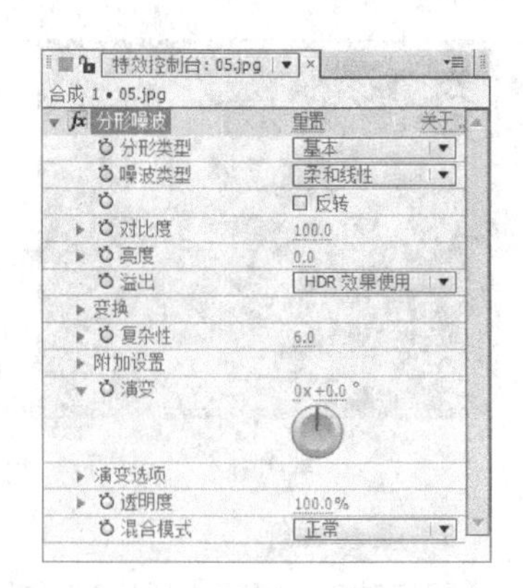

图 5-63

噪波类型：选择噪波的类型。

反转：反转图像的颜色，将黑色和白色反转。

对比度：调节生成噪波图像的对比度。

亮度：调节生成噪波图像的亮度。

溢出：选择噪波图案的比例、旋转和偏移等。

复杂性：设置噪波图案的复杂程度。

附加设置：噪波的子分形变化的相关设置（如子分形影响力、子分形缩放等）。

演变：控制噪波的分形变化相位。

演变选项：控制分形变化的一些设置（如循环、随机种子等）。

透明度：设置生成的噪波图像的不透明度。

混合模式：生成的噪波图像与原素材图像的叠加模式。

分形噪波效果演示如图 5-64～图 5-66 所示。

图 5-64

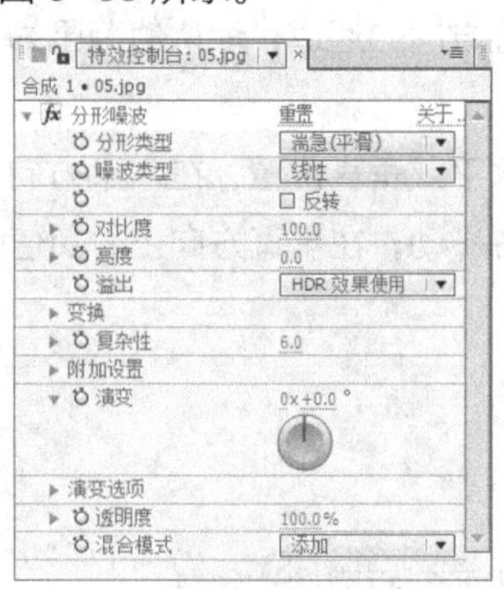

图 5-65

图 5-66

2. 中值

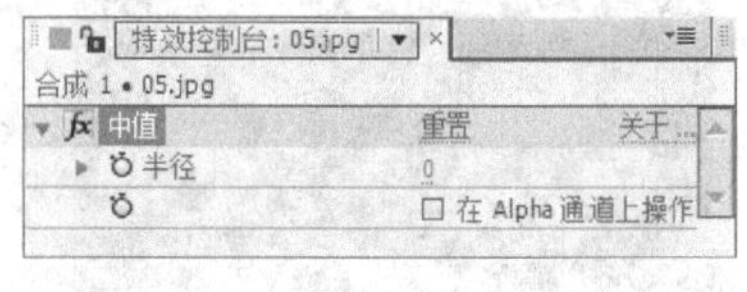

图 5-67

中值效果使用指定半径范围内像素的平均值来取代像素值。指定较低数值时，该效果可以减少画面中的杂点；取高值时，会产生一种绘画效果。其参数设置如图 5-67 所示。

半径：指定像素半径。

在 Alpha 通道上操作：选中该复选框，可以将效果应用于 Alpha 通道。

中值效果演示如图 5-68～图 5-70 所示。

图 5-68

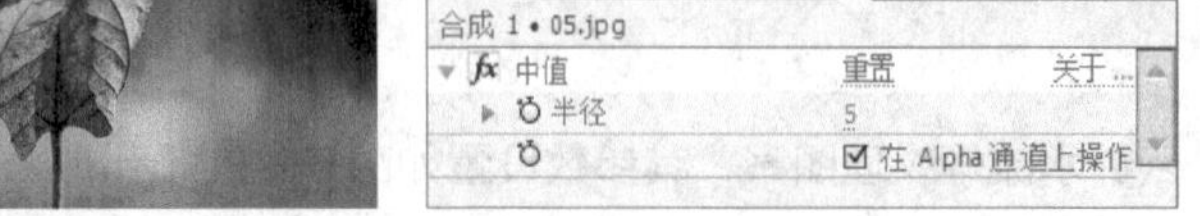
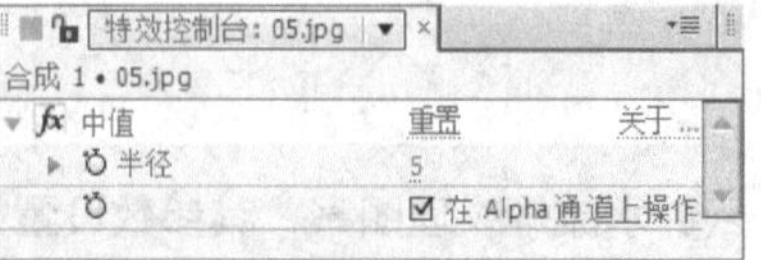

图 5-69

图 5-70

3. 移除颗粒

移除颗粒效果可将精细的图像细节与颗粒和杂色区分开，并尽可能多地保留图像细节。其参数设置如图 5-71 所示。

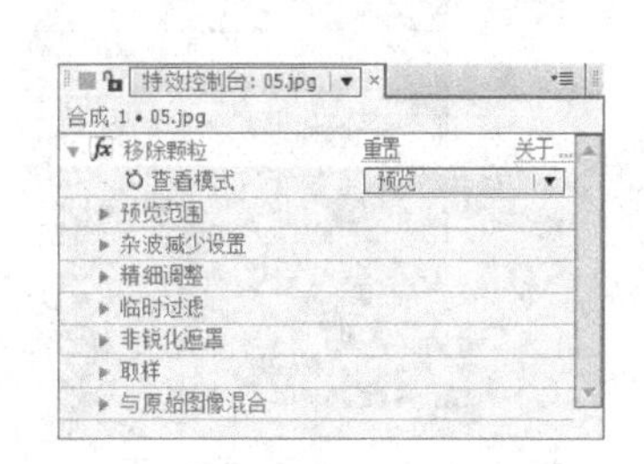

图 5-71

查看模式：设置查看效果视图，包括预览、杂波取样、混合蒙版、最终输出。

预览范围：设置预览域的大小、位置等。

杂波减少设置：设置杂点或噪波。

精细调整：对材质、尺寸、色泽等进行精细设置。

临时过滤：是否开启临时过滤。

非锐化遮罩：设置反锐化遮罩。

取样：设置各种取样情况、取样点等参数。

与原始图像混合：混合原始图像。

移除颗粒效果演示如图 5-72～图 5-74 所示。

图 5-72

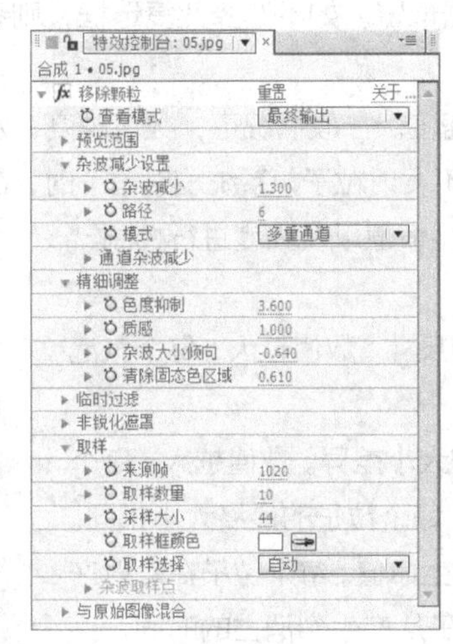

图 5-73

图 5-74

5.1.7 模拟仿真效果组

模拟与仿真效果组包括卡片舞蹈、水波世界、泡沫、焦散、碎片和粒子运动效果，这些效果功能强大，可以用来设置多种逼真的效果，不过其参数项较多，设置也比较复杂。

泡沫效果参数设置如图 5-75 所示。

查看：在该下拉列表中，可以选择气泡效果的显示方式。“草稿”方式以草图模式渲染气泡效果，虽然不能在该方式下看到气泡的最终效果，但是可以预览气泡的运动方式和设置状态，该方式计算速度非常快。为效果指定影响通道后，使用“草稿+流动映射”方式可以看到指定的影响对象。在“已渲染”方式下可以预览气泡的最终效果，但是计算速度相对较慢。

生成：用于设置气泡粒子发射器的相关参数，如图 5-76 所示。

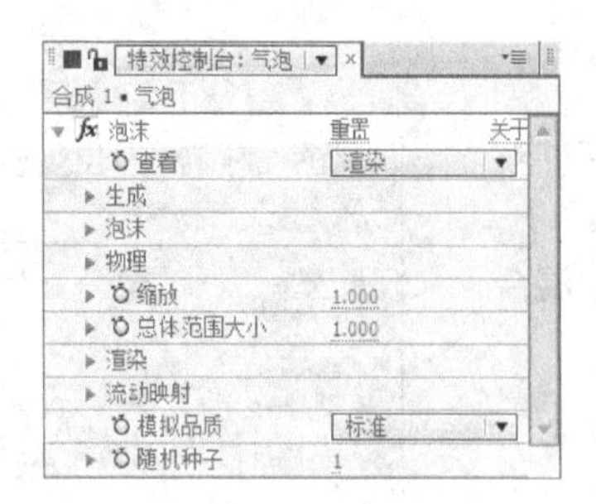

图 5-75

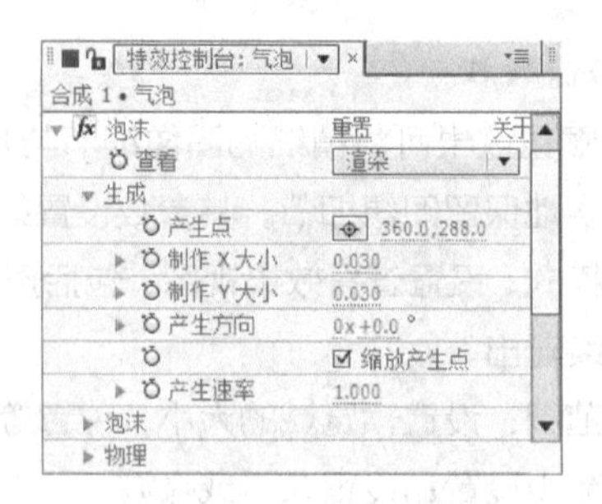

图 5-76

◎ 产生点：用于控制发射器的位置。所有的气泡粒子都由发射器产生，就好像在水枪中喷出气泡一样。

◎ 制作 X/Y 大小：分别控制发射器的大小。在“草稿”或者“草稿+流动映射”状态下预览效果时，可以观察发射器。

◎ 产生方向：用于旋转发射器，使气泡产生旋转效果。

◎ 缩放产生点：可缩放发射器位置。如不选择此复选框，则系统默认以发射效果点为中心缩放发射器的位置。

◎ 产生速率：用于控制发射速度。一般情况下，数值越高，发射速度越快，单位时间内产生的气泡粒子也越多。当数值为 0 时，不发射粒子。系统发射粒子时，在效果的开始位置，粒子数目为 0。

泡沫：可对气泡粒子的尺寸、生命值以及强度进行控制，如图 5-77 所示。

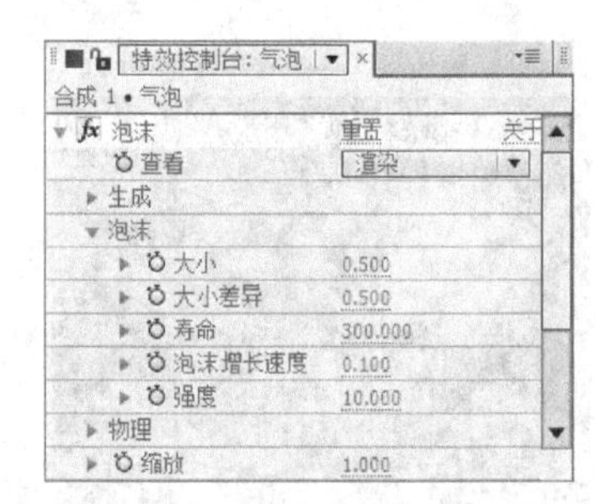

图 5-77

◎ 大小：用于控制气泡粒子的尺寸。数值越大，每个气泡粒子越大。

◎ 大小差异：用于控制粒子的大小差异。数值越大，每个粒子的大小差异越大。数值为 0 时，每个粒子的最终大小相同。

◎ 寿命：用于控制每个粒子的生命值。每个粒子在发射产生后，最终都会消失。生命值即粒子从产生到消亡的时间。

◎ 泡沫增长速度：用于控制每个粒子生长的速度，即粒子从产生到达到最终大小的时间。

◎ 强度：用于控制粒子效果的强度。

物理：该参数影响粒子运动因素，如初始速度、风速、混乱度及活力等，如图 5-78 所示。

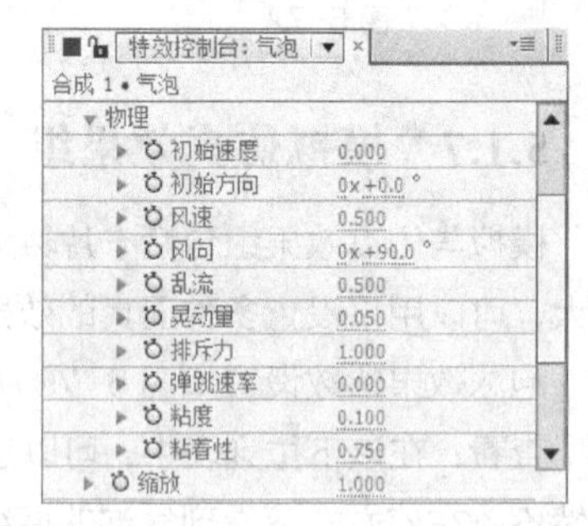

图 5-78

◎ 初始速度：控制粒子效果的初始速度。

◎ 初始方向：控制粒子效果的初始方向。

◎ 风速：控制影响粒子的风速，就好像一股风吹动粒子一样。

◎ 风向：控制风的方向。

◎ 乱流：控制粒子的混乱度。该值越大，粒子运动越混乱，同时向四面八方发散；该值较小时，粒子运动较为有序和集中。

◎ 晃动量：控制粒子的摇摆强度。该值较大时，粒子会产生摇摆变形。

◎ 排斥力：用于在粒子间产生排斥力。数值越大，粒子间的排斥性越强。

◎ 弹跳速度：控制粒子的总速率。

◎ 粘度：控制粒子的粘度。数值越小，粒子堆砌得越紧密。

◎ 粘着性：控制粒子间的粘着程度。

缩放：对粒子效果进行缩放。

总体范围大小：该参数控制粒子效果的综合尺寸。在草图或者草图+流动映射状态下预览效果时，可以观察综合尺寸范围框。

渲染：该参数栏控制粒子的渲染属性，如“混合模式”下的粒子纹理及反射效果等。该参数栏的设置效果仅在渲染模式下才能看到。渲染参数栏中的参数如图 5-79 所示。

◎ 混合模式：用于控制粒子间的融合模式。在“透明”模式下，粒子与粒子间进行透明叠加。

◎ 泡沫材质：可在该下拉列表中选择气泡粒子的材质。

◎ 泡沫材质层：除了系统预制的粒子材质外，还可以指定合成图像中的一个图层作为粒子材质。该图层可以是一个动画层，粒子将使用其动画材质。在“泡沫材质层”下拉列表中选择粒子材质层。注意，必须在“泡沫材质”下拉列表中将粒子材质设置为“Use Defined”才行。

◎ 泡沫方向：可在该下拉列表中设置气泡的方向。可以使用默认的坐标，也可以使用物理参数控制方向，还可以根据气泡速率进行控制。

◎ 环境映射：所有的气泡粒子都可以对周围的环境进行反射。可以在该下拉列表中指定气泡粒子的反射层。

◎ 反射强度：控制反射的强度。

◎ 反射聚焦：控制反射的聚集度。

流动映射：可以在该参数栏中指定一个图层来影响粒子效果。在“流动映射”下拉列表中，可以选择对粒子效果产生影响的目标图层。选择目标图层后，在“草图+流动映射”模式下可以看到流动映射。该参数栏中的参数如图 5-80 所示。

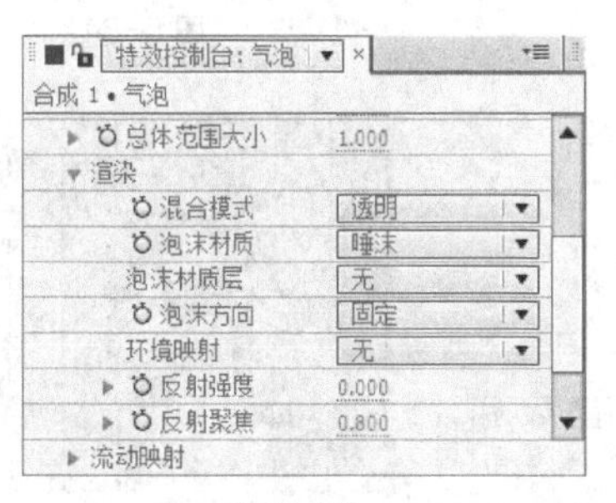

图 5-79

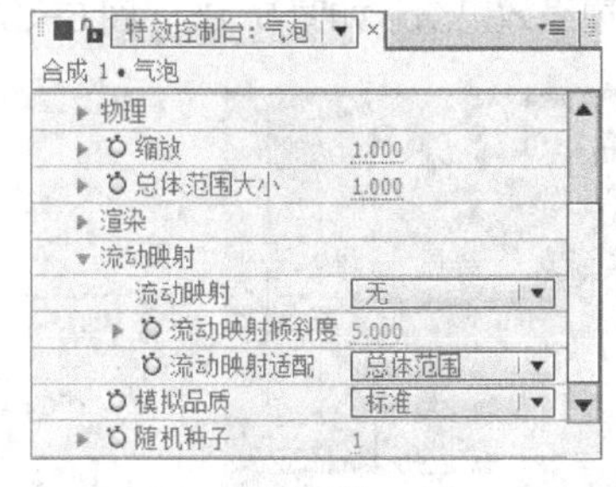

图 5-80

◎ 流动映射倾斜度：用于控制参考图对粒子的影响。

◎ 流动映射适配：在该下拉列表中，可以设置参考图的大小。可以使用合成图像屏幕大小和粒子效果的总体范围大小。

◎ 模拟品质：在该下拉列表中，可以设置气泡粒子的仿真质量。

气泡效果演示如图 5-81～图 5-83 所示。

图 5-81

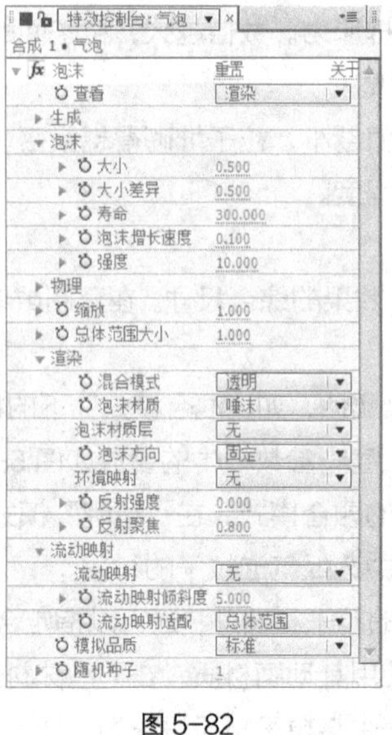

图 5-82

图 5-83

5.1.8 风格化效果组

风格化效果组中的效果用来模拟一些实际的绘画效果，或为画面提供某种风格化效果。该效果组包括以下效果。

1. 查找边缘

查找边缘效果通过强化过渡像素来产生彩色线条，如图 5-84 所示。

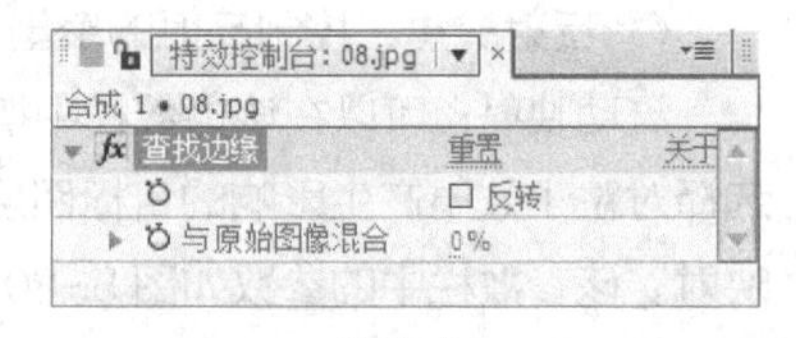

图 5-84

反转：选择该复选框，可以反向勾边结果。

与原始图像混合：设置与原始素材图像的混合比例。

查找边缘效果演示如图 5-85～图 5-87 所示。

图 5-85

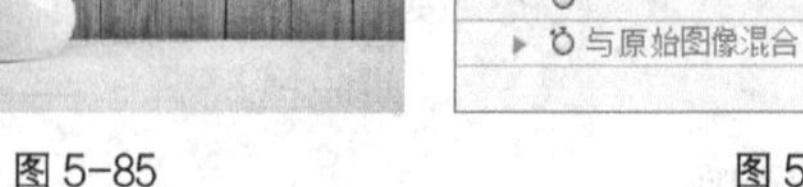

图 5-86

图 5-87

2. 辉光

辉光效果经常用于图像中的文字和带有 Alpha 通道的图像，可产生发光或光晕的效果，如图 5-88 所示。

辉光基于：控制辉光效果基于哪一种通道方式。

辉光阈值：设置辉光的阈值，影响到辉光的覆盖面。

辉光半径：设置辉光的发光半径。

辉光强度：设置辉光的发光强度，影响到辉光的亮度。

合成原始图像：设置辉光效果和原始素材图像的合成方式。

辉光操作：选择辉光的发光模式，类似于图层混合模式的选择。

辉光色：设置辉光的颜色，影响到辉光的颜色。

色彩循环：设置辉光颜色的循环方式。

色彩循环：设置辉光颜色循环的数值。

色彩相位：设置辉光的颜色相位。

A&B 中间点：设置辉光颜色 A 和颜色 B 的中点百分比。

颜色 A：选择颜色 A。

颜色 B：选择颜色 B。

辉光尺寸：设置辉光作用的方向，有水平和垂直、水平、垂直 3 种方式。

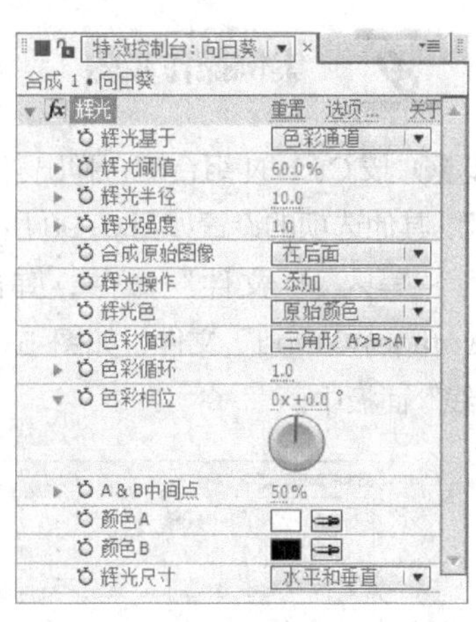

图 5-88

辉光效果演示如图 5-89～图 5-91 所示。

图 5-89

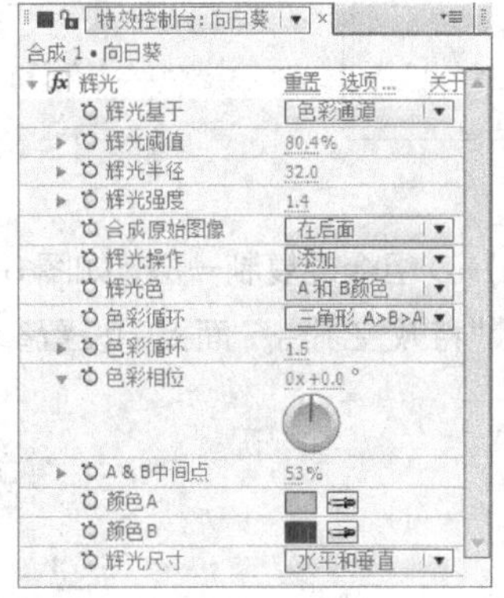

图 5-90

图 5-91

5.1.9 实训项目：汽泡效果

案例知识要点

制作气泡并编辑“气泡”效果属性，效果如图 5-92 所示。

图 5-92

微课：汽泡效果

案例操作步骤

步骤① 按 Ctrl+N 组合键，弹出“图像合成设置”对话框，在“合成组名称”文本框中输入“气泡效果”，其他选项的设置如图 5-93 所示，单击“确定”按钮，创建一个新的合成“气泡效果”。选择“文件 > 导入 > 文件”命令，弹出“导入文件”对话框，选择云盘中的“项目五\气泡效果\(Footage)\01.jpg”文件，如图 5-94 所示，单击“打开”按钮，导入背景图片，并将其拖曳到“时间线”面板中。

图 5-93

图 5-94

步骤② 选中“01.jpg”图层，按 Ctrl+D 组合键复制一层，如图 5-95 所示。选中“图层 1”，选择“效果 > 模拟仿真 > 泡沫”命令，在“特效控制台”面板中设置参数，如图 5-96 所示。

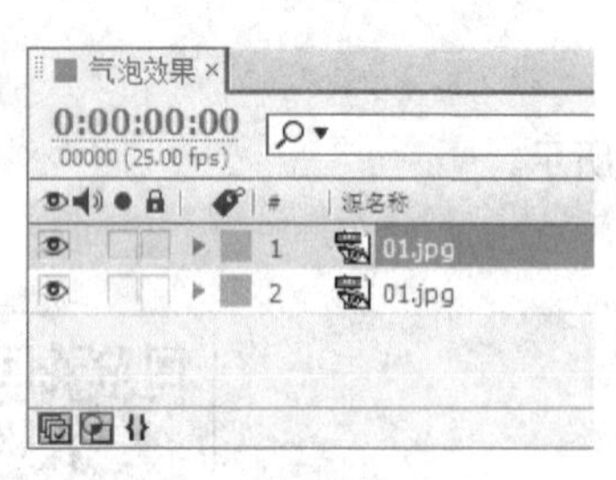

图 5-95

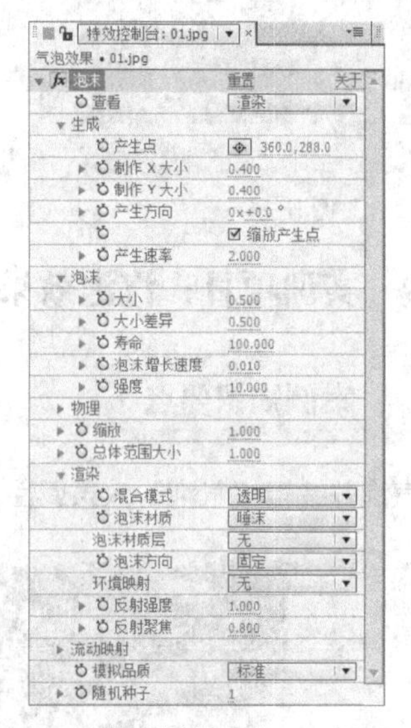

图 5-96

步骤③ 将时间标签放置在 0s 的位置，在“特效控制台”面板中，单击“强度”选项左侧的“关键帧自动记录器”按钮⏱，如图 5-97 所示，记录第 1 个关键帧。将时间标签放置在 04:24s 的位置，在“特效控制台”面板中，设置“强度”为 0，如图 5-98 所示，记录第 2 个关键帧。

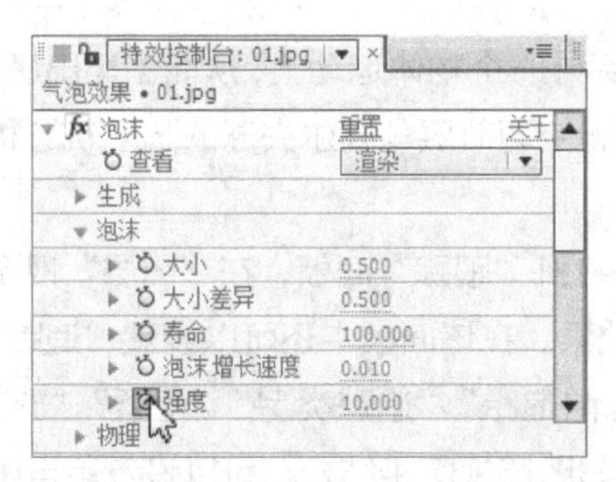

图 5-97

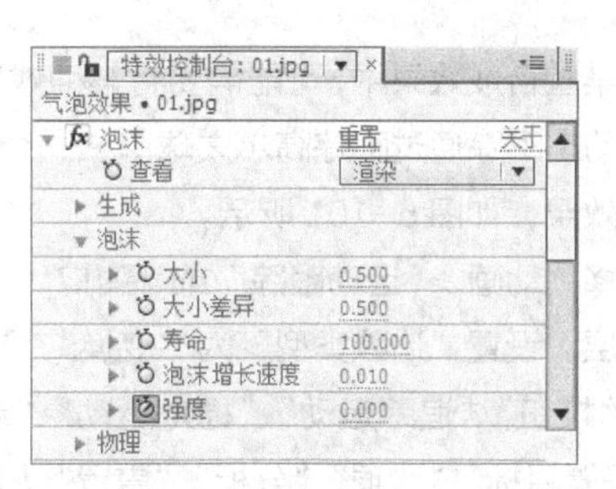

图 5-98

步骤④ 气泡效果制作完成，如图 5-99 所示。

图 5-99

任务二　应用对象跟踪

5.2.1　单点跟踪

运动跟踪是对影片中产生运动的物体进行追踪。应用运动跟踪时，合成文件中应该至少有两个层，一层为追踪目标层，另一层为连接到追踪点的图层。导入影片素材后，在菜单栏中选择“动画 > 运动跟踪”命令增加运动追踪，如图 5-100 所示。

图 5-100

在某些合成效果中，可能需要将某种效果跟踪使用到另外一个物体运动上，从而创建出最佳效果。例如，动态跟踪通过跟踪高尔夫球单独一个点的运动轨迹，使调节层与高尔夫球的运动轨迹相同，完成合成效果，如图 5-101 所示。

选择“动画 > 运动跟踪”或“窗口 > 跟踪”命令，打开“跟踪”面板，在“图层”视图中显示当前图层。设置“追踪类型”为“变换”，制作单点跟踪效果。在该面板中还可以设置“追踪摄像机”“稳定器校正”“追踪运动”“稳定运动”“动态资源”“当前追踪”“追踪类型”“位置”“旋转”“缩放”“设置目标”“选项”“分析”“重置”和“应用”等，与图层视图相结合，可以设置单点跟踪，如图 5-102 所示。

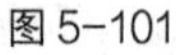

图 5-101

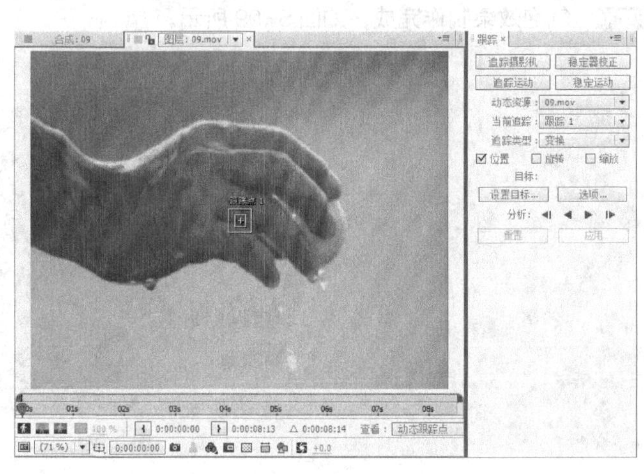

图 5-102

5.2.2 多点跟踪

在某些影片的合成过程中，经常需要将动态影片中的某一部分图像设置成其他图像，并生成跟踪效果，制作出想要的结果。例如，将一段影片与另一指定的图像进行置换合成，动态跟踪标牌上 4 个点的运动轨迹，使指定置换的图像与标牌的运动轨迹相同，完成合成效果。合成前与合成后的效果分别如图 5-103 和图 5-104 所示。

多点跟踪效果的设置与单点跟踪效果的设置大部分相同，只是选择“跟踪类型”为“透视拐点”，指定类型以后，“图层”视图由原来的定义 1 个跟踪点变成定义 4 个跟踪点的位置来制作多点跟踪效果，如图 5-105 所示。

图 5-103

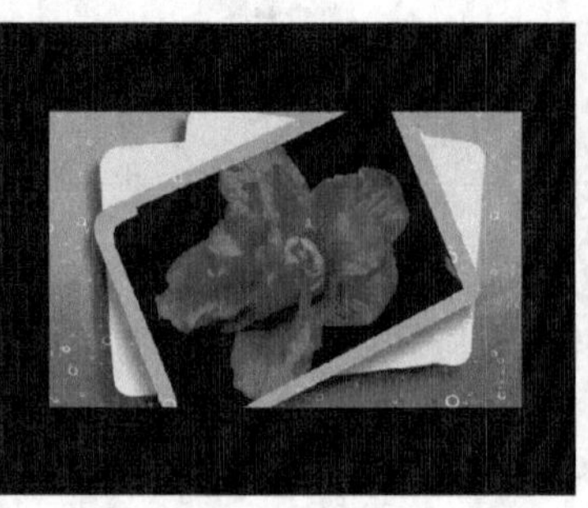

图 5-104

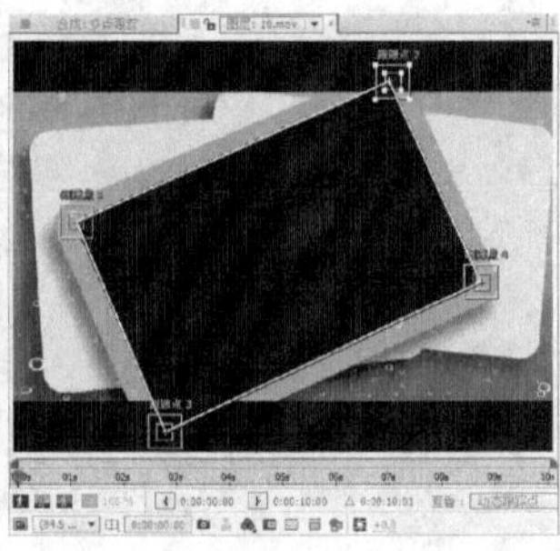

图 5-105

5.2.3 实训项目：四点跟踪

案例知识要点

使用“导入”命令导入视频文件；使用“跟踪”命令添加跟踪点。最终效果如图 5-106 所示。

图 5-106

微课：四点跟踪 1

微课：四点跟踪 2

案例操作步骤

步骤① 按 Ctrl+N 组合键，弹出“图像合成设置”对话框，在“合成组名称”文本框中输入“四点跟踪”，其他选项的设置如图 5-107 所示，单击“确定”按钮，创建一个新的合成“四点跟踪”。选择“文件 > 导入 > 文件”命令，在弹出的“导入文件”对话框中，选择云盘中的“项目五\四点跟踪\(Footage)\01.avi、02.avi”文件，如图 5-108 所示，单击“打开”按钮，导入视频文件。在“项目”面板中，选中 01.avi、02.avi 文件并将它们拖曳到“时间线”面板中，图层的排列如图 5-109 所示。

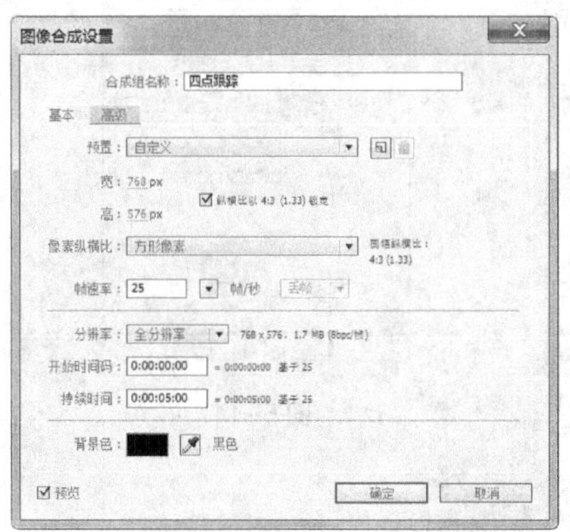

图 5-107

图 5-108

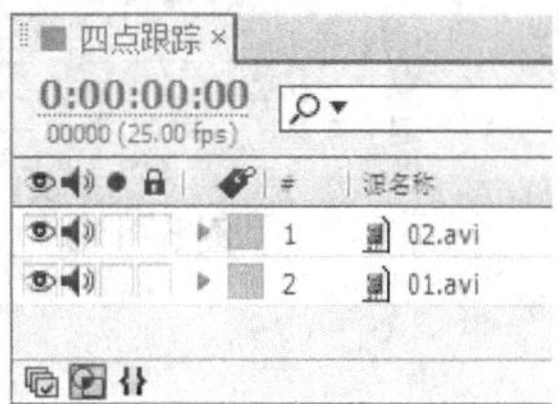

图 5-109

步骤② 选择“窗口 > 跟踪”命令，打开“跟踪”面板，如图 5-110 所示。选中“01.avi”图层，在“跟踪”面板中，单击“追踪运动”按钮，面板处于激活状态，如图 5-111 所示。“合成”窗口中的效果如图 5-112 所示。

步骤③ 在“跟踪”面板的“追踪类型”下拉列表中选择“透视拐点”，如图 5-113 所示。“合成”窗口中的效果如图 5-114 所示。

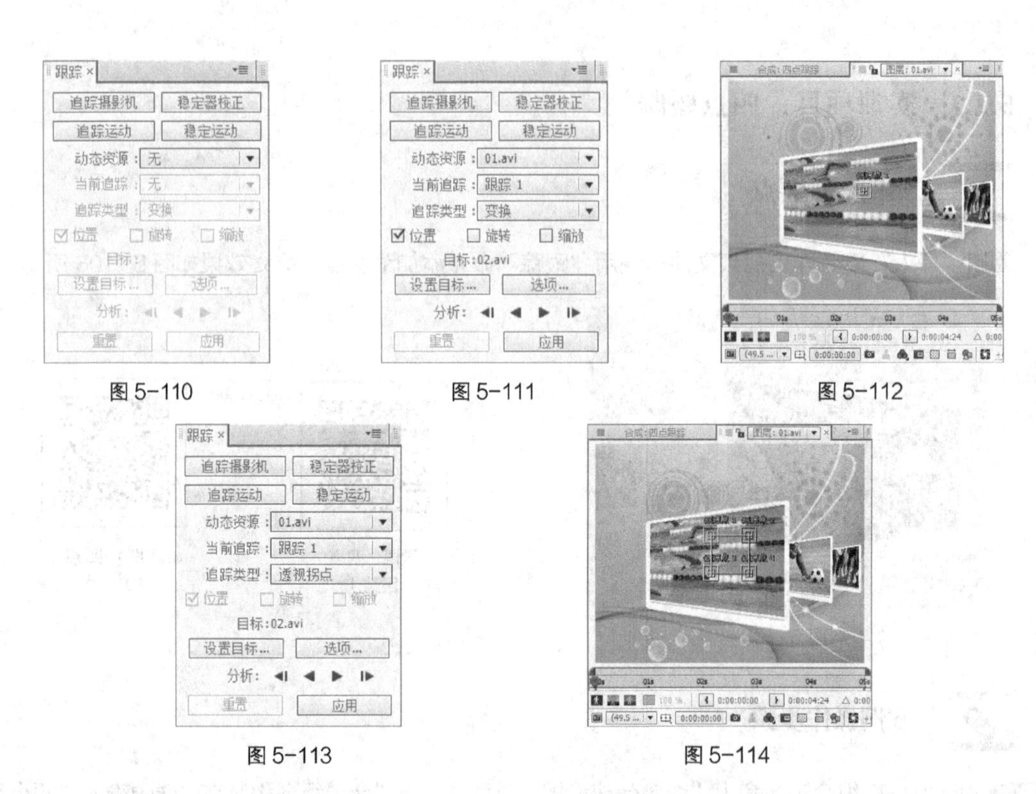

图 5-110　　图 5-111　　图 5-112

图 5-113　　图 5-114

步骤 ❹ 分别拖曳 4 个控制点到画面的四角，如图 5-115 所示。在“跟踪”面板中单击“向前分析”按钮自动跟踪计算，如图 5-116 所示。

步骤 ❺ 在“跟踪”面板中单击“应用”按钮，如图 5-117 所示。选中“01.avi”图层，按 U 键，展开所有关键帧，可以看到刚才的控制点经过跟踪计算后产生的一系列关键帧，如图 5-118 所示。

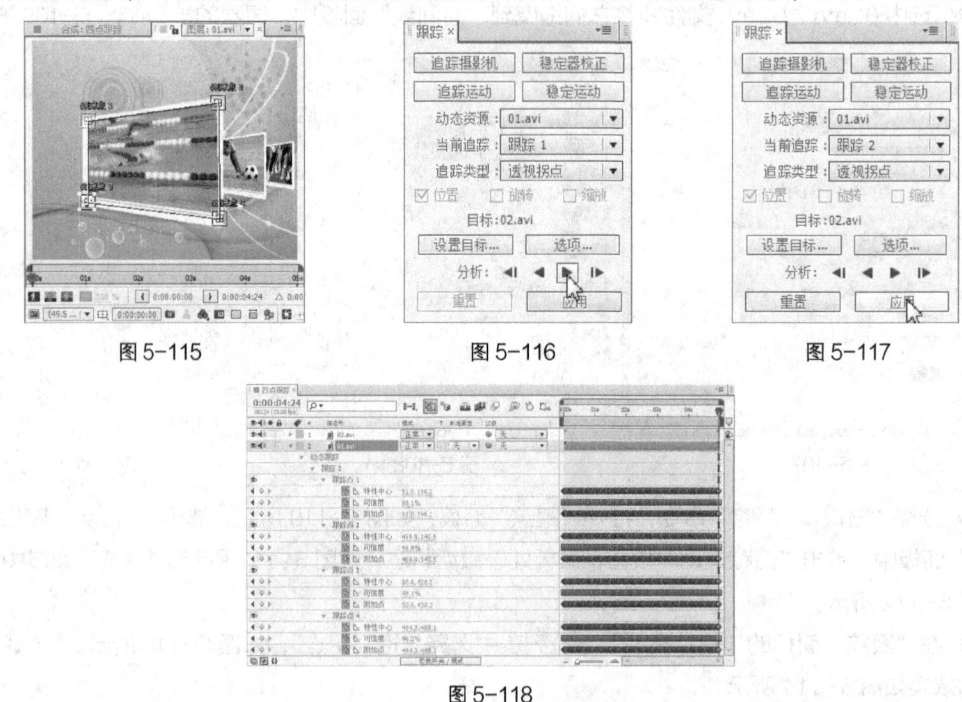

图 5-115　　图 5-116　　图 5-117

图 5-118

步骤⑥ 选中“02.avi”图层，按 U 键，展开所有关键帧，同样可以看到跟踪产生的一系列关键帧，如图 5-119 所示。

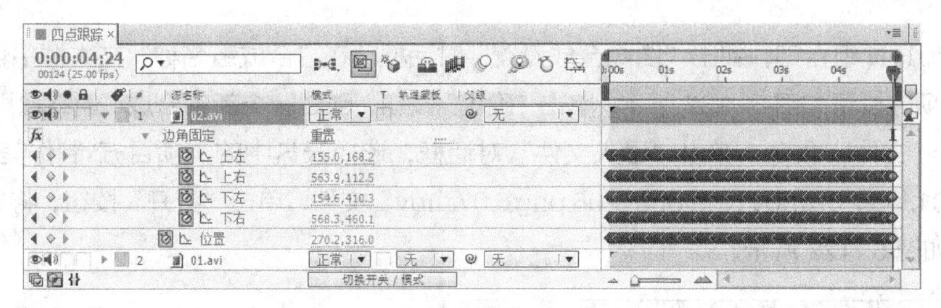

图 5-119

步骤⑦ 四点跟踪效果制作完成，如图 5-120 所示。

图 5-120

任务三 综合实训项目

5.3.1 制作美味厨房栏目

案例知识要点

使用“色阶”命令调整背景的颜色；使用“时间线”面板控制动画的入点和出点；使用“矩形遮罩”工具和关键帧制作文字动画效果；使用“透明度”属性和关键帧制作图片动画效果。最终效果如图 5-121 所示。

图 5-121

微课：制作美味厨房栏目

案例操作步骤

步骤① 按 Ctrl+N 组合键，弹出“图像合成设置”对话框，在“合成组名称”文本框中输入“最终效果”，其他选项的设置如图 5-122 所示，单击“确定”按钮，创建一个新的合成“最终效果”。选择“文件 > 导入 > 文件”命令，弹出“导入文件”对话框，选择云盘中的“项目五\制作美味厨房栏目\(Footage) \01.jpg、02.mov、03.png～06.png、07.mov”文件，单击“打开”按钮，将文件导入“项目”面板，如图 5-123 所示。

图 5-122

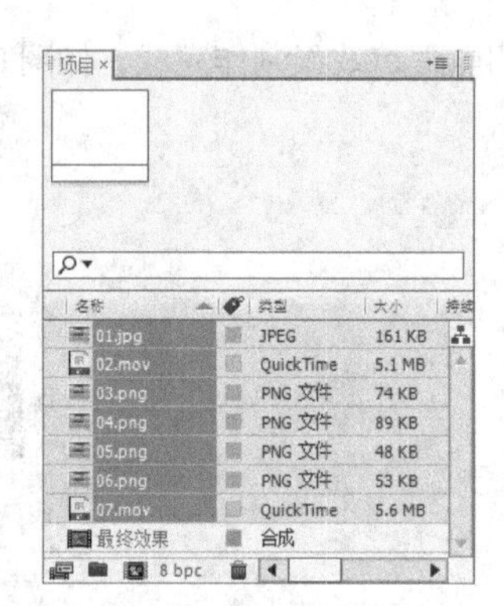

图 5-123

步骤② 在“项目”面板中选中“07.mov”文件并将其拖曳到“时间线”面板中，如图 5-124 所示。“合成”窗口中的效果如图 5-125 所示。

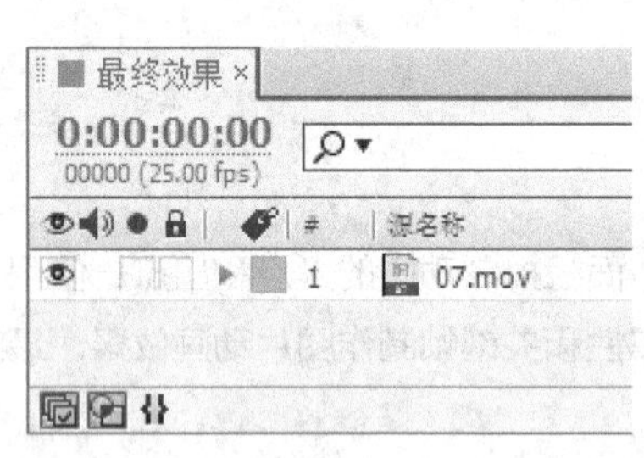

图 5-124

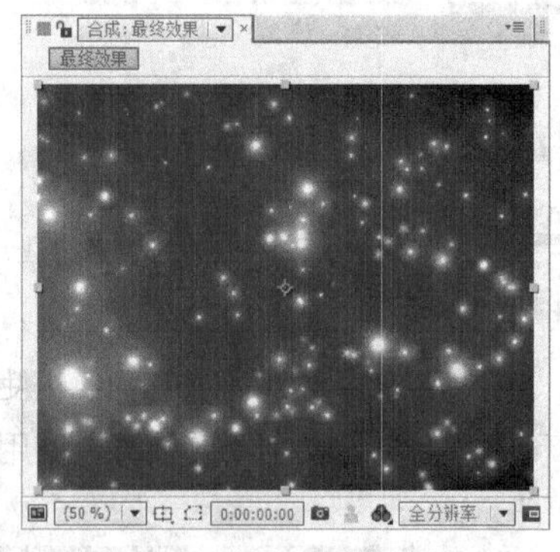

图 5-125

步骤③ 选择“效果 > 色彩校正 > 色阶”命令，在“特效控制台”面板中设置参数，如图 5-126 所示。“合成”窗口中的效果如图 5-127 所示。

步骤④ 在“项目”面板中选中“01.jpg”文件并将其拖曳到“时间线”面板中，如图 5-128 所示。“合成”窗口中的效果如图 5-129 所示。

步骤⑤ 选择“钢笔”工具，在“合成”窗口中绘制一个闭合图形，如图 5-130 所示。选择“效果 > 透视 > 阴影”命令，在“特效控制台”面板中设置参数，如图 5-131 所示。“合成”窗口中的效果如图 5-132 所示。

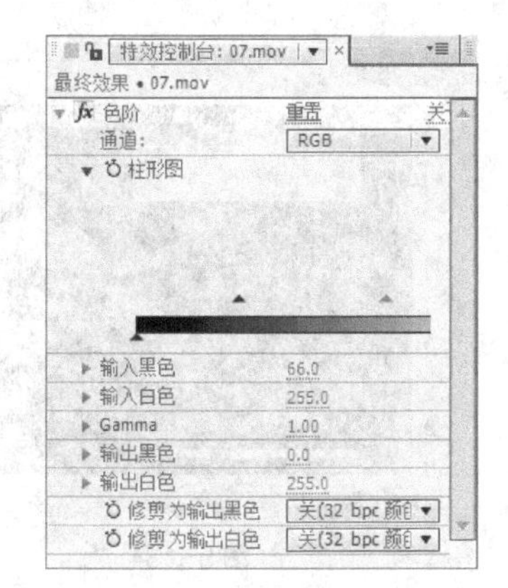

图 5-126

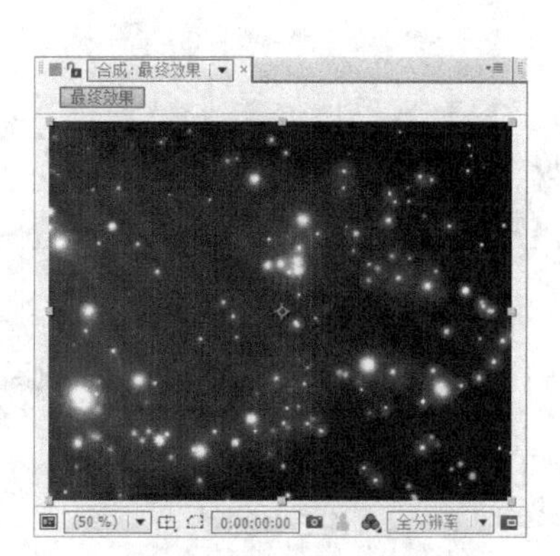

图 5-127

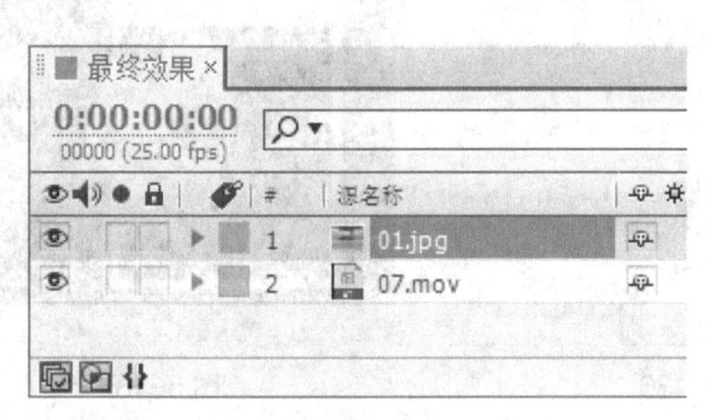

图 5-128

图 5-129

图 5-130

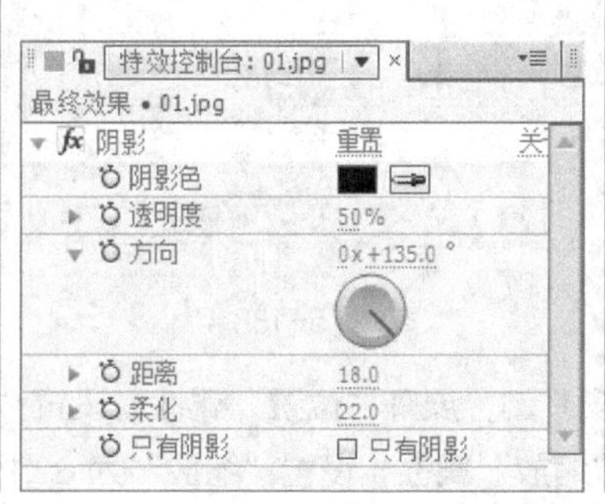

图 5-131

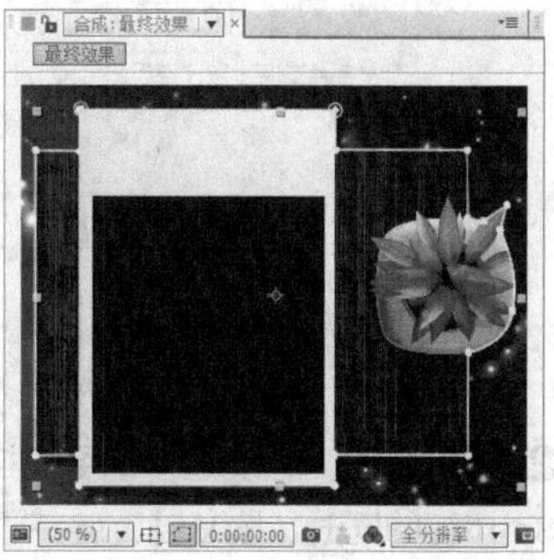

图 5-132

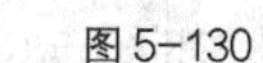

步骤⑥ 在“项目”面板中选中“02.mov”文件并将其拖曳到“时间线”面板中，按P键，展开“位置”属性，设置“位置”为266.7、343.4，在按住Shift键的同时，按S键，展开“缩放”属性，设置“缩放”为67%，如图5-133所示，“合成”窗口中的效果如图5-134所示。

步骤⑦ 选择“矩形遮罩”工具，在“合成”窗口中绘制一个矩形遮罩，如图5-135所示。在“项目”面板中选中03.png～06.png文件并将它们拖曳到“时间线”面板中，图层的排列顺序如图5-136所示。“合成”窗口中的效果如图5-137所示。

步骤⑧ 选中“03.png”图层，按P键，展开“位置”属性，设置“位置”为480.1、449.9，将时间标签放置在1:01s的位置，按Alt+]组合键，设置动画的出点，如图5-138所示。

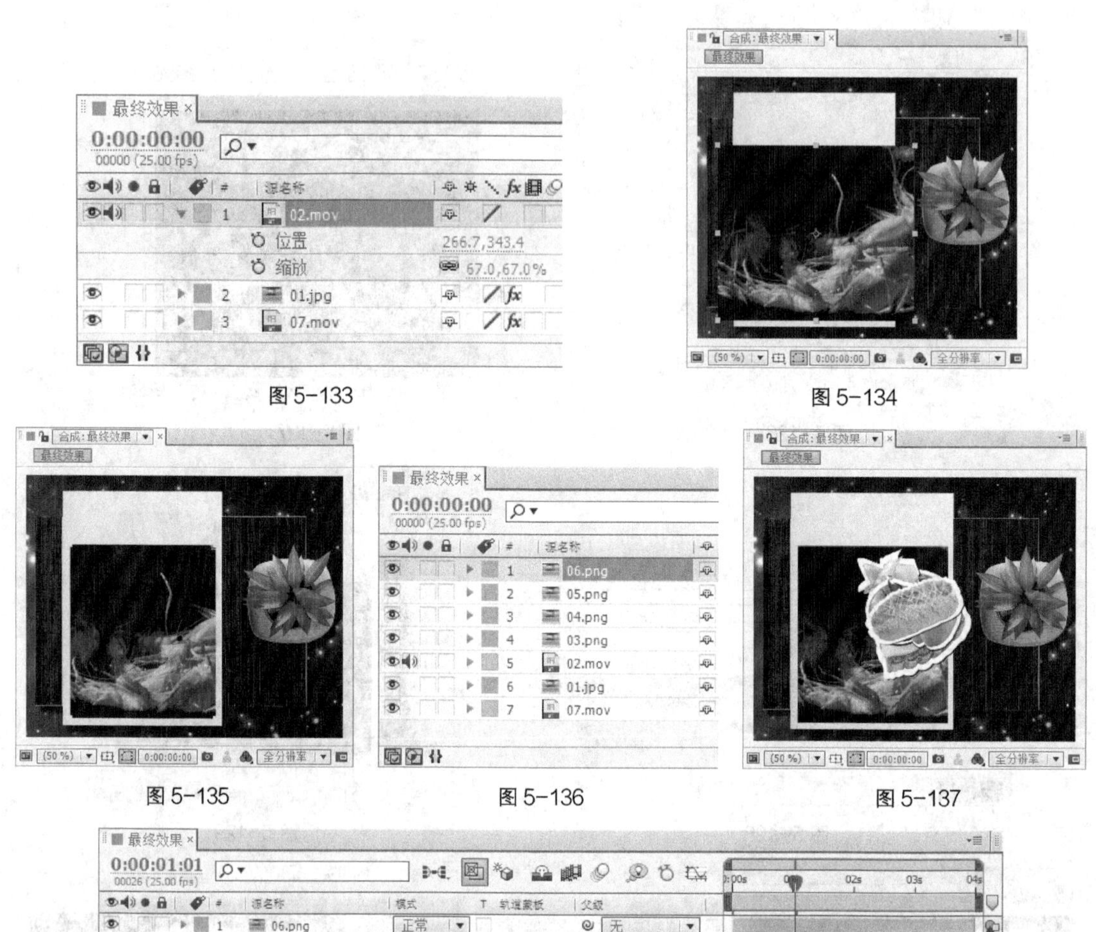
图 5-133　图 5-134

图 5-135　图 5-136　图 5-137

图 5-138

步骤⑨ 选中“04.png”图层，按P键，展开“位置”属性，设置“位置”为480.1、449.9，在按住Shift键的同时，按S键，展开“缩放”属性，设置“缩放”为69.1%，按Alt+ [组合键，设置动画的入点，将时间标签放置在2:01s的位置，按Alt+] 组合键，设置动画的出点，如图5-139所示。

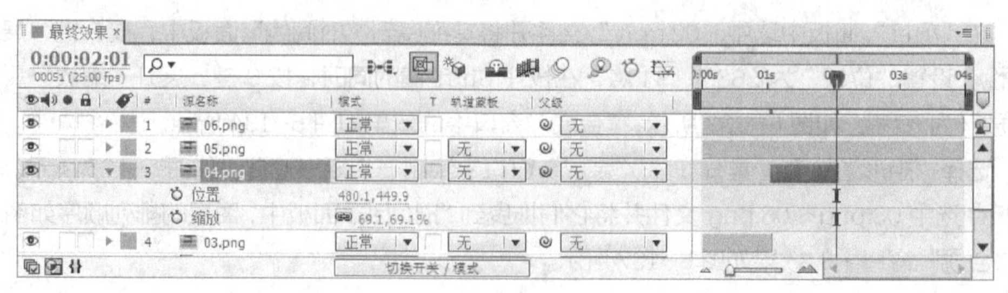
图 5-139

步骤⑩ 选中“05.png”图层，按P键，展开“位置”属性，设置“位置”为478.7、453.9，按Alt+ [

组合键，设置动画的入点，将时间标签放置在 2:01s 的位置，按 Alt+] 组合键，设置动画的出点，如图 5-140 所示。

最终效果 ×

0:00:03:01
00076 (25.00 fps)

#	源名称	模式	T	轨道蒙板	父级
1	06.png	正常			无
2	05.png	正常		无	无
	位置	478.7,453.9			
3	04.png	正常		无	无
4	03.png	正常		无	无
5	02.mov	正常		无	无

切换开关 / 模式

图 5-140

步骤⑪ 选中“06.png”图层，按 P 键，展开“位置”属性，设置“位置”为 482.8、460.7，按 Alt+ [组合键，设置动画的入点，如图 5-141 所示。

最终效果 ×

0:00:03:01
00076 (25.00 fps)

#	源名称	模式	T	轨道蒙板	父级
1	06.png	正常			无
	位置	482.8,460.7			
2	05.png	正常		无	无
3	04.png	正常		无	无
4	03.png	正常		无	无
5	02.mov	正常		无	无

切换开关 / 模式

图 5-141

步骤⑫ 将时间标签放置在 0s 的位置，选择“横排文字”工具T，在“合成”窗口中输入文字“美食天天看”。选中文字，在“文字”面板中设置“填充色”为红色（其 R、G、B 值分别为 170、3、3），其他选项的设置如图 5-142 所示。“合成”窗口中的效果如图 5-143 所示。

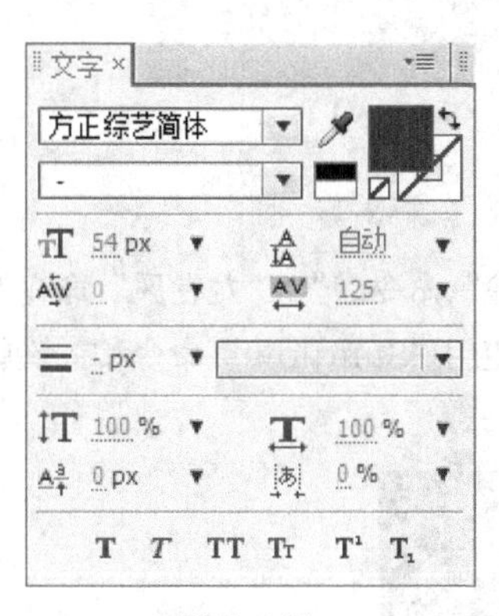

图 5-142

图 5-143

步骤⑬ 选择“矩形遮罩”工具，在“合成”窗口中绘制一个矩形遮罩，如图 5-144 所示。按 M 键，展开“遮罩形状”属性，单击“遮罩形状”选项左侧的“关键帧自动记录器”按钮，如图 5-145 所示，记录第 1 个关键帧。

图 5-144

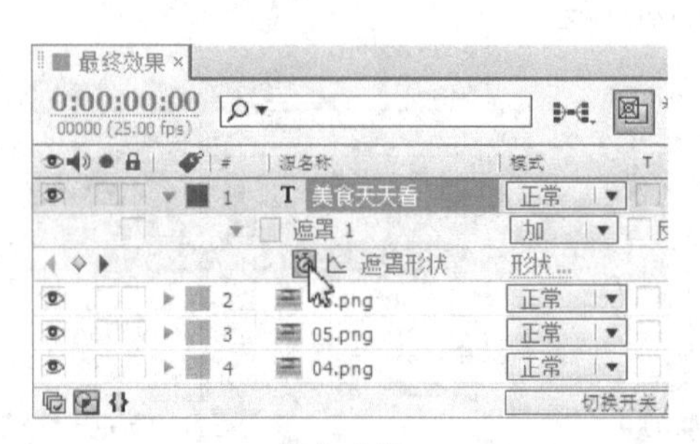

图 5-145

步骤⑭ 将时间标签放置在 0:08s 的位置。选择“选择”工具，在“合成”窗口中，同时选中“遮罩形状”右边的两个控制点，将控制点向右拖曳到图 5-146 所示的位置，在 0:08s 的位置再次记录 1 个关键帧。美味厨房栏目效果制作完成，如图 5-147 所示。

图 5-146

图 5-147

5.3.2 制作汽车世界栏目

案例知识要点

使用“百叶窗”命令、“卡片擦除”命令、“CC 网格擦除”命令、“CC 龙卷风”命令制作过渡动画效果；使用“透明度”属性和关键帧制作文字动画效果；使用“Starglow”命令和关键帧制作文字闪烁效果。最终效果如图 5-148 所示。

图 5-148

案例操作步骤

1. 制作图像出场顺序

步骤❶ 按 Ctrl+N 组合键，弹出“图像合成设置”对话框，在“合成组名称”文本框中输入“最终效果”，其他选项的设置如图 5-149 所示，单击“确定”按钮，创建一个新的合成“最终效果”。选择“文件 > 导入 > 文件”命令，弹出“导入文件”对话框，选择云盘中的“项目五\制作汽车世界栏目\(Footage)\01.jpg～06.jpg”文件，单击“打开”按钮，将文件导入“项目”面板，如图 5-150 所示。

微课：制作汽车世界栏目 1

图 5-149

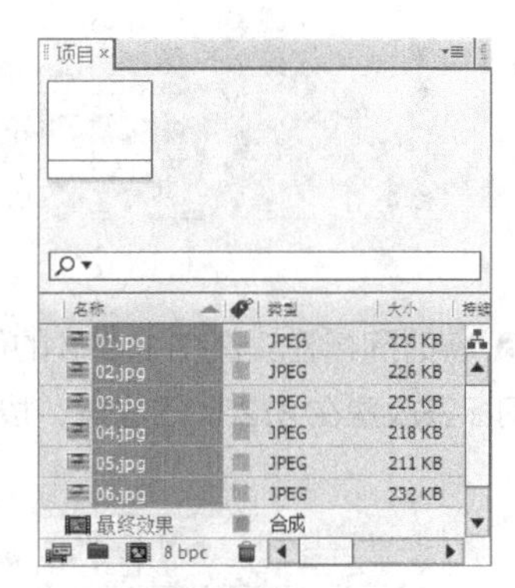

图 5-150

步骤❷ 在“项目”面板中选中 01.jpg～06.jpg 文件，并将它们拖曳到“时间线”面板中，如图 5-151 所示。“合成”窗口中的效果如图 5-152 所示。

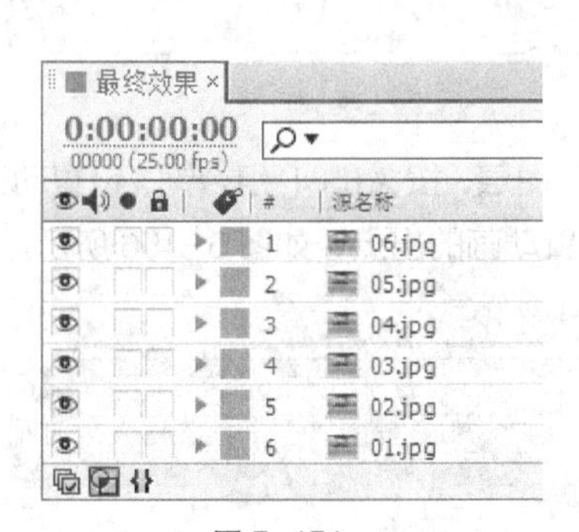

图 5-151

图 5-152

步骤❸ 将时间标签放置在 1:04s 的位置，选中“01.jpg”图层，按 Alt+] 组合键，设置动画的出点，如图 5-153 所示。

步骤❹ 将时间标签放置在 0:22s 的位置，选中“02.jpg”图层，按 Alt+ [组合键，设置动画的入点，将时间标签放置在 1:24s 的位置，按 Alt+] 组合键，设置动画的出点，如图 5-154 所示。

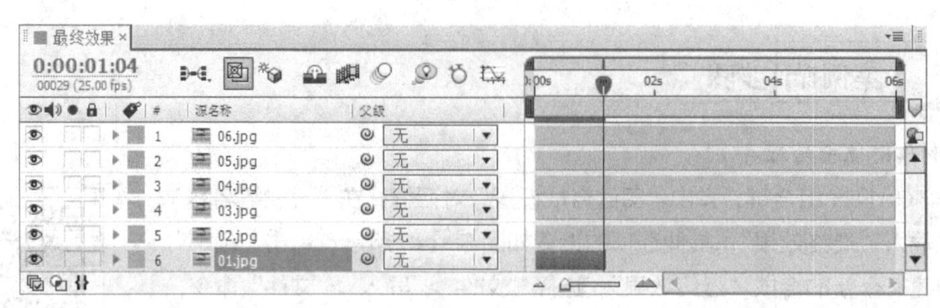

图 5-153

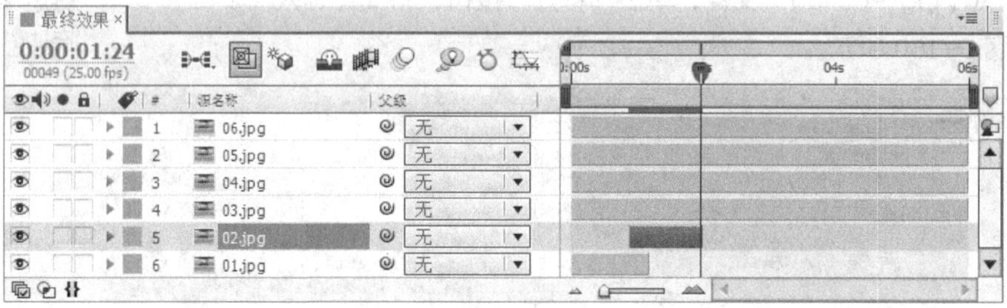

图 5-154

步骤⑤ 将时间标签放置在 1:19s 的位置，选中“03.jpg”图层，按 Alt+[组合键，设置动画的入点，将时间标签放置在 2:23s 的位置，按 Alt+] 组合键，设置动画的出点，如图 5-155 所示。

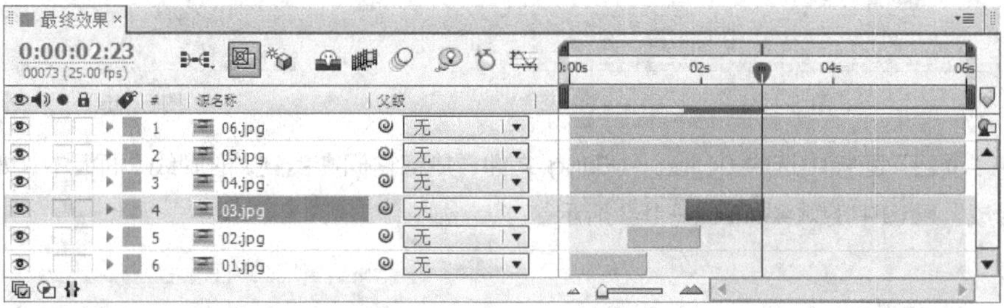

图 5-155

步骤⑥ 将时间标签放置在 2:15s 的位置，选中“04.jpg”图层，按 Alt+[组合键，设置动画的入点，将时间标签放置在 3:18s 的位置，按 Alt+] 组合键，设置动画的出点，如图 5-156 所示。

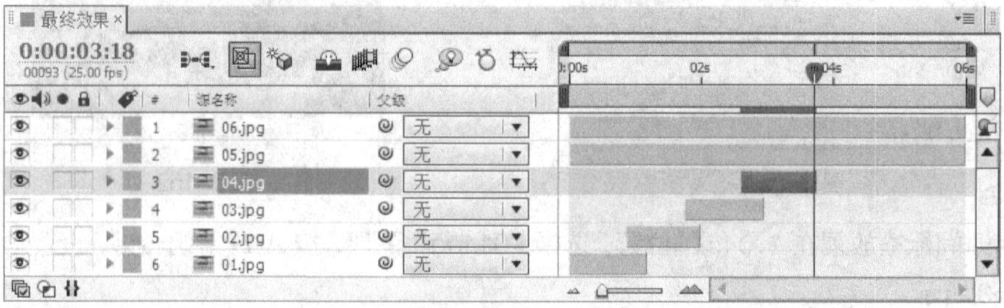

图 5-156

步骤⑦ 将时间标签放置在 3:12s 的位置，选中“05.jpg”图层，按 Alt+[组合键，设置动画的入点，将时间标签放置在 4:11s 的位置，按 Alt+] 组合键，设置动画的出点，如图 5-157 所示。

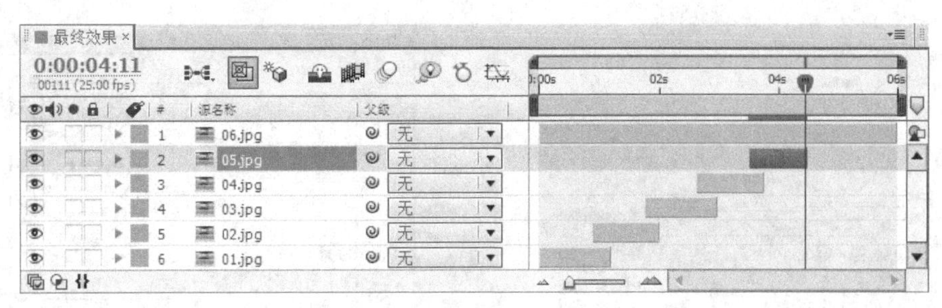

图 5-157

步骤⑧ 将时间标签放置在 4:09s 的位置，选中“06.jpg”图层，按 Alt+ [组合键，设置动画的入点，如图 5-158 所示。

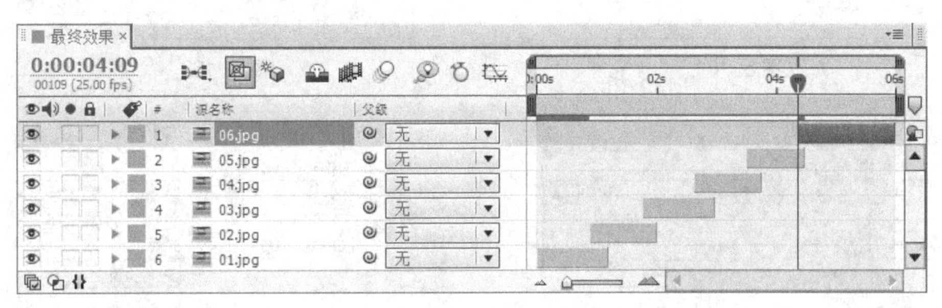

图 5-158

2. *制作画面过渡动画*

步骤① 将时间标签放置在 0:15s 的位置，选中“01.jpg”图层，选择“效果 > 过渡 > 百叶窗”命令，在“特效控制台”面板中设置参数，如图 5-159 所示。单击“变换完成量”选项左侧的“关键帧自动记录器”按钮，如图 5-160 所示，记录第 1 个关键帧。

微课：制作汽车世界栏目 2

步骤② 将时间标签放置在 1:02s 的位置，在“特效控制台”面板中，设置“变换完成量”为 100%，如图 5-161 所示，记录第 2 个关键帧。

步骤③ 将时间标签放置在 1:10s 的位置，选中“02.jpg”图层，选择“效果 > 过渡 > 卡片擦除”命令，在“特效控制台”面板中设置参数，如图 5-162 所示。

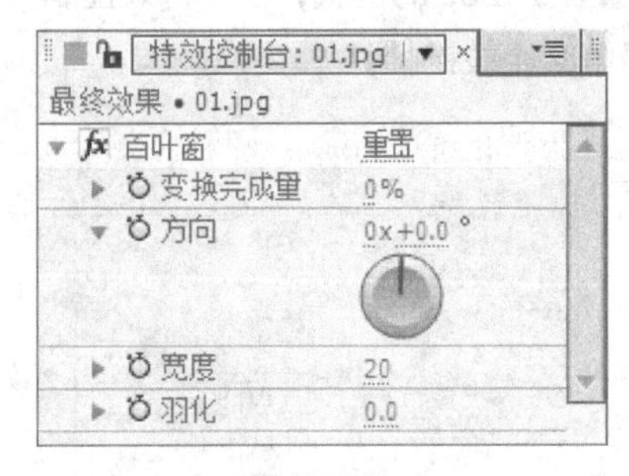

图 5-159

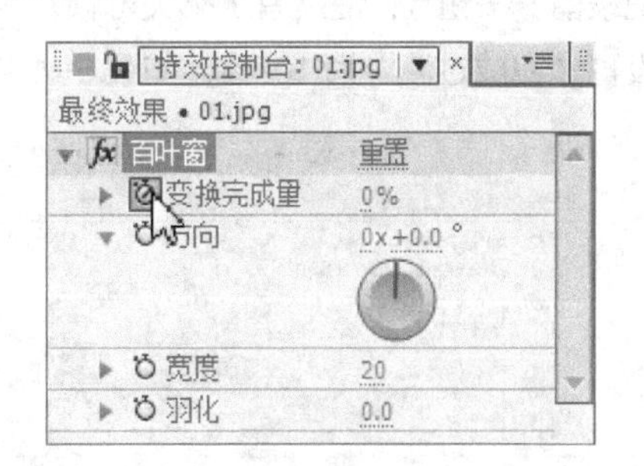

图 5-160

步骤④ 单击“变换完成度”选项左侧的“关键帧自动记录器”按钮，如图 5-163 所示，记录第 1 个关键帧。将时间标签放置在 1:20s 的位置，在“特效控制台”面板中，设置“变换完成度”为 100%，如图 5-164 所示，记录第 2 个关键帧。

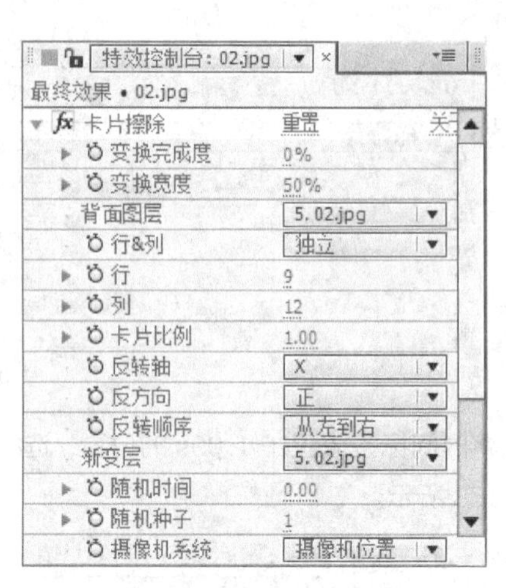

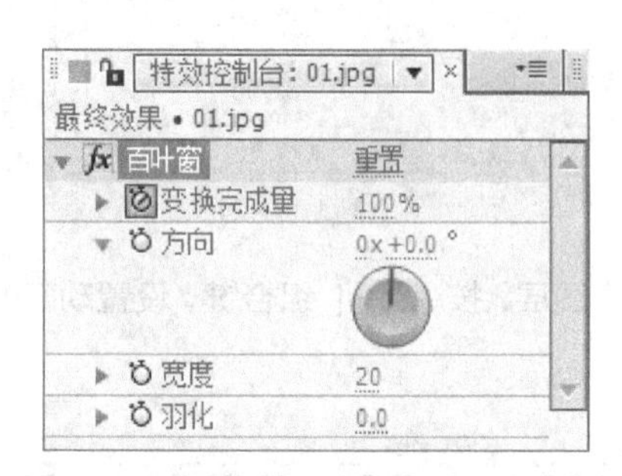

图 5-161

图 5-162

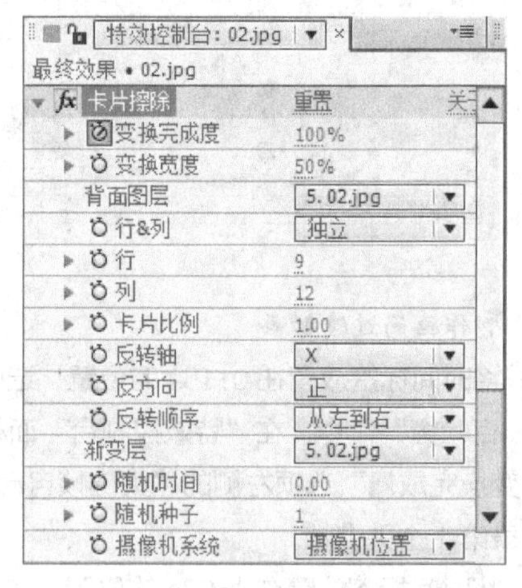

图 5-163

图 5-164

步骤⑤ 将时间标签放置在 2:09s 的位置，选中“03.jpg”图层，选择“效果 > 过渡 > 渐变擦除”命令，在“特效控制台”面板中设置参数，如图 5-165 所示。单击“完成过渡”选项左侧的“关键帧自动记录器”按钮，记录第 1 个关键帧。将时间标签放置在 2:20s 的位置，在“特效控制台”面板中，设置“完成过渡”为 100%，如图 5-166 所示，记录第 2 个关键帧。

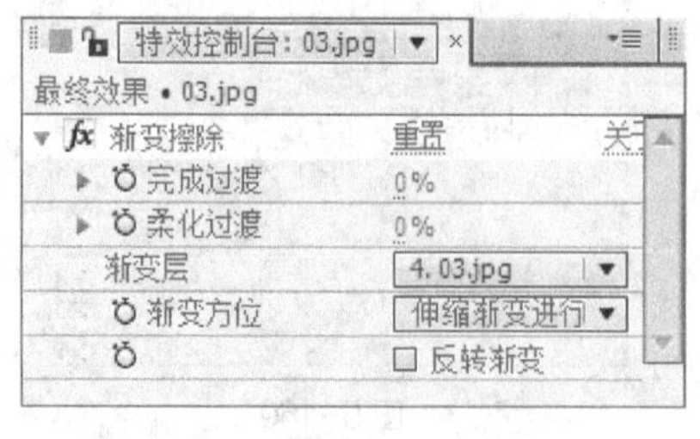

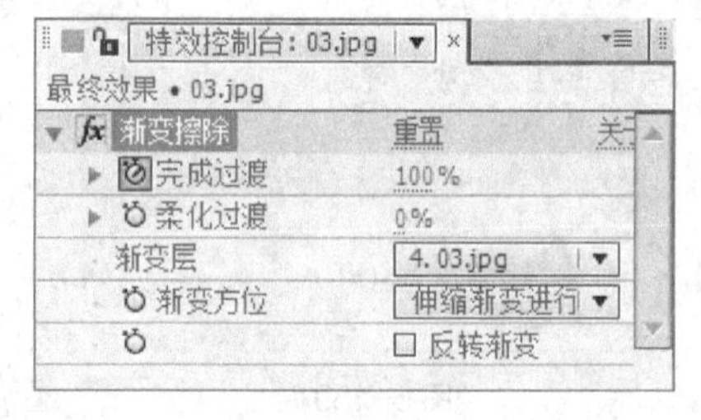

图 5-165

图 5-166

步骤⑥ 将时间标签放置在 3:02s 的位置，选中“04.jpg”图层，选择“效果 > 过渡 > CC 网格擦除”命令，在“特效控制台”面板中设置参数，如图 5-167 所示。单击“完成度”选项左侧的“关键帧自动记录器”按钮⏱，记录第 1 个关键帧。将时间标签放置在 3:14s 的位置，在“特效控制台”面板中，设置“完成度”为 100%，如图 5-168 所示，记录第 2 个关键帧。

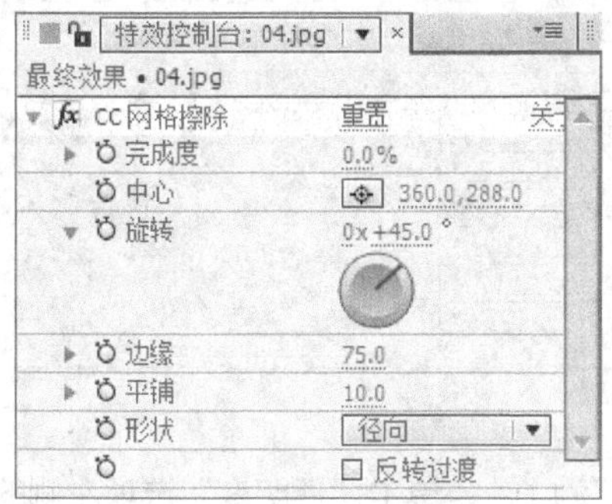

图 5-167

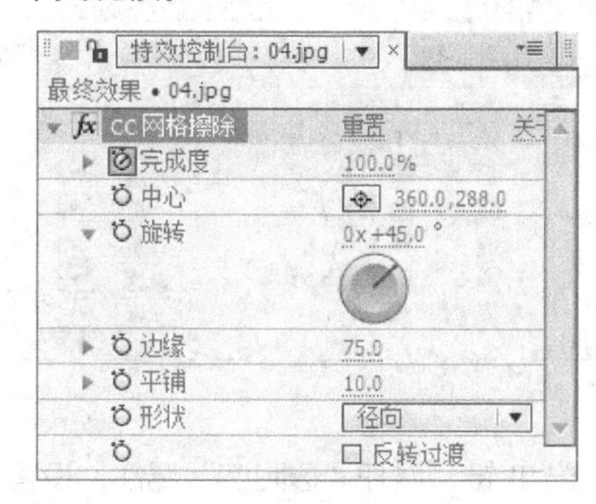

图 5-168

步骤 7 将时间标签放置在 4s 的位置，选择“效果 > 过渡 > CC 龙卷风”命令，在“特效控制台”面板中设置参数，如图 5-169 所示。单击“完成度”选项左侧的“关键帧自动记录器”按钮⏱，记录第 1 个关键帧。将时间标签放置在 4:09s 的位置，在“特效控制台”面板中，设置“完成度”为 100%，如图 5-170 所示，记录第 2 个关键帧。

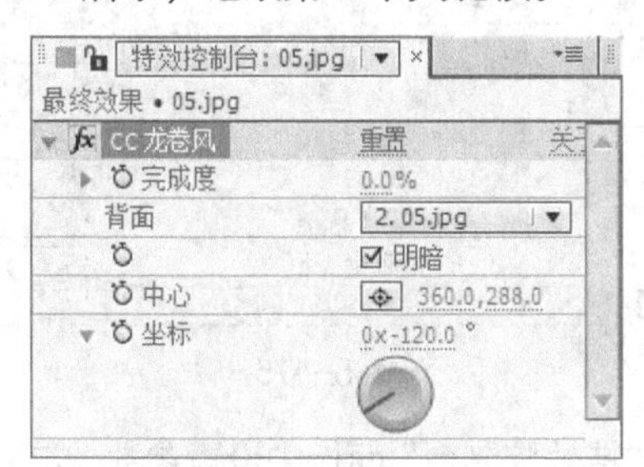

图 5-169

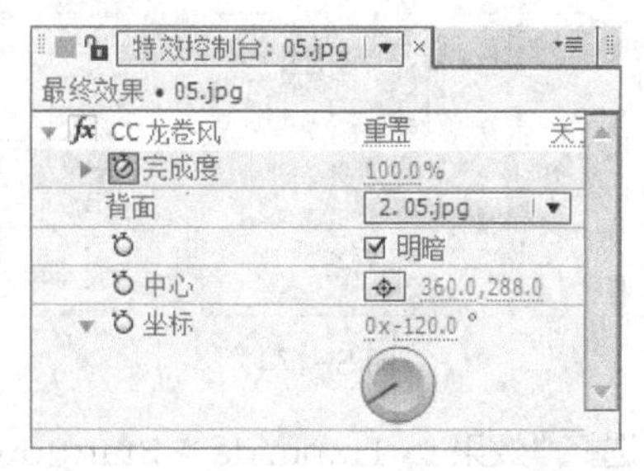

图 5-170

3. 制作文字动画

步骤 1 选中“06.jpg”图层，将时间标签放置在 4:09s 的位置，选择“横排文字”工具[T]，在“合成”窗口中输入文字“车众之家”。选中文字，在“文字”面板中设置“填充色”为灰色（其 R、G、B 值均为 235），其他选项的设置如图 5-171 所示。“合成”窗口中的效果如图 5-172 所示。

微课：制作汽车世界栏目 3

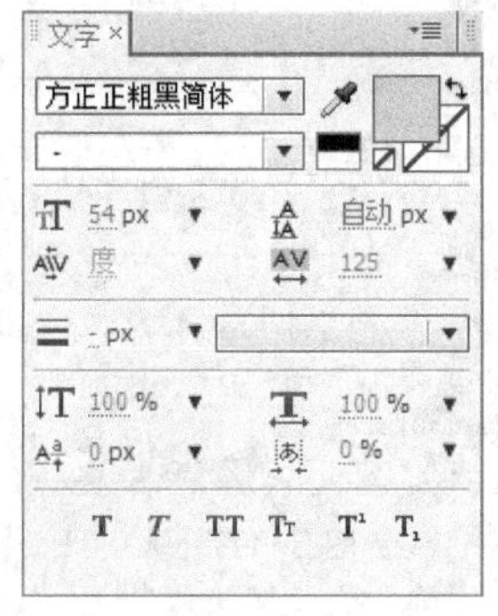

图 5-171

图 5-172

步骤② 选中“车众之家”层，按 Alt+ [组合键，设置动画的入点，如图 5-173 所示。

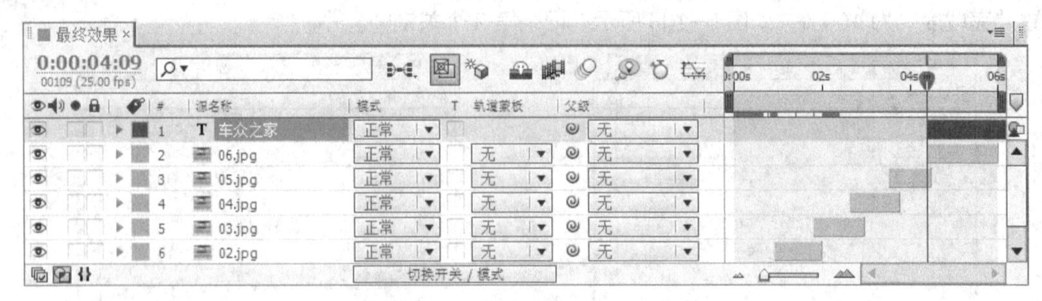

图 5-173

步骤③ 按 T 键，展开“透明度”属性，设置“透明度”为 0%，单击“透明度”选项左侧的“关键帧自动记录器”按钮，如图 5-174 所示，记录第 1 个关键帧。将时间标签放置在 4:24s 的位置，在“时间线”面板中，设置“透明度”为 100%，如图 5-175 所示，记录第 2 个关键帧。

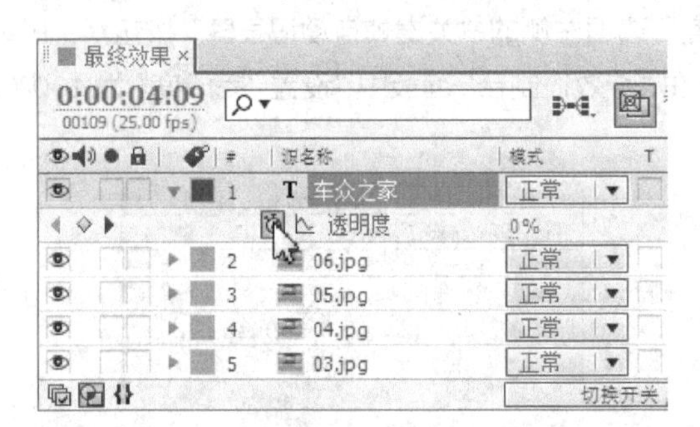

图 5-174

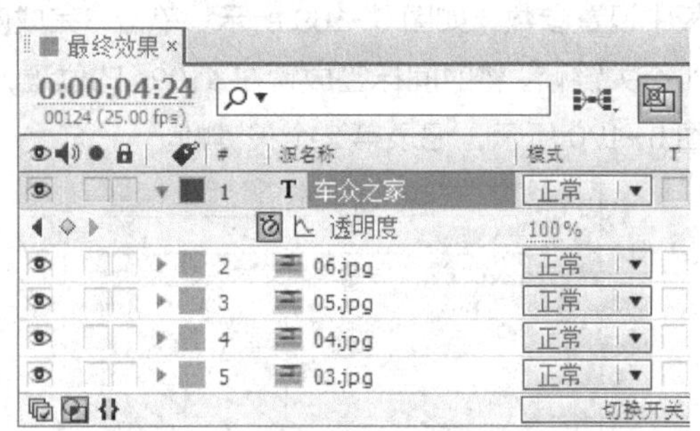

图 5-175

步骤④ 选择“效果 > Trapcode > Starglow”命令，在“特效控制台”面板中设置参数，如图 5-176 所示。将时间标签放置在 4:24s 的位置，在“特效控制台”面板中，单击“Boost Light”选项左侧的“关键帧自动记录器”按钮，记录第 1 个关键帧。

步骤⑤ 将时间标签放置在 5s 的位置，在“特效控制台”面板中，设置“Boost Light”为 1，如图 5-177 所示，记录第 2 个关键帧。

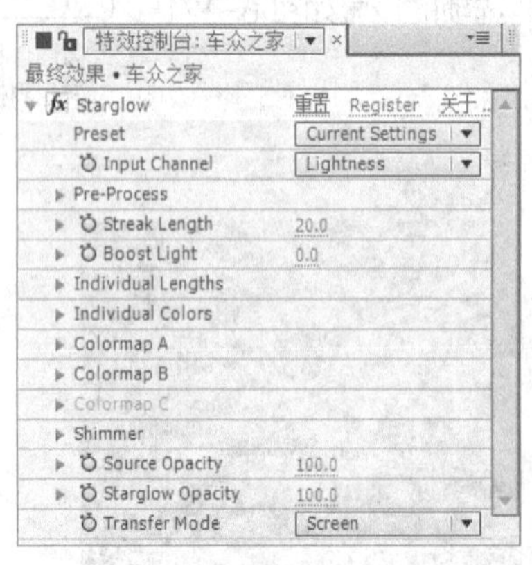

图 5-176

图 5-177

步骤⑥ 将时间标签放置在 5:01s 的位置，在“特效控制台”面板中，设置“Boost Light”为 0，如

图 5-178 所示，记录第 3 个关键帧。将时间标签放置在 5:02s 的位置，在“特效控制台”面板中，设置“Boost　Light”为 1，如图 5-179 所示，记录第 4 个关键帧。

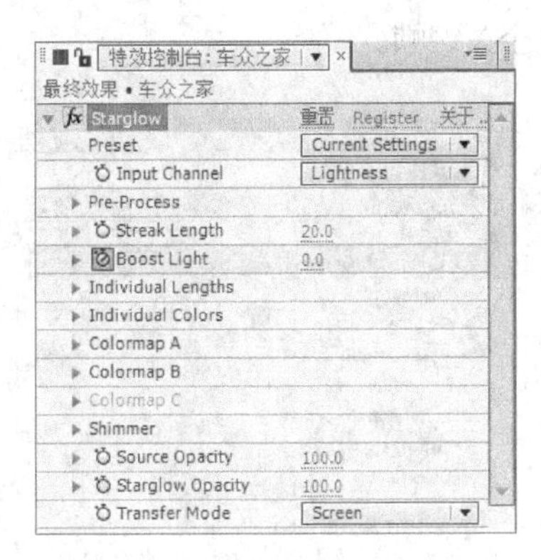

图 5-178

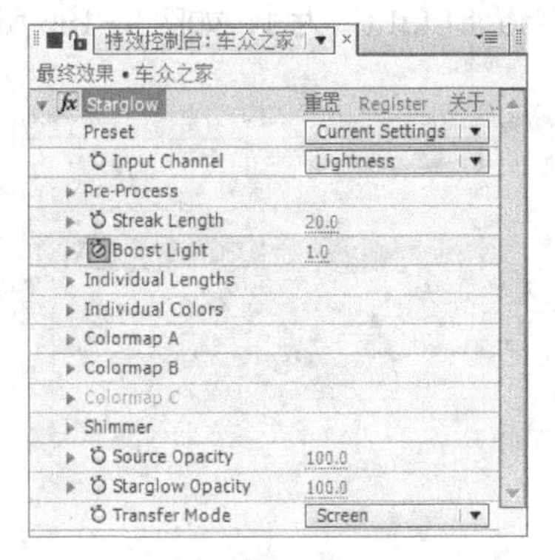

图 5-179

步骤 7 将时间标签放置在 5:03s 的位置，在“特效控制台”面板中，设置“Boost Light”为 0，如图 5-180 所示，记录第 5 个关键帧。将时间标签放置在 5:04s 的位置，在“特效控制台”面板中，设置“Boost　Light”为 1，如图 5-181 所示，记录第 6 个关键帧。

图 5-180

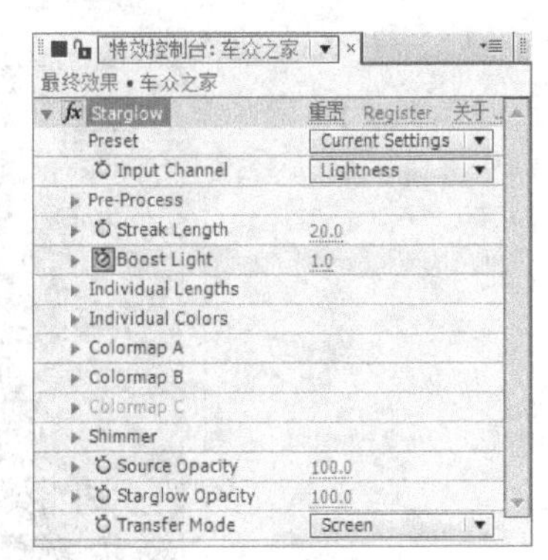

图 5-181

步骤 8 将时间标签放置在 5:05s 的位置，在“特效控制台”面板中，设置“Boost Light”为 0，如图 5-182 所示，记录第 7 个关键帧。将时间标签放置在 5:06s 的位置，在“特效控制台”面板中，设置“Boost　Light”为 1，如图 5-183 所示，记录第 8 个关键帧。

图 5-182

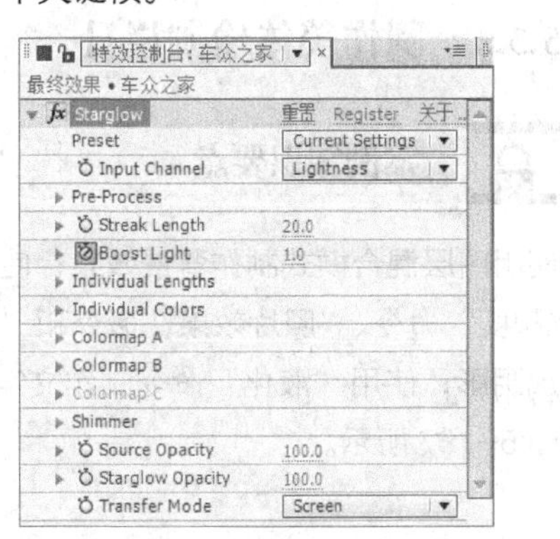

图 5-183

步骤⑨ 将时间标签放置在 5:07s 的位置，在“特效控制台”面板中，设置“Boost Light”为 0，如图 5-184 所示，记录第 9 个关键帧。将时间标签放置在 5:08s 的位置，在“特效控制台”面板中，设置“Boost Light”为 1，如图 5-185 所示，记录第 10 个关键帧。

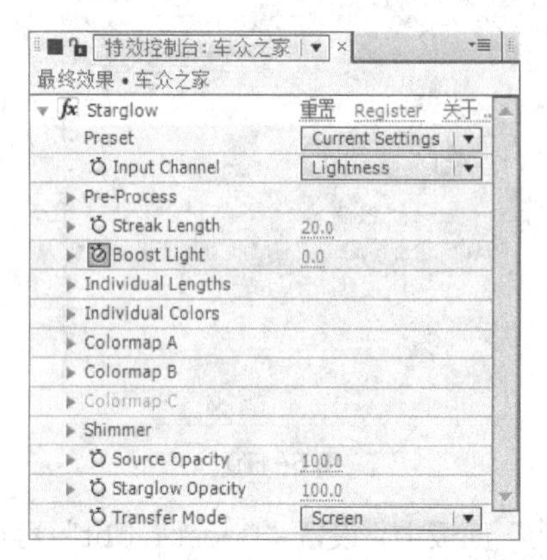

图 5-184

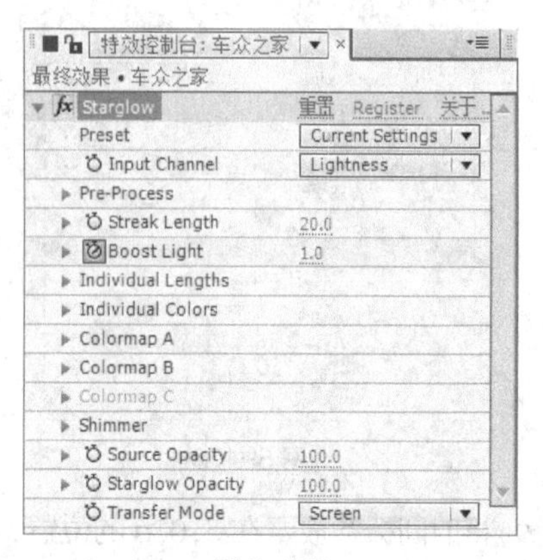

图 5-185

步骤⑩ 汽车世界栏目效果制作完成，效果如图 5-186 所示。

图 5-186

5.3.3 制作美体瑜伽栏目

案例知识要点

使用图层混合模式制作背景效果；使用“位置”属性和关键帧制作人物动画效果；使用“色相位/饱和度”命令、“照片效果”命令和“色阶”命令调整人物色调和亮度；使用“阴影”命令为文字添加阴影；使用“液化”命令制作文字的动画；使用“Shine”命令制作文字发光效果。最终效果如图 5-187 所示。

图 5-187

案例操作步骤

1. 制作画面出场动画

步骤① 按 Ctrl+N 组合键，弹出“图像合成设置”对话框，在“合成组名称”文本框中输入“最终效果”，其他选项的设置如图 5-188 所示，单击“确定”按钮，创建一个新的合成“最终效果”。选择“文件 > 导入 > 文件”命令，弹出“导入文件”对话框，选择云盘中的“项目五\制作美体瑜伽栏目\(Footage)\01.jpg，02.png～04.png，05.mov”文件，单击“打开”按钮，将文件导入“项目”面板，如图 5-189 所示。

微课：制作美体瑜伽栏目 1

图 5-188

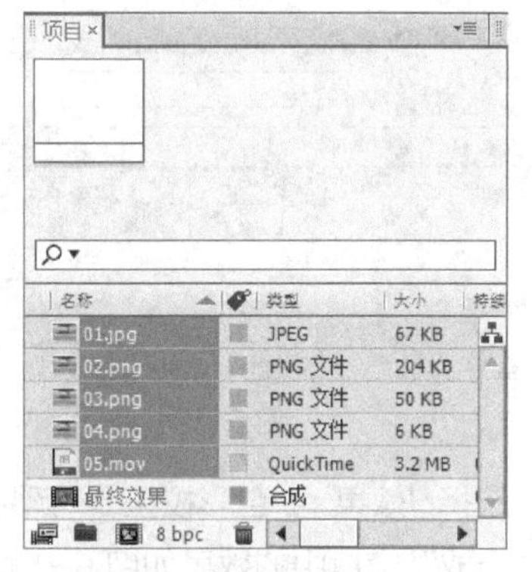

图 5-189

步骤② 在“项目”面板中选中“01.jpg”和“05.mov”文件并将它们拖曳到“时间线”面板中，图层的排列顺序如图 5-190 所示。“合成”窗口中的效果如图 5-191 所示。

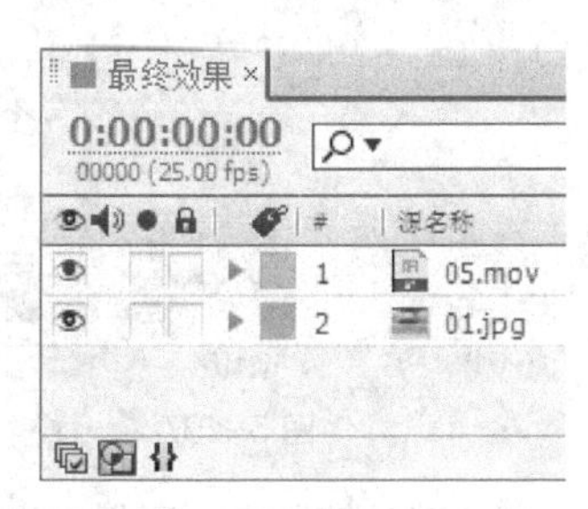

图 5-190

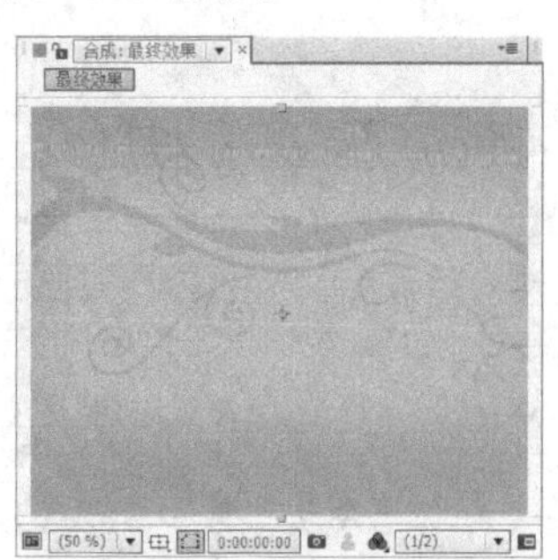

图 5-191

步骤③ 设置“05.mov”图层的混合模式为“正片叠底”，如图 5-192 所示。“合成”窗口中的效果如图 5-193 所示。

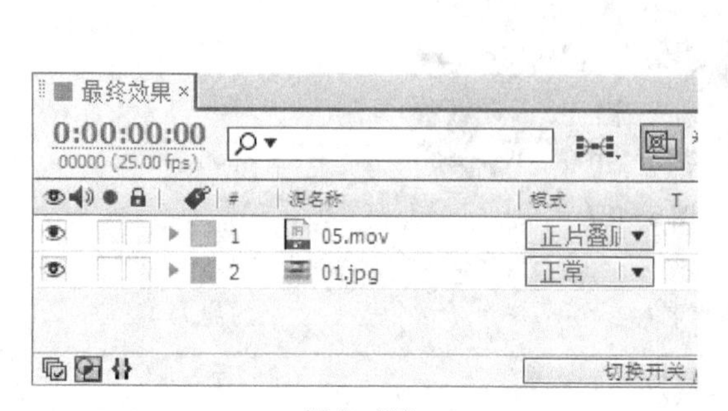

图 5-192

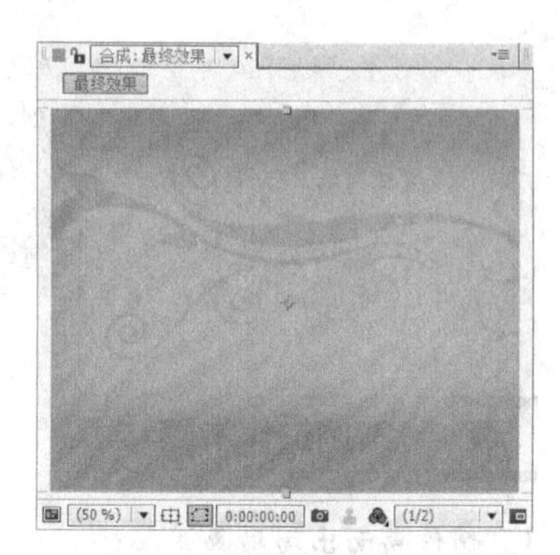

图 5-193

步骤④ 在“项目”面板中选中“02.png”文件并将其拖曳到“时间线”面板中，按 P 键，展开“位置”属性，设置“位置”为 912.7、321.7，单击“位置”选项左侧的“关键帧自动记录器”按钮，如图 5-194 所示，记录第 1 个关键帧。

步骤⑤ 将时间标签放置在 0:16s 的位置，在“时间线”面板中，设置“位置”为 567.7、321.7，如图 5-195 所示，记录第 2 个关键帧。

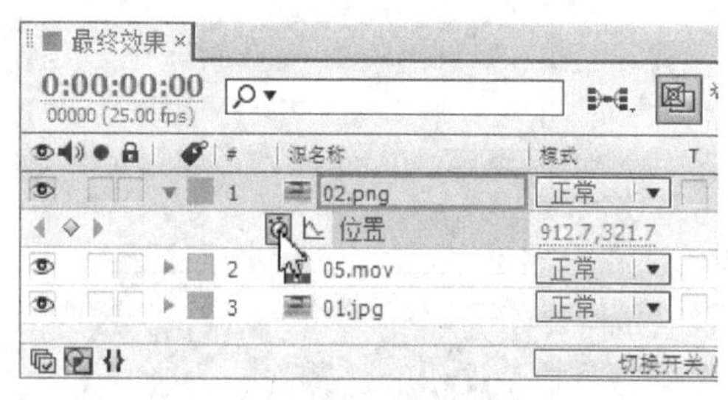

图 5-194

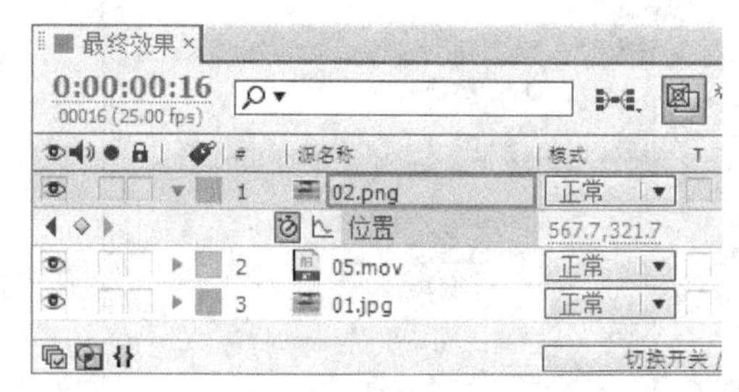

图 5-195

步骤⑥ 选择“效果 > 色彩校正 > 照片效果”命令，在“特效控制台”面板中设置参数，如图 5-196 所示。“合成”窗口中的效果如图 5-197 所示。

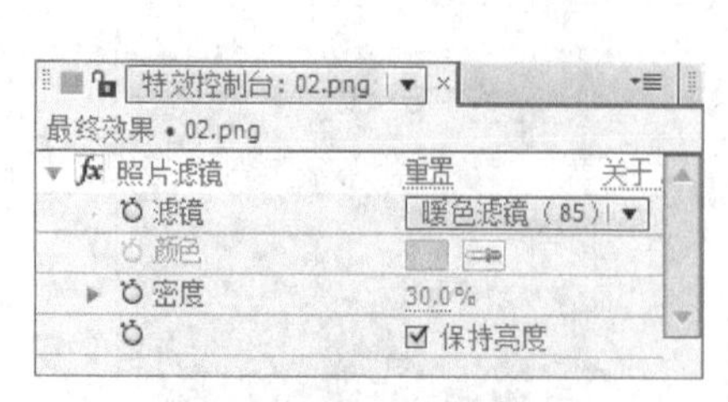

图 5-196

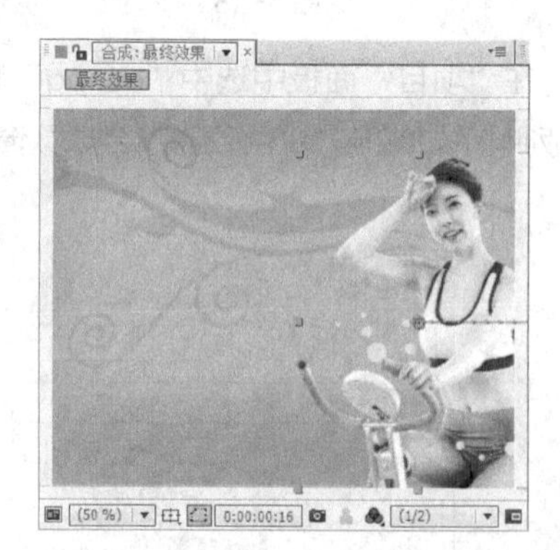

图 5-197

步骤⑦ 选择“效果 > 色彩校正 > 色相位/饱和度”命令，在“特效控制台”面板中设置参数，如

图 5-198 所示。“合成”窗口中的效果如图 5-199 所示。

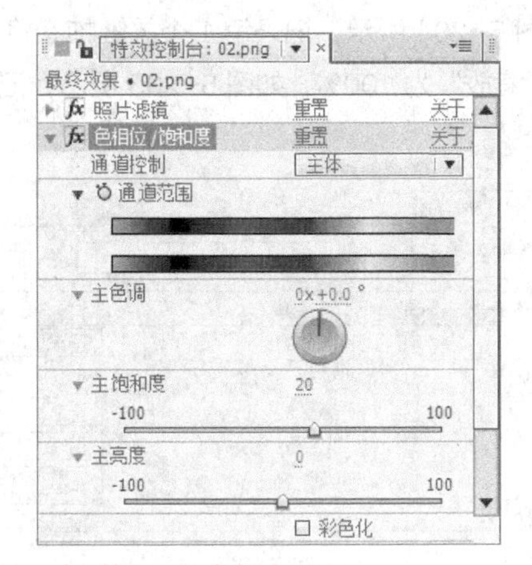
图 5-198

图 5-199

步骤⑧ 选择“效果 > 色彩校正 > 色阶”命令，在“特效控制台”面板中设置参数，如图 5-200 所示。“合成”窗口中的效果如图 5-201 所示。

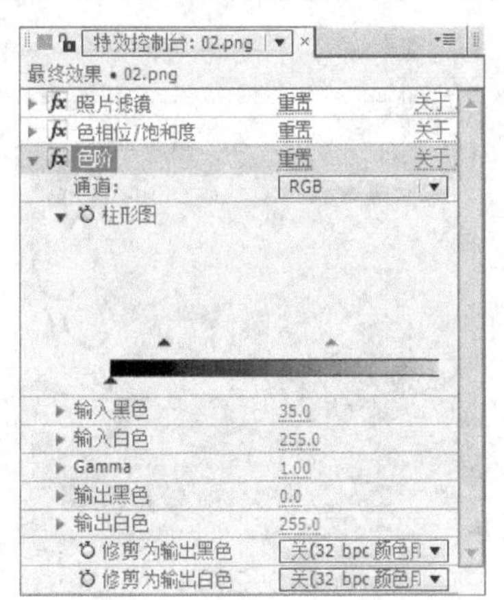
图 5-200

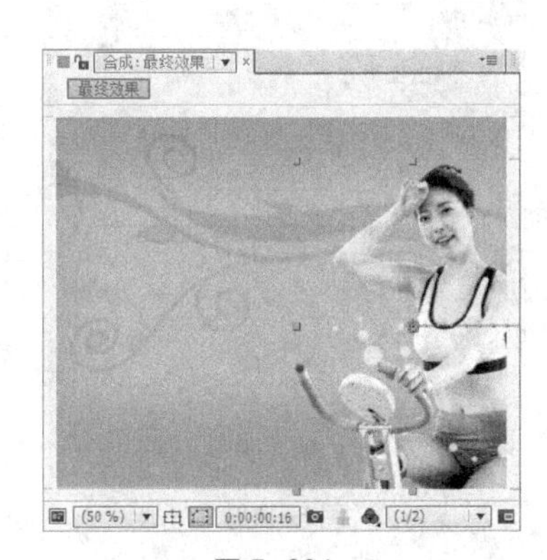
图 5-201

步骤⑨ 在“项目”面板中选中“03.png”文件并将其拖曳到“时间线”面板中，按 P 键，展开“位置”属性，设置“位置”为 200.8、383.8，如图 5-202 所示。“合成”窗口中的效果如图 5-203 所示。

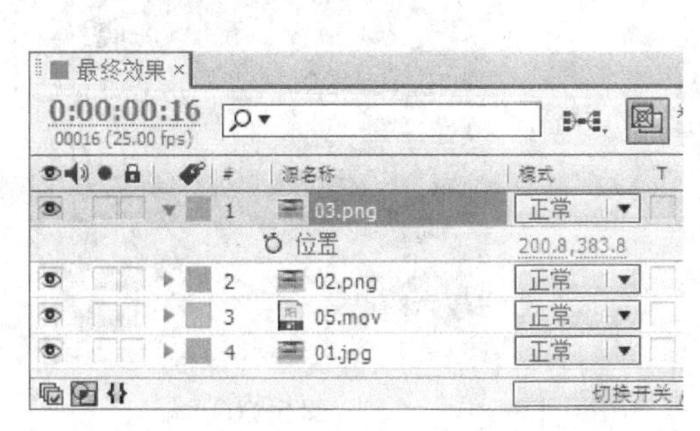
图 5-202

图 5-203

步骤⑩ 将时间标签放置在 0:24s 的位置，按 S 键，展开“缩放”属性，设置“缩放”为 0%，单击“缩放”选项左侧的“关键帧自动记录器”按钮⏱，如图 5-204 所示，记录第 1 个关键帧。将时间标签放置在 1:07s 的位置，在“时间线”面板中，设置“缩放”为 100%，如图 5-205 所示，记录第 2 个关键帧。

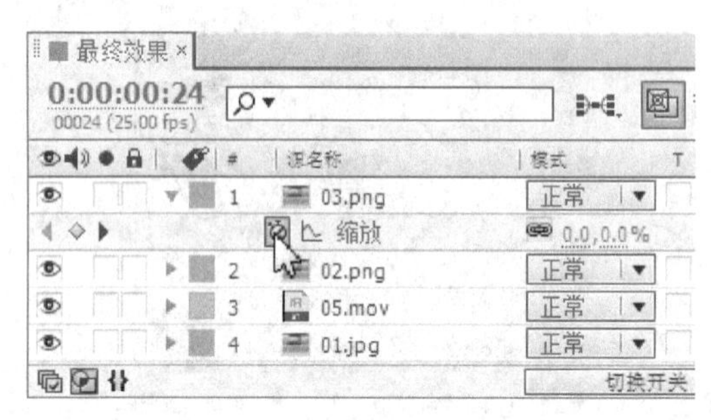

图 5-204

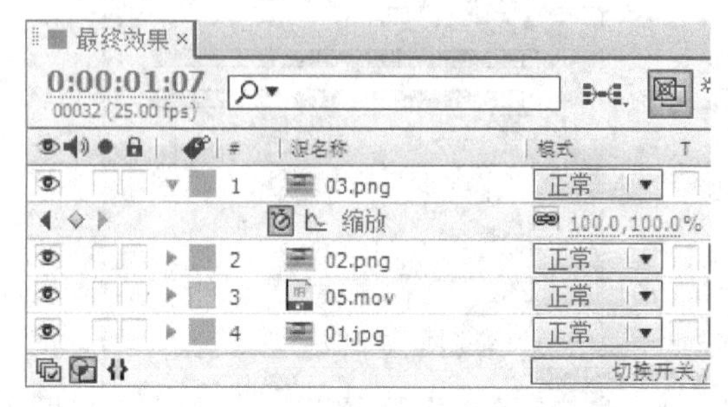

图 5-205

步骤⑪ 选择“效果 > 色彩校正 > 色阶”命令，在“特效控制台”面板中设置参数，如图 5-206 所示。“合成”窗口中的效果如图 5-207 所示。

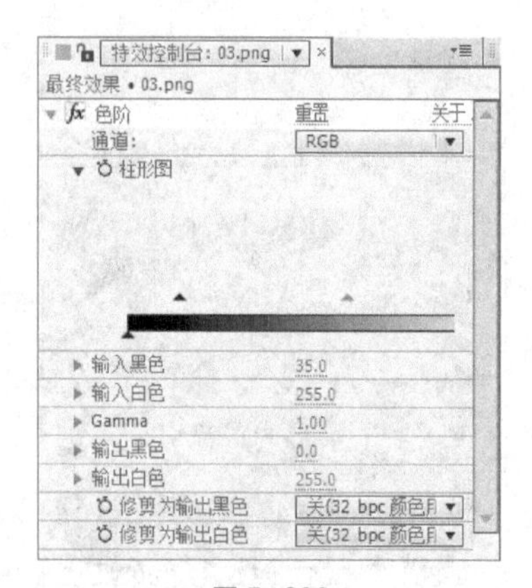

图 5-206

图 5-207

步骤⑫ 在“项目”面板中选中“04.png”文件并将其拖曳到“时间线”面板中，按 P 键，展开“位置”属性，设置“位置”为 215.7、491.7，如图 5-208 所示。“合成”窗口中的效果如图 5-209 所示。

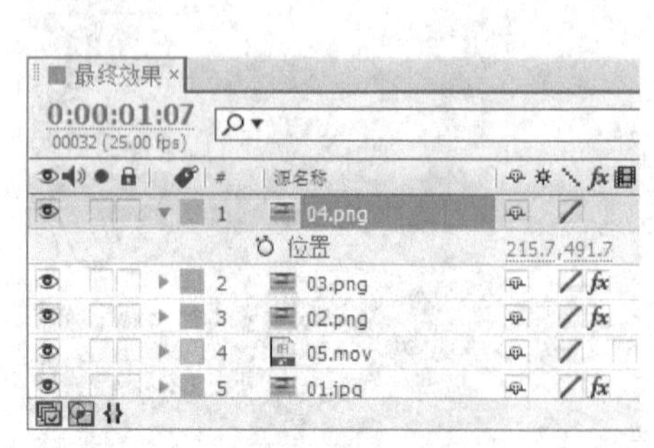

图 5-208

图 5-209

步骤⑬ 选择“效果 > 色彩校正 > 色阶”命令，在“特效控制台”面板中设置参数，如图 5-210 所示。“合成”窗口中的效果如图 5-211 所示。

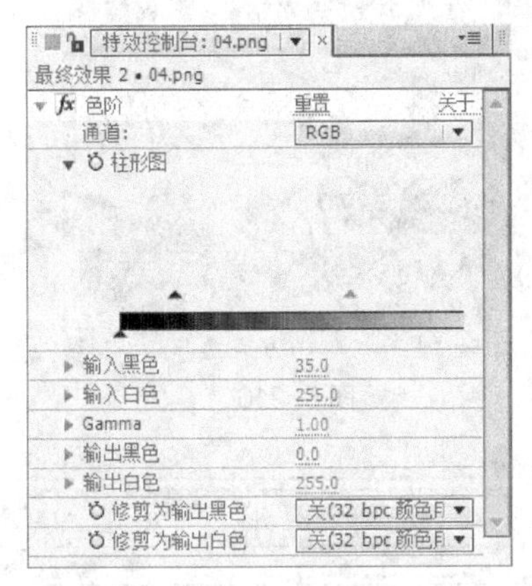

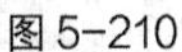
图 5-210

图 5-211

步骤⑭ 选择“矩形遮罩”工具，在“合成”窗口中绘制一个矩形遮罩，如图 5-212 所示。按 M 键，展开“遮罩形状”属性，单击“遮罩形状”选项左侧的“关键帧自动记录器”按钮，如图 5-213 所示，记录第 1 个关键帧。

步骤⑮ 将时间标签放置在 1:16s 的位置。选择“选择”工具，在“合成”窗口中，同时选中“遮罩形状”右边的两个控制点，将控制点向右拖曳到图 5-214 所示的位置，在 1:16s 的位置再次记录 1 个关键帧。

图 5-212

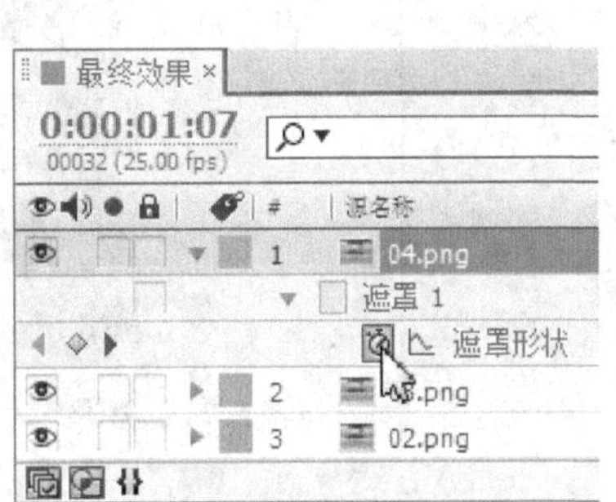

图 5-213

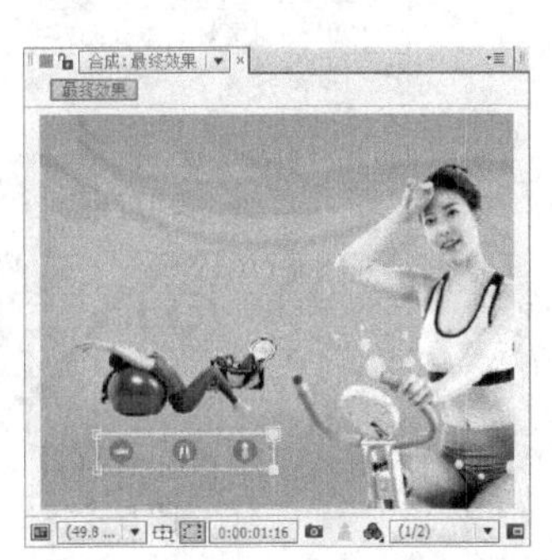

图 5-214

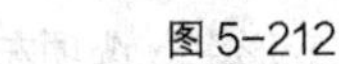

2. 制作文字动画

步骤① 选择“横排文字”工具，在“合成”窗口中输入文字“健身美体 每日一练”。选中文字，在“文字”面板中设置“填充色”为白色，其他选项的设置如图 5-215 所示。“合成”窗口中的效果如图 5-216 所示。

步骤② 将时间标签放置在 2:02s 的位置，按 Alt+ [组合键，设置动画的入点，如图 5-217 所示。

步骤③ 选择“效果 > 扭曲 > 液化”命令，在“特效控制台”面板中设置参数，如图 5-218 所示。“合成”窗口中的效果如图 5-219 所示。

微课：制作美体瑜伽栏目 2

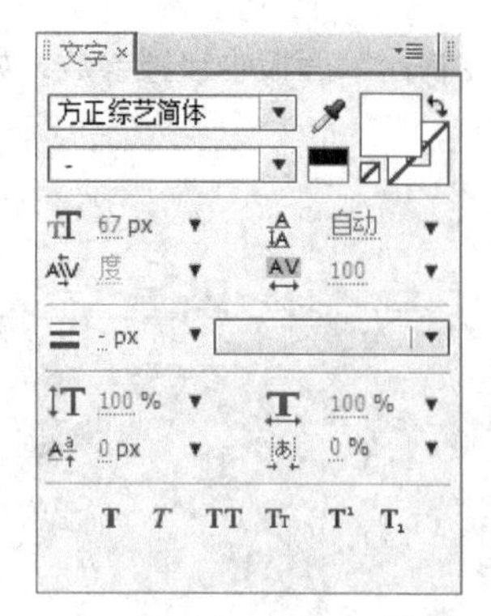
图 5-215

图 5-216

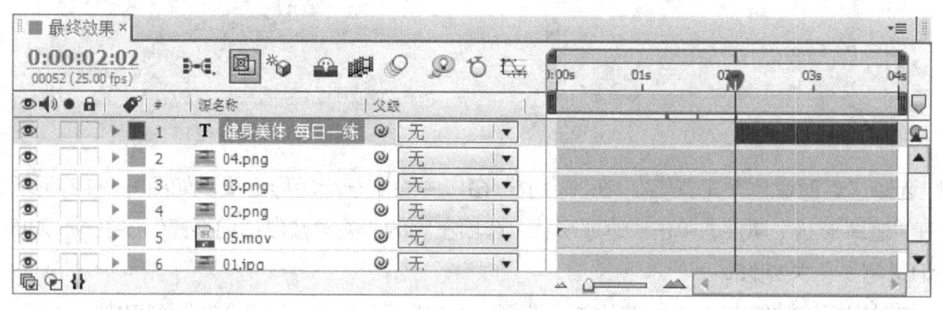
图 5-217

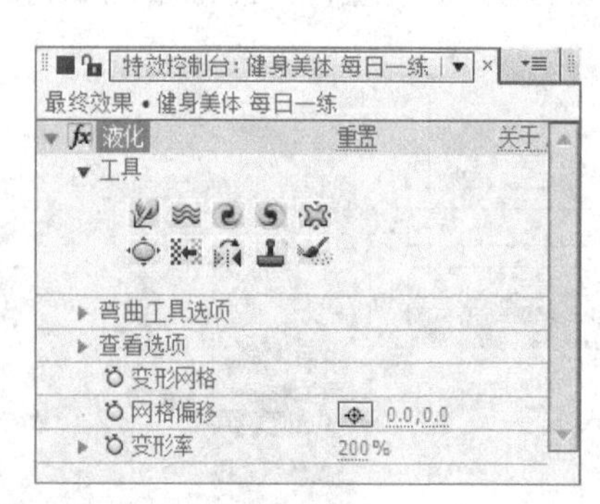
图 5-218

图 5-219

步骤④ 保持时间标签放置在 2:02s 的位置，在“特效控制台”面板中，单击“变形率”选项左侧的“关键帧自动记录器”按钮，如图 5-220 所示，记录第 1 个关键帧。将时间标签放置在 2:13s 的位置，在“特效控制台”面板中，设置“变形率”为 0%，如图 5-221 所示，记录第 2 个关键帧。

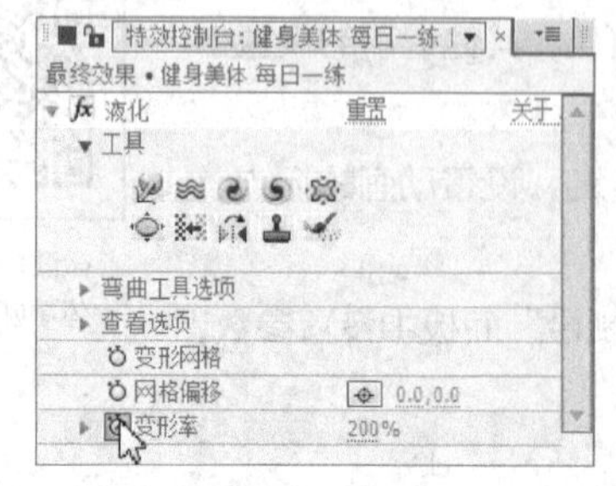
图 5-220

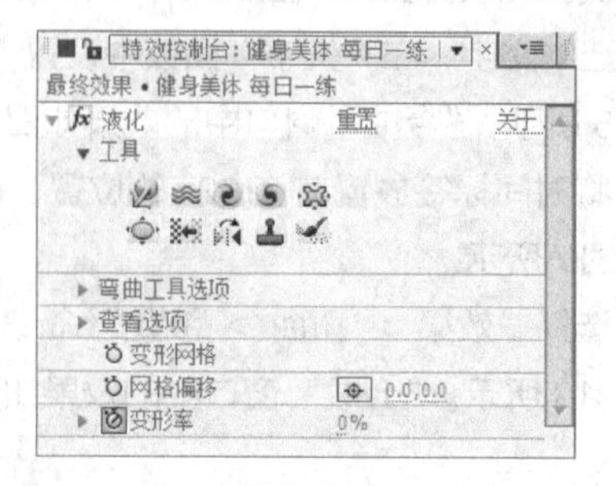
图 5-221

步骤⑤ 选择“效果 > 透视 > 阴影”命令，在“特效控制台”面板中设置参数，如图 5-222 所示。“合成”窗口中的效果如图 5-223 所示。

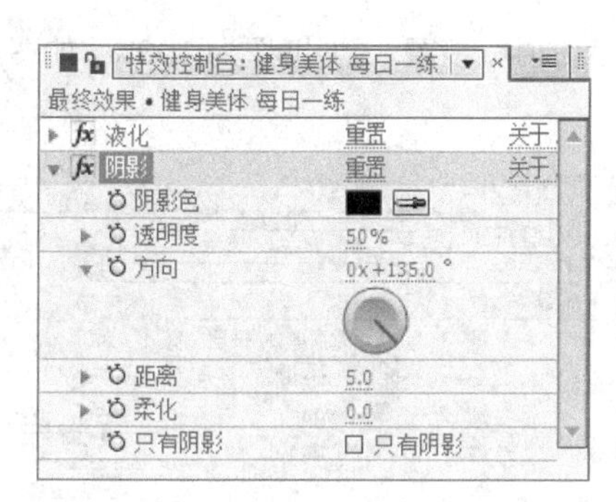

图 5-222

图 5-223

步骤⑥ 选择“效果 > Trapcode > Shine”命令，在“特效控制台”面板中设置参数，如图 5-224 所示。将时间标签放置在 2:17s 的位置，在“特效控制台”面板中，分别单击“Soerce Point”选项和“Ray Length”选项左侧的“关键帧自动记录器”按钮，如图 5-225 所示，记录第 1 个关键帧。

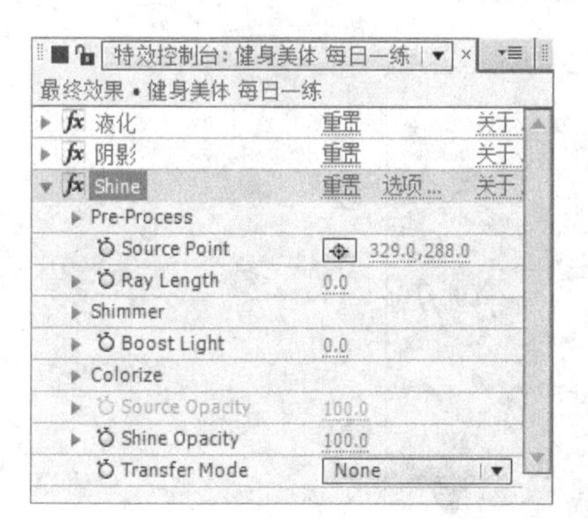

图 5-224

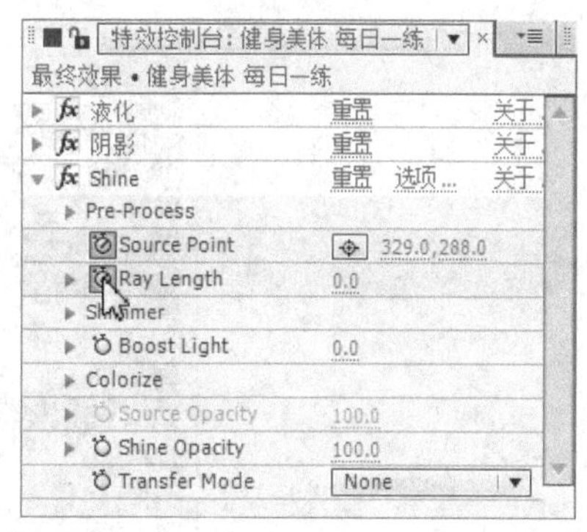

图 5-225

步骤⑦ 将时间标签放置在 3:03s 的位置，在“特效控制台”面板中，设置“Ray Length”为 1，如图 5-226 所示，记录第 2 个关键帧。将时间标签放置在 3:13s 的位置，在“特效控制台”面板中，设置“Soerce Point”为 92、288，“Ray Length”为 0，如图 5-227 所示，记录第 3 个关键帧。

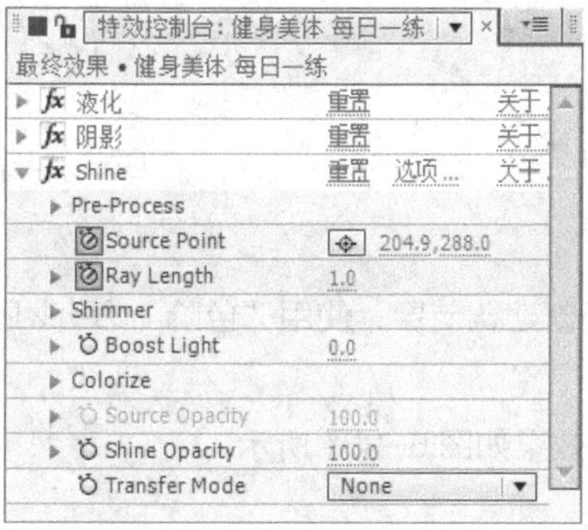

图 5-226

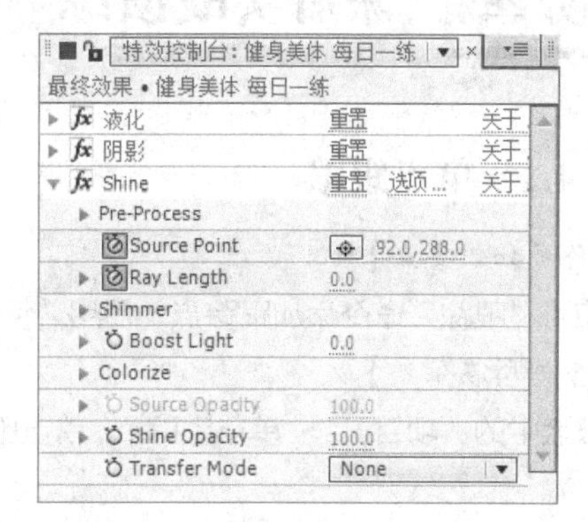

图 5-227

步骤⑧ 将时间标签放置在2:02s的位置，选中“健身美体 每日一练”层，按T键，展开“透明度”属性，设置“透明度”为0%，“透明度”选项左侧的“关键帧自动记录器”按钮⏱，如图5-228所示，记录第1个关键帧。

步骤⑨ 将时间标签放置在2:13s的位置，在“时间线”面板中，设置“透明度”为100%，如图5-229所示，记录第2个关键帧。

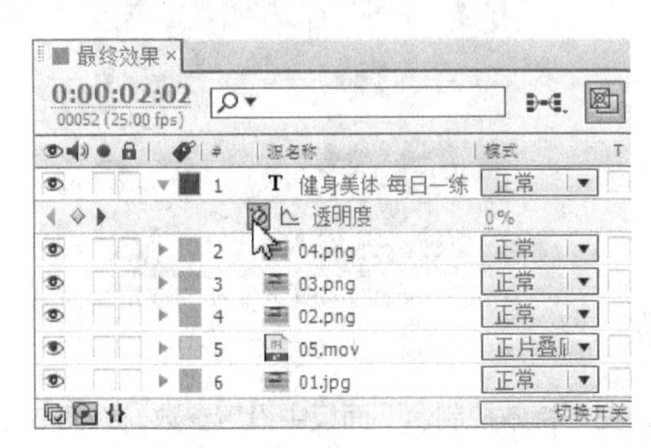

图5-228

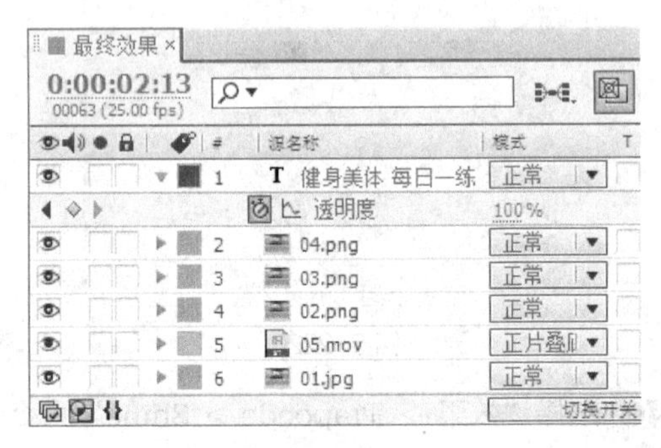

图5-229

步骤⑩ 美体瑜伽栏目效果制作完成，最终效果如图5-230所示。

图5-230

任务四 课后实战演练

5.4.1 单点跟踪

【练习知识要点】

使用“跟踪”命令添加跟踪点；使用“调节层”命令新建调节层；使用“色阶”命令调整亮度。

【案例所在位置】

云盘中的“项目五 > 单点跟踪 > 单点跟踪.eap”，效果如图5-231所示。

图 5-231

微课：单点跟踪

5.4.2 水墨画效果

【练习知识要点】

使用“查找边缘”命令、“色相位/饱和度”命令、“曲线”命令、“高斯模糊”命令制作水墨画效果。

【案例所在位置】

云盘中的“项目五 > 水墨画效果 > 水墨画效果.eap”，效果如图 5-232 所示。

图 5-232

微课：水墨画效果

06 项目六 制作节目包装

After Effects 不仅可以在二维空间创建合成效果，而且在三维立体空间中的合成与动画功能也越来越强大。After Effects 在具有深度的三维空间中可以丰富图层的运动样式，创建逼真的灯光、投射阴影、材质效果和摄像机运动效果。读者通过本项目的学习，可以掌握制作三维合成效果的方法和技巧。

课堂学习目标

- 掌握三维合成的方法
- 掌握三维视图观测和编辑方法
- 掌握灯光和摄像机的应用技巧

任务一　三维合成

6.1.1　将二维图层转化为三维图层

After Effects CS6 可以在三维图层中显示图层，将图层指定为三维时，After Effects 会添加一个 z 轴，以控制该图层的深度。增加 z 轴值时，该图层在空间中会移动到更远处；当 z 轴值减小时，则会更近。

除了声音以外，所有素材图层都有可以实现三维图层的功能。将一个普通的二维图层转化为三维图层非常简单，只需要在图层属性开关面板单击“3D 图层”按钮即可打开，展开图层属性会发现，“变换”属性中，无论是“定位点”属性、“位置”属性、“缩放”属性、“方向”属性，还是“旋转”属性，都出现了 z 轴参数信息，另外还添加了另一个“质感选项”属性，如图 6-1 所示。

调节“Y 轴旋转”为 60°。“合成”窗口中的效果如图 6-2 所示。

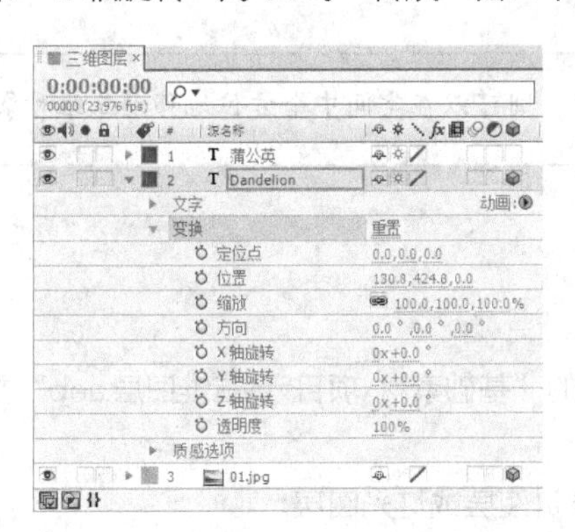

图 6-1

图 6-2

要将三维图层重新变回二维图层，只需要在图层属性开关面板再次单击“3D 图层”按钮，关闭三维属性即可，三维图层当中的 z 轴信息和“质感选项”信息将丢失。

虽然很多效果可以模拟三维空间效果（如“效果 > 扭曲 > 膨胀”），但这些都是实实在在的二维效果，也就是说，即使这些效果当前作用于三维图层，但是它们仍然只是模拟三维效果而不会对三维图层的坐标产生任何影响。

6.1.2　变换三维图层的“位置”属性

三维图层的“位置”属性由 x、y、z 3 个维度的参数控制，如图 6-3 所示。

步骤① 打开 After Effects 软件，选择“文件 > 打开项目”命令，选择云盘中的“基础素材\项目六\三维图层.aep”文件，单击“打开”按钮打开此文件。

步骤② 在“时间线”面板中，选择某个三维图层、摄像机图层或灯光图层，被选择图层的坐标轴将显示出来，其中红色坐标代表 x 轴，绿色坐标代表 y 轴，蓝色坐标代表 z 轴。

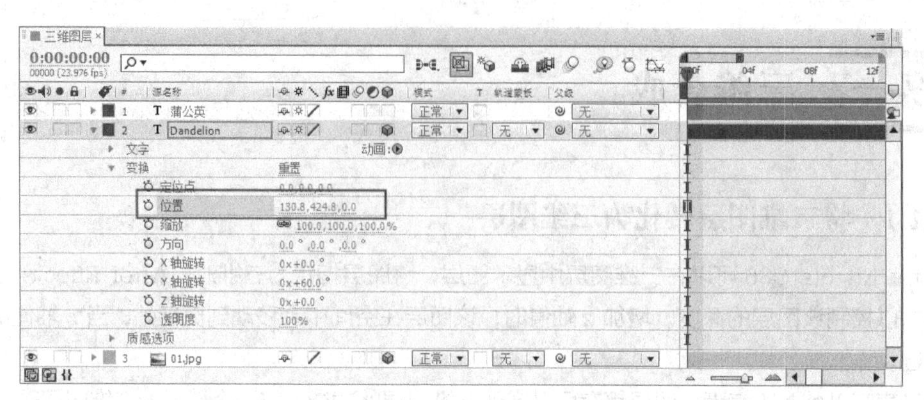

图 6-3

步骤③ 在“工具”面板选择“选择”工具，在“合成”窗口中，将鼠标指针停留在各个轴上，观察鼠标指针的变化，当鼠标指针变为形状时，代表移动锁定在 x 轴上；当鼠标指针变为时，代表移动锁定在 y 轴上；当鼠标指针变为形状时，代表移动锁定在 z 轴上。

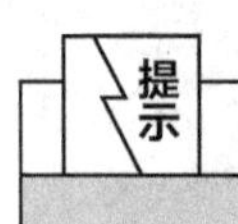

鼠标指针如果没有显示任何坐标轴信息，则可以在空间中全方位地移动三维对象。

6.1.3 变换三维图层的旋转属性

1. 使用“方向”方式旋转

步骤① 选择“文件 > 打开项目”命令，选择云盘中的“基础素材\项目六\三维图层.aep”文件，单击“打开”按钮打开此文件。

步骤② 在“时间线”面板中，选择某三维图层、摄像机图层或灯光图层。

步骤③ 在工具栏中，选择“旋转”工具，在坐标系选项的右侧下拉列表中选择“方向”选项，如图 6-4 所示。

图 6-4

步骤④ 在“合成”窗口中，将鼠标指针放置在某个坐标轴上，当鼠标指针出现 X 时，进行 x 轴旋转；当鼠标指针出现 Y 时，进行 y 轴旋转；当鼠标指针出现 Z 时，进行 z 轴旋转；没有出现任何信息时，可以全方位旋转三维对象。

步骤⑤ 在“时间线”面板中，展开当前三维图层的“变换”属性，观察 3 组“旋转”属性值的变化，如图 6-5 所示。

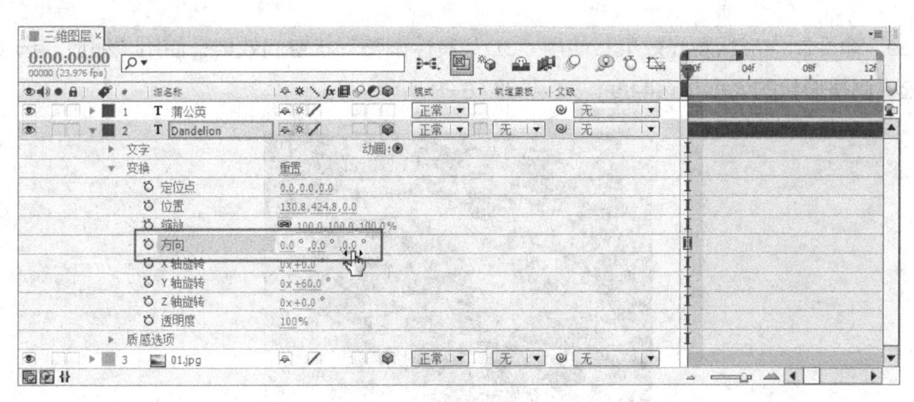

图 6-5

2. 使用“旋转”方式旋转

步骤① 使用上面的素材案例，选择“文件 > 返回”命令，还原到项目文件的上次存储状态。

步骤② 在工具栏中，选择“旋转”工具，在坐标系选项的右侧下拉列表中选择“旋转”选项，如图 6-6 所示。

图 6-6

步骤③ 在“合成”窗口中，将鼠标指针放置在某坐标轴上，当鼠标指针出现 X 时，进行 x 轴旋转；当鼠标指针出现 Y 时，进行 y 轴旋转；当鼠标指针出现 Z 时，进行 z 轴旋转；没有出现任何信息时，可以全方位旋转三维对象。

步骤④ 在“时间线”面板中，展开当前三维图层的“变换”属性，观察 3 组“旋转”属性值的变化，如图 6-7 所示。

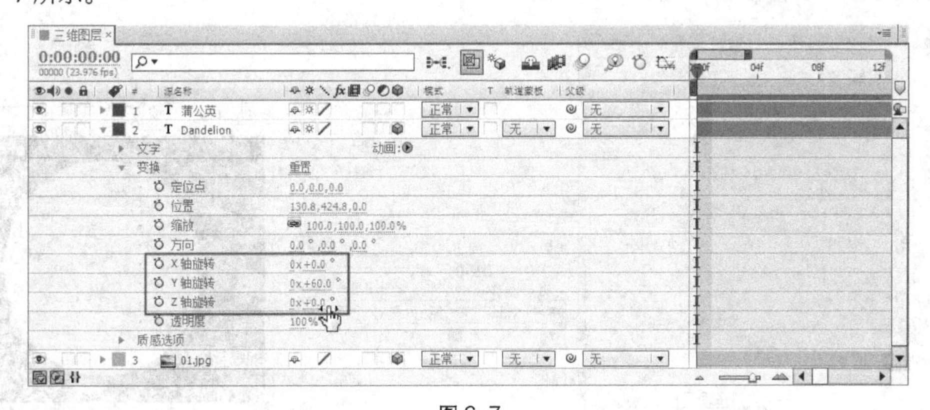

图 6-7

6.1.4 实训项目：冲击波

案例知识要点

使用“椭圆形遮罩”工具绘制椭圆形；使用“粗糙边缘”命令制作粗糙化效果并添加关键帧；使

用“Shine”命令制作形状发光效果；使用“3D”属性调整形状空间效果；使用“缩放”选项与“透明度”选项调整形状的大小与透明度，效果如图 6-8 所示。

图 6-8

案例操作步骤

1．编辑第一个圆形

微课：冲击波 1

步骤① 按 Ctrl+N 组合键，弹出“图像合成设置”对话框，在“合成组名称”文本框中输入“圆环”，其他选项的设置如图 6-9 所示，单击“确定”按钮，创建一个新的合成“圆环”。

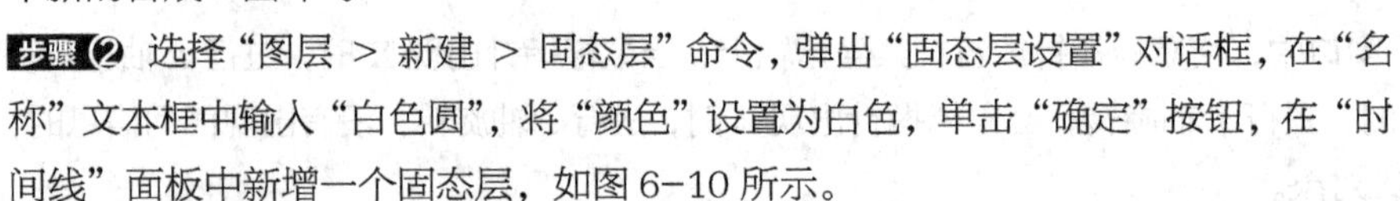

步骤② 选择“图层 > 新建 > 固态层”命令，弹出“固态层设置”对话框，在“名称”文本框中输入“白色圆”，将“颜色”设置为白色，单击“确定”按钮，在“时间线”面板中新增一个固态层，如图 6-10 所示。

步骤③ 选中“白色圆”图层，选择“椭圆形遮罩”工具，在“合成”窗口中按住 Shift 键的同时，拖曳鼠标绘制一个圆形遮罩，如图 6-11 所示。

图 6-9

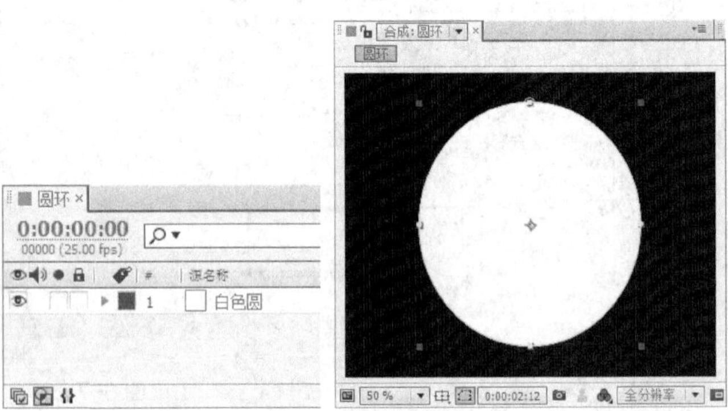

图 6-10　　图 6-11

步骤④ 选中“白色圆”图层，按 Ctrl+D 组合键复制一层，如图 6-12 所示。选中新复制的图层，按 Ctrl+Shift+Y 组合键，弹出“固态层设置”对话框，在“名称”文本框中输入“黑色圆”，将“颜色”设置为黑色，如图 6-13 所示。单击“确定”按钮，在“时间线”面板中新增一个固态层，如图 6-14 所示。

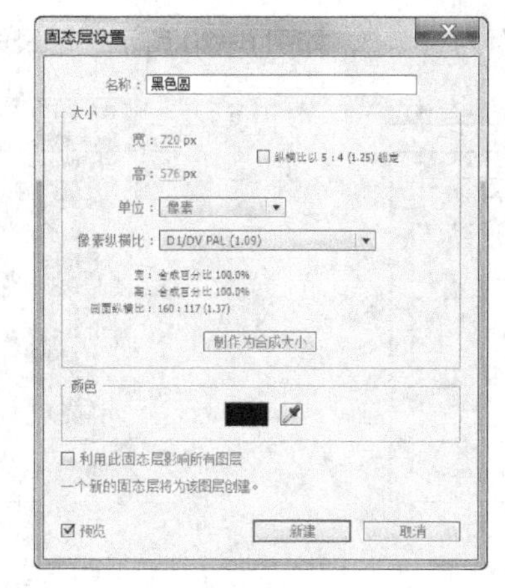

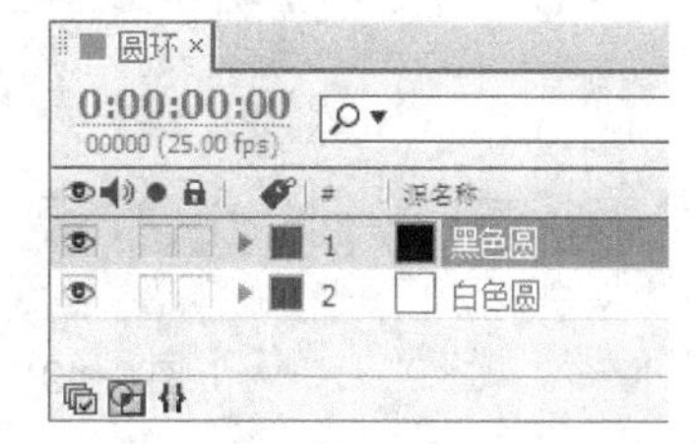

图 6-12　　图 6-13　　图 6-14

步骤 5 选中“黑色圆”图层，按两次 M 键，展开“遮罩”属性，设置“遮罩扩展”为-20，如图 6-15 所示。“合成”窗口中的效果如图 6-16 所示。

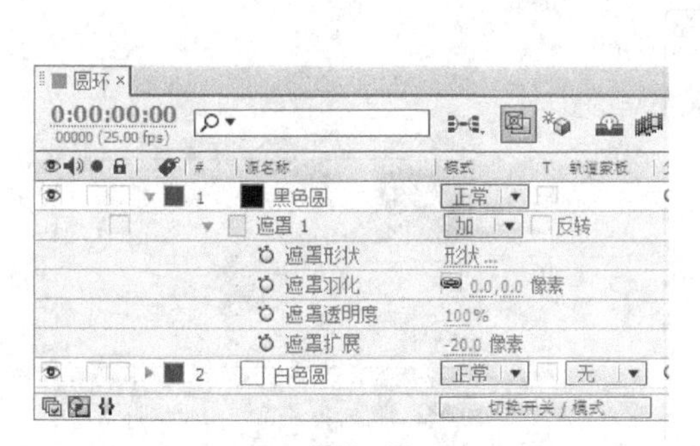

图 6-15

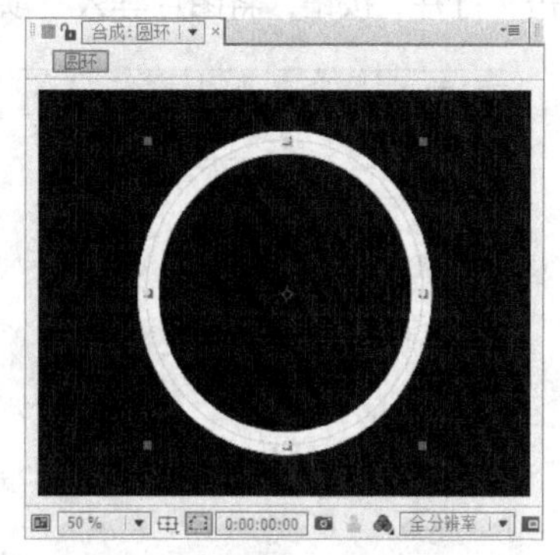

图 6-16

步骤 6 选中“黑色圆”图层，选择“效果 > 风格化 > 粗糙边缘”命令，在“特效控制”面板中设置参数，如图 6-17 所示。“合成”窗口中的效果如图 6-18 所示。

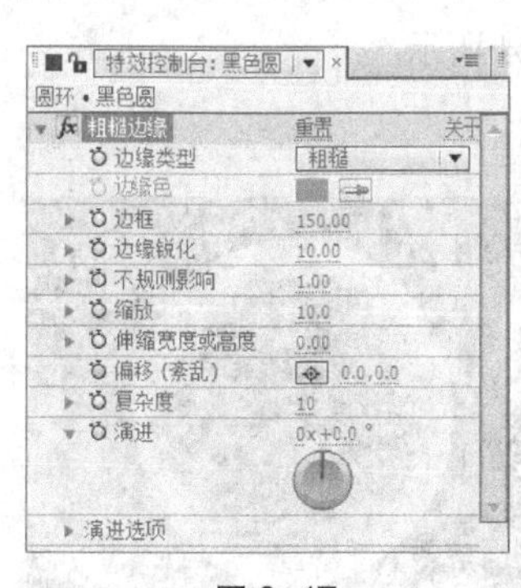

图 6-17

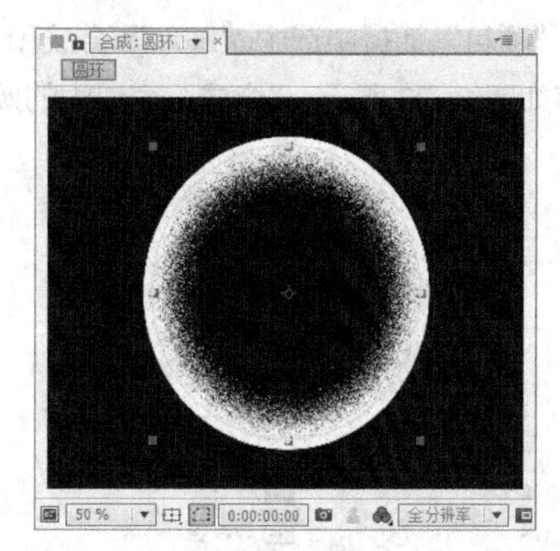

图 6-18

步骤 7 将时间标签放置在 0s 的位置，在“特效控制台”面板中，单击“演进”选项左侧的“关键帧自动记录器”按钮，如图 6-19 所示，记录第 1 个关键帧。将时间标签放置在 2s 的位置，在“特效控制台”面板中，设置“演进”为-5、0，如图 6-20 所示，记录第 2 个关键帧。

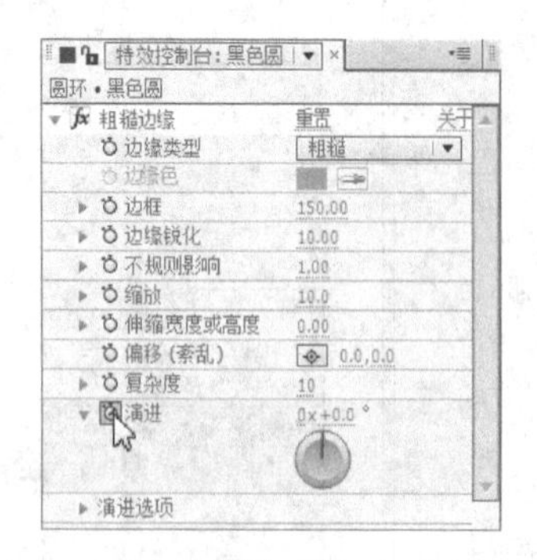

图 6-19

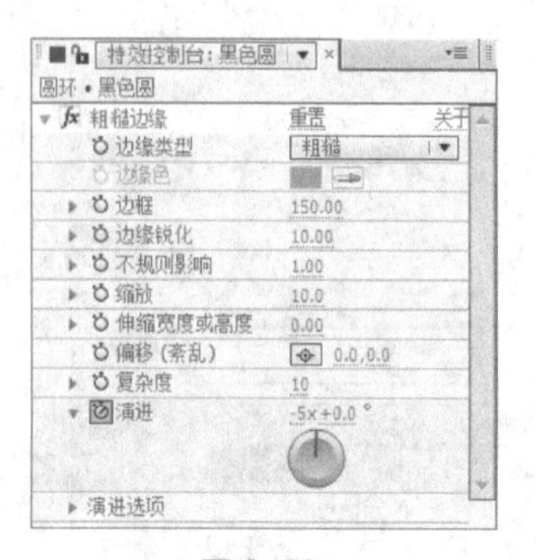

图 6-20

步骤 8 按 Ctrl+N 组合键，弹出“图像合成设置”对话框，在“合成组名称”文本框中输入“冲击波”，其他选项的设置如图 6-21 所示，单击“确定”按钮，创建一个新的合成“冲击波”。选择“文件 > 导入 > 文件”命令，弹出“导入文件”对话框，选择云盘中的“项目六\冲击波\(Footage)\01.jpg”文件，单击“打开”按钮，将图片导入“项目”面板中，如图 6-22 所示。

图 6-21

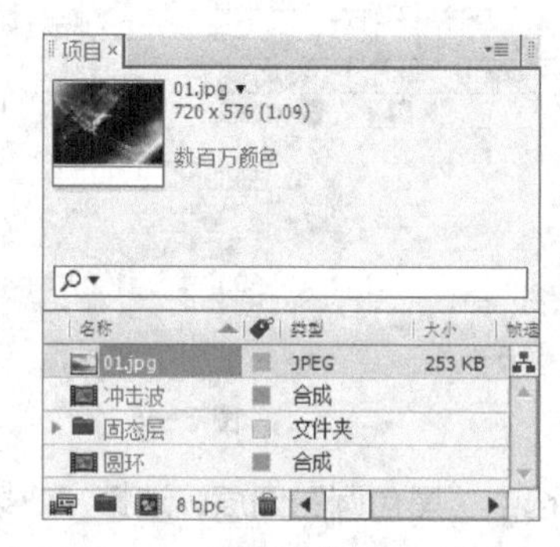

图 6-22

步骤 9 在“项目”面板中选中“圆环”合成和“01.jpg”文件并将它们拖曳到“时间线”面板中，图层的排序如图 6-23 所示。“合成”窗口中的效果如图 6-24 所示。

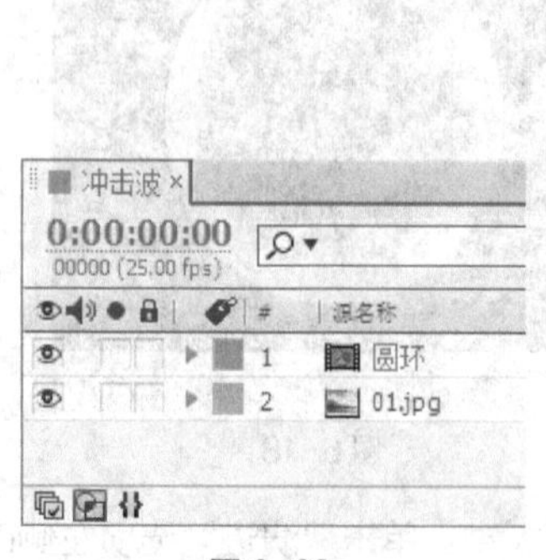

图 6-23

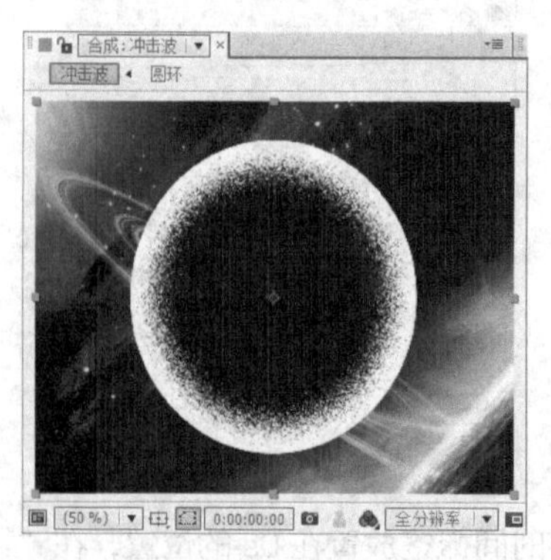

图 6-24

步骤⑩ 选中“圆环”图层，选择“效果 > Trapcode > Shine”命令，在“特效控制台”面板中设置参数，如图 6-25 所示。“合成”窗口中的效果如图 6-26 所示。

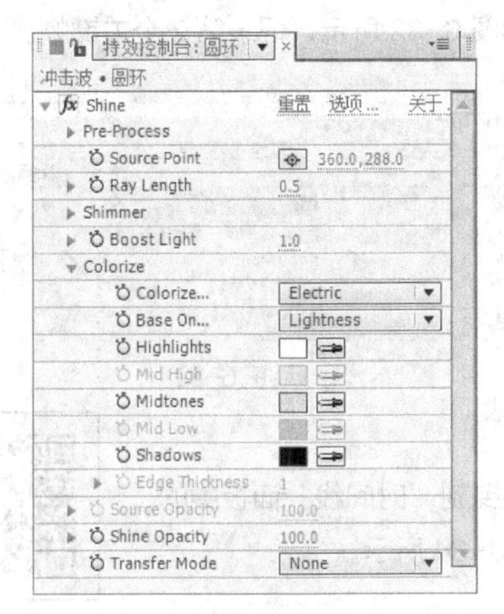

图 6-25

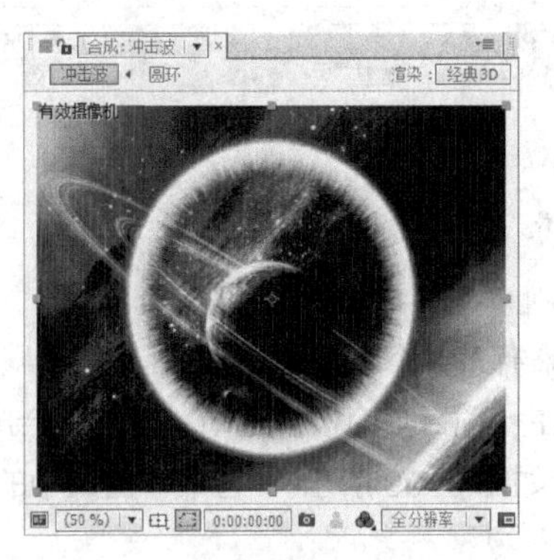

图 6-26

步骤⑪ 单击“圆环”图层右侧的“3D 图层”按钮，打开三维属性，设置“变换”属性参数，如图 6-27 所示。“合成”窗口中的效果如图 6-28 所示。

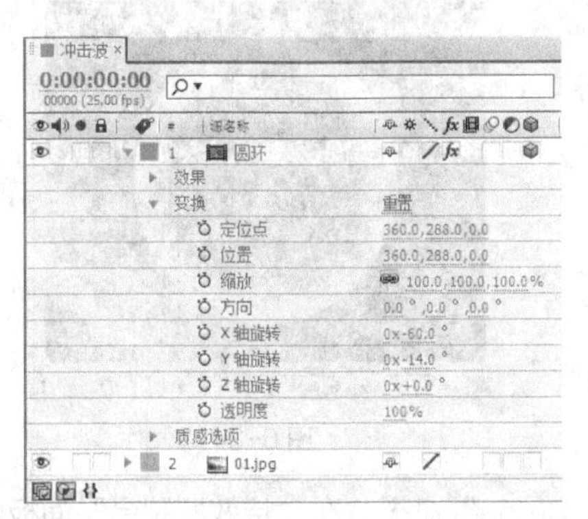

图 6-27

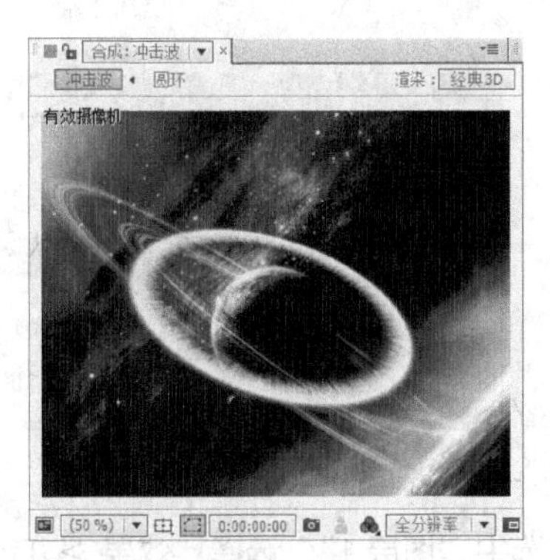

图 6-28

步骤⑫ 选中“圆环”图层，在“时间线”面板中，将时间标签放置在 0s 的位置，按 S 键，展开“缩放”属性，单击“缩放”选项右侧的按钮，设置“缩放”为 0、0、100%，单击“缩放”选项左侧的“关键帧自动记录器”按钮，如图 6-29 所示，记录第 1 个关键帧。将时间标签放置在 2s 的位置，设置“缩放”为 400、400、100%，如图 6-30 所示，记录第 2 个关键帧。

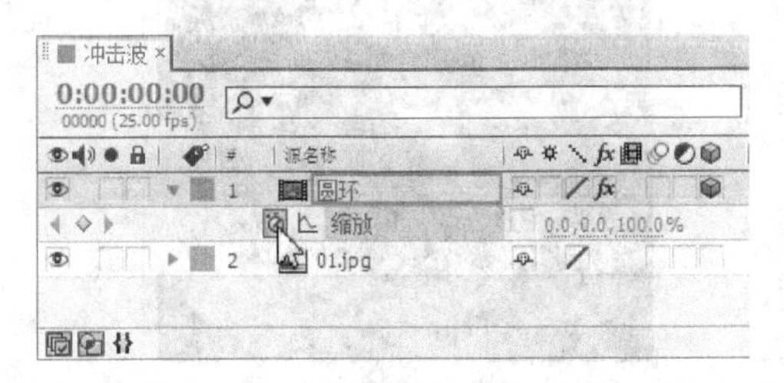

图 6-29

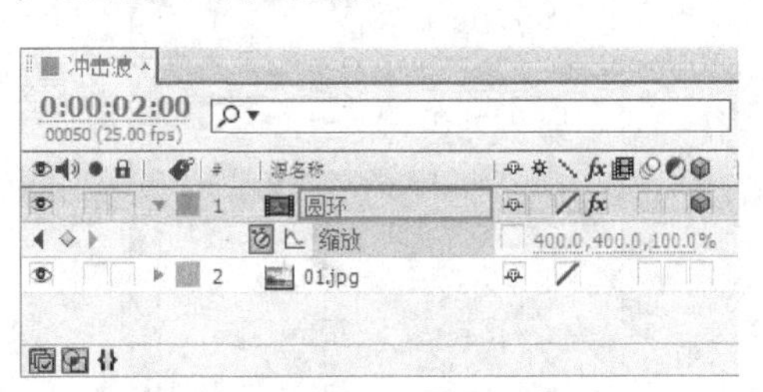

图 6-30

步骤⑬ 将时间标签放置在1:15s的位置，按T键，展开“透明度”属性，单击“透明度”选项左侧的“关键帧自动记录器”按钮，如图6-31所示，记录第1个关键帧。将时间标签放置在2s的位置，在“时间线”面板中，设置“透明度”为0%，如图6-32所示，记录第2个关键帧。

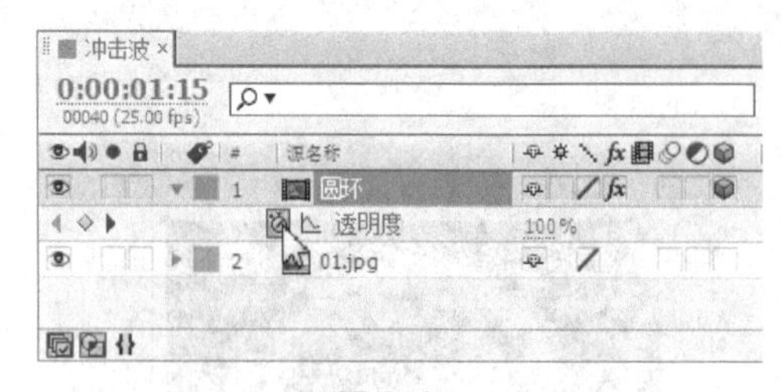

图6-31

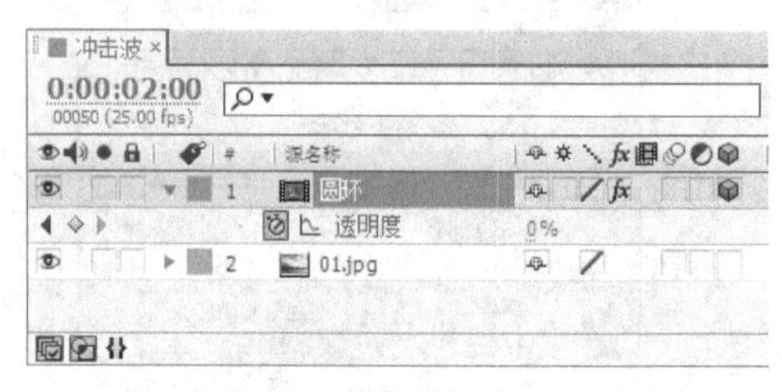

图6-32

2. 编辑第二个圆形

步骤① 在“项目”面板中选中“圆环”合成并将其拖曳到“时间线”面板中的最顶部，如图6-33所示。“合成”窗口中的效果如图6-34所示。

微课：冲击波2

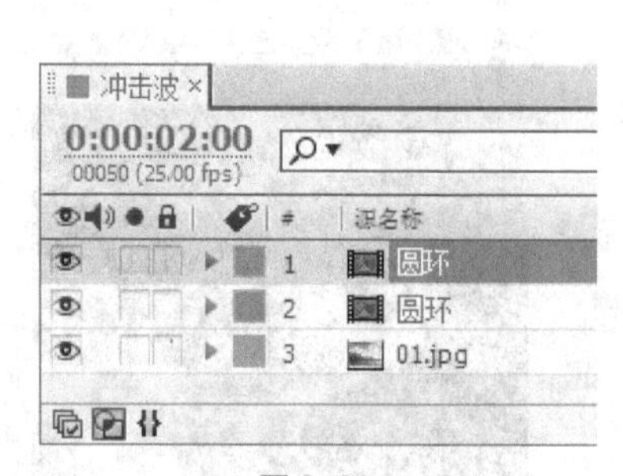

图6-33

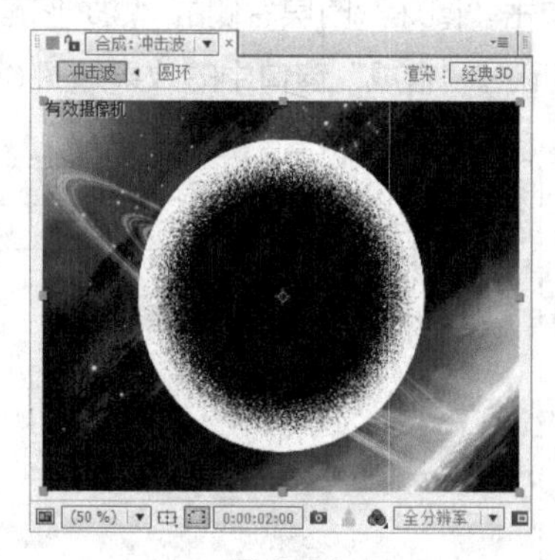

图6-34

步骤② 选中“图层1”，选择“效果 > Trapcode > Shine”命令，在“特效控制台”面板中设置参数，如图6-35所示。“合成”窗口中的效果如图6-36所示。

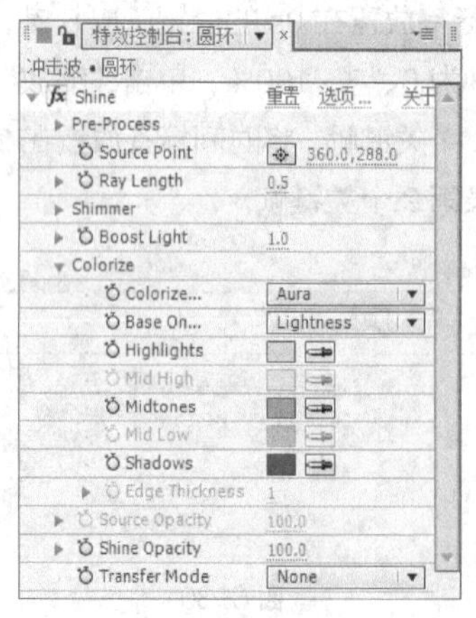

图6-35

图6-36

步骤3 将时间标签放置在 0s 的位置，单击“图层 1”右侧的“3D 图层”按钮，打开三维属性，设置“变换”属性参数，如图 6-37 所示。“合成”窗口中的效果如图 6-38 所示。

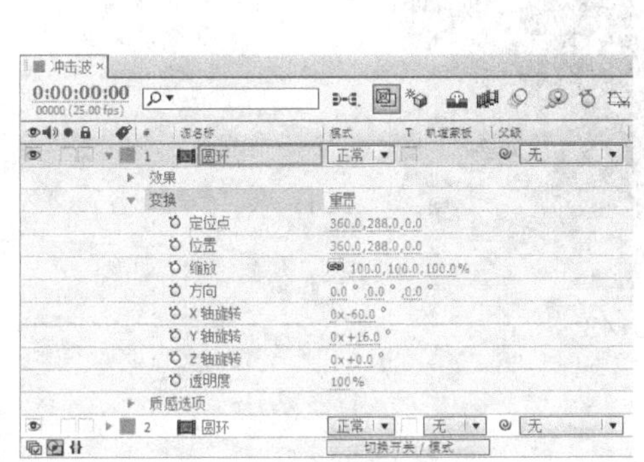

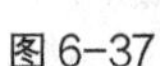
图 6-37

图 6-38

步骤4 将时间标签放置在 0:15s 的位置，按 S 键，展开“缩放”属性，单击“缩放”选项右侧的按钮，设置“缩放”为 0、0、100%，单击“缩放”选项左侧的“关键帧自动记录器”按钮，如图 6-39 所示，记录第 1 个关键帧。将时间标签放置在 2s 的位置，设置“缩放”为 200、200、100%，如图 6-40 所示，记录第 2 个关键帧。

图 6-39

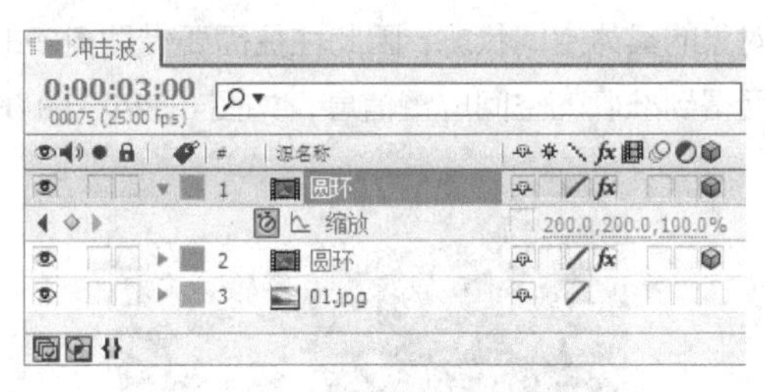

图 6-40

步骤5 将时间标签放置在 2:15s 的位置，按 T 键，展开“透明度”属性，单击“透明度”选项左侧的“关键帧自动记录器”按钮，如图 6-41 所示，记录第 1 个关键帧。将时间标签放置在 3s 的位置，在“时间线”面板中，设置“透明度”为 0%，如图 6-42 所示，记录第 2 个关键帧。

图 6-41

图 6-42

步骤6 冲击波制作完成，效果如图 6-43 所示。

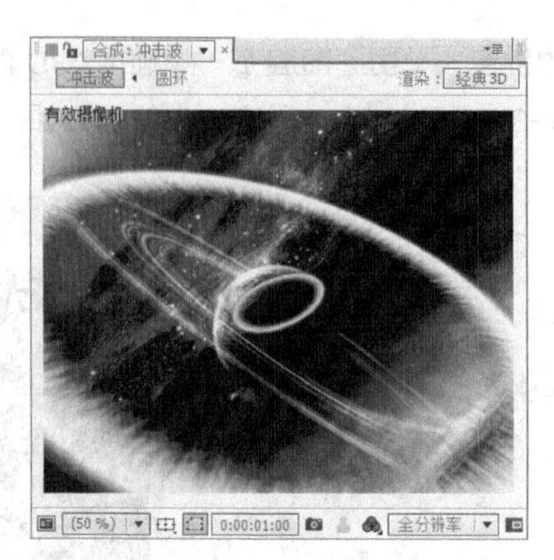

图 6-43

任务二　三维视图

6.2.1　三维空间视图

虽然对三维空间的感知并不需要通过专门的训练，是任何人都具备的本能感应，但是在制作过程中，往往会由于各种原因（场景过于复杂等）导致视觉错觉，无法仅通过观察透视图正确判断当前三维对象的具体空间状态，因此往往需要借助更多的视图作为参照，如前、左、顶、有效摄像机视图等，从而得到准确的空间位置信息，如图 6-44～图 6-47 所示。

图 6-44

图 6-45

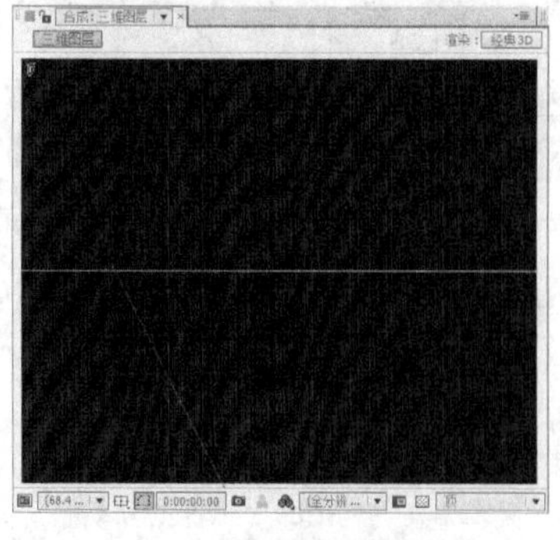

图 6-46

图 6-47

在“合成”窗口中，可以在“3D 视图”下拉列表 有效摄像机 ▼ 中切换各个视图模块，这些视图大致分为 3 类：正交视图、摄像机视图和自定义视图。

1. 正交视图

正交视图包括前视图、左视图、顶视图、后视图、右视图和底视图，其实就是以垂直正交的方式观看空间中的 6 个面，在正交视图中，长度尺寸和距离以原始数据的方式呈现，从而忽略了透视导致的大小变化，这也意味着在正交视图观看立体物体时，物体没有透视感，如图 6-48 所示。

2. 摄像机视图

摄像机视图是从摄像机的角度，通过镜头去观看空间，与正交视图不同的是，这里描绘出的空间和物体带有透视变化，非常真实地再现近大远小、近长远短的透视关系，通过镜头的特殊属性设置，还能对摄像机进行下一步的夸张设置等，如图 6-49 所示。

图 6-48

图 6-49

3. 自定义视图

自定义视图是从几个默认的角度观看当前空间，可以通过工具栏中的摄像机视图工具调整其角度。与摄像机视图一样，自定义视图同样是遵循透视的规律来呈现当前空间，不过自定义视图并不要求合成项目中必须有摄像机才能打开，当然也不具备通过镜头设置带来的景深、广角、长焦之类的观看空间方式，可以将自定义视图理解为 3 个可自定义的标准透视视图。

有效摄像机 ▼ 下拉列表中的选项如图 6-50 所示。

◎ 有效摄像机：当前激活的摄像机视图，也就是在当前时间位置打开的摄像机图层的视图。

◎ 前：前视图，从正前方观看合成空间，不带透视效果。

◎ 左：左视图，从正左方观看合成空间，不带透视效果。

◎ 顶：顶视图，从正上方观看合成空间，不带透视效果。

◎ 后：背视图，从后方观看合成空间，不带透视效果。

◎ 右：右视图，从正右方观看合成空间，不带透视效果。

◎ 底：底视图，从正底部观看合成空间，不带透视效果。

有效摄像机 ▼ 1视图 ▼
有效摄像机
前
左
顶
后
右
底
自定义视图 1
自定义视图 2
自定义视图 3

图 6-50

◎ 自定义视图 1～3：3 个自定义视图，从 3 个默认的角度观看合成空间，含有透视效果，可以通过工具栏中的摄像机位置工具移动视角。

6.2.2 多视图方式观测三维空间

在进行三维创作时，虽然可以通过“3D 视图”下拉列表方便地切换各个不同视图，但是仍然不利于各个视图的参照对比，而且来回频繁地切换视图也导致创作效率低下。不过庆幸的是，After Effects 提供了多种视图显示方式，可以同时从多个角度观看三维空间，在“合成”窗口中的“选定视图方案”下拉列表中选择视图显示方式。

◎ 1 视图：仅显示一个视图，如图 6-51 所示。

◎ 2 视图-左右：同时显示两个视图，左右排列，如图 6-52 所示。

图 6-51

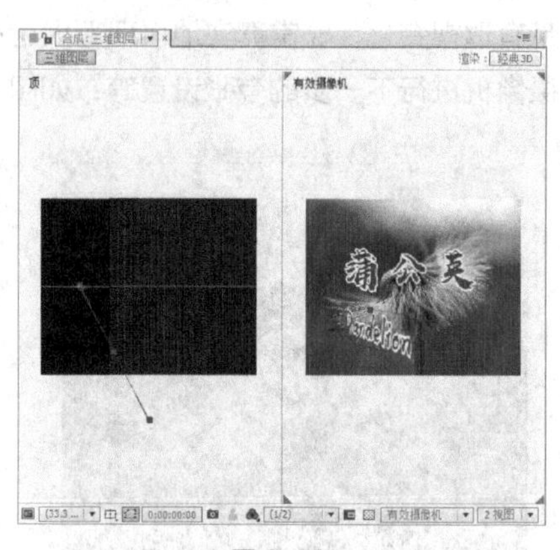

图 6-52

◎ 2 视图-上下：同时显示两个视图，上下排列，如图 6-53 所示。

◎ 4 视图：同时显示 4 个视图，如图 6-54 所示。

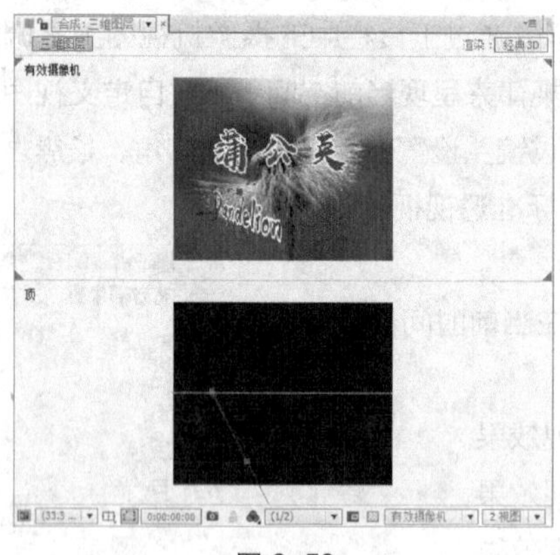

图 6-53

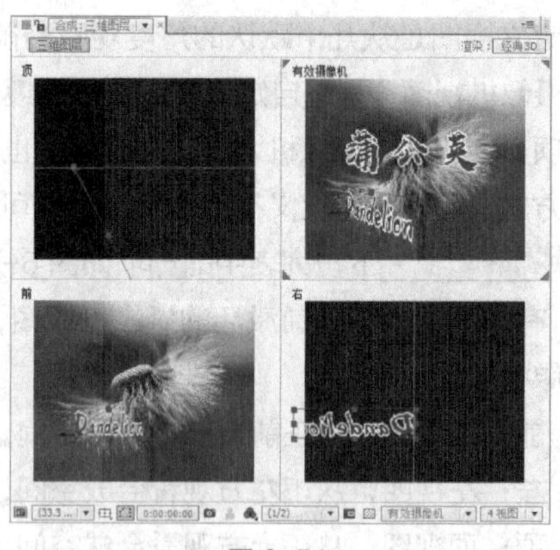

图 6-54

◎ 4 视图-左：同时显示 4 个视图，其中主视图在右边，如图 6-55 所示。

◎ 4 视图-右：同时显示 4 个视图，其中主视图在左边，如图 6-56 所示。

◎ 4 视图-上：同时显示 4 个视图，其中主视图在下边，如图 6-57 所示。

◎ 4 视图-下：同时显示 4 个视图，其中主视图在上边，如图 6-58 所示。

其中每个分视图都可以在被激活后，在“3D 视图”下拉列表中更换具体观测角度，或者设置视图显示等。

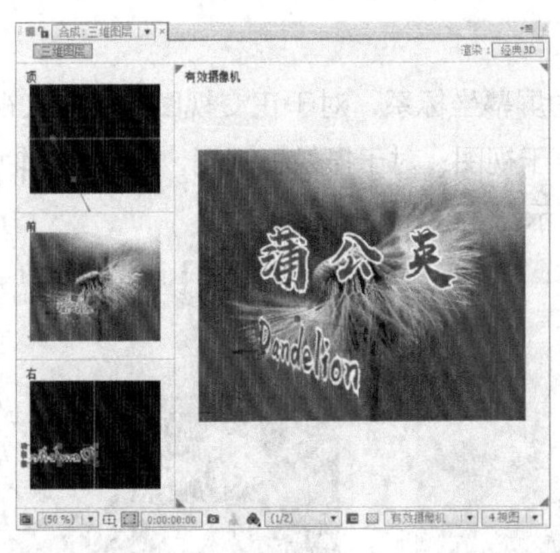

图 6-55

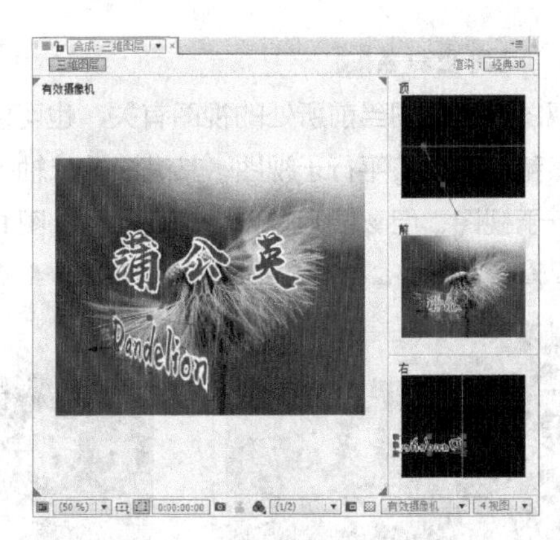

图 6-56

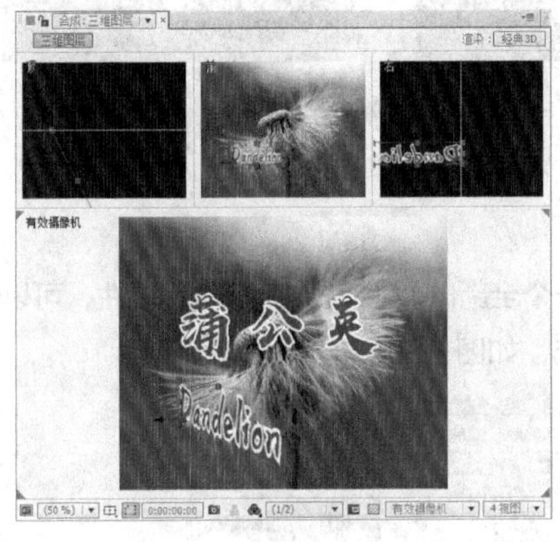

图 6-57

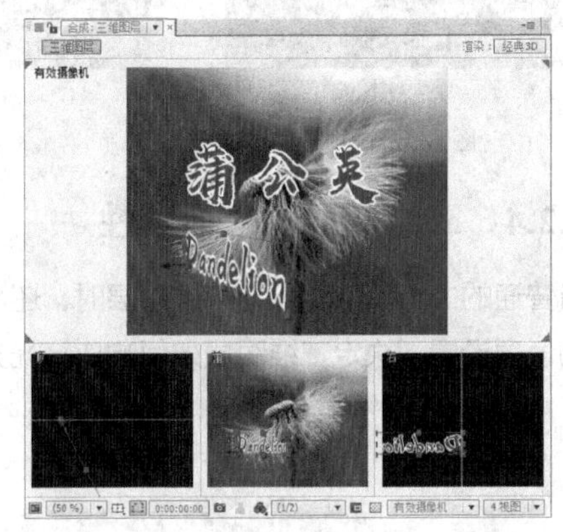

图 6-58

另外，选中“共享视图选项”选项，可以让多视图共享同样的视图设置，如“安全框显示”选项、“网格显示”选项、“通道显示”选项等。

上下滚动鼠标中键的滚轴，可以在不激活视图的情况下，对鼠标指针位置下的视图进行等比例缩放。

6.2.3 坐标体系

在控制三维对象时，都会依据某种坐标体系进行轴向定位，After Effects 提供了 3 种轴向坐标：当前坐标系、世界坐标系和视图坐标系。坐标系的切换是通过工具栏中的、和按钮实现的。

1. 当前坐标系

当前坐标系采用被选择物体本身的坐标轴作为变换的依据，这在物体的方位与世界坐标不同时很有用，如图 6-59 所示。

2. 世界坐标系

世界坐标系是使用合成空间中的绝对坐标系作为定位，坐标系轴不会随着物体的旋转而改变，属于一种绝对值。无论在哪一个视图，x 轴始终往水平方向延伸，y 轴向始终往垂直方向延伸，z 轴向始终往纵深方向延伸，如图 6-60 所示。

3. 视图坐标系

视图坐标系同当前所处的视图有关，也可以称之为屏幕坐标系，对于正交视图和自定义视图，x 轴仍然和 y 轴始终平行于视图，其纵深轴 z 轴始终垂直于视图；对于摄像机视图，x 轴和 y 轴仍然始终平行于视图，但 z 轴则有一定的变动，如图 6-61 所示。

图 6-59

图 6-60

图 6-61

6.2.4 三维图层的材质属性

当普通的二维图层转化为三维图层时，还添加了一个全新的属性“质感选项”属性，可以通过此属性的各项设置，决定三维图层如何响应灯光光照系统，如图 6-62 所示。

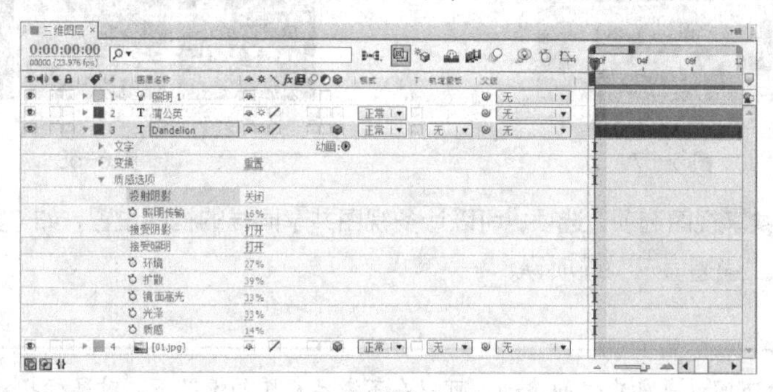
图 6-62

选中某个三维素材图层，连续按两次 A 键，展开“质感选项”属性。

投射阴影：选择是否投射阴影。其中包括“打开”“关闭”“只有阴影”3 种模式，如图 6-63～图 6-65 所示。

图 6-63

图 6-64

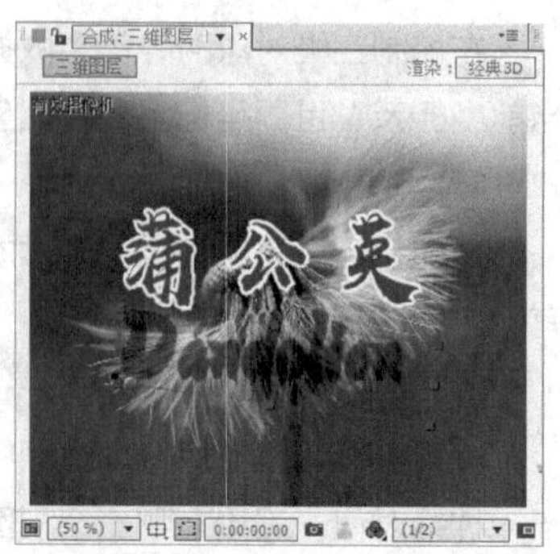

图 6-65

照明传输：表示透光程度，可以体现半透明物体在灯光下的照射效果，主要效果体现在阴影上，如图 6-66 和图 6-67 所示。

照明传输值为 0%

图 6-66

照明传输值为 60%

图 6-67

接受阴影：选择是否接受阴影，此属性不能制作关键帧动画。

接受照明：选择是否接受光照，此属性不能制作关键帧动画。

环境：可调整三维图层受“环境”类型灯光影响的程度。设置“环境”类型灯光如图 6-68 所示。

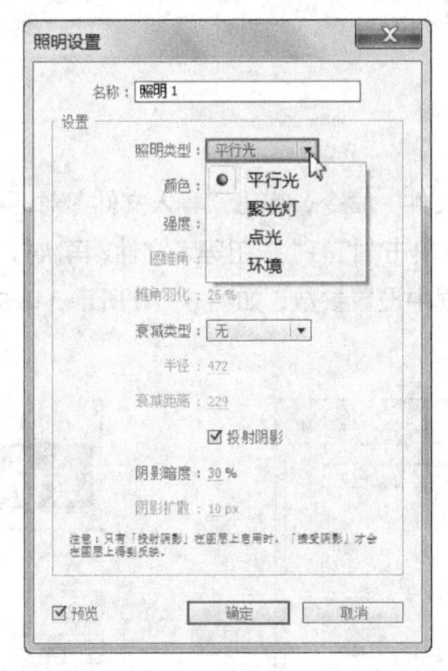

图 6-68

扩散：可调整层漫反射程度。设置为 100%，将反射大量的光；为 0%，则不反射大量的光。

镜面高光：可调整图层镜面反射的程度。

光泽：设置“镜面高光”的区域，值越小，“镜面高光”区域越小。在“镜面高光”为 0 的情况下，此设置将不起作用。

质感：可调节由“镜面高光”反射的光的颜色。值越接近 100%，就会越接近图层的颜色；值越接近 0%，就越接近灯光的颜色。

6.2.5 实训项目：美丽的蝴蝶

案例知识要点

使用“文件”命令导入合成素材，使用“3D 图层”按钮将合成素材中的图层转为三维图层，为两个翅膀添加表达式。在“时间线”面板中调整合成三维图层的位置、比例和角度，效果如图 6-69 所示。

图 6-69

微课：美丽的蝴蝶

案例操作步骤

步骤① 选择“文件 > 导入 > 文件”命令，弹出“导入文件”对话框，选择云盘中的“项目六\美丽的蝴蝶\(Footage)\01.jpg”文件，单击“打开”按钮导入文件，再次打开“导入”对话框，选择“02.psd”文件，在弹出的“02.psd”对话框中设置参数，如图 6-70 所示，单击“确定”按钮，将文件导入“项目”面板中，如图 6-71 所示。

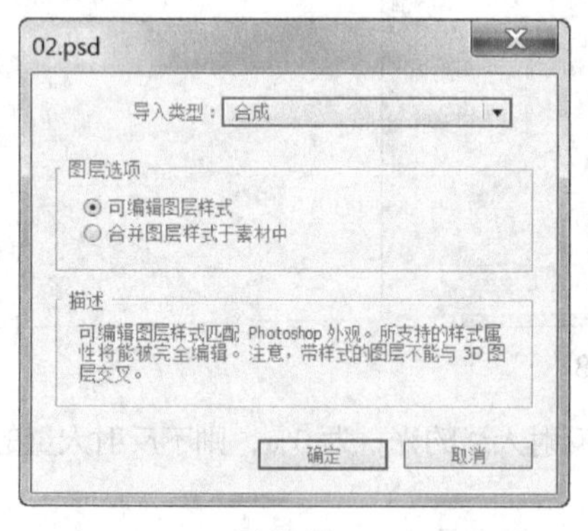

图 6-70

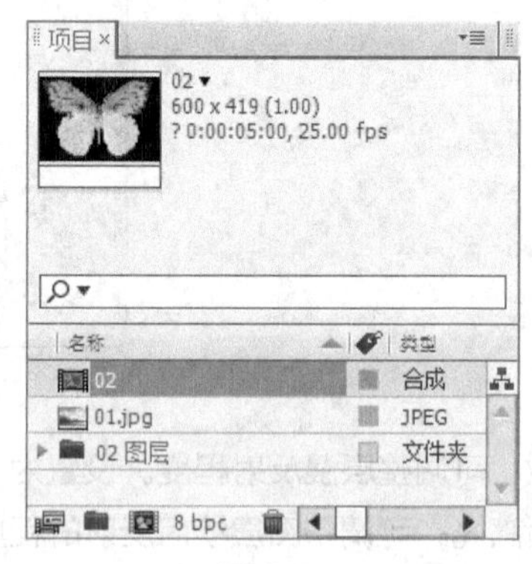

图 6-71

步骤② 在“项目”面板中选择合成“02”，按 Ctrl+K 组合键，弹出“图像合成设置”对话框，在“合成组名称”文本框中输入“蝴蝶”，设置其他选项如图 6-72 所示，单击“确定”按钮，将合成命名为“蝴蝶”，如图 6-73 所示。

图 6-72

图 6-73

步骤③ 在“项目”面板中双击“蝴蝶”合成，“合成”窗口中的效果如图 6-74 所示。在“时间线”面板中分别单击 3 个图层右侧的“3D 图层”按钮，如图 6-75 所示。

图 6-74

图 6-75

步骤④ 在“时间线”面板中选中“翅膀 2”图层，展开“变换”属性，选择“Y 轴旋转”选项，选择“动画 > 添加表达式”命令，为其添加表达式，在“表达式”文字栏中输入图 6-76 所示的语句。在“时间线”面板中单击“翅膀 2”图层的“独奏”按钮，拖动时间标签可以预览蝴蝶翅膀扇动的效果，如图 6-77 所示。

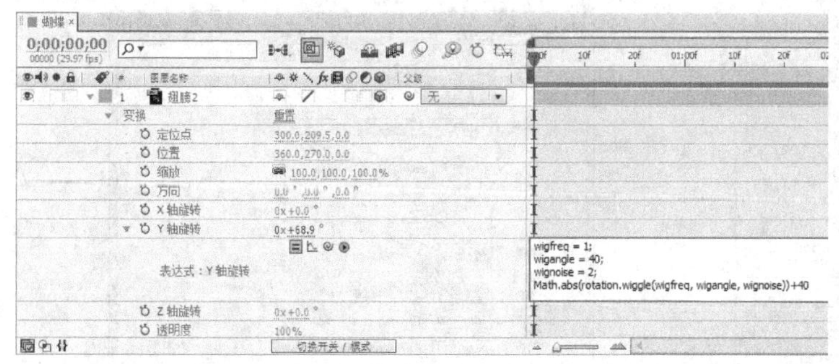

图 6-76

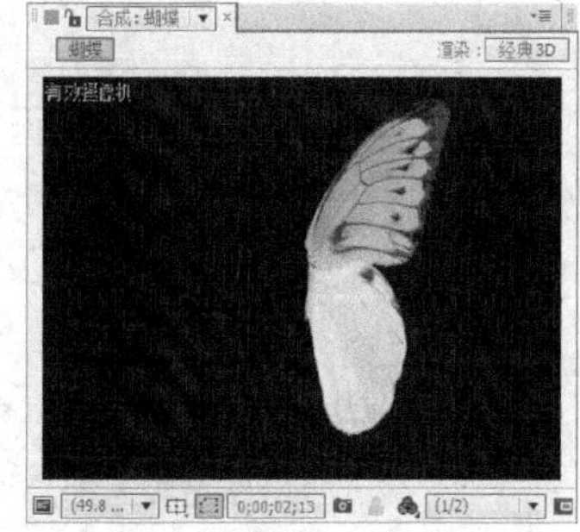

图 6-77

步骤⑤ 在“时间线”面板中选择“翅膀 1”图层，展开“变换”属性，选择“Y 轴旋转”选项，选择“动画 > 添加表达式”命令，为其添加表达式，在“表达式”文字栏中输入图 6-78 所示的语句。在

“时间线”面板中单击“翅膀2”图层的“独奏”按钮■，拖动时间标签可以预览蝴蝶翅膀扇动的效果，如图6-79所示。

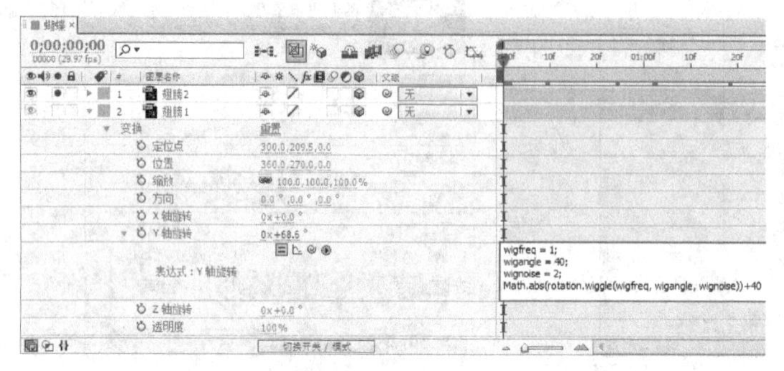

图6-78

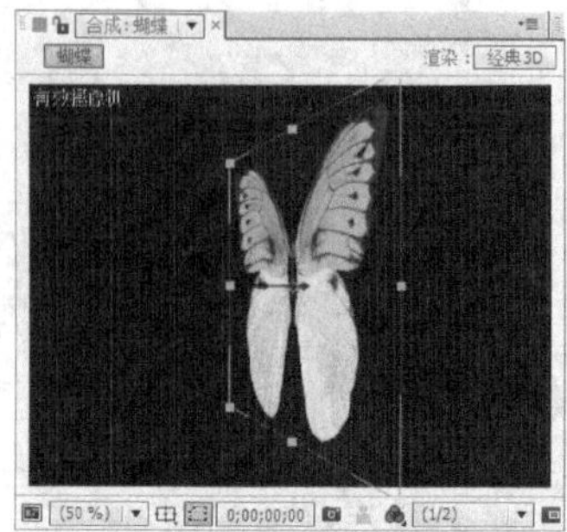

图6-79

步骤⑥ 在“时间线”面板中单击“身体”图层的“独奏”按钮■，如图6-80所示。“合成”窗口中的效果如图6-81所示。

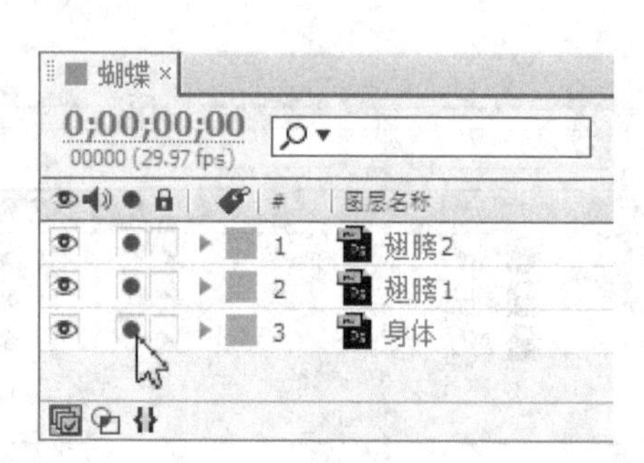

图6-80

图6-81

步骤⑦ 在“项目”面板中选中“01.jpg”文件，将其拖曳到“项目”面板下方的“新建合成”按钮■上，如图6-82所示，自动创建一个项目合成。在“时间线”面板中，按Ctrl+K组合键，弹出“图像合成设置”对话框，在“合成组名称”文本框中输入“最终效果”，设置其他选项如图6-83所示，单击“确定”按钮完成设置。

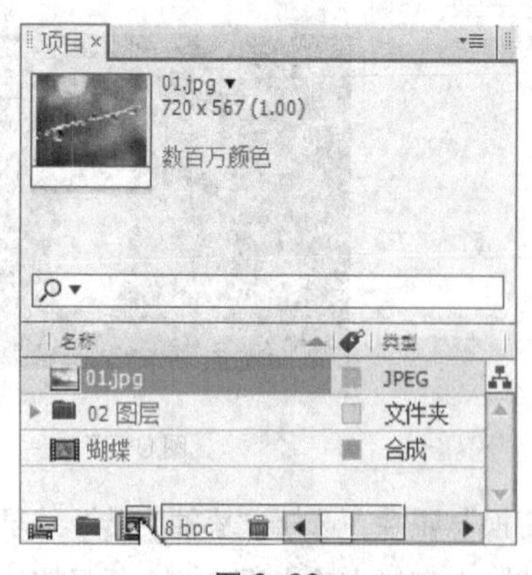

图6-82

图6-83

步骤⑧ 在“项目”面板中选中“蝴蝶”合成并将其拖曳到“时间线”面板中，如图 6-84 所示。“合成”窗口中的效果如图 6-85 所示。

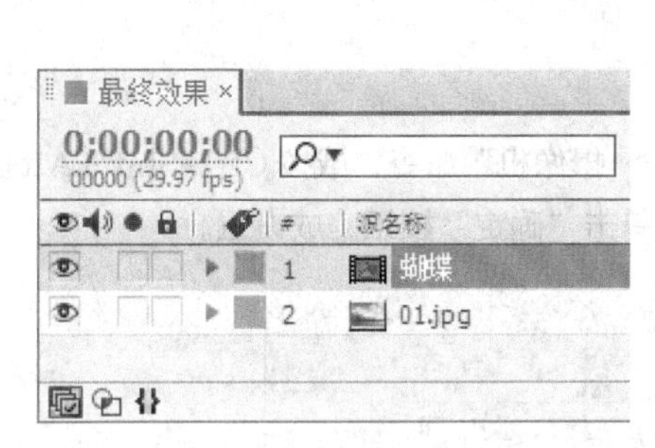
图 6-84

图 6-85

步骤⑨ 在“时间线”面板中，单击“蝴蝶”图层右侧的“3D 图层”按钮，如图 6-86 所示。展开“变换”属性，设置各选项如图 6-87 所示。

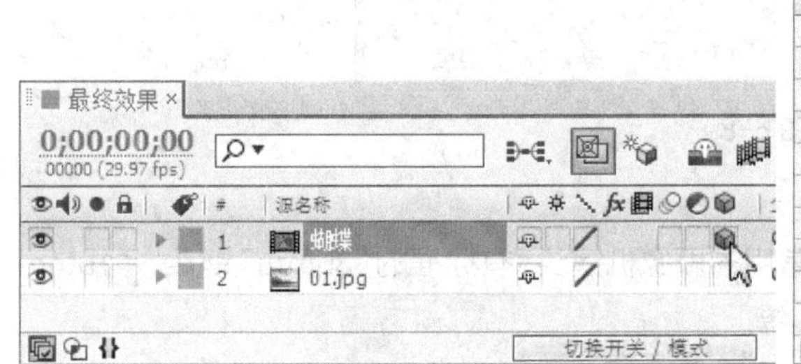
图 6-86

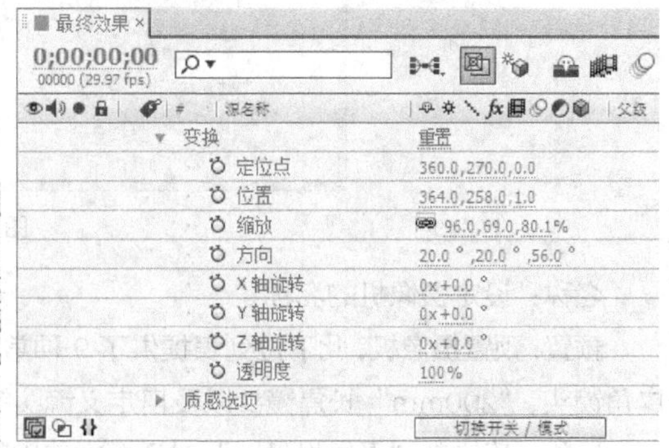
图 6-87

步骤⑩ 美丽的蝴蝶制作完成，效果如图 6-88 所示。

图 6-88

任务三 应用灯光和摄像机

6.3.1 创建和设置摄像机

创建摄像机的方法很简单，选择“图层 > 新建 > 摄像机”命令，或按 Ctrl+Shift+Alt+C 组合键，在弹出的对话框中设置参数，如图 6-89 所示，单击“确定”按钮完成设置。

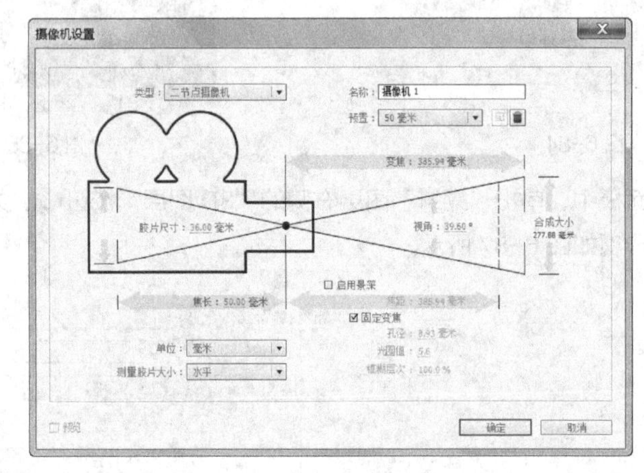

图 6-89

名称：设定摄像机的名称。

预置：预置摄像机，此下拉列表提供了 9 种常用的摄像机镜头，有标准的“35mm”镜头、“15mm”广角镜头、“200mm”长焦镜头以及自定义镜头等。

单位：确定在“摄像机设置”对话框中使用的参数单位，包括像素、英寸和毫米 3 个选项。

测量胶片大小：可以改变“胶片尺寸”的基准方向，包括水平、垂直和对角 3 个选项。

变焦：设置摄像机到图像的距离。“变焦”值越大，通过摄像机显示的图层尺寸就会越大，视野也就相应地减小。

视角：设置视角。角度越大，视野越宽，相当于广角镜头；角度越小，视野越窄，相当于长焦镜头。调整此参数时，会和“焦长”“胶片尺寸”“变焦”3 个值互相影响。

焦长：设置焦距，焦距是指胶片和镜头之间的距离。焦距短，就是广角效果；焦距长，就是长焦效果。

启用景深：是否打开景深功能。配合“焦距”“孔径”“光圈值”和“模糊层次”参数使用。

焦距：设置焦点距离，即从摄像机开始，到图像最清晰位置的距离。

孔径：设置光圈大小。不过在 After Effects 中，光圈大小与爆光没有关系，仅影响景深的大小。孔径越大，前后图像清晰的范围就越小。

光圈值：控制快门速度，此参数与“孔径”互相影响，同样影响景深模糊程度。

模糊层次：控制景深模糊程度，值越大越模糊，为 0%时不进行模糊处理。

6.3.2　利用工具移动摄像机

工具栏中有 4 个移动摄像机的工具，在当前摄像机移动工具上按住鼠标左键不放，弹出其他摄像机移动工具的选项，或按 C 键可以在这 4 个工具之间切换，如图 6-90 所示。

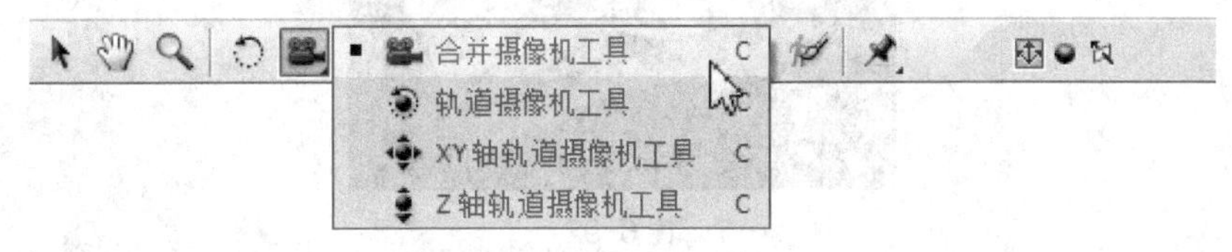

图 6-90

合并摄像机工具：合并以下几种摄像机工具的功能，使用 3 键鼠标的不同按键可以灵活变换操作，鼠标左键为旋转，中键为平移，右键为推拉。

轨道摄像机工具：以目标为中心点，旋转摄像机。

XY 轴轨道摄像机工具：在垂直方向或水平方向，平移摄像机。

Z 轴轨道摄像机工具：将摄像机镜头拉近、推远，也就是让摄像机在 z 轴上平移。

6.3.3　摄像机和灯光的入点与出点

在时间线默认状态下，新建摄像机和灯光的入点和出点就是合成项目的入点和出点，即作用于整个合成项目中。为了使多个摄像机或者多个灯光在不同时间段起作用，可以修改摄像机或者灯光的入点和出点，改变其持续时间，就像对待其他普通素材图层一样，这样可以方便地实现多个摄像机或者多个灯光在时间上的切换，如图 6-91 所示。

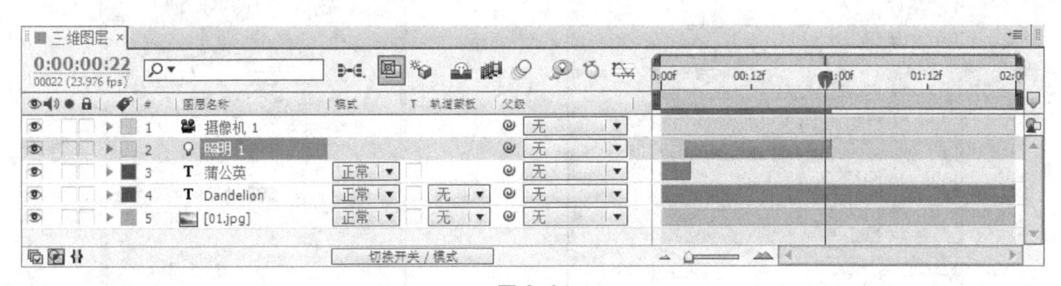

图 6-91

6.3.4　实训项目：星光碎片

案例知识要点

使用“渐变”命令制作背景渐变和彩色渐变效果；使用“分形噪波”命令制作发光特效；使用“闪光灯”命令制作闪光灯效果；使用“矩形遮罩”工具绘制矩形遮罩效果；使用“碎片”命令制作碎片效果；使用“摄像机”命令添加摄像机图层并制作关键帧动画；使用“位置”属性改变摄像机图层的位置动画；使用“启用时间重置”命令改变时间。星光碎片效果如图 6-92 所示。

图 6-92

案例操作步骤

1. 制作渐变效果

步骤① 按 Ctrl+N 组合键，弹出“图像合成设置”对话框，在“合成组名称”文本框中输入“渐变”，设置其他选项如图 6-93 所示，单击“确定”按钮，创建一个新的合成“渐变”。

微课：星光碎片 1

步骤② 选择“图层 > 新建 > 固态层”命令，弹出“固态层设置”对话框，在“名称”文本框中输入“渐变”，将“颜色”设置为黑色，如图 6-94 所示，单击“确定”按钮，在“时间线”面板中新增一个黑色固态层，如图 6-95 所示。

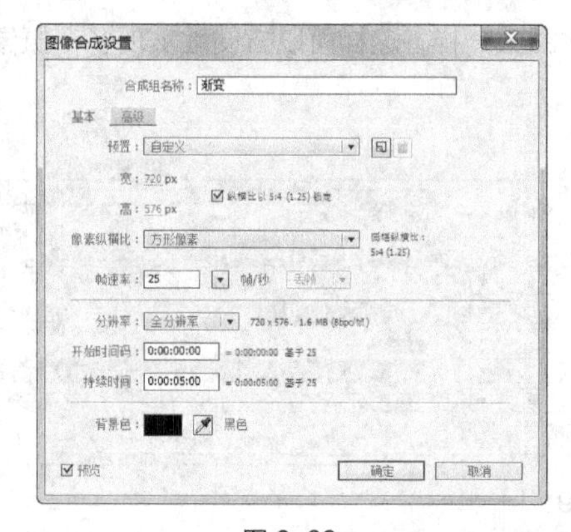

图 6-93

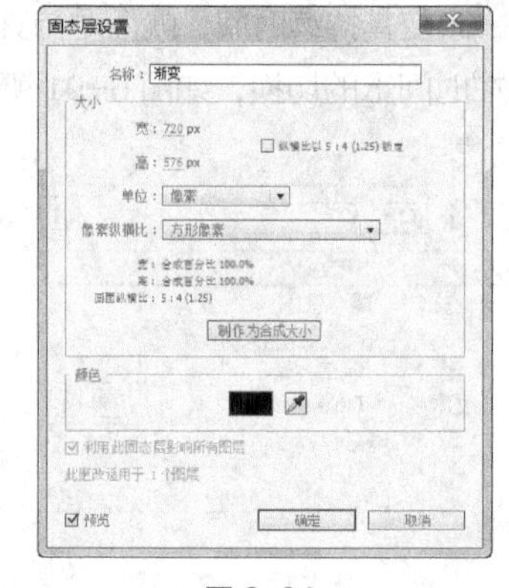

图 6-94

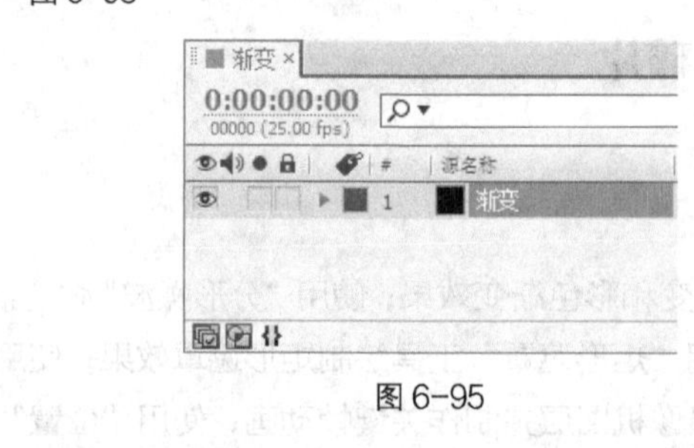

图 6-95

步骤③ 选中“渐变”图层，选择“效果 > 生成 > 渐变”命令，在“特效控制台”面板中，设置“开始色”为黑色，“结束色”为白色，设置其他参数如图 6-96 所示，设置完成后，“合成”窗口中的效果如图 6-97 所示。

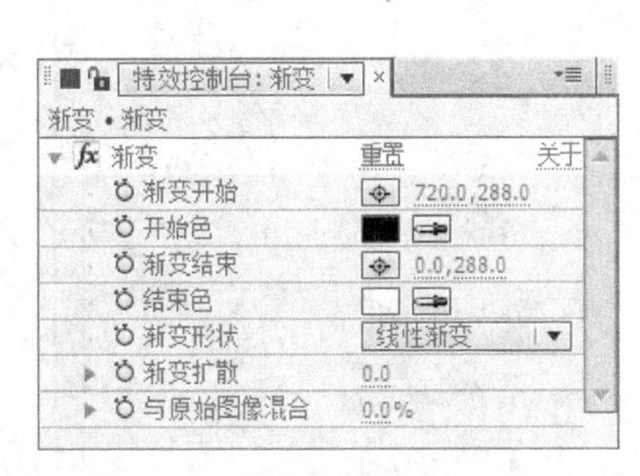

图 6-96

图 6-97

2. 制作发光效果

步骤① 再次创建一个新的合成并命名为“星光”。在当前合成中新建一个固态层“噪波”。选中“噪波”图层，选择“效果 > 杂色与颗粒 > 分形噪波”命令，在“特效控制台”面板中设置参数，如图 6-98 所示。“合成”窗口中的效果如图 6-99 所示。

微课：星光碎片 2

步骤② 将时间标签放置在 0s 的位置，在“特效控制台”面板中，分别单击“变换”下的“乱流偏移”和“演变”选项左侧的“关键帧自动记录器”按钮，如图 6-100 所示，记录第 1 个关键帧。

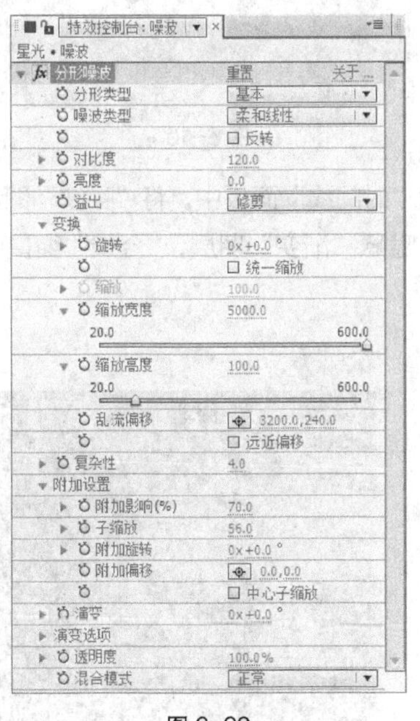

图 6-98

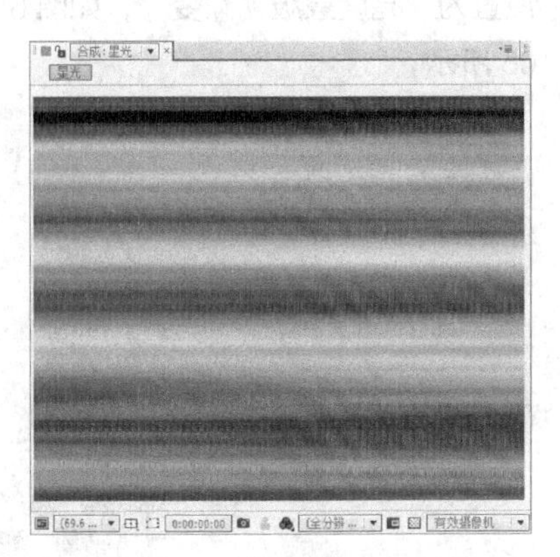

图 6-99

步骤③ 将时间标签放置在 04:24s 的位置，在“特效控制台”面板中，设置“乱流偏移”为-3 200、240，“演变”为 1、0，如图 6-101 所示，记录第 2 个关键帧。

步骤④ 选择“效果 > 风格化 > 闪光灯”命令，在“特效控制台”面板中设置参数，如图 6-102 所示。“合成”窗口中的效果如图 6-103 所示。

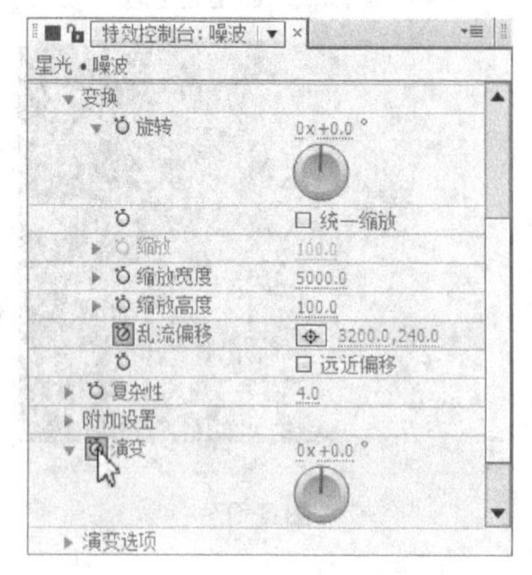

图 6-100

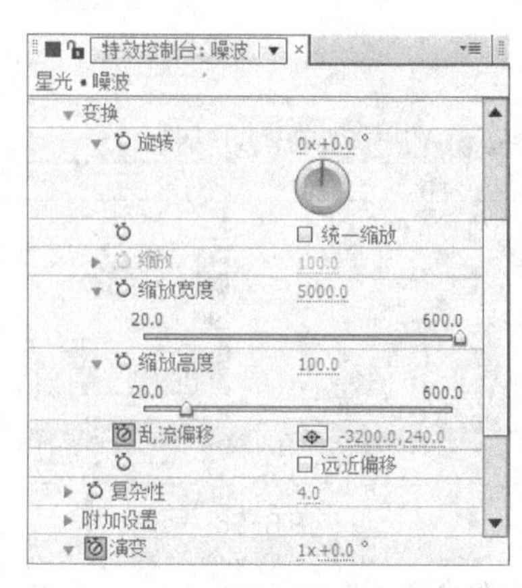

图 6-101

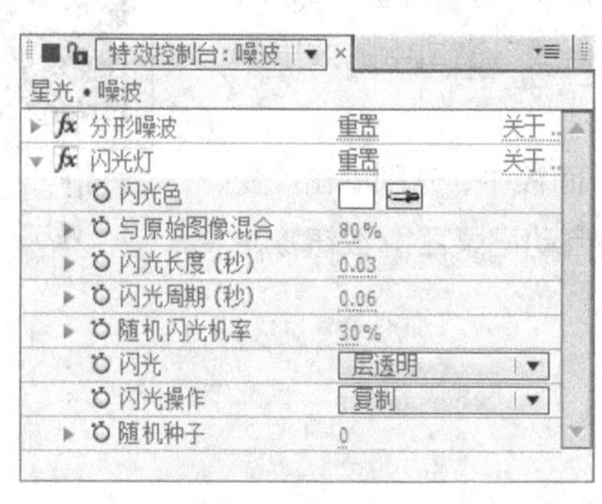

图 6-102

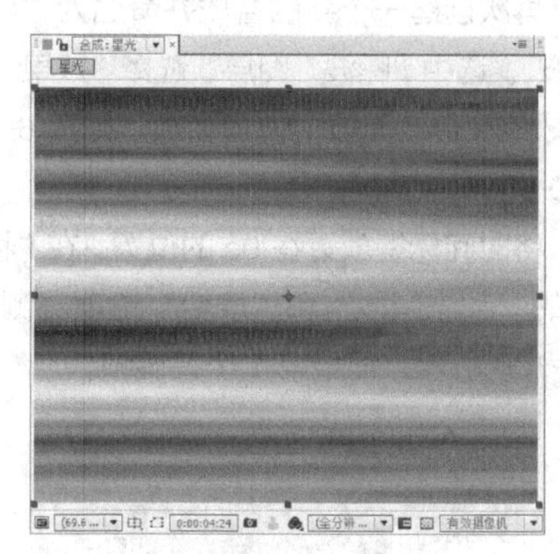

图 6-103

步骤⑤ 在“项目”面板中选中“渐变”合成并将其拖曳到“时间线”面板中。将“噪波”图层的“轨道蒙版”设置为“亮度蒙版‘渐变’”，如图 6-104 所示。隐藏“渐变”图层，“合成”窗口中的效果如图 6-105 所示。

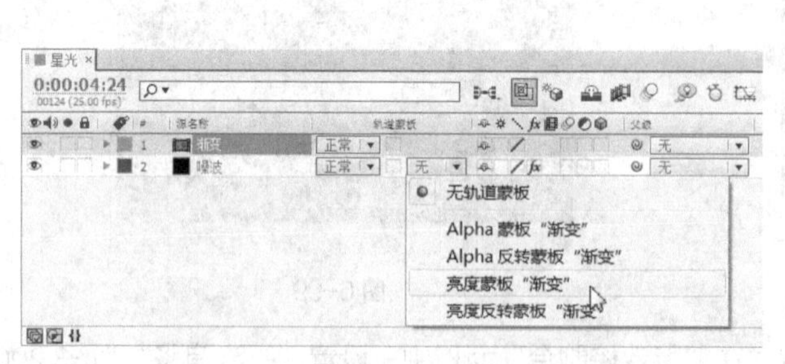

图 6-104

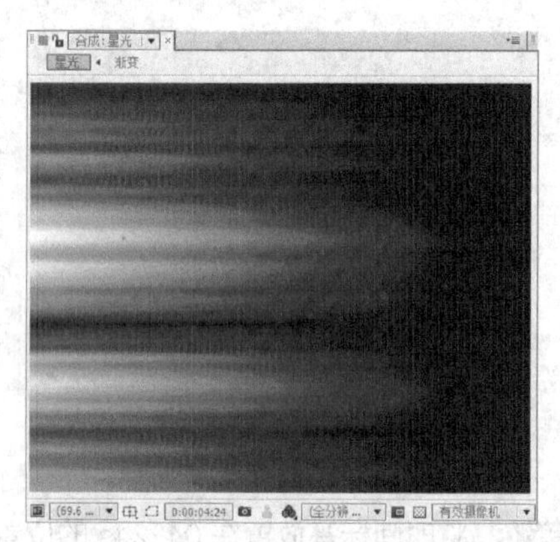

图 6-105

3. 制作彩色发光效果

微课：星光碎片3

步骤❶ 在当前合成中建立一个新的固态层“彩色光芒”。选择“效果 > 生成 > 渐变”命令，在“特效控制台”面板中，设置“开始色”为黑色，“结束色”为白色，设置其他参数如图 6-106 所示，设置完成后，“合成”窗口中的效果如图 6-107 所示。

步骤❷ 选择“效果 > 色彩校正 > 彩色光”命令，在“特效控制台”面板中设置参数，如图 6-108 所示。“合成”窗口中的效果如图 6-109 所示。

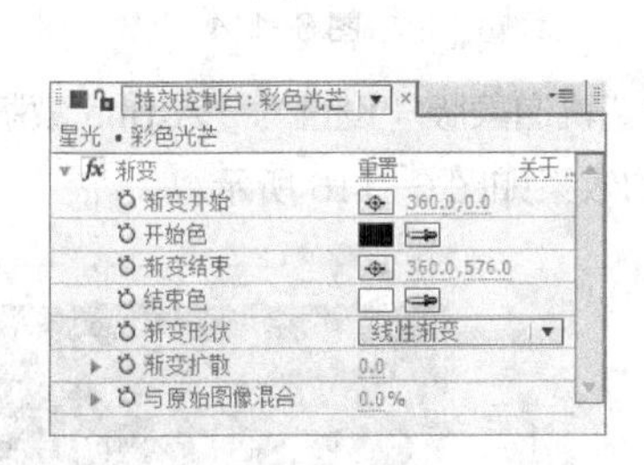

图 6-106

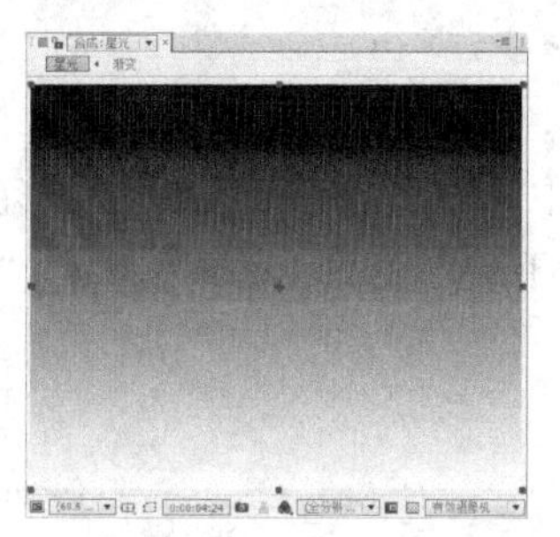

图 6-107

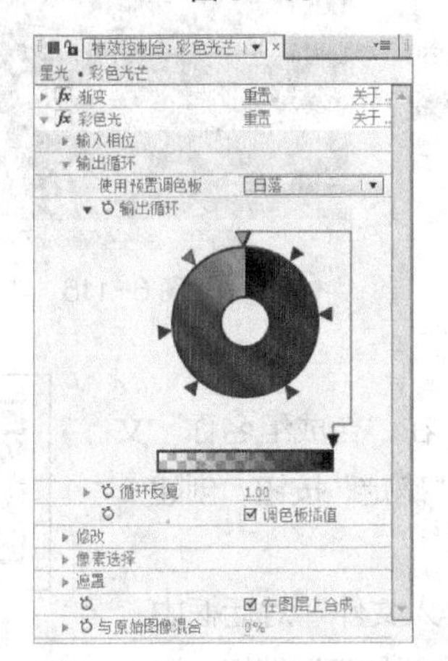

图 6-108

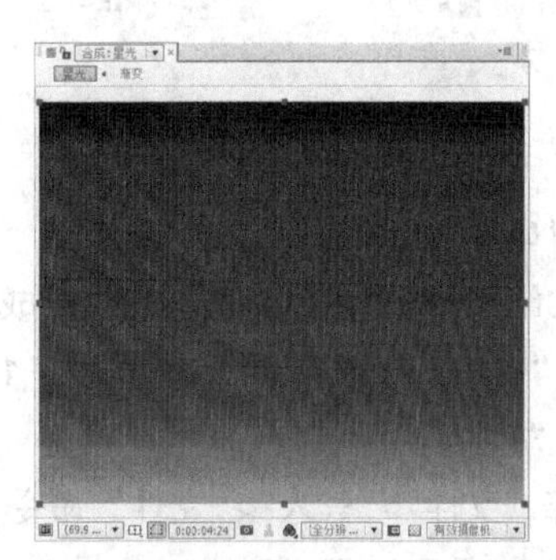

图 6-109

步骤❸ 在“时间线”面板中，设置“彩色光芒”图层的混合模式为“颜色”，如图 6-110 所示。“合成”窗口中的效果如图 6-111 所示。在当前合成中建立一个新的固态层“遮罩”。选择“矩形遮罩”工具，在“合成”窗口中拖曳鼠标绘制一个矩形遮罩图形，如图 6-112 所示。

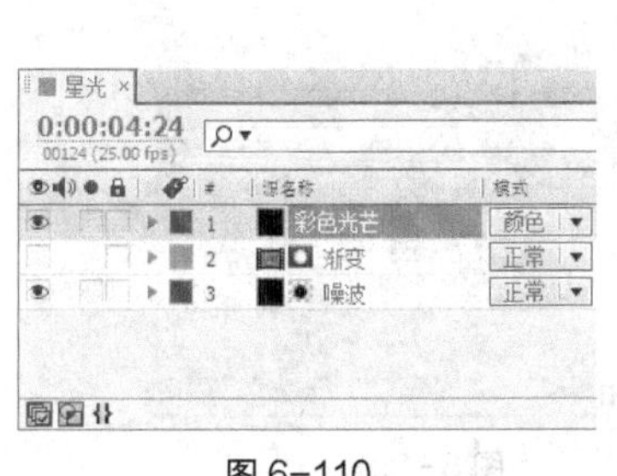

图 6-110

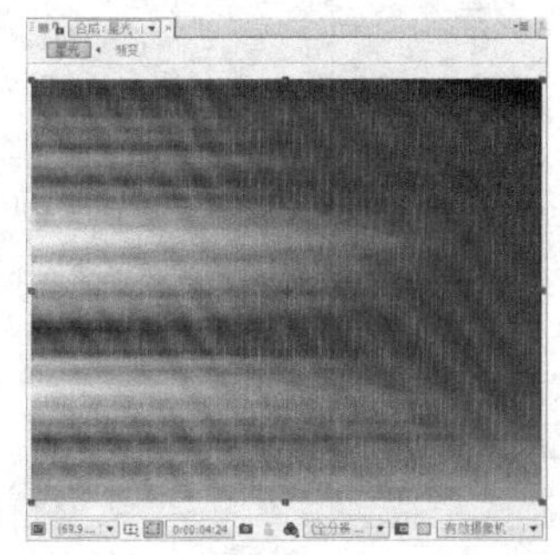

图 6-111

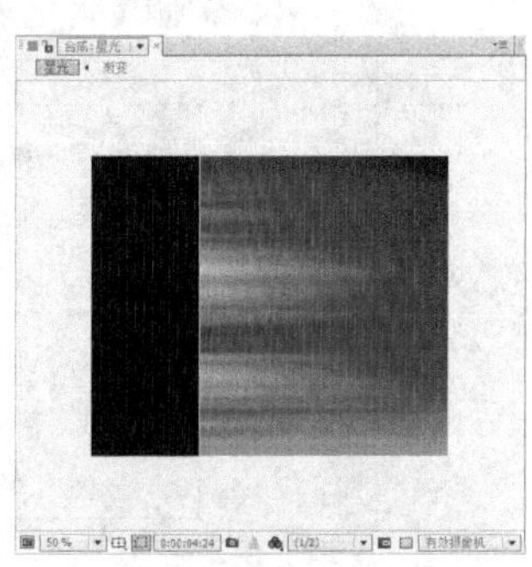

图 6-112

步骤④ 选中“遮罩”图层，按F键，展开“遮罩羽化”属性，如图6-113所示，设置“遮罩羽化”为200，如图6-114所示。

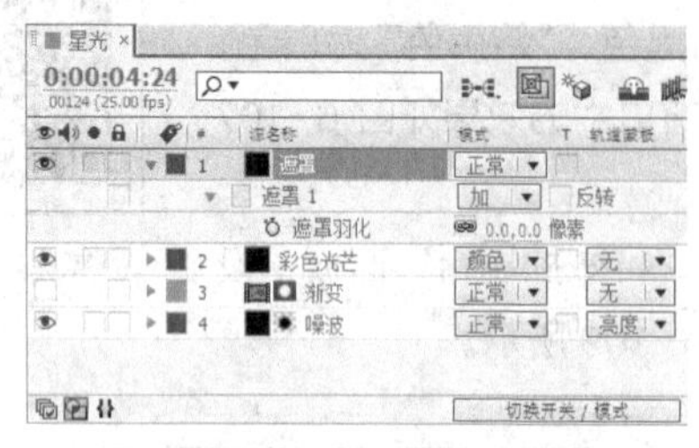

图6-113

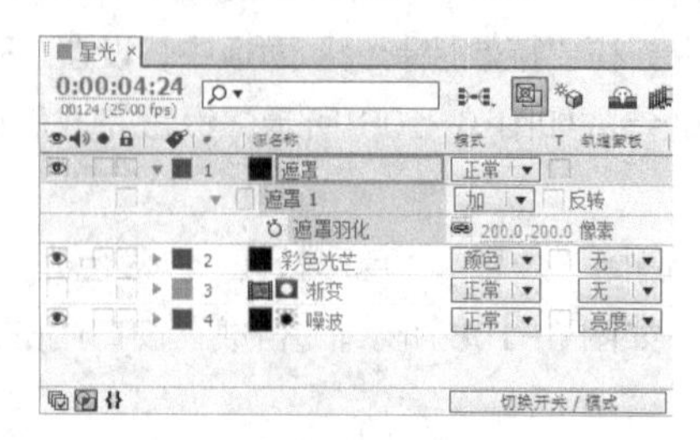

图6-114

步骤⑤ 选中“彩色光芒”图层，将“彩色光芒”图层的“轨道蒙版”设置为“Alpha蒙版‘遮罩’”，如图6-115所示。隐藏“遮罩”图层，“合成”窗口中的效果如图6-116所示。

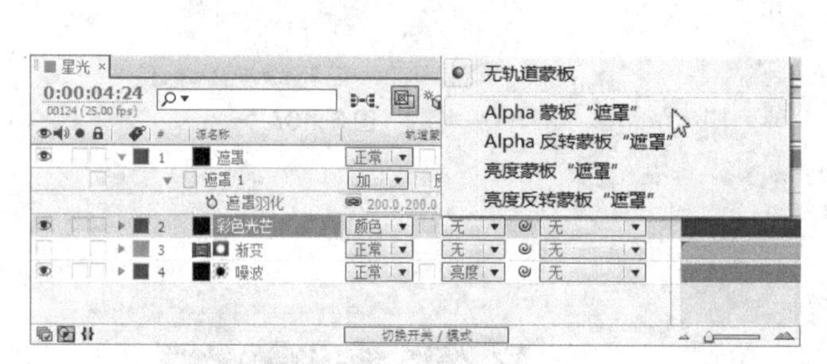

图6-115

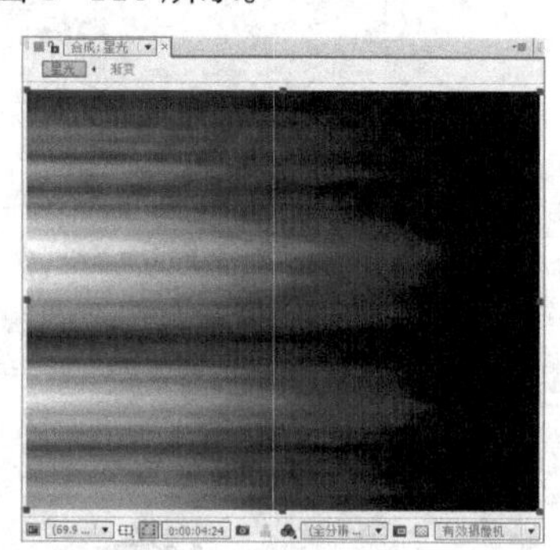

图6-116

4. 编辑图片光芒效果

微课：星光碎片4

步骤① 按Ctrl+N组合键，弹出“图像合成设置”对话框，在“合成组名称”文本框中输入“碎片”，设置其他选项如图6-117所示，单击“确定”按钮，创建一个新的合成“碎片”。

步骤② 选择“文件 > 导入 > 文件”命令，在弹出的“导入文件”对话框中，选择云盘中的“项目六\星光碎片\(Footage)\01”文件，单击“打开”按钮，导入图片。在“项目”面板中，选中“渐变”合成和“01.jpg”文件，将它们拖曳到“时间线”面板中，同时单击“渐变”图层左侧的“眼睛”按钮，关闭该图层的可视性，如图6-118所示。

图6-117

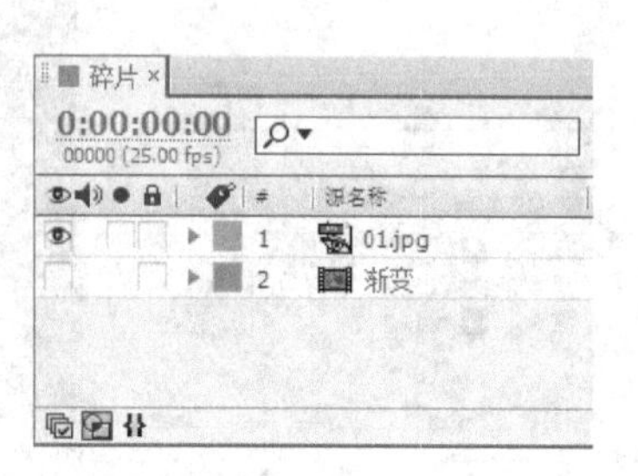

图6-118

步骤③ 选择“图层 > 新建 > 摄像机”命令，弹出“摄像机设置”对话框，在“名称”文本框中输入“摄像机 1”，设置其他选项如图 6-119 所示，单击“确定”按钮，在“时间线”面板中新增一个摄像机图层，如图 6-120 所示。

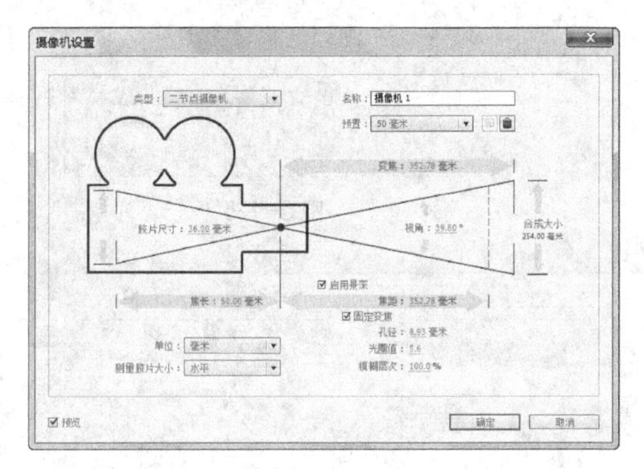

图 6-119

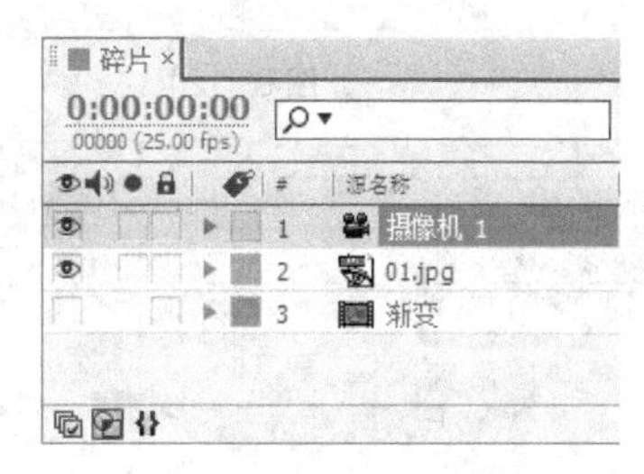

图 6-120

步骤④ 选中“01.jpg”图层，选择“效果 > 模拟仿真 > 碎片”命令，在“特效控制台”面板中，将“视图”改为“渲染”模式，展开“外形”属性，在“特效控制台”面板中设置参数，如图 6-121 所示。展开“焦点 1”和“焦点 2”属性，在“特效控制台”面板中设置参数，如图 6-122 所示。展开“倾斜”和“物理”属性，在“特效控制台”面板中设置参数，如图 6-123 所示。

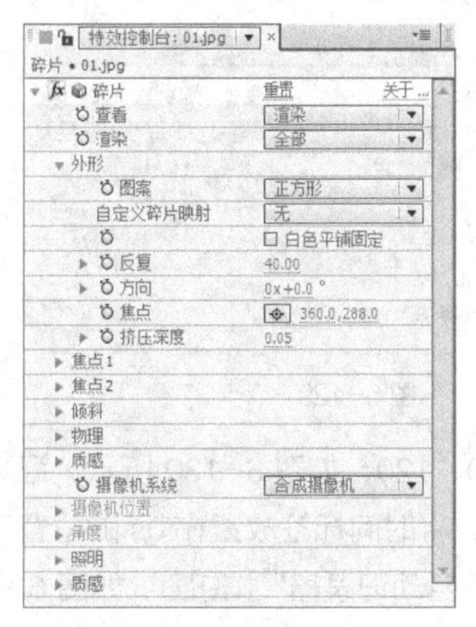

图 6-121

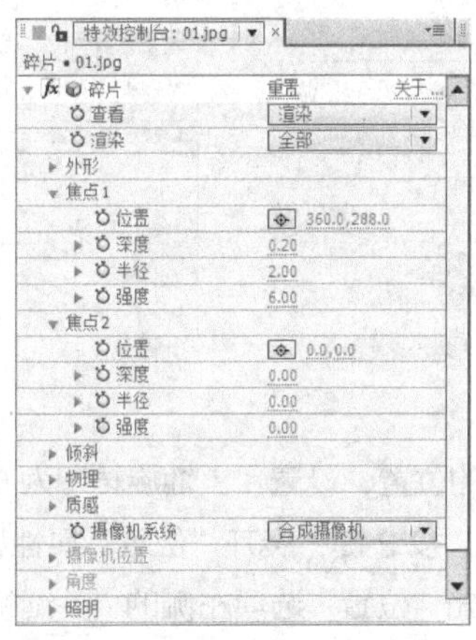

图 6-122

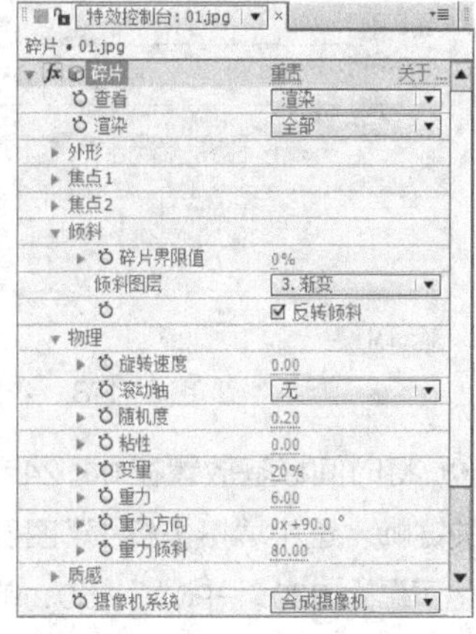

图 6-123

步骤⑤ 将时间标签放置在 2s 的位置，在“特效控制台”面板中，单击“倾斜”选项下的“碎片界限值”选项左侧的“关键帧自动记录器”按钮，如图 6-124 所示，记录第 1 个关键帧。将时间标签放置在 03:18s 的位置，在“特效控制台”面板中，设置“碎片界限值”为 100，如图 6-125 所示，记录第 2 个关键帧。

步骤⑥ 在当前合成中建立一个新的红色固态层“参考层”，如图 6-126 所示。单击“参考层”右侧的“3D 图层”按钮，打开三维属性，单击“参考层”左侧的“眼睛”按钮，关闭该图层的可视性。设置“摄像机 1”的“父级”关系为“1.参考层”，如图 6-127 所示。

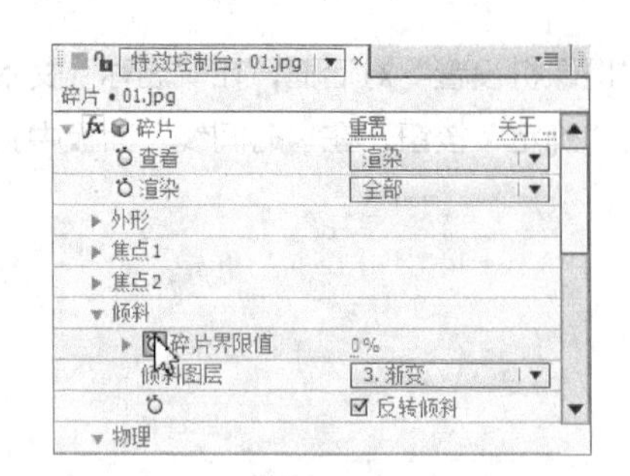

图 6-124

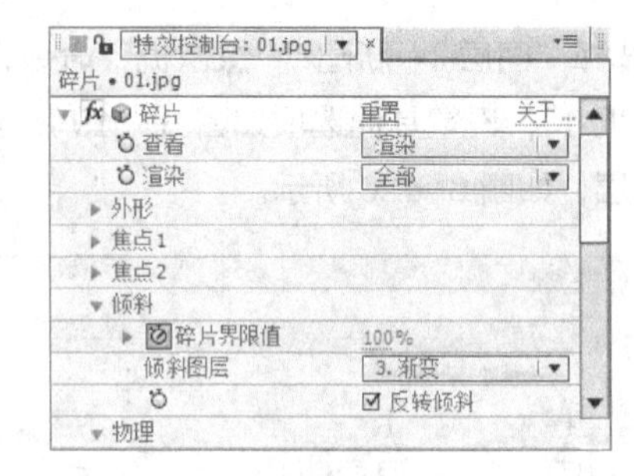

图 6-125

图 6-126

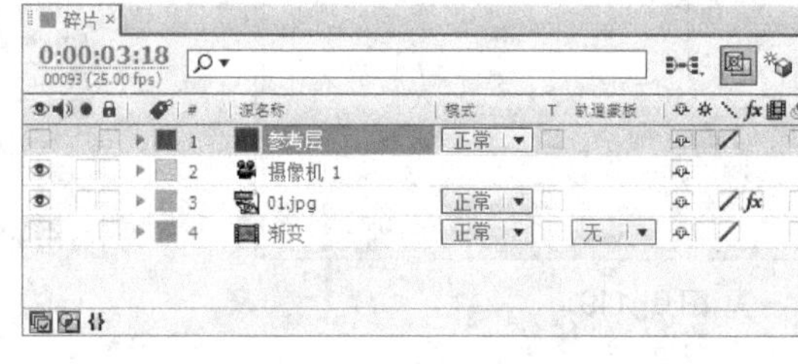

图 6-127

步骤 7 选中“参考层”图层，按 R 键，展开“旋转”属性，设置“方向”为 90、0、0，如图 6-128 所示。将时间标签放置在 01:06s 的位置，单击“Y 轴旋转”选项左侧的“关键帧自动记录器”按钮，如图 6-129 所示，记录第 1 个关键帧。

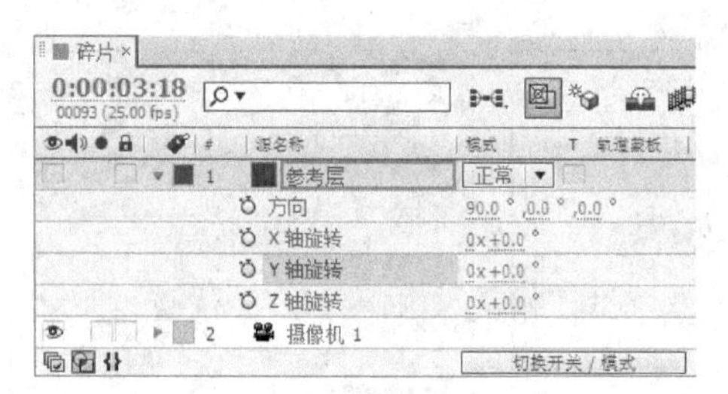

图 6-128

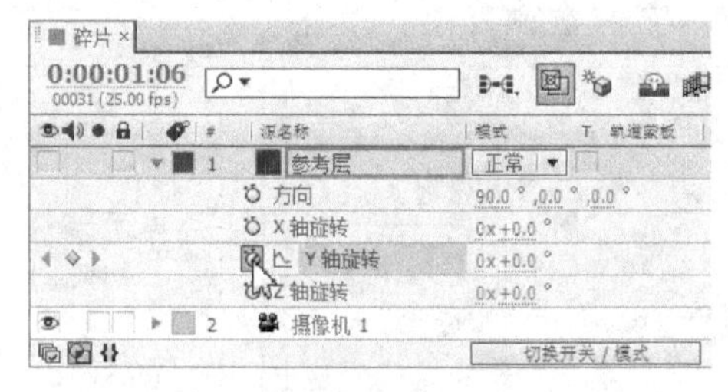

图 6-129

步骤 8 将时间标签放置在 04:24s 的位置，设置“Y 轴旋转”为 0、120，如图 6-130 所示，记录第 2 个关键帧。选中“摄像机 1”图层，按 P 键，展开“位置”属性，将时间标签放置在 0s 的位置，设置“位置”为 320、-900、-50，单击“位置”选项左侧的“关键帧自动记录器”按钮，如图 6-131 所示，记录第 1 个关键帧。

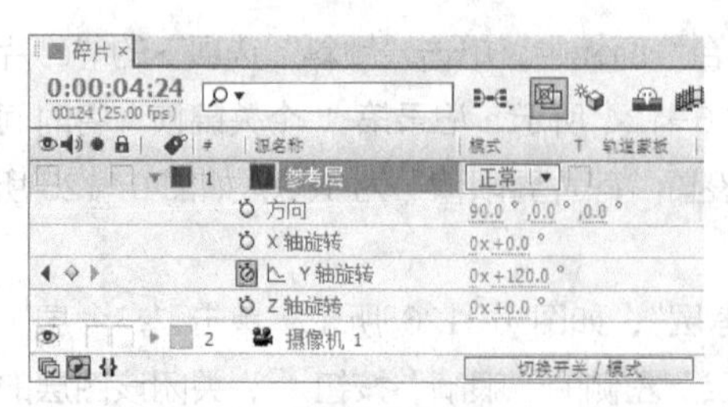

图 6-130

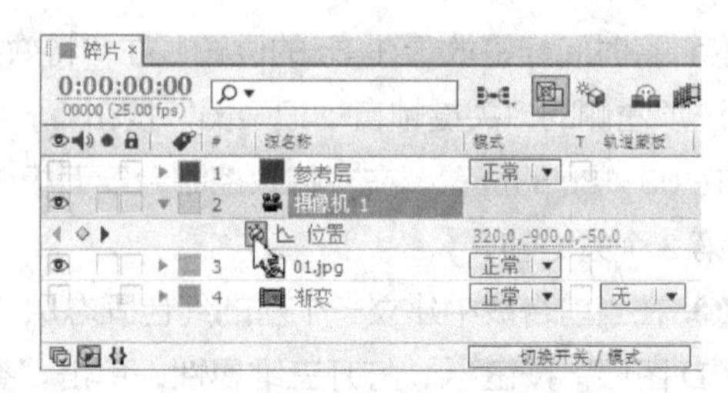

图 6-131

步骤 9 将时间标签放置在 01:10s 的位置，设置“位置”为 320、-700、-250，如图 6-132 所示，记录第 2 个关键帧。将时间标签放置在 04:24s 的位置，设置“位置”为 320、-560、-1000，如

图 6-133 所示，记录第 3 个关键帧。

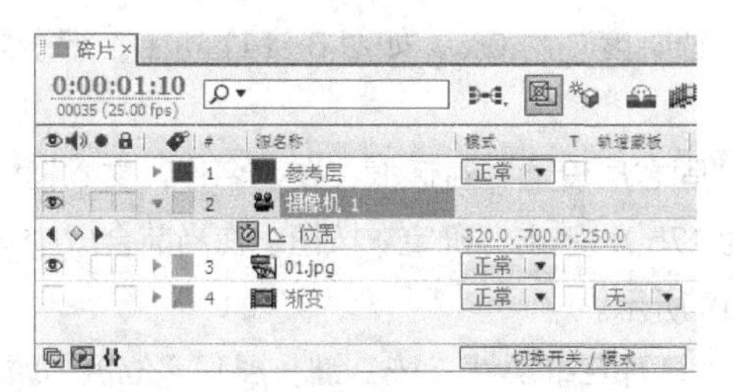
图 6-132

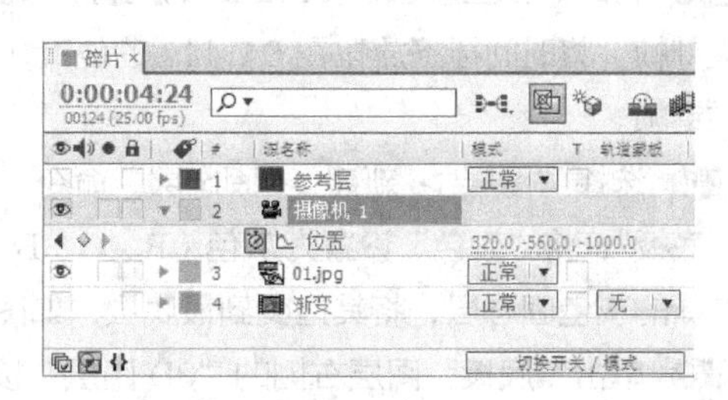
图 6-133

步骤⑩ 在“项目”面板中选中“星光”合成，将其拖曳到“时间线”面板中，并放置在“摄像机 1”图层的下方，如图 6-134 所示。单击该图层右侧的“3D 图层”按钮，打开三维属性，设置该图层的混合模式为“添加”，如图 6-135 所示。

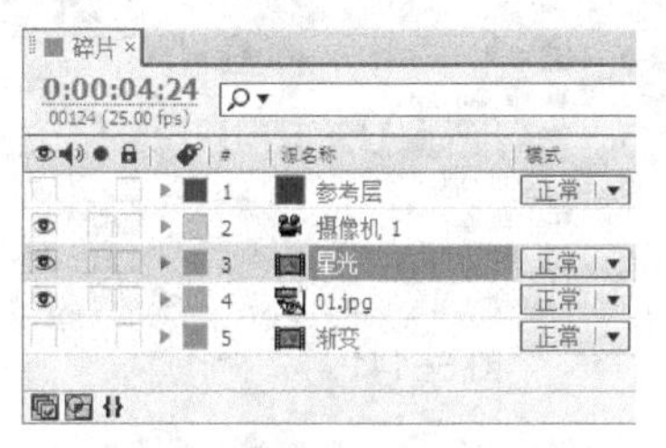
图 6-134

图 6-135

步骤⑪ 选中“星光”图层，按 P 键，展开“位置”属性，将时间标签放置在 01:22s 的位置，设置“位置”为 720、288、0，单击“位置”选项左侧的“关键帧自动记录器”按钮，如图 6-136 所示，记录第 1 个关键帧。将时间标签放置在 03:24s 的位置，设置“位置”为 0、288、0，如图 6-137 所示。

图 6-136

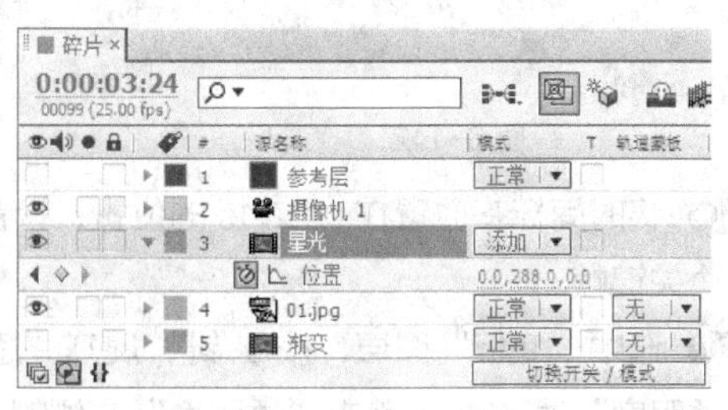
图 6-137

步骤⑫ 将时间标签放置在 01:11s 的位置，按 T 键，展开“透明度”属性，设置“透明度”为 0%，单击“透明度”选项左侧的“关键帧自动记录器”按钮，如图 6-138 所示，记录第 1 个关键帧。将时间标签放置在 01:22s 的位置，设置“透明度”为 100%，如图 6-139 所示，记录第 2 个关键帧。

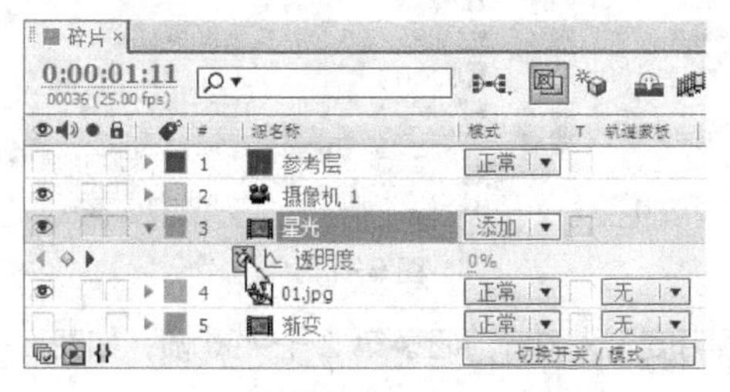
图 6-138

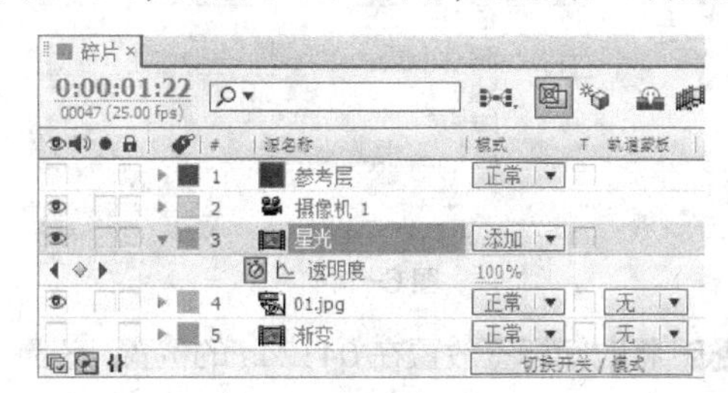
图 6-139

步骤⑬ 将时间标签放置在 03:24s 的位置，设置“透明度”为 100%，如图 6-140 所示，记录第 3 个关键帧。将时间标签放置在 04:11s 的位置，设置“透明度”为 0%，如图 6-141 所示，记录第 4 个关键帧。

步骤⑭ 选择“图层 > 新建 > 固态层”命令，弹出“固态层设置”对话框，在“名称”文本框中输入“底板”，将“颜色”设置为灰色（R、G、B 值均为 175），单击“确定”按钮，在当前合成中建立一个新的灰色固态层，将其拖曳到最底层，如图 6-142 所示。

步骤⑮ 单击“底板”图层右侧的“3D 图层”按钮，打开三维属性，按 P 键，展开“位置”属性，将时间标签放置在 03:24s 的位置，设置“位置”为 360、288、0，单击“位置”选项左侧的“关键帧自动记录器”按钮，如图 6-143 所示，记录第 1 个关键帧。

图 6-140

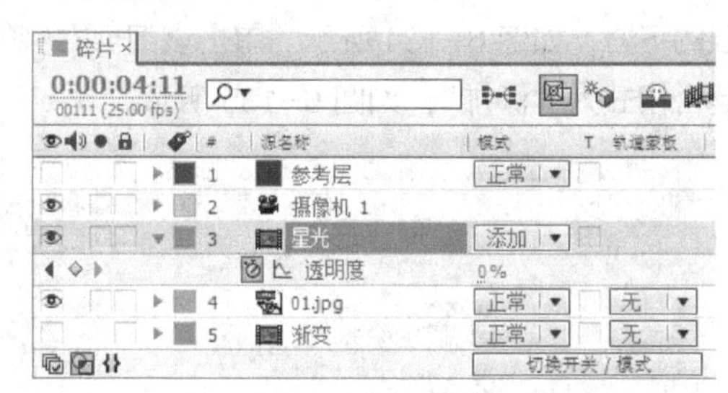

图 6-141

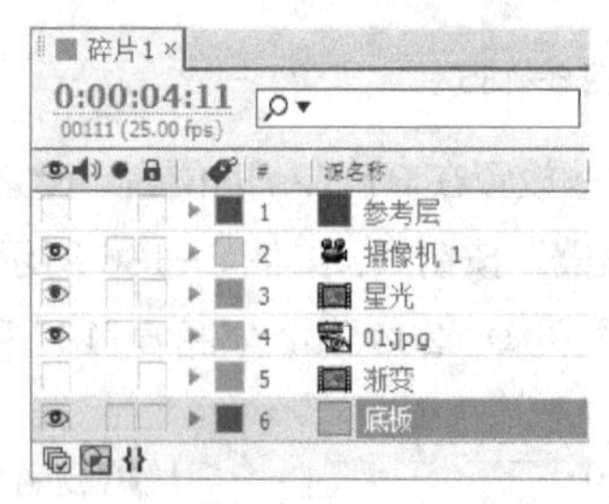

图 6-142

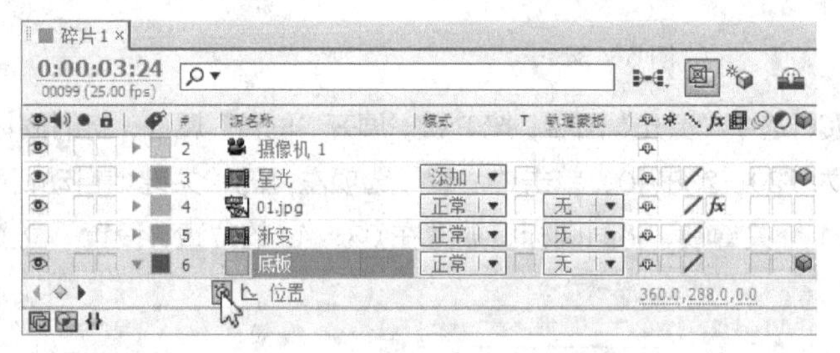

图 6-143

步骤⑯ 将时间标签放置在 04:24s 的位置，设置“位置”为-550、288、0，如图 6-144 所示，记录第 2 个关键帧。

步骤⑰ 选中“底板”图层，按 T 键，展开“透明度”属性，将时间标签放置在 03:24s 的位置，设置“透明度”为 50%，单击“透明度”左侧的“关键帧自动记录器”按钮，如图 6-145 所示，记录第 1 个关键帧。

图 6-144

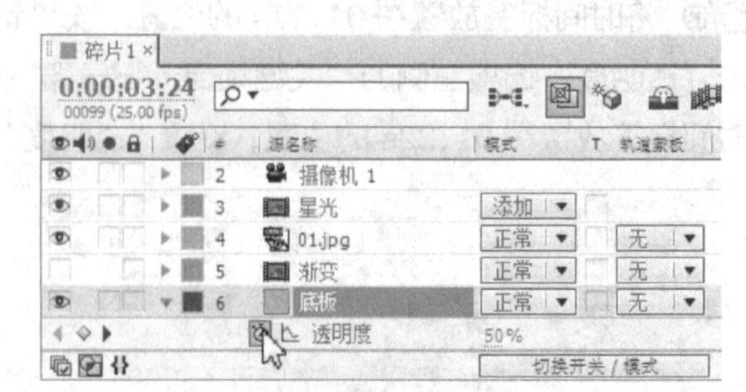

图 6-145

步骤⑱ 将时间标签放置在 04:24s 的位置，设置“透明度”为 0%，记录第 2 个关键帧，如图 6-146 所示。

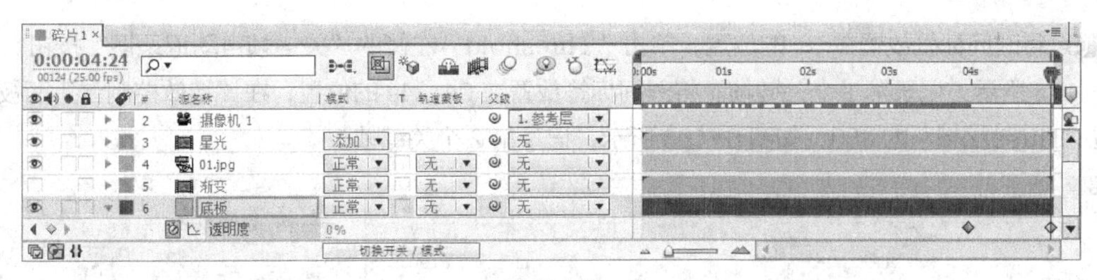

图 6-146

5. 制作最终效果

微课：星光碎片 5

步骤① 按 Ctrl+N 组合键，弹出“图像合成设置”对话框，在“合成组名称”文本框中输入“最终效果”，其他选项的设置如图 6-147 所示，单击“确定”按钮。在“项目”面板中选中“碎片”合成，将其拖曳到“时间线”面板中，如图 6-148 所示。

步骤② 选中“碎片”图层，选择“图层 > 时间 > 启用时间重置”命令，将时间标签放置在 0s 的位置，在“时间线”面板中，设置“时间重置”为 04:24，如图 6-149 所示，记录第 1 个关键帧。将时间标签放置在 04:24s 的位置，在“时间线”面板中，设置“时间重置”为 0，如图 6-150 所示，记录第 2 个关键帧。

图 6-147

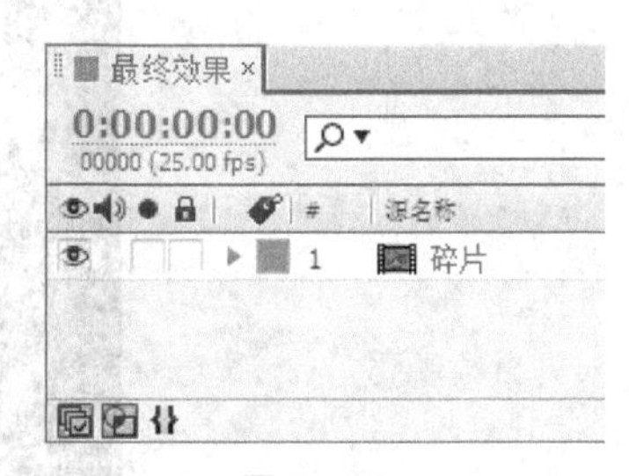

图 6-148

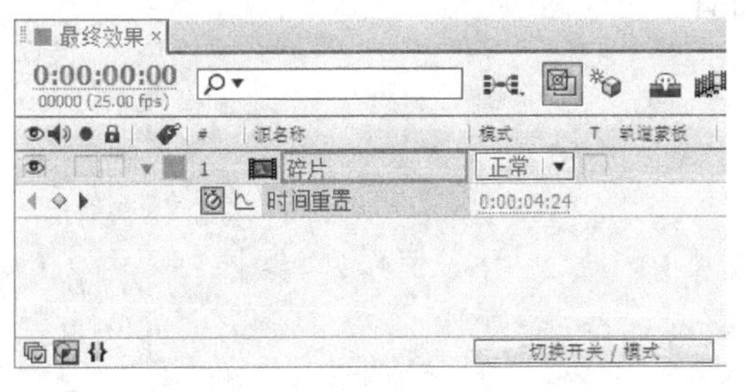

图 6-149

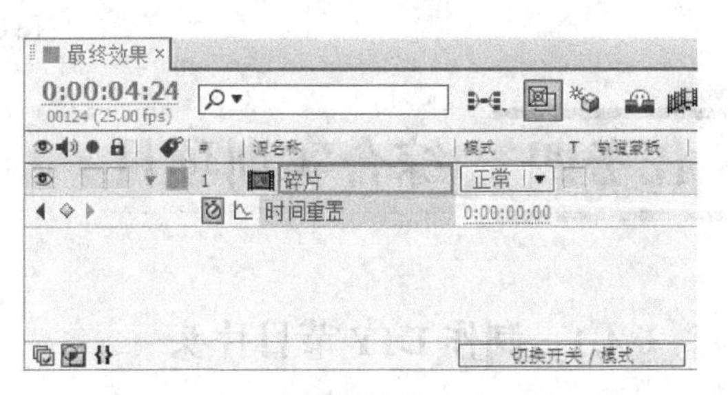

图 6-150

步骤③ 选择“效果 > Trapcode > Starglow”命令，在“特效控制台”面板中设置参数，如图 6-151 所示。

步骤④ 将时间标签放置在 0s 的位置，单击“Threshold”左侧的“关键帧自动记录器”按钮⏱，如图 6-152 所示，记录第 1 个关键帧。将时间标签放置在 04:24s 的位置，在“特效控制台”面板中，设置“Threshold”为 480，如图 6-153 所示，记录第 2 个关键帧。

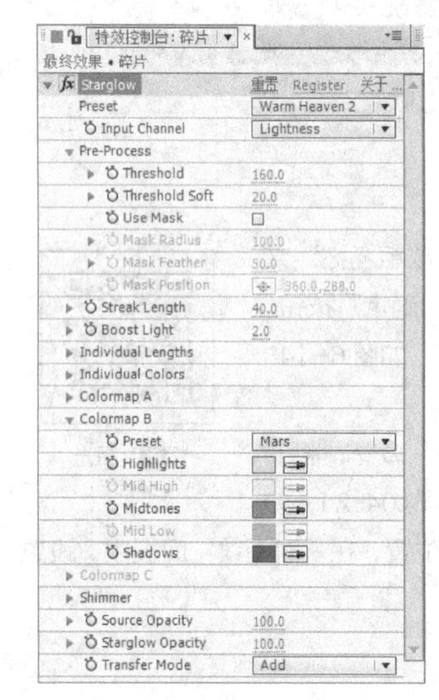

图 6-151

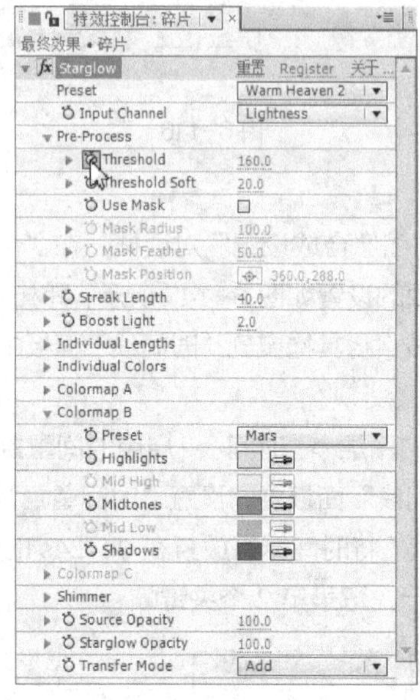

图 6-152

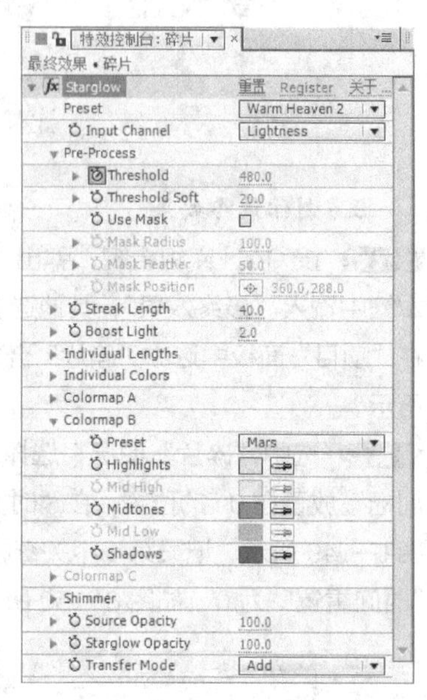

图 6-153

步骤⑤ 星光碎片制作完成，效果如图 6-154 所示。

图 6-154

任务四 综合实训项目

6.4.1 制作 DIY 节目片头

案例知识要点

使用“摄像机”命令制作视频的空间效果；使用“CC 图像式擦除”命令、“渐变擦除”命令和“块溶解”命令添加过渡效果；使用“照明”命令添加光照效果，最终效果如图 6-155 所示。

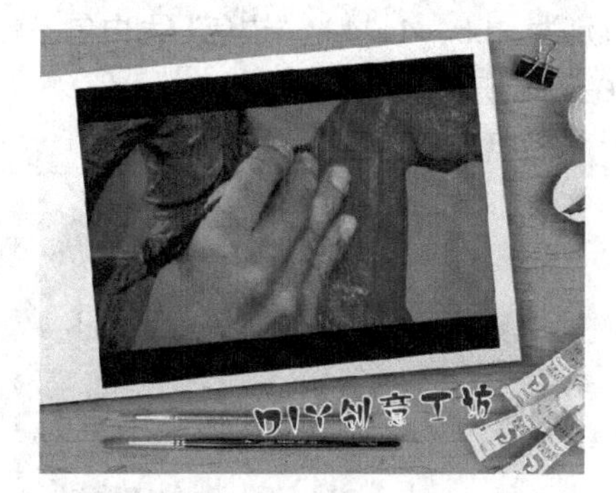

图 6-155

微课：制作 DIY 节目片头

案例操作步骤

步骤① 按 Ctrl+N 组合键，弹出“图像合成设置”对话框，在“合成组名称”文本框中输入“最终效果”，其他选项的设置如图 6-156 所示，单击“确定”按钮，创建一个新的合成“最终效果”。选择“文件 > 导入 > 文件”命令，弹出“导入文件”对话框，选择云盘中的“项目六\制作 DIY 节目片头\(Footage) \01.jpg、02.avi～04.avi”文件，单击“打开”按钮，将文件导入“项目”面板，如图 6-157 所示。

图 6-156

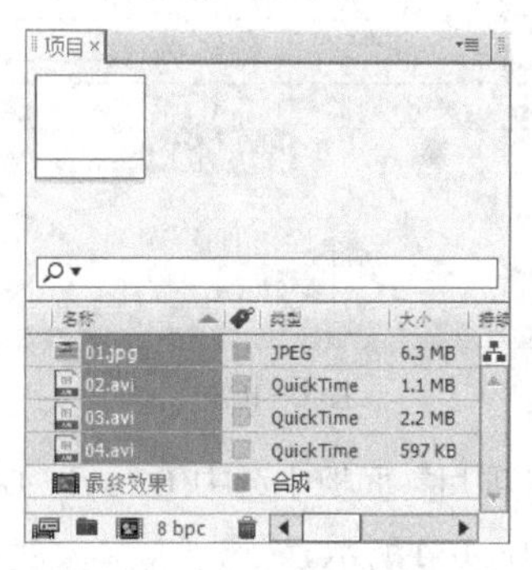

图 6-157

步骤② 在“项目”面板中选中“01.jpg”文件并将其拖曳到“时间线”面板中，如图 6-158 所示。“合成”窗口中的效果如图 6-159 所示。

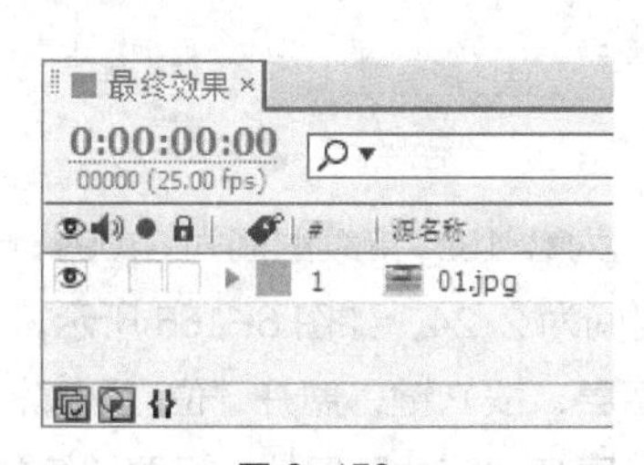

图 6-158

图 6-159

步骤③ 选择“横排文字”工具T，在合成窗口中输入文字“DIY 创意工坊”。选中文字，在“文字”面板中设置“填充色”为红色（R、G、B 值分别为 155、4、4），“边色”为白色，其他的选项设置如图 6-160 所示。“合成”窗口中的效果如图 6-161 所示。

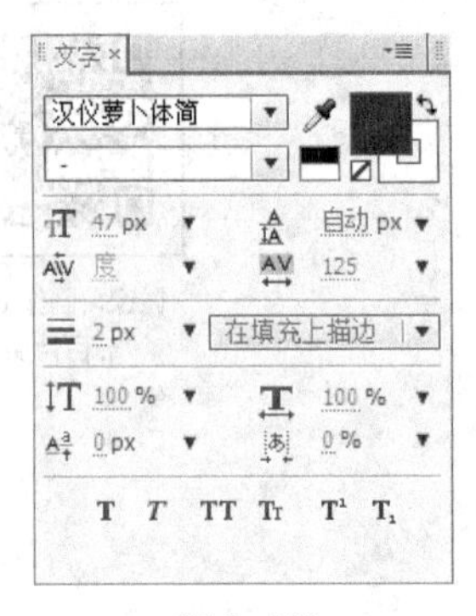

图 6-160

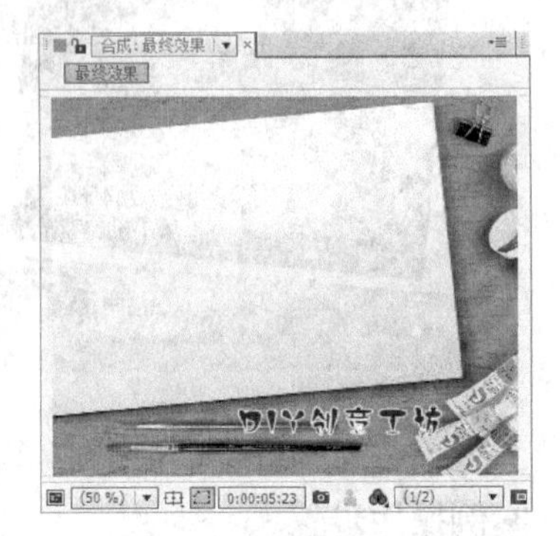

图 6-161

步骤④ 将时间标签放在 0s 的位置，按 R 键，展开“旋转”属性，设置“旋转”为 0、-5.5，在按住 Shift 键的同时，按 T 键，展开“透明度”属性，设置“透明度”为 0%，单击“透明度”选项左侧的“关键帧自动记录器”按钮，如图 6-162 所示，记录第 1 个关键帧。将时间标签放在 1:12s 的位置，在“时间线”面板中，设置“透明度”为 100%，如图 6-163 所示，记录第 2 个关键帧。

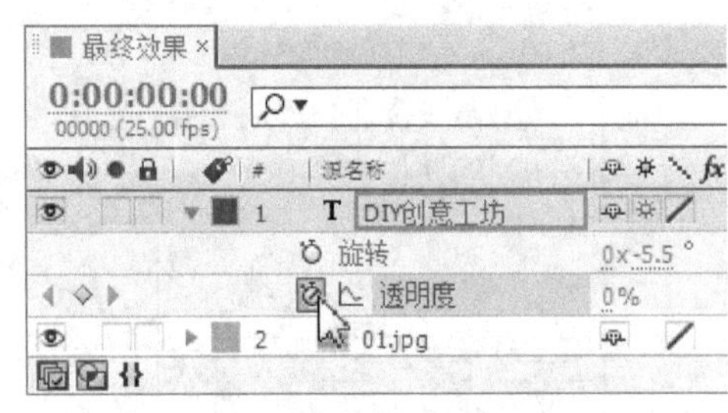

图 6-162

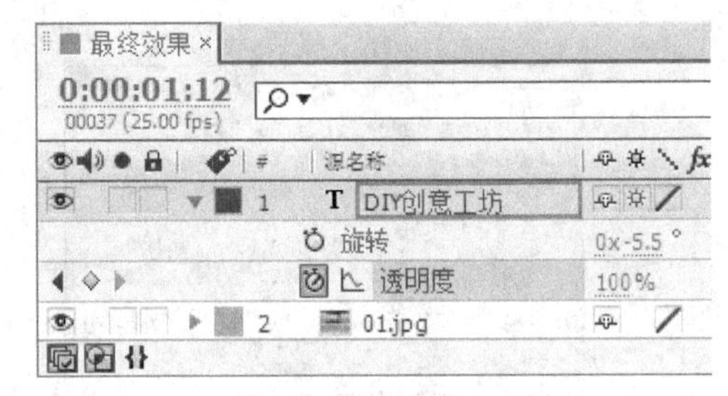

图 6-163

步骤⑤ 在“项目”面板中选中 02.avi～04.avi 文件并将它们其拖曳到“时间线”面板中。图层的排列顺序如图 6-164 所示。

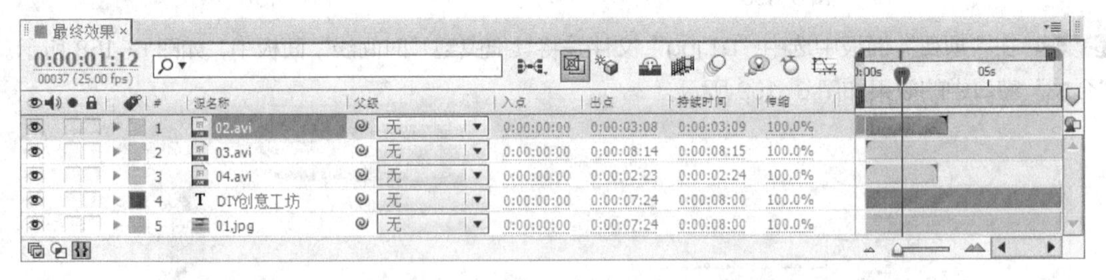

图 6-164

步骤⑥ 选中“03.avi”图层，设置“03.avi”图层的入点时间为 2:13s，持续时间为 3:09s；选中“04.avi”图层，设置“04.avi”图层的入点时间为 5:02s，持续时间为 2:24，如图 6-165 所示。

步骤⑦ 将时间标签放置在 0s 的位置，选中“02.avi”图层，按 P 键，展开“位置”属性，设置“位置”为 304.7、244.8；在按住 Shift 键的同时，按 S 键，展开“缩放”属性，设置“缩放”为 71%；

在按住 Shift 键的同时，按 R 键，展开“旋转”属性，设置“旋转”为 0、-5.5，如图 6-166 所示。

步骤⑧ 选择“效果 > 过渡 > CC 图像式擦除”命令，在“特效控制台”面板中设置参数，如图 6-167 所示。

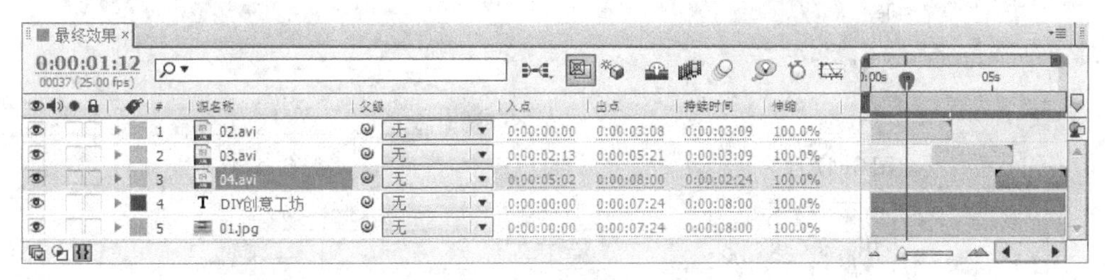

图 6-165

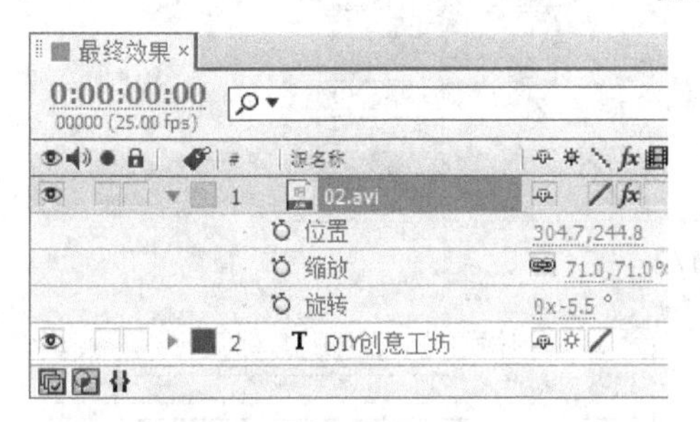

图 6-166

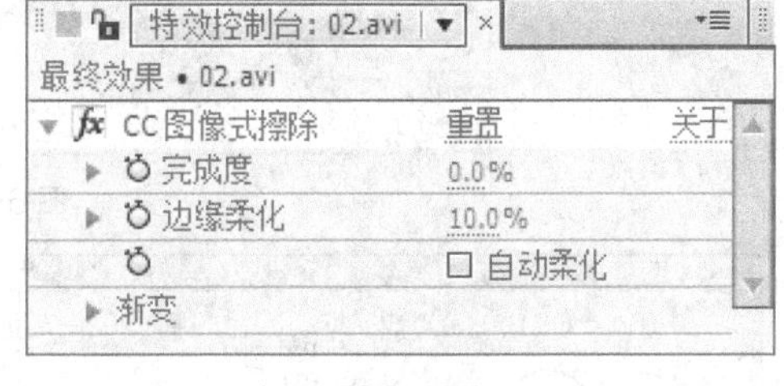

图 6-167

步骤⑨ 将时间标签放在 2:04s 的位置，在“特效控制台”面板中，单击“完成度”选项左侧的“关键帧自动记录器”按钮，如图 6-168 所示，记录第 1 个关键帧。将时间标签放在 2:20s 的位置，在“特效控制台”面板中，设置“完成度”为 100%，如图 6-169 所示，记录第 2 个关键帧。

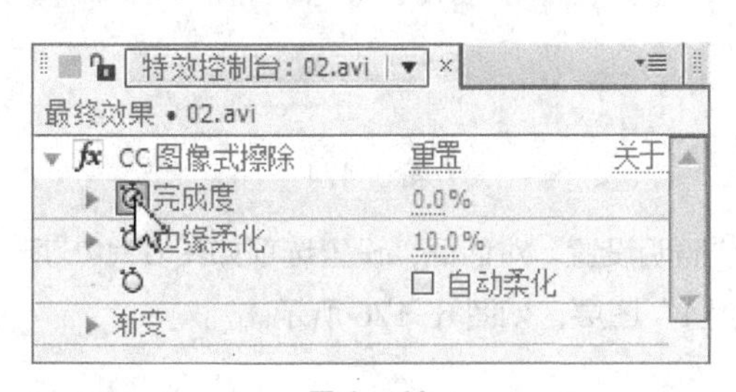

图 6-168

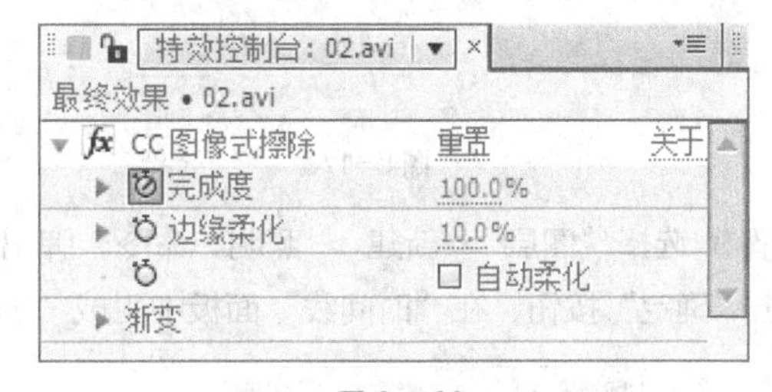

图 6-169

步骤⑩ 将时间标签放置在 0s 的位置，选中“03.avi”图层，按 P 键，展开“位置”属性，设置“位置”为 304.7、244.8；在按住 Shift 键的同时，按 S 键，展开“缩放”属性，设置“缩放”为 71%；在按住 Shift 键的同时，按 R 键，展开“旋转”属性，设置“旋转”为 0、-5.5，如图 6-170 所示。

步骤⑪ 选中“04.avi”图层，按 P 键，展开“位置”属性，设置“位置”为 304.7、244.8；在按住 Shift 键的同时，按 S 键，展开“缩放”属性，设置“缩放”为 71%；在按住 Shift 键的同时，按 R 键，展开“旋转”属性，设置“旋转”为 0、-5.5，如图 6-171 所示。

步骤⑫ 分别单击 02.avi～04.avi 图层右侧的“3D 图层”按钮，如图 6-172 所示。

步骤⑬ 选择“图层 > 新建 > 摄像机”命令，弹出“摄像机设置”对话框，设置选项如图 6-173 所示。单击“确定”按钮，在“时间线”面板中生成“摄像机 1”图层，展开“摄像机 1”图层的属性，设置选项如图 6-174 所示。

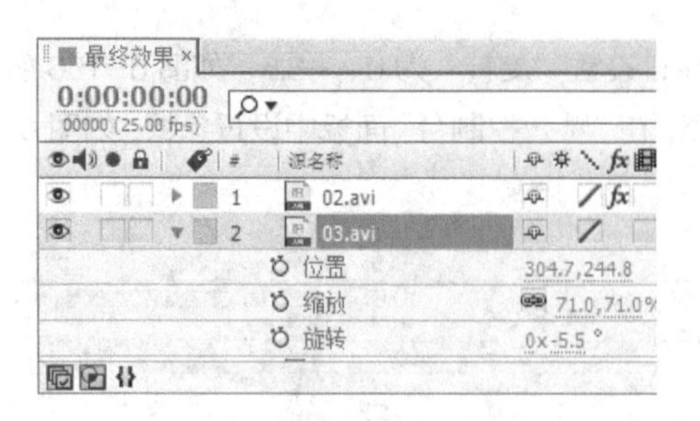

图 6-170

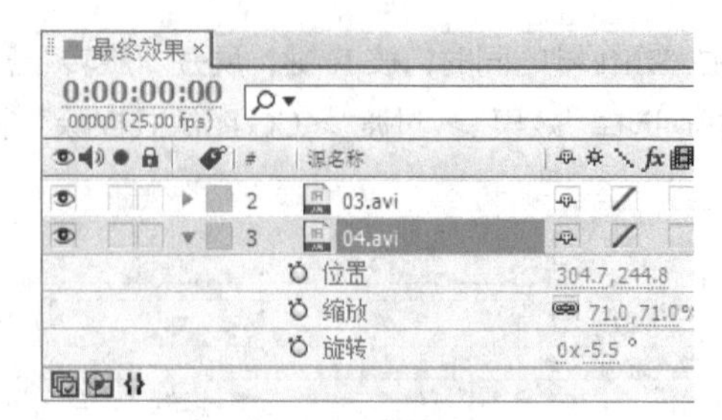

图 6-171

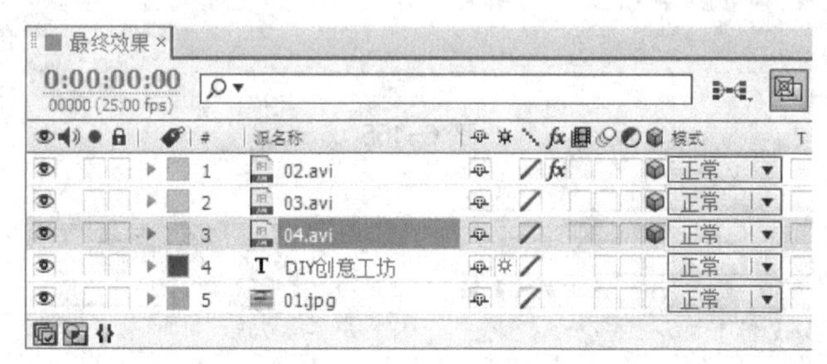

图 6-172

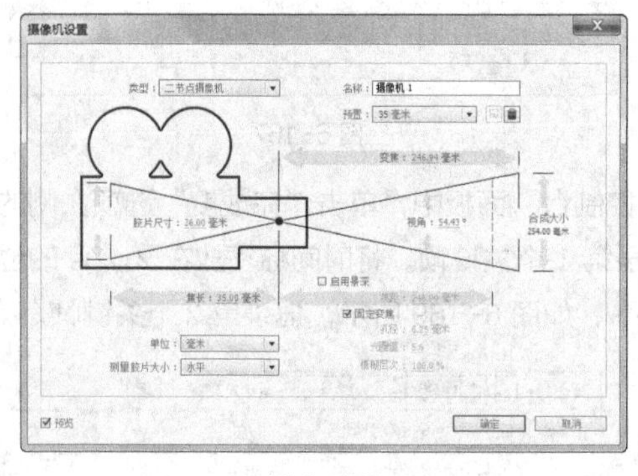
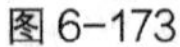

图 6-173

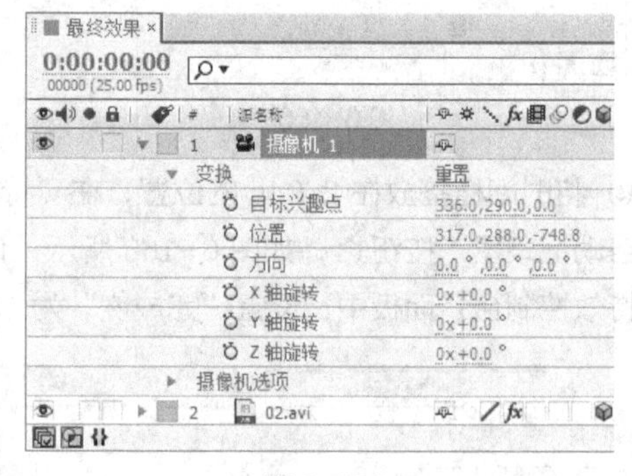

图 6-174

步骤⑭ 选择“图层 > 新建 > 照明”命令，弹出“照明设置”对话框，设置选项如图 6-175 所示。单击“确定”按钮，在“时间线”面板中生成“照明 1”图层，如图 6-176 所示。

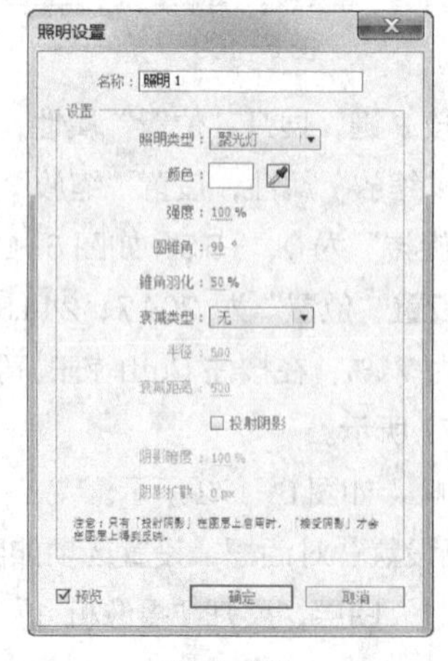

图 6-175

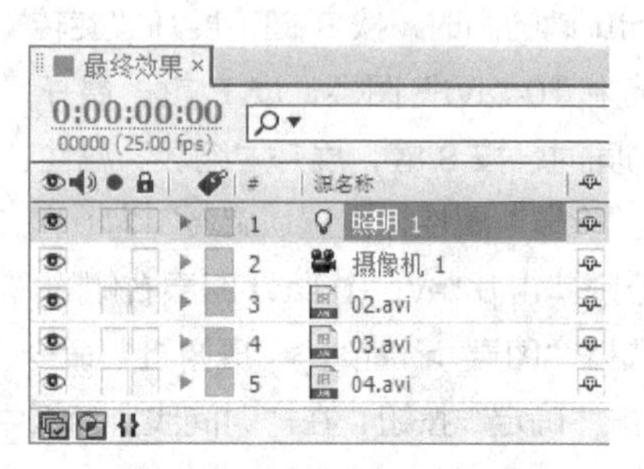

图 6-176

步骤⑮ 展开“照明 1”图层的属性，设置“目标兴趣点”为 347.4、299.4、104.9，设置“位置”为 380.2、266.6、−168.6；分别单击“位置”和“目标兴趣点”选项左侧的“关键帧自动记录器”按钮 ，如图 6−177 所示，记录第 1 个关键帧。“合成”窗口中的效果如图 6−178 所示。

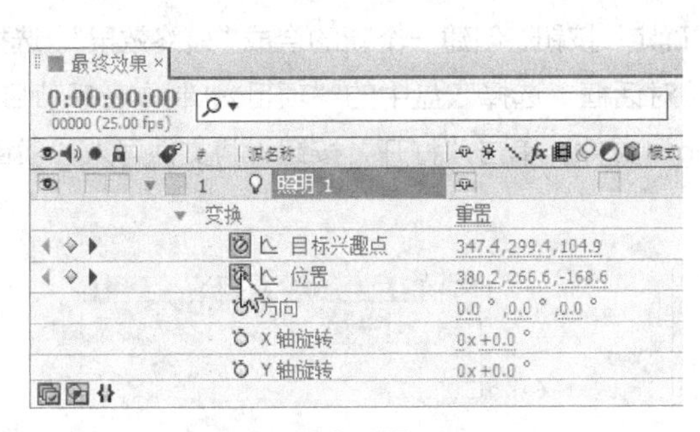

图 6−177

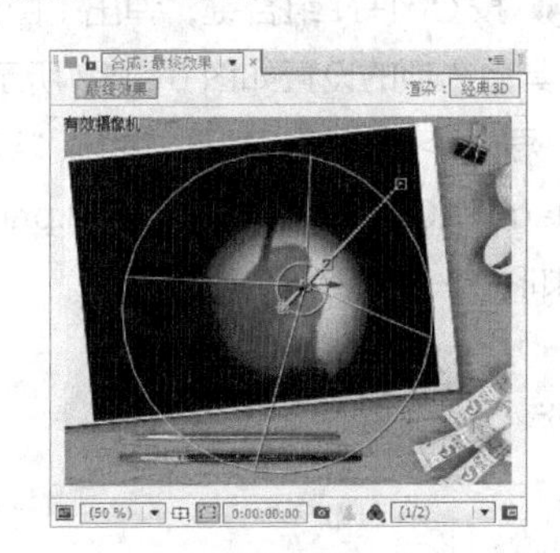

图 6−178

步骤⑯ 将时间标签放在 1:19s 的位置，在“时间线”面板中，设置“目标兴趣点”为 399.3、247.5、−327.3，“位置”为 432.1、214.7、−600.8，如图 6−179 所示，记录第 2 个关键帧。DIY 节目片头制作完成，效果如图 6−180 所示。

图 6−179

图 6−180

6.4.2 制作音乐节目片头

案例知识要点

使用“位置”属性制作图片运动效果；使用“3D 图层”属性和“摄像机”命令制作空间效果；使用“阴影”命令制作文字阴影效果。最终效果如图 6−181 所示。

图 6−181

微课：制作音乐节目片头

案例操作步骤

步骤① 按 Ctrl+N 组合键，弹出“图像合成设置”对话框，在“合成组名称”文本框中输入“最终效果”，其他选项的设置如图 6-182 所示，单击“确定”按钮，创建一个新的合成“最终效果”。选择“文件 > 导入 > 文件”命令，弹出“导入文件”对话框，选择云盘中的“项目六\制作音乐节目片头\(Footage) \01.mov、02.jpg、03.png～06.png”文件，单击“打开”按钮，将文件导入“项目”面板，如图 6-183 所示。

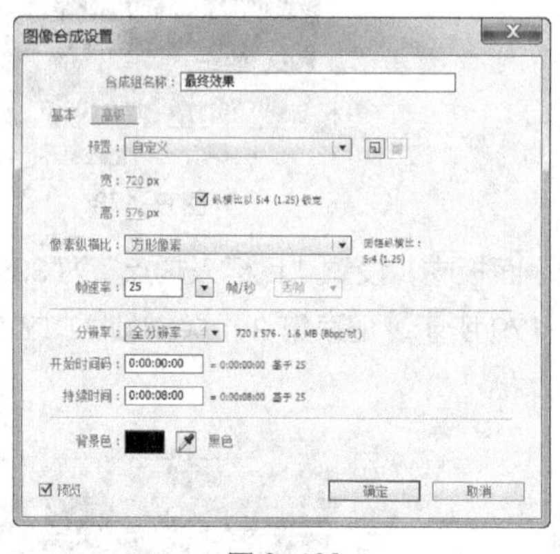

图 6-182

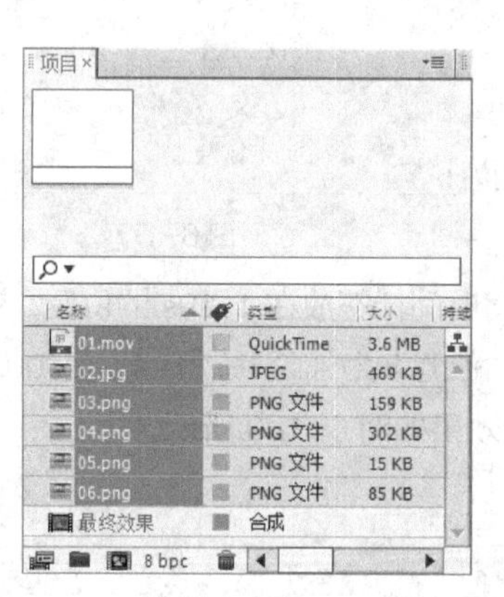

图 6-183

步骤② 在“项目”面板中分别选中“01.mov”和“02.jpg”文件并将它们拖曳到“时间线”面板中，图层的排列顺序如图 6-184 所示。“合成”窗口中的效果如图 6-185 所示。

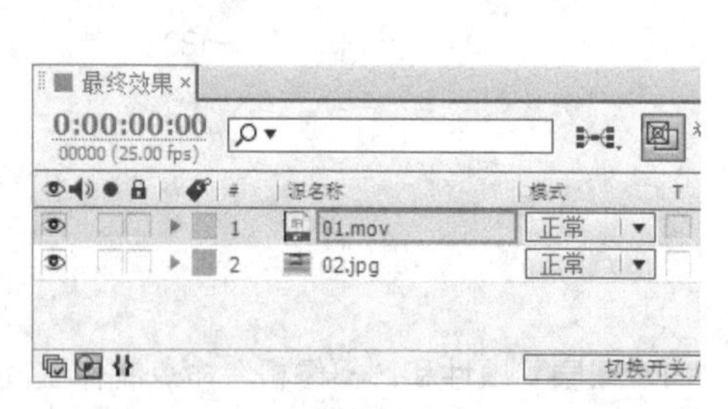

图 6-184

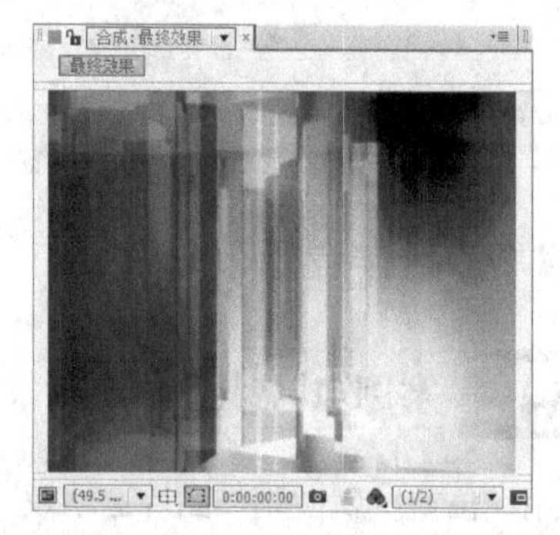

图 6-185

步骤③ 选中“01.mov”图层，设置图层的混合模式为“柔光”，按 T 键，展开“透明度”属性，设置“透明度”为 50%，如图 6-186 所示。“合成”窗口中的效果如图 6-187 所示。

步骤④ 在“项目”面板中分别选中 03.png～06.png 文件并将它们拖曳到“时间线”面板中，图层的排列顺序如图 6-188 所示。“合成”窗口中的效果如图 6-189 所示。

步骤⑤ 选中“06.png”图层，按 P 键，展开“位置”属性，设置“位置”为 644、288，单击“位置”选项左侧的“关键帧自动记录器”按钮 ，如图 6-190 所示，记录第 1 个关键帧。将时间标签放置在 2s 的位置，在“时间线”面板中，设置“位置”为 93、288，如图 6-191 所示，记录第 2 个关键帧。

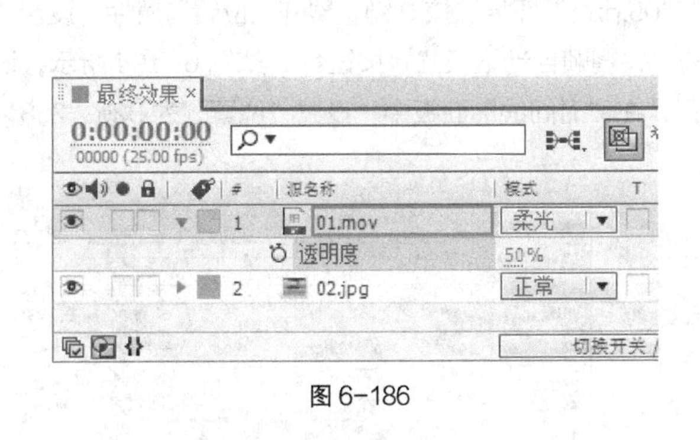

图 6-186

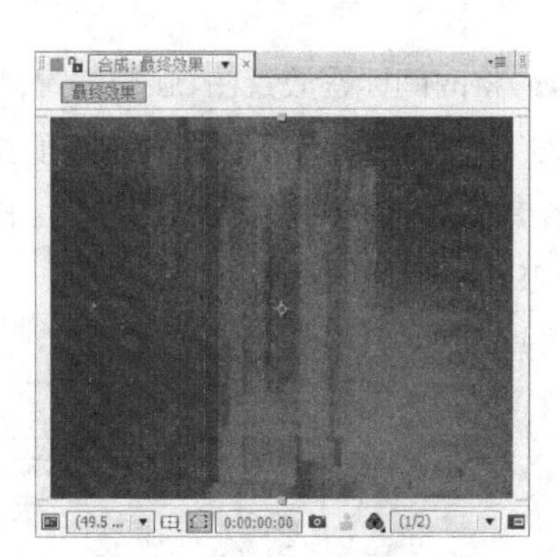

图 6-187

图 6-188

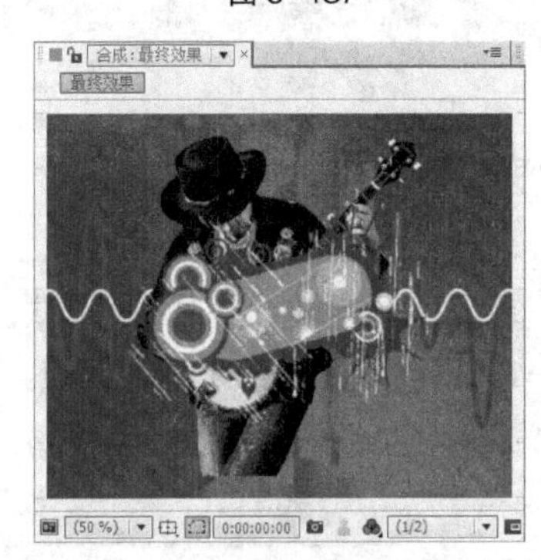

图 6-189

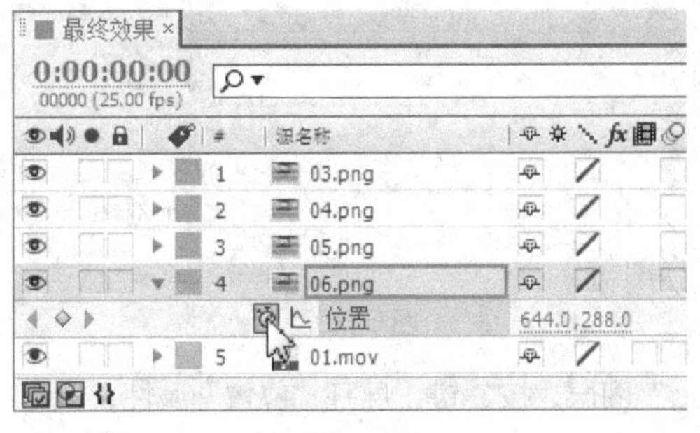

图 6-190

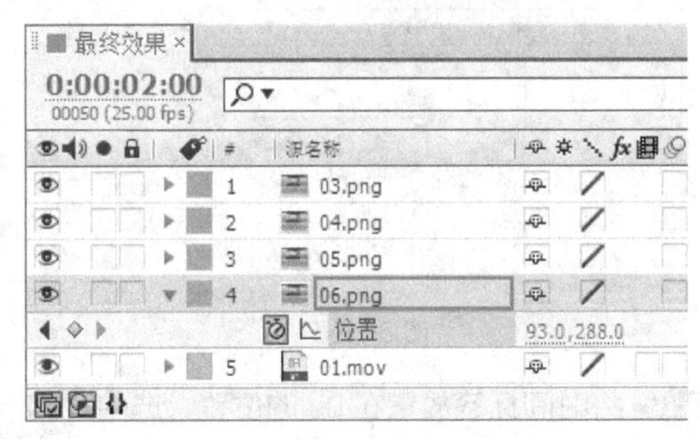

图 6-191

步骤⑥ 按 T 键，展开“透明度”属性，单击“透明度”选项左侧的“关键帧自动记录器”按钮，如图 6-192 所示，记录第 1 个关键帧。将时间标签放置在 3s 的位置，在“时间线”面板中，设置“透明度”为 0%，如图 6-193 所示，记录第 2 个关键帧。

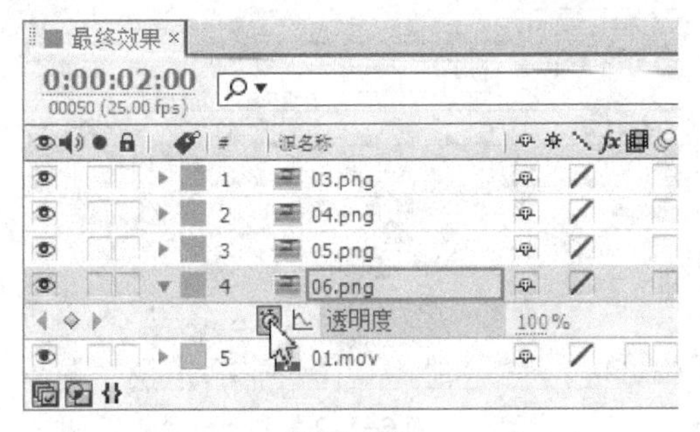

图 6-192

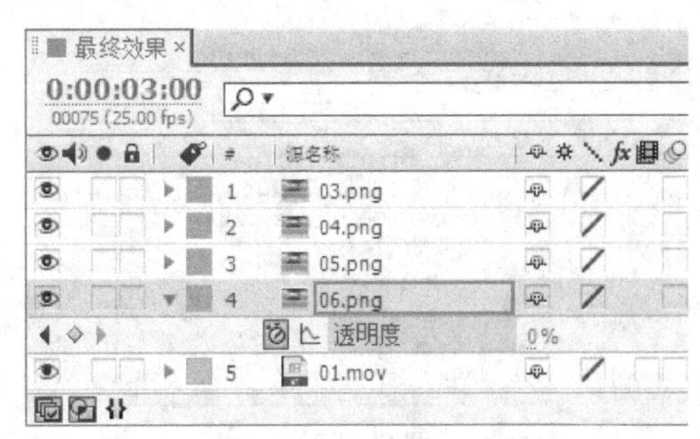

图 6-193

步骤⑦ 将时间标签放置在 0s 的位置，选中“05.png”图层，按 P 键，展开“位置”属性，设置“位置”为 183、288，单击“位置”选项左侧的“关键帧自动记录器”按钮，如图 6-194 所示，记录第 1 个关键帧。将时间标签放置在 2s 的位置，在“时间线”面板中，设置“位置”为 525、288，如图 6-195 所示，记录第 2 个关键帧。

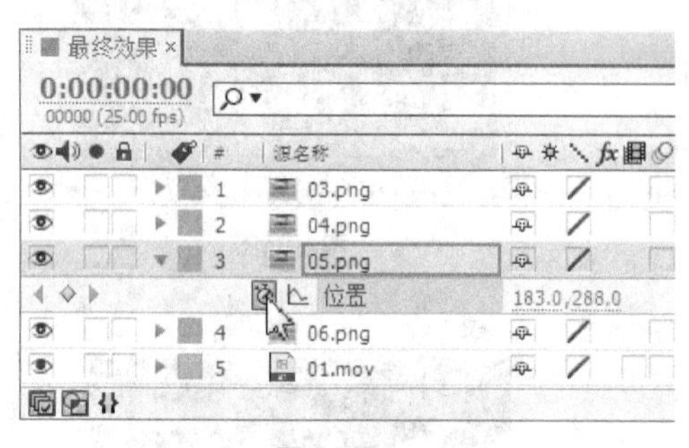

图 6-194

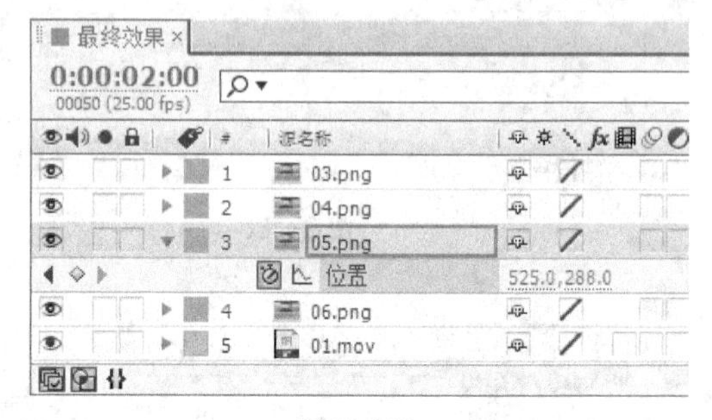

图 6-195

步骤⑧ 按 T 键，展开“透明度”属性，单击“透明度”选项左侧的“关键帧自动记录器”按钮，如图 6-196 所示，记录第 1 个关键帧。将时间标签放置在 3s 的位置，在“时间线”面板中，设置“透明度”为 0%，如图 6-197 所示，记录第 2 个关键帧。

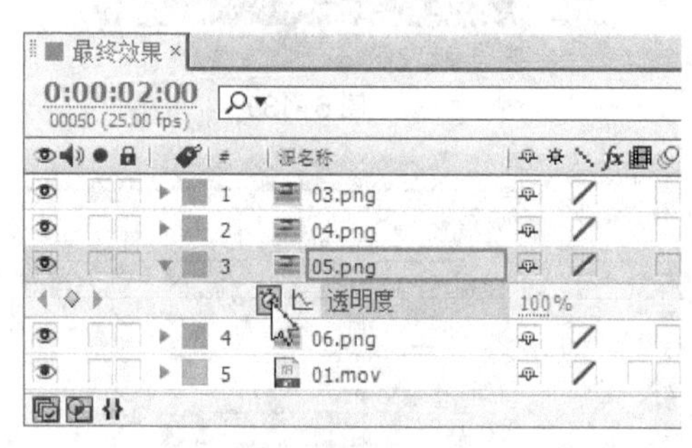

图 6-196

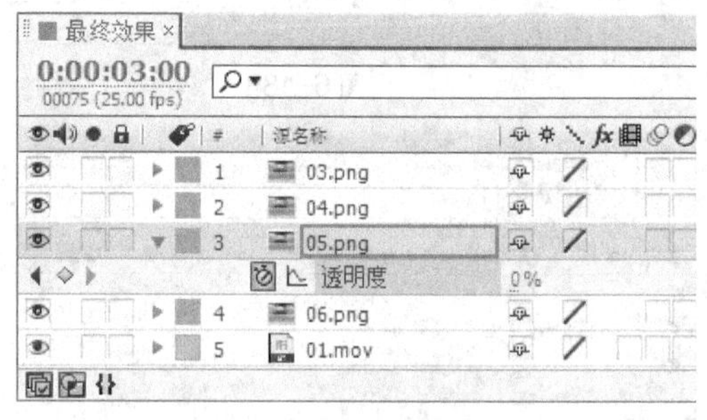

图 6-197

步骤⑨ 将时间标签放置在 0s 的位置，选中“04.png”图层，按 P 键，展开“位置”属性，设置“位置”为 183.3、320.4，在按住 Shift 键的同时，按 T 键，展开“透明度”属性，设置“透明度”为 0%，单击“透明度”选项左侧的“关键帧自动记录器”按钮，如图 6-198 所示，记录第 1 个关键帧。将时间标签放置在 2s 的位置，在“时间线”面板中，设置“透明度”为 100%，如图 6-199 所示，记录第 2 个关键帧。

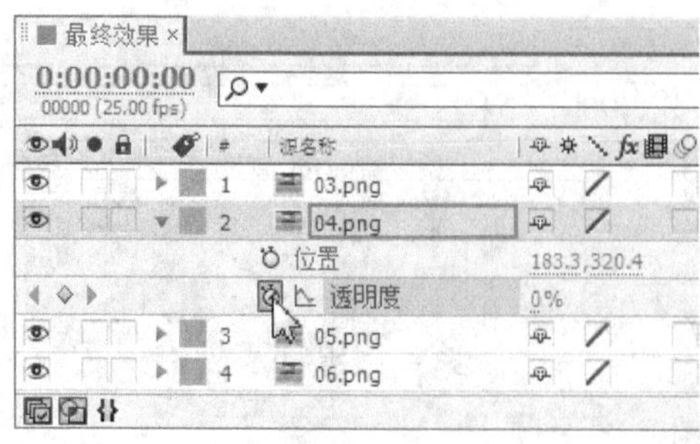

图 6-198

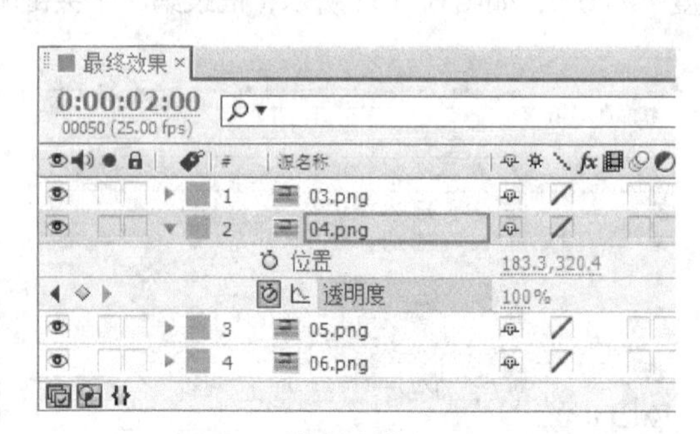

图 6-199

步骤⑩ 选中“03.png”图层，将时间标签放置在3s的位置，单击“03.png”图层右侧的“3D图层”按钮，按P键，展开“位置”属性，设置“位置”为478.7、286.7、0，在按住Shift键的同时，按T键，展开“透明度”属性，设置“透明度”为0，单击“透明度”选项左侧的“关键帧自动记录器”按钮，如图6-200所示，记录第1个关键帧。

步骤⑪ 将时间标签放置在3:05s的位置，在“时间线”面板中，设置“透明度”为100%，如图6-201所示，记录第2个关键帧。

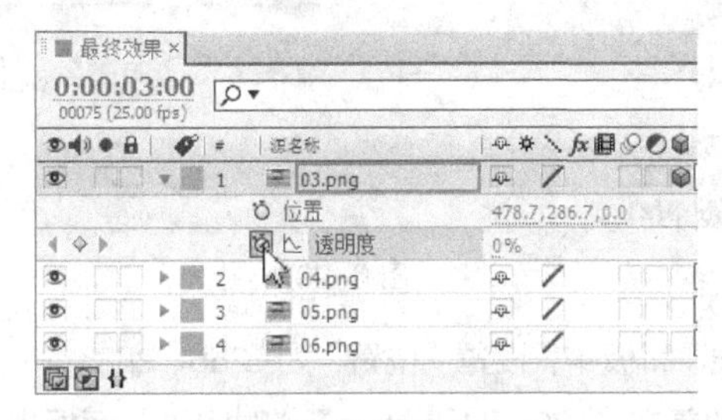

图6-200

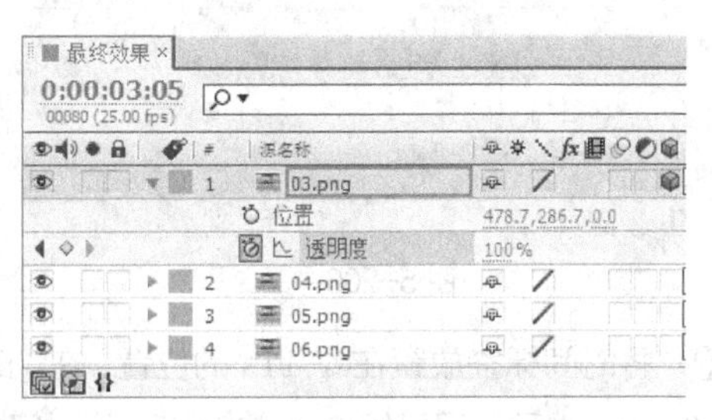

图6-201

步骤⑫ 选择“图层 > 新建 > 摄像机”命令，弹出“摄像机设置”对话框，设置选项如图6-202所示。单击“确定”按钮，在“时间线”面板中生成“摄像机1”图层，如图6-203所示。

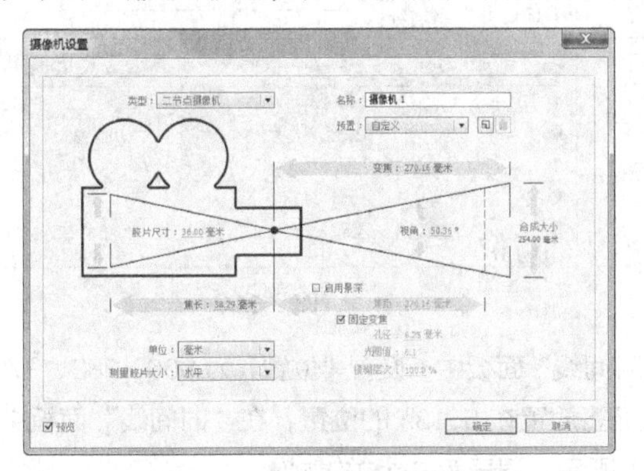

图6-202

图6-203

步骤⑬ 在“时间线”面板中，展开“摄像机1”属性，如图6-204所示。“合成”窗口中的效果如图6-205所示。

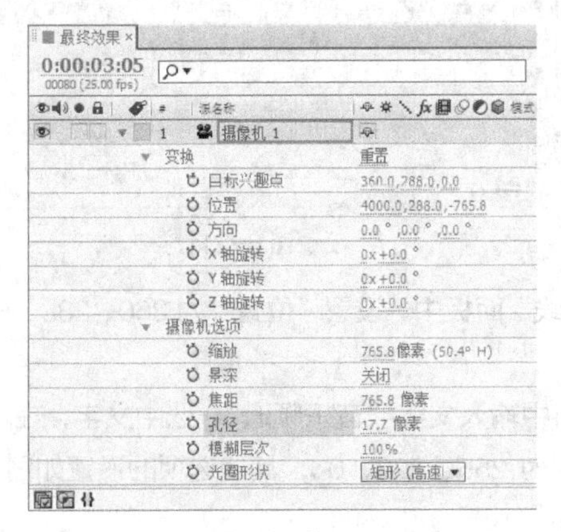

图6-204

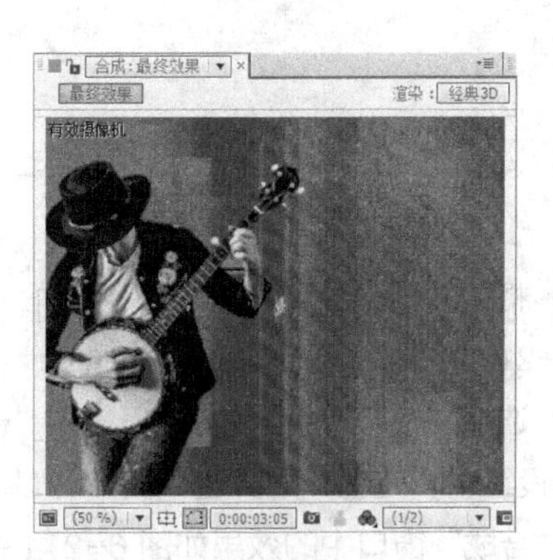

图6-205

步骤⑭ 按P键，展开“位置”属性，单击“位置”选项左侧的“关键帧自动记录器”按钮，如图6-206所示，记录第1个关键帧。将时间标签放置在3:24s的位置，在“时间线”面板中，设置“位置”为360、288、-765.8，如图6-207所示，记录第2个关键帧。

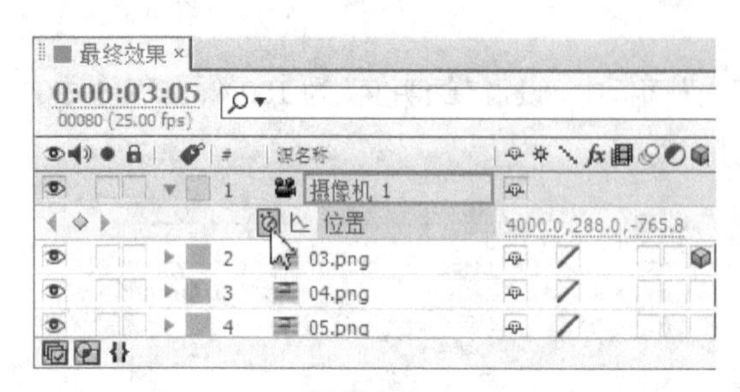

图6-206

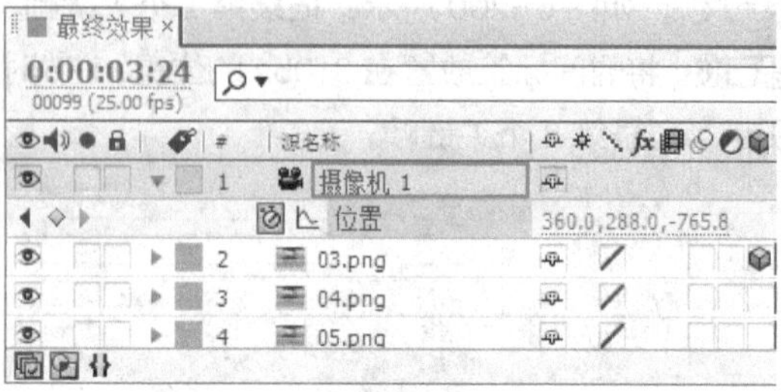

图6-207

步骤⑮ 将时间标签放置在4:11s的位置，在“时间线”面板中，设置“位置”为-255、288、-765.8，如图6-208所示，记录第3个关键帧。将时间标签放置在4:20s的位置，在“时间线”面板中，设置“位置”为360、288、-765.8，如图6-209所示，记录第4个关键帧。

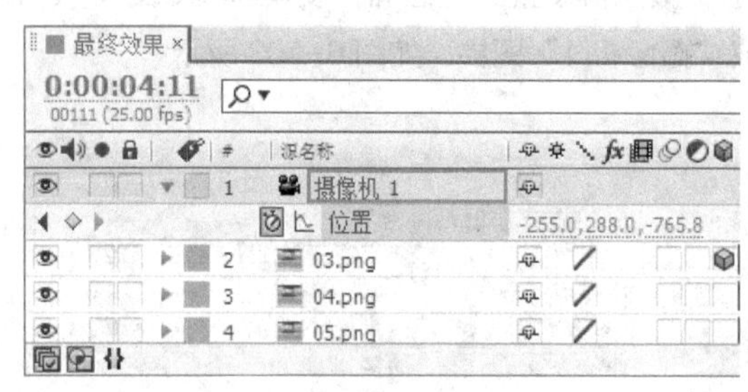

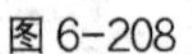
图6-208

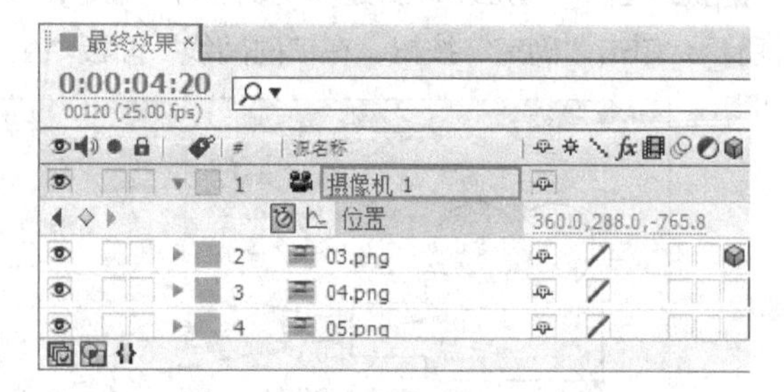

图6-209

步骤⑯ 将时间标签放置在5:04s的位置，在“时间线”面板中，设置“位置”为800、288、-765.8，如图6-210所示，记录第5个关键帧。将时间标签放置在5:13s的位置，在“时间线”面板中，设置“位置”为-100、288、-765.8，如图6-211所示，记录第6个关键帧。

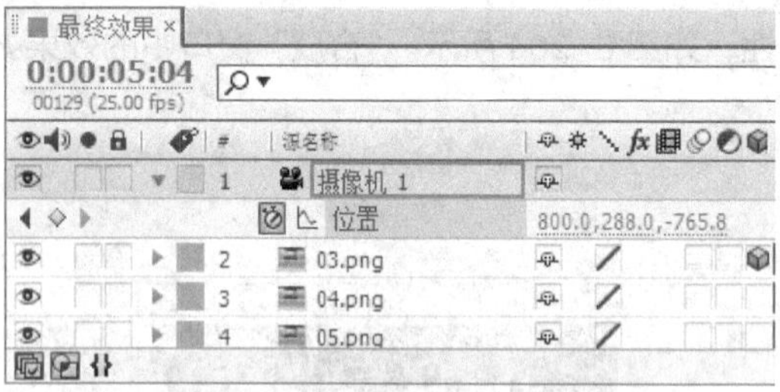

图6-210

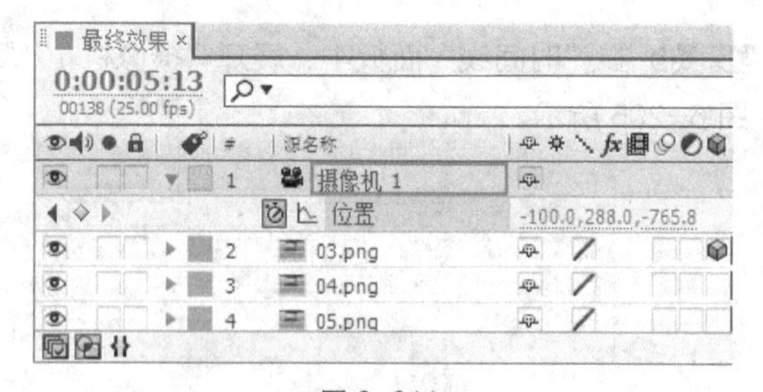

图6-211

步骤⑰ 将时间标签放置在5:23s的位置，在“时间线”面板中，设置“位置”为360、288、-765.8，如图6-212所示，记录第7个关键帧。

步骤⑱ 选择“横排文字”工具T，在“合成”窗口中输入文字“音乐频道”。选中文字，在“文字”面板中设置“填充色”为黄色（其R、G、B值分别为255、222、0），其他选项的设置如图6-213所示。“合成”窗口中的效果如图6-214所示。

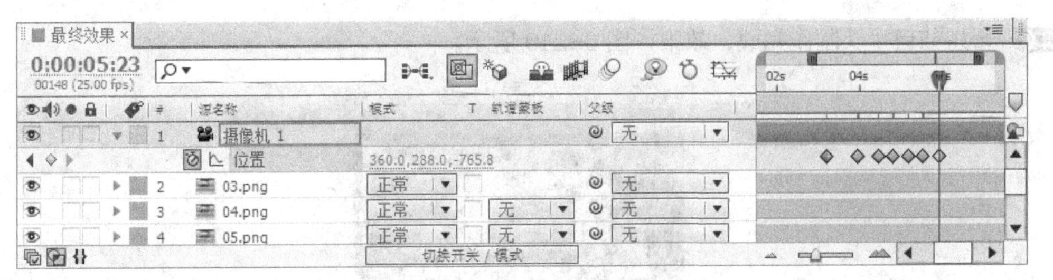

图 6-212

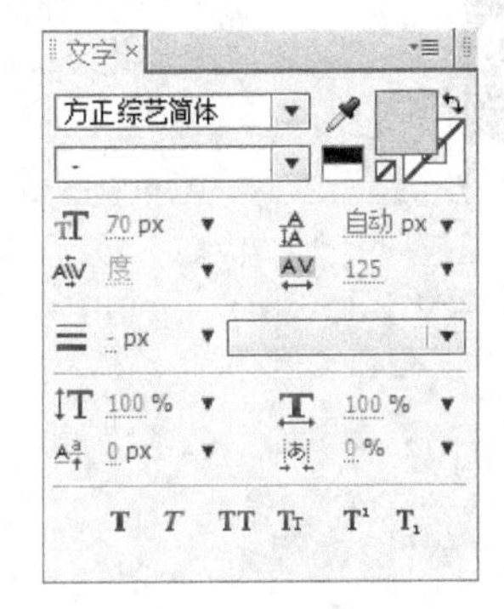

图 6-213

图 6-214

步骤⑲ 选择“效果 > 透视 > 阴影”命令，在“特效控制台”面板中设置参数，如图 6-215 所示。“合成”窗口中的效果如图 6-216 所示。

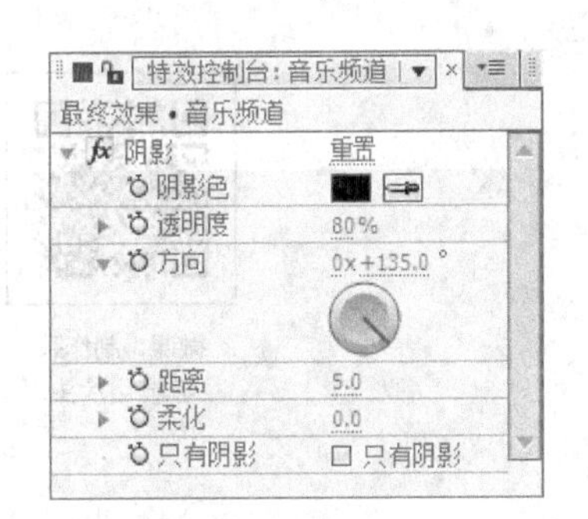

图 6-215

图 6-216

步骤⑳ 将时间标签放在 6:05s 的位置，按 T 键，展开“透明度”属性，设置“透明度”为 0%，单击“透明度”选项左侧的“关键帧自动记录器”按钮，如图 6-217 所示，记录第 1 个关键帧。

步骤㉑ 将时间标签放在 6:24s 的位置，在“时间线”面板中，设置“透明度”为 100%，如图 6-218 所示，记录第 2 个关键帧。

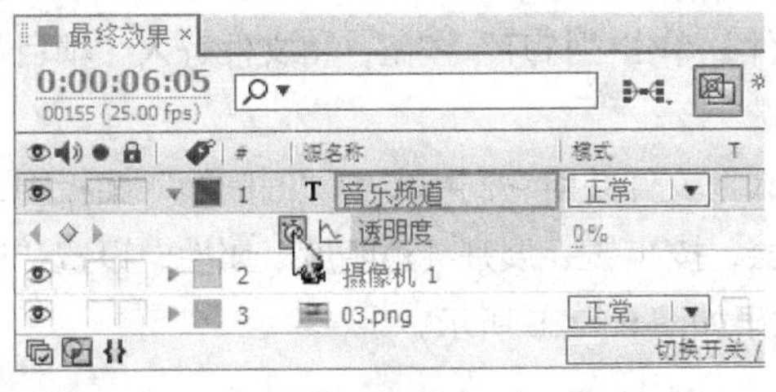

图 6-217

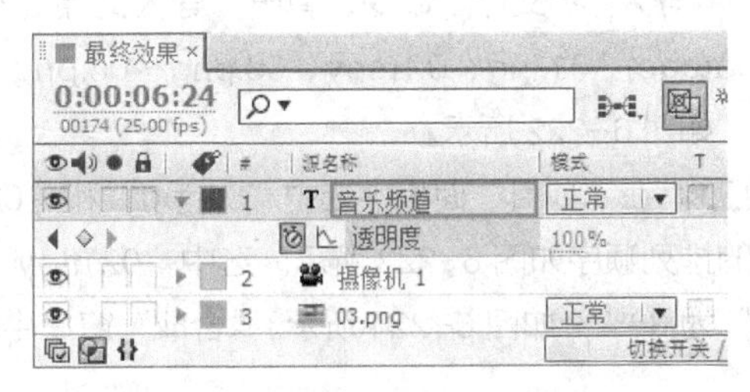

图 6-218

步骤22 音乐节目片头制作完成，效果如图 6-219 所示。

图 6-219

6.4.3 制作茶艺节目片头

案例知识要点

使用“透明度”属性和“位置”属性制作动画效果；使用“横排文字”工具添加文字，效果如图 6-220 所示。

图 6-220

微课：制作茶艺节目片头

案例操作步骤

步骤1 按 Ctrl+N 组合键，弹出“图像合成设置”对话框，在“合成组名称”文本框中输入“最终效果”，其他选项的设置如图 6-221 所示，单击“确定”按钮，创建一个新的合成“最终效果”。选择“文件 > 导入 > 文件”命令，弹出“导入文件”对话框，选择云盘中的“项目六\制作茶艺节目片头\(Footage) \01.jpg、02.mov、03.png～06.png”文件，单击“打开”按钮，将文件导入“项目”面板，如图 6-222 所示。

步骤2 在“项目”面板中选中“01.jpg”和“02.mov”文件并将它们拖曳到“时间线”面板中，图层的排列顺序如图 6-223 所示。选中“02.mov”图层，按 T 键，展开“透明度”属性，设置“透明度”为 36%，如图 6-224 所示。“合成”窗口中的效果如图 6-225 所示。

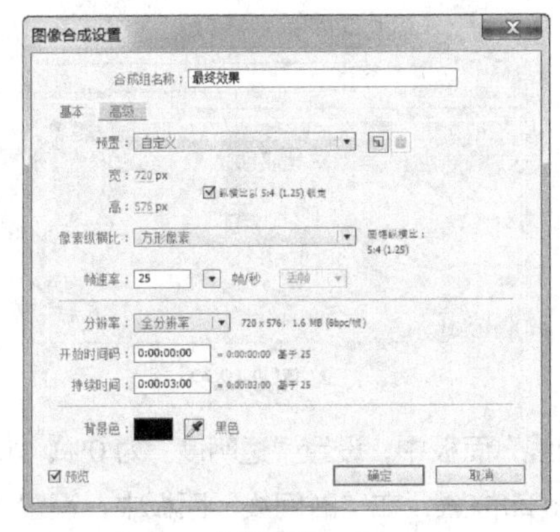

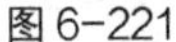

图 6-221

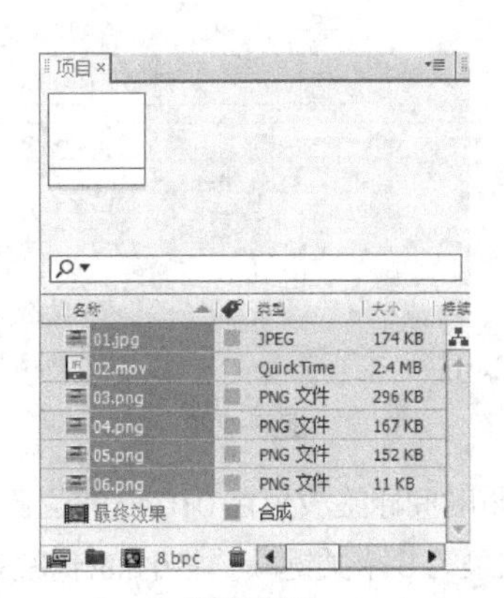

图 6-222

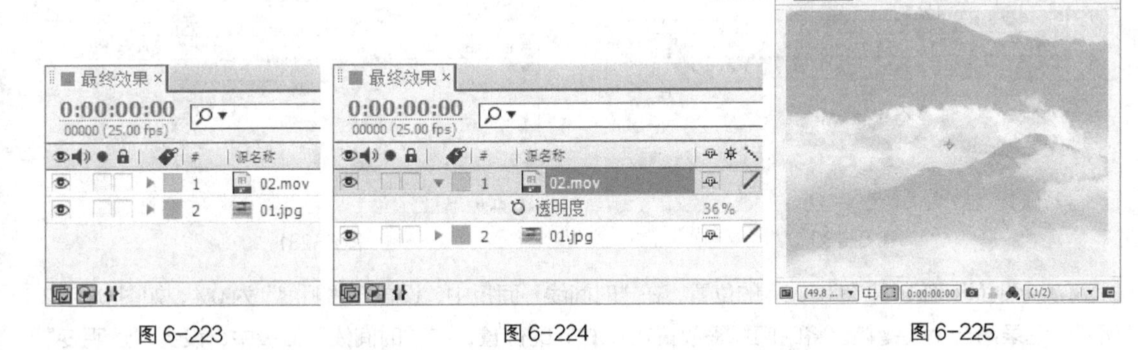

图 6-223　　图 6-224　　图 6-225

步骤③ 在“项目”面板中选中“03.png”文件并将其拖曳到“时间线”面板中，按 P 键，展开“位置”属性，设置“位置”为 420.4、292；在按住 Shift 键的同时，按 T 键，展开“透明度”属性，设置“透明度”为 0%，单击“透明度”选项左侧的“关键帧自动记录器”按钮，如图 6-226 所示，记录第 1 个关键帧。

步骤④ 将时间标签放置在 0:01s 的位置，在“时间线”面板中，设置“透明度”为 100%，如图 6-227 所示，记录第 2 个关键帧。

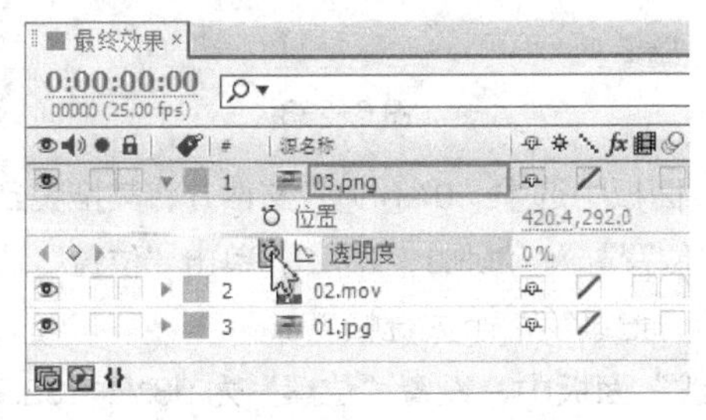

图 6-226

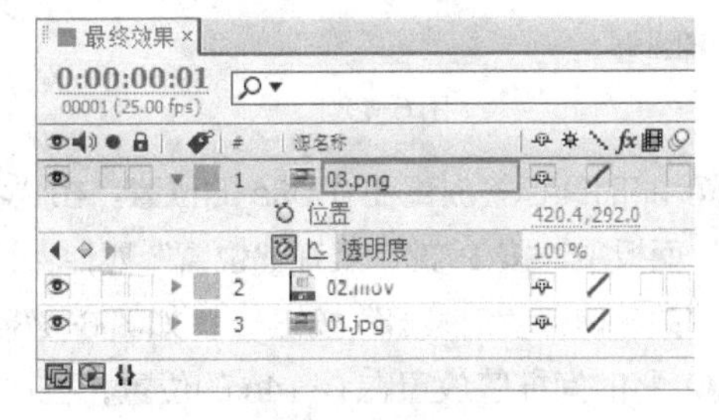

图 6-227

步骤⑤ 将时间标签放置在 0:02s 的位置，在“时间线”面板中，设置“透明度”为 0%，如图 6-228 所示，记录第 3 个关键帧。将时间标签放置在 0:03s 的位置，在“时间线”面板中，设置“透明度”为 100%，如图 6-229 所示，记录第 4 个关键帧。

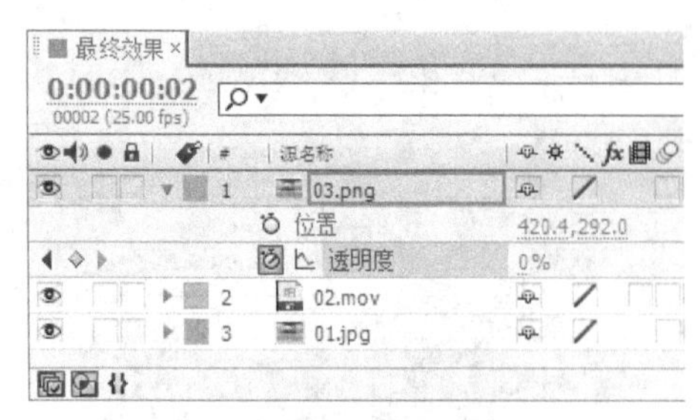

图 6-228

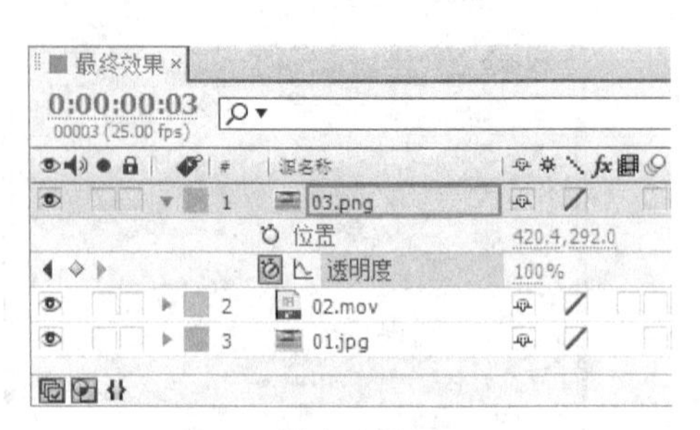

图 6-229

步骤⑥ 将时间标签放置在 0:04s 的位置，在“时间线”面板中，设置“透明度”为 0%，如图 6-230 所示，记录第 5 个关键帧。将时间标签放置在 0:05s 的位置，在“时间线”面板中，设置“透明度”为 100%，如图 6-231 所示，记录第 6 个关键帧。

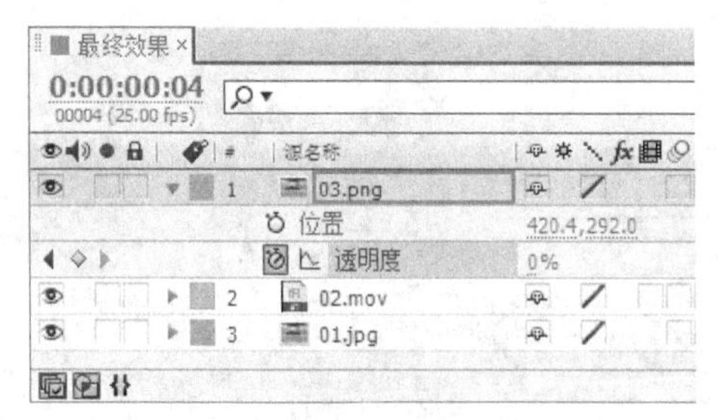

图 6-230

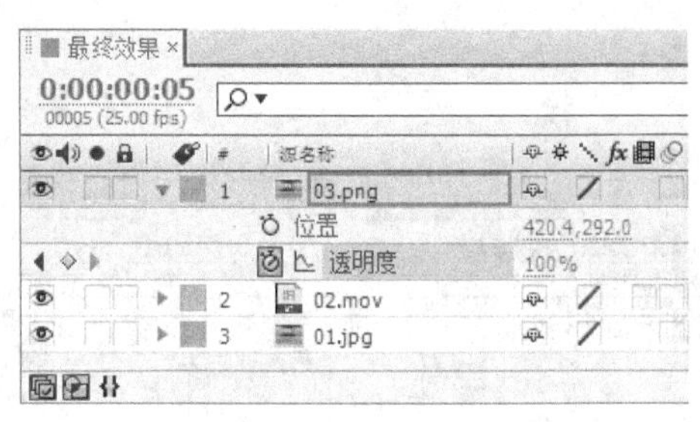

图 6-231

步骤⑦ 将时间标签放置在 0:06s 的位置，在“时间线”面板中，设置“透明度”为 0%，如图 6-232 所示，记录第 7 个关键帧。将时间标签放置在 0:07s 的位置，在“时间线”面板中，设置“透明度”为 100%，如图 6-233 所示，记录第 8 个关键帧。

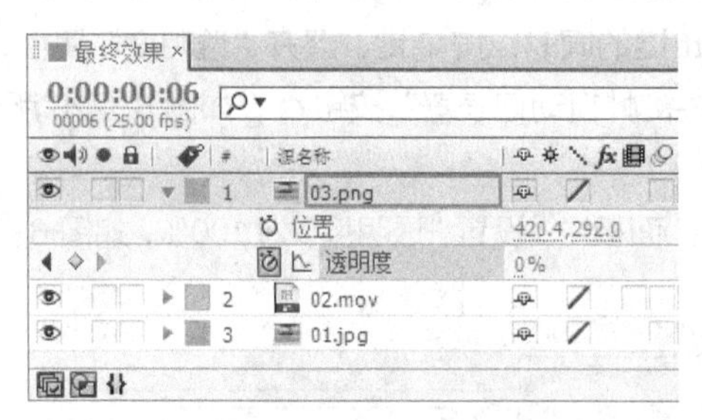

图 6-232

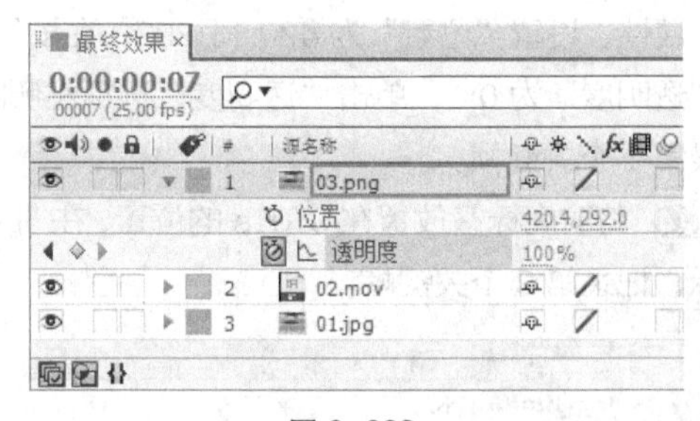

图 6-233

步骤⑧ 将时间标签放置在 0:09s 的位置。在“项目”面板中选中“04.png”文件并将其拖曳到“时间线”面板中，按 P 键，展开“位置”属性，设置“位置”为-253.3、132.9，单击“位置”选项左侧的“关键帧自动记录器”按钮，如图 6-234 所示，记录第 1 个关键帧。

步骤⑨ 将时间标签放置在 0:14s 的位置，在“时间线”面板中，设置“位置”为 98.7、132.9，如图 6-235 所示，记录第 2 个关键帧。

步骤⑩ 将时间标签放置在 0:09s 的位置。在“项目”面板中选中“05.png”文件并将其拖曳到“时间线”面板中，按P键，展开“位置”属性，设置“位置”为 843.6、186.8，单击“位置”选项左侧的“关键帧自动记录器”按钮，如图 6-236 所示，记录第 1 个关键帧。

步骤⑪ 将时间标签放置在 0:14s 的位置，在“时间线”面板中，设置“位置”为 613.6、186.8，如

图 6-237 所示，记录第 2 个关键帧。

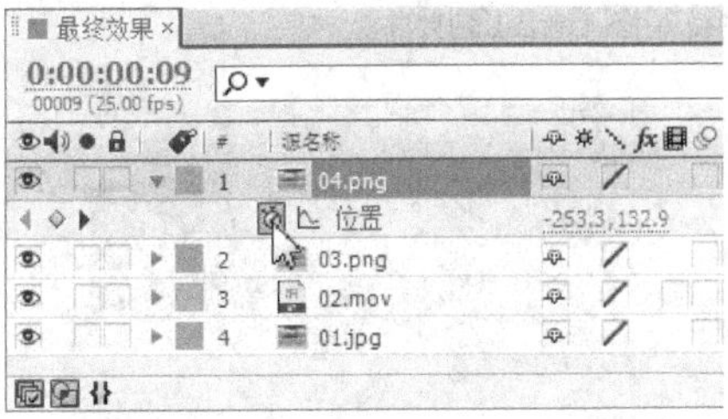

图 6-234

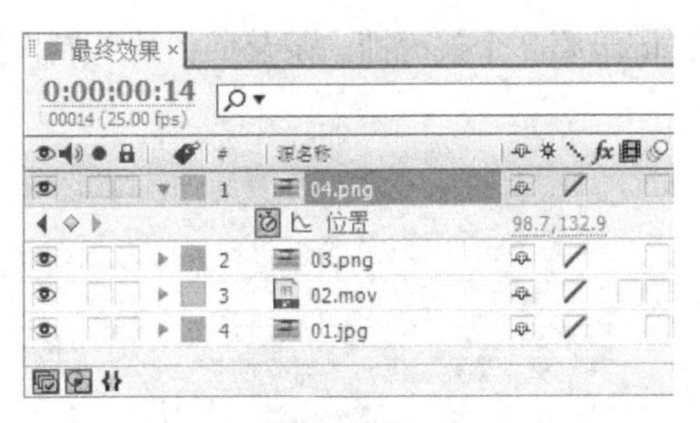

图 6-235

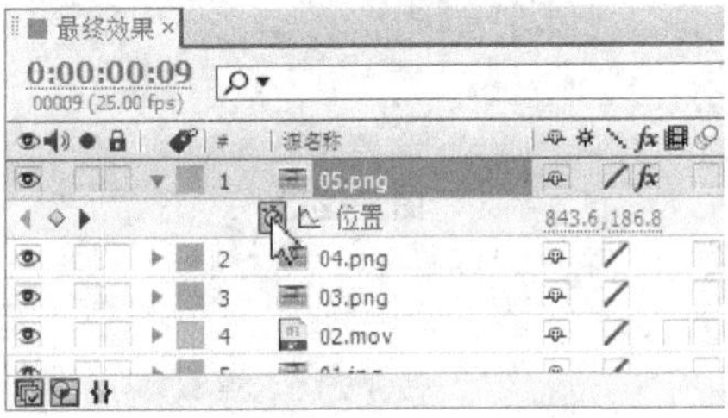

图 6-236

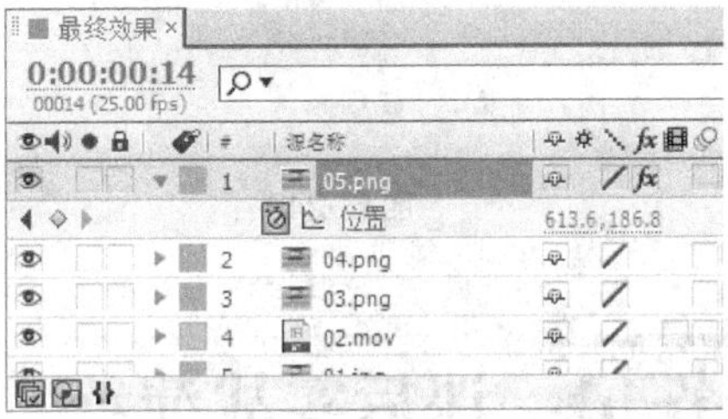

图 6-237

步骤⑫ 在“项目”面板中选中“06.png”文件并将其拖曳到“时间线”面板中，按 P 键，展开“位置”属性，设置“位置”为 207.6、441.8，如图 6-238 所示。“合成”窗口中的效果如图 6-239 所示。

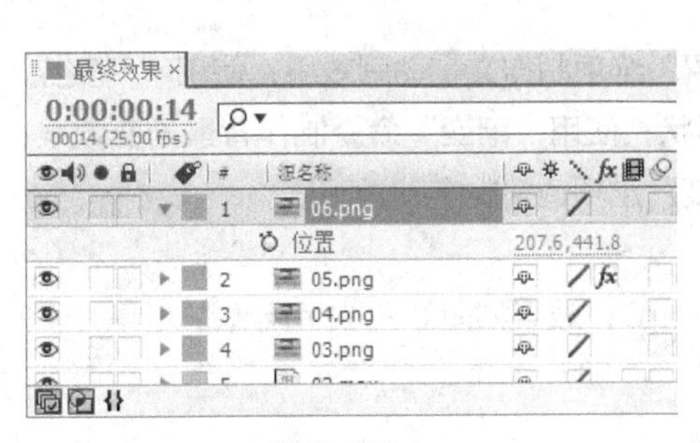

图 6-238

图 6-239

步骤⑬ 将时间标签放置在 1s 的位置，选择“椭圆形遮罩”工具，在“合成”窗口中拖曳鼠标绘制 1 个圆形遮罩，如图 6-240 所示。按两次 M 键，展开遮罩属性，单击“遮罩扩展”选项左侧的“关键帧自动记录器”按钮，如图 6-241 所示，记录第 1 个关键帧。

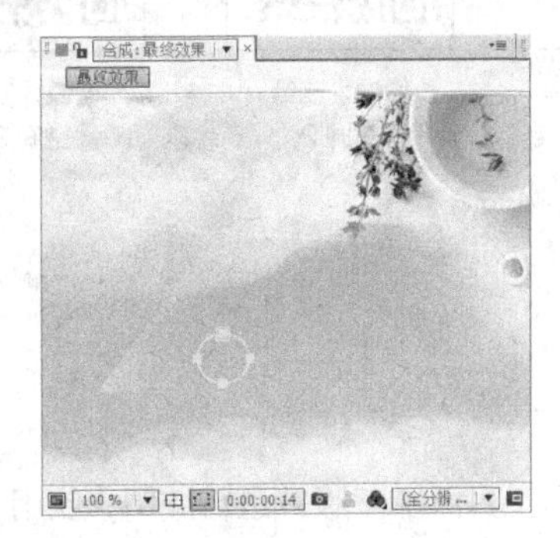

图 6-240

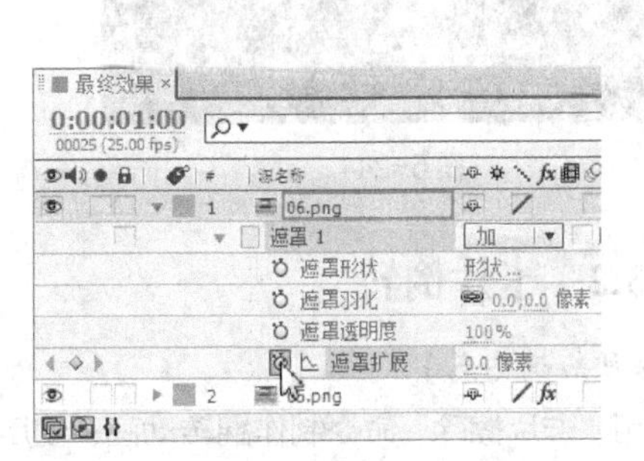

图 6-241

步骤⑭ 将时间标签放置在1:07s的位置，在“时间线”面板中，设置“遮罩扩展”为112，如图6-242所示，记录第2个关键帧。茶艺节目片头制作完成，效果如图6-243所示。

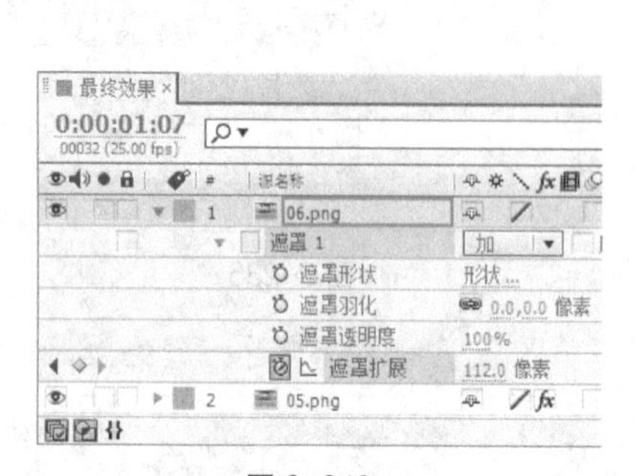

图6-242

图6-243

任务五 课后实战演练

6.5.1 三维空间

【练习知识要点】

使用“横排文字”工具输入文字；使用“位置”选项制作文字动画效果；使用“马赛克”命令、“最大/最小”命令、“查找边缘”命令制作效果形状；使用“渐变”命令制作背景渐变效果；使用变换三维层的位置属性制作空间效果；使用“透明度”选项调整文字的透明度。

【案例所在位置】

云盘中的“项目六 > 三维空间 > 三维空间.eap”，效果如图6-244所示。

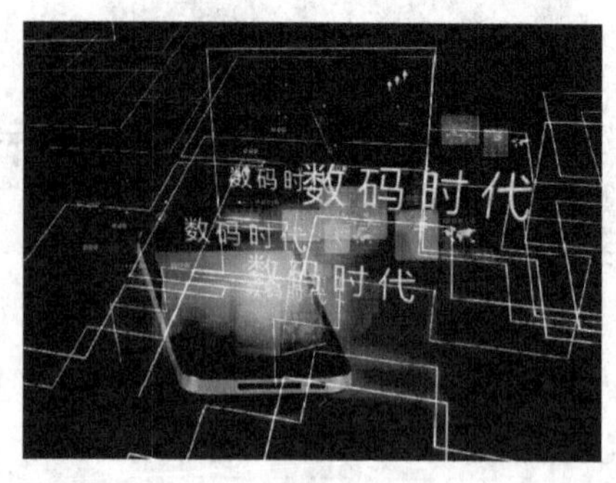

图6-244

微课：三维空间1

微课：三维空间2

微课：三维空间3

6.5.2 卡片倒转

【练习知识要点】

使用“卡片擦除”命令制作翻转动画；使用“矩形遮罩”工具添加蒙版并进行编辑；使用“渐变”命令制作渐变效果；使用“3D”属性编辑形状变形；使用“阴影”命令制作投影效果。

【案例所在位置】

云盘中的“项目六 > 卡片倒转 > 卡片倒转.eap”，效果如图 6-245 所示。

图 6-245

微课：卡片倒转

07 项目七 制作电视短片

本项目介绍声音的导入和“音频”面板。其中包括声音的导入与监听、声音长度的缩放、声音的淡入淡出、声音的倒放、低音和高音、声音的延迟、镶边与和声等内容。读者通过本项目的学习，可以掌握使用 After Effects 制作声音效果。

课堂学习目标

- 掌握将声音导入影片的方法
- 掌握为声音添加效果的技巧

任务一　将声音导入影片

7.1.1　声音的导入与监听

启动 After Effects，选择“文件 > 导入 >文件”命令，在弹出的对话框中选择“基础素材\项目七\01.mp4”文件，单击“打开”按钮，在“项目”面板中选择该素材，观察到预览窗口下方出现了声波图形，如图 7-1 所示。这说明该视频素材携带声道。从“项目”面板中将“01.mp4”文件拖曳到“时间线”面板中。

选择“窗口 > 预览控制台”命令，在弹出的“预览控制台”面板中确定图标为弹起状态，如图 7-2 所示。在“时间线”面板中同样确定图标为弹起状态，如图 7-3 所示。

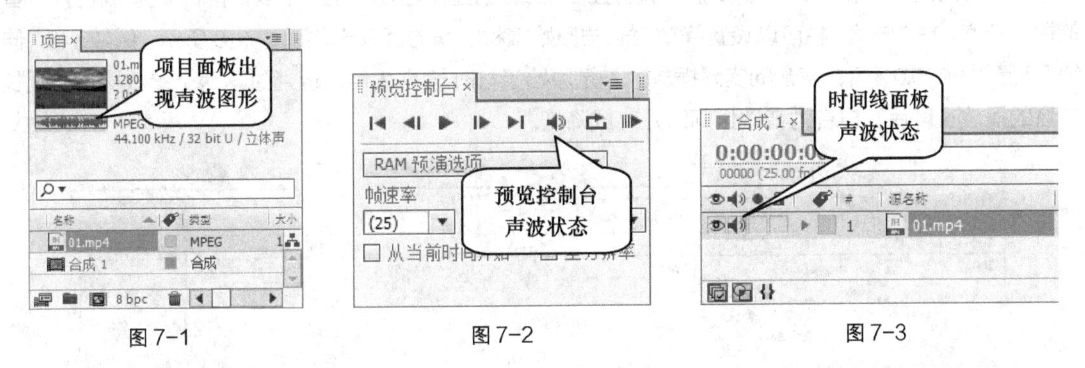

图 7-1　　图 7-2　　图 7-3

按数字键盘中的 0 键即可监听声音，在按住 Ctrl 键的同时，拖动时间标签，可以实时听到当前时间标签位置的音频。

选择“窗口 > 音频”命令，弹出“音频”面板，在该面板中拖曳滑块可以调整声音素材的总音量或分别调整左右声道的音量，如图 7-4 所示。

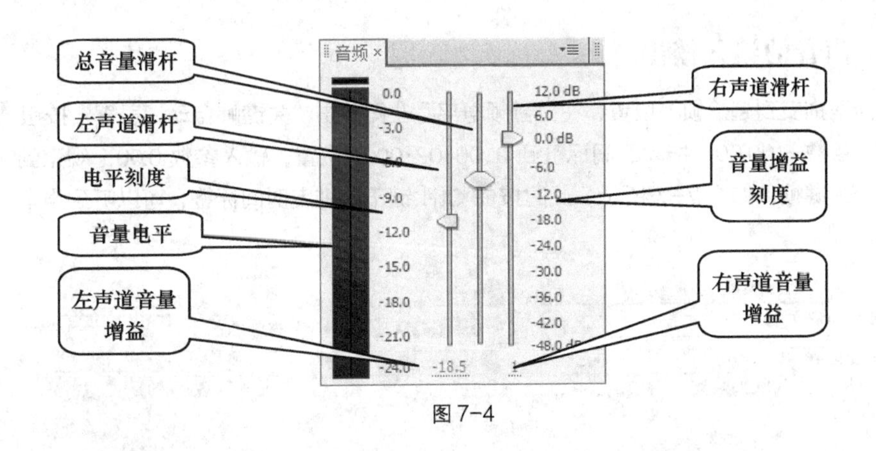

图 7-4

在“时间线”面板中展开“波形”卷展栏，可以在时间线中显示声音的波形，调整“音频电平”右侧的两个参数可以分别调整左右声道的音量，如图 7-5 所示。

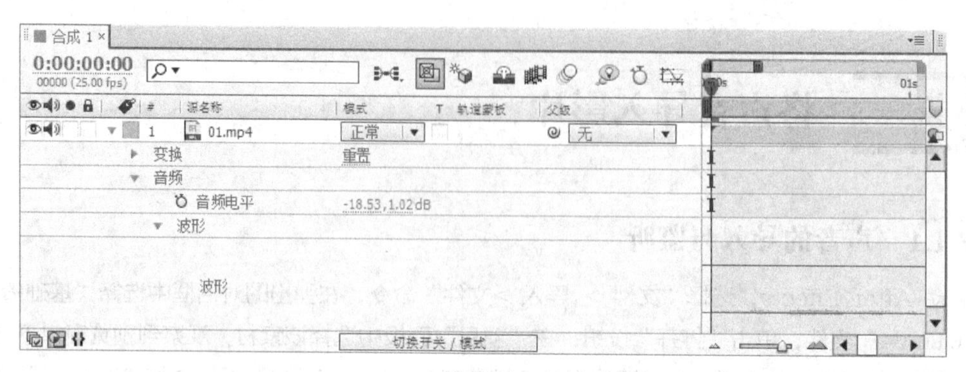

图 7-5

7.1.2 声音长度的缩放

在“时间线”面板底部单击按钮，将控制区域完全显示出来。在“持续时间”栏可以设置声音的播放长度，在“伸缩”栏可以设置播放时长与原始素材时长的百分比，如图 7-6 所示。例如，将“伸缩”设置为 200.0%后，声音的实际播放时长是原始素材时长的 2 倍。但通过这两个参数缩短或延长声音的播放长度后，声音的音调也同时升高或降低。

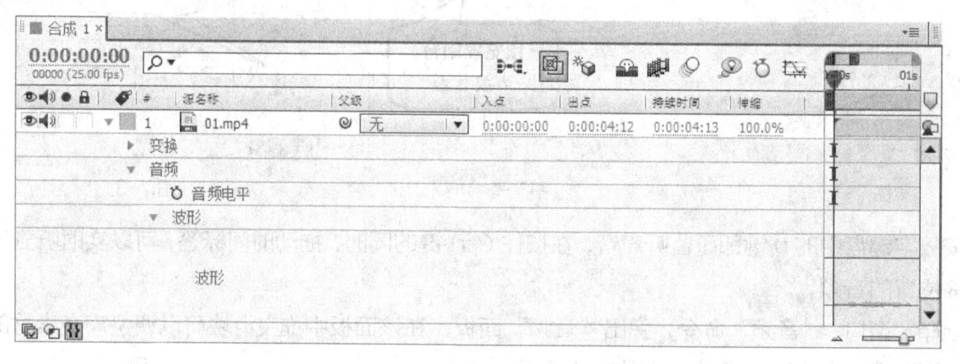

图 7-6

7.1.3 声音的淡入淡出

将时间标签拖曳到起始帧的位置，在“音频电平”左侧单击“关键帧自动记录器”按钮，添加关键帧。输入参数-100.00；拖动时间标签到 0:00:02:00 的位置，输入参数 0.00，观察到在时间线上增加了两个关键帧，如图 7-7 所示。此时按住 Ctrl 键不放拖曳时间标签，可以听到声音由小变大的淡入效果。

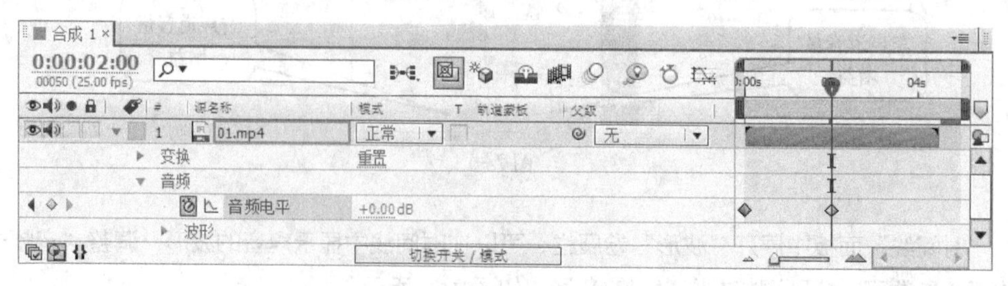

图 7-7

拖曳时间标签到 0:00:03:00 帧的位置，输入“音频电平”参数为 0.10；拖曳时间标签到结束帧，输入“音频电平”为-100.00。“时间线”面板的状态如图 7-8 所示。按住 Ctrl 键不放拖曳时间标签，可以听到声音的淡出效果。

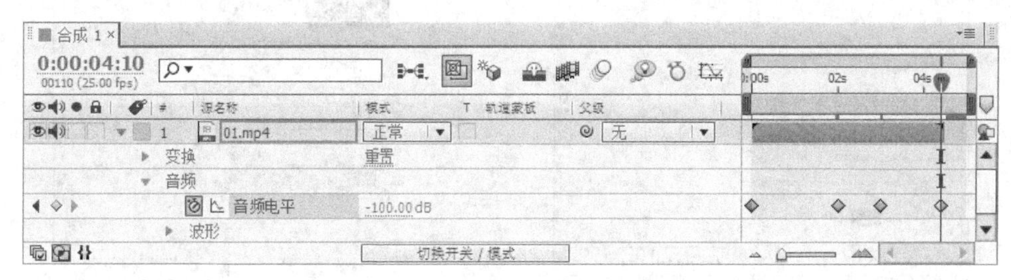

图 7-8

7.1.4 实训项目：为冲浪添加背景音乐

案例知识要点

使用“导入”命令导入声音、视频文件；使用“音频电平”选项制作背景音乐效果。最终效果如图 7-9 所示。

图 7-9

微课：为冲浪添加背景音乐

案例操作步骤

步骤❶ 按 Ctrl+N 组合键，弹出“图像合成设置”对话框，在“合成组名称”文本框中输入“最终效果”，其他选项的设置如图 7-10 所示，单击“确定”按钮，创建一个新的合成“最终效果”，“项目”面板如图 7-11 所示。

步骤❷ 选择“文件 > 导入 > 文件”命令，弹出“导入文件”对话框，选择云盘中的“项目七\为冲浪添加背景音乐\(Footage)”中的 01.avi、02.wma 文件，如图 7-12 所示，单击“打开”按钮，导入视频，并将其拖曳到“时间线”面板中。图层的排列如图 7-13 所示。

步骤❸ 选中“02.wma”图层，展开“音频”属性，在“时间线”面板中将时间标签放置在 10s 的位置，如图 7-14 所示。在“时间线”面板中，单击“音频电平”选项左侧的“关键帧自动记录器”按钮，记录第 1 个关键帧，如图 7-15 所示。

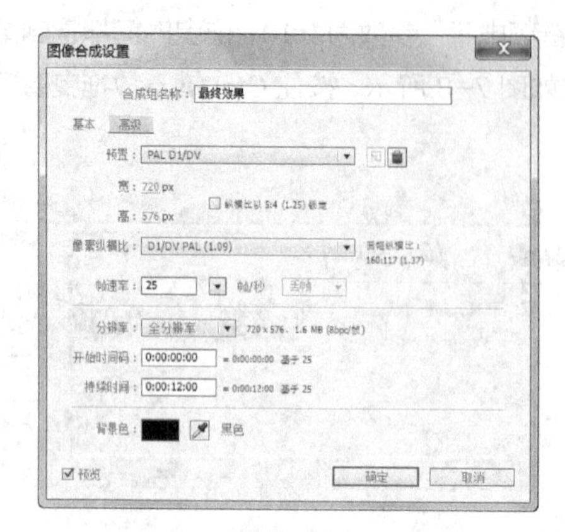

图 7-10

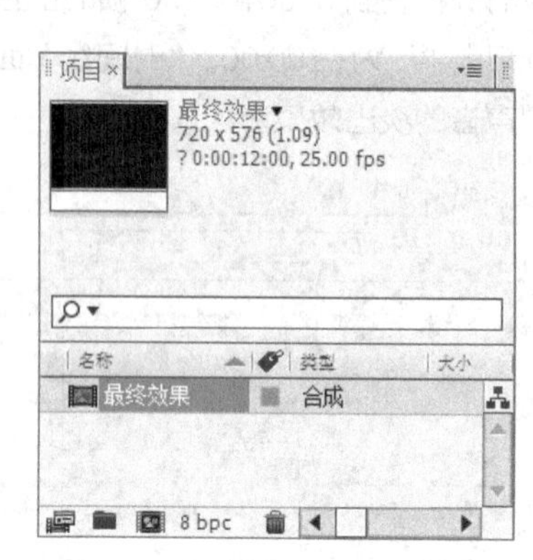

图 7-11

图 7-12

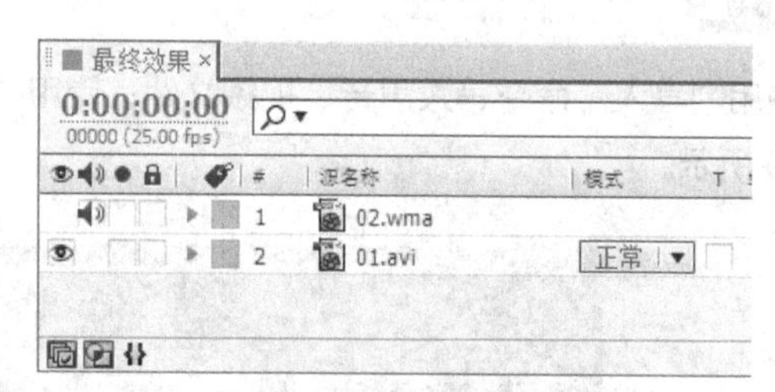

图 7-13

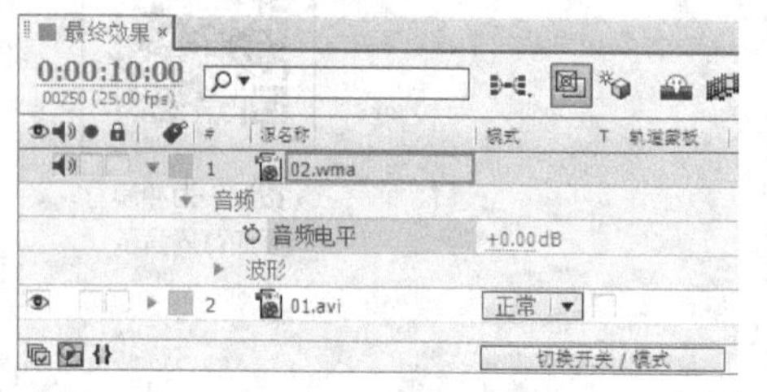

图 7-14

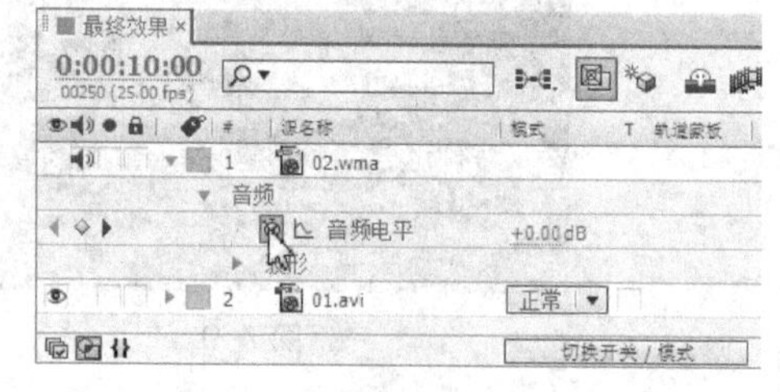

图 7-15

步骤④ 将时间标签放置在 11:24s 的位置，如图 7-16 所示。在“时间线”面板中，设置“音频电平”为-30，如图 7-17 所示，记录第 2 个关键帧。

步骤⑤ 为冲浪添加背景音乐完成。

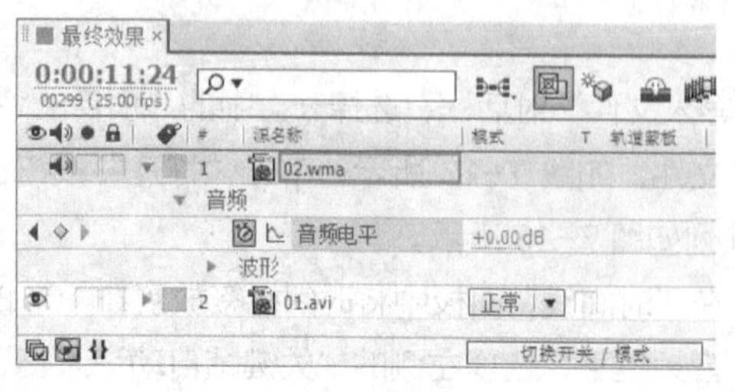

图 7-16

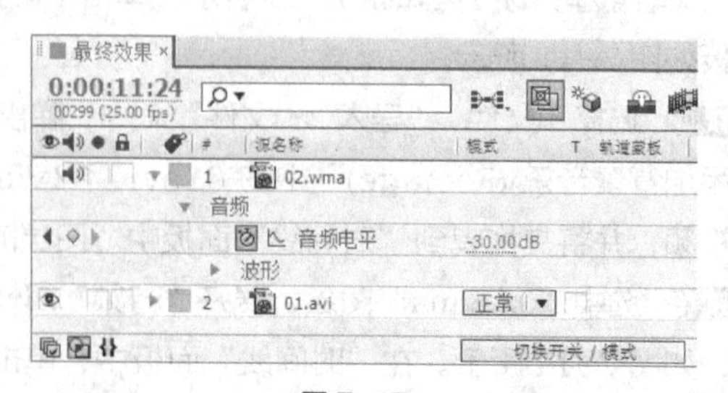

图 7-17

任务二　为音频添加效果

7.2.1　倒放

选择“效果 > 音频 > 倒放”命令，即可将该效果添加到特效控制台中。这个特效可以倒放音频素材，即从最后一帧向第一帧播放。勾选“交换声道”复选框可以交换左、右声道中的音频，如图 7-18 所示。

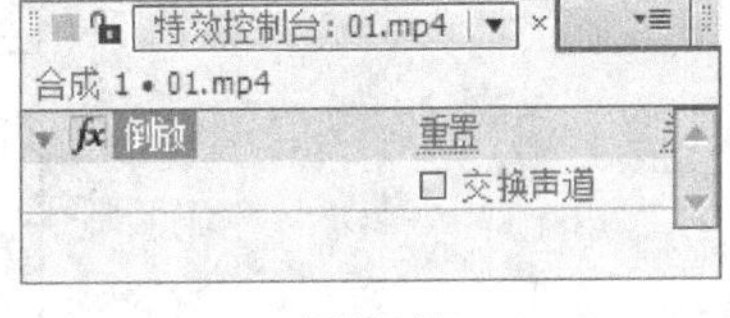

图 7-18

7.2.2　低音与高音

选择“效果 > 音频 > 低音与高音”命令即可将该效果添加到特效控制台中。拖动低音或高音滑块可以增加或减少音频中低音或高音的音量，如图 7-19 所示。

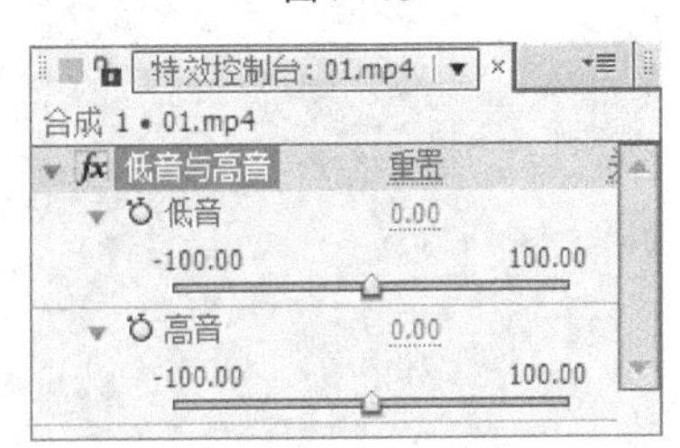

图 7-19

7.2.3　声音的延迟

选择“效果 > 音频 > 延迟”命令，即可将该效果添加到特效控制台中。它可将声音素材进行多层延迟来模仿回声效果，如制作墙壁的回声或空旷山谷中的回音。“延迟时间”用于设定原始声音与其回音的时间间隔，单位为毫秒；“延迟量”用于设置延迟音频的音量；“回授”用于设置由回音产生的后续回音的音量；“干输出”用于设置声音素材的电平；“湿输出”用于设置最终输出声波的电平，如图 7-20 所示。

图 7-20

7.2.4　镶边与和声

选择“效果 > 音频 > 镶边与和声”命令，即可将该效果添加到特效控制台中。镶边效果产生的原理是将声音素材的一个拷贝稍作延迟后与原声音混合，这样造成某些频率的声波产生叠加或相减，这在声音物理学中被称作“梳状滤波”，它会产生一种“干瘪”的声音效果，该效果在电吉他独奏中经常被应用。混入多个延迟的拷贝声音后，会产生乐器的“和声”效果。

在该效果设置栏中，“声音”用于设置延迟的拷贝声音的数量，增大此值将使卷边效果减弱而使合唱效果增强。“变调深度”用于设置拷贝声音的混合深度；“声音相位改变”用于设置拷贝声音相位的变化程度。“干声输出/湿声输出”用于设置最终输出中的原始（干）声音量和延迟（湿）声音量，如图 7–21 所示。

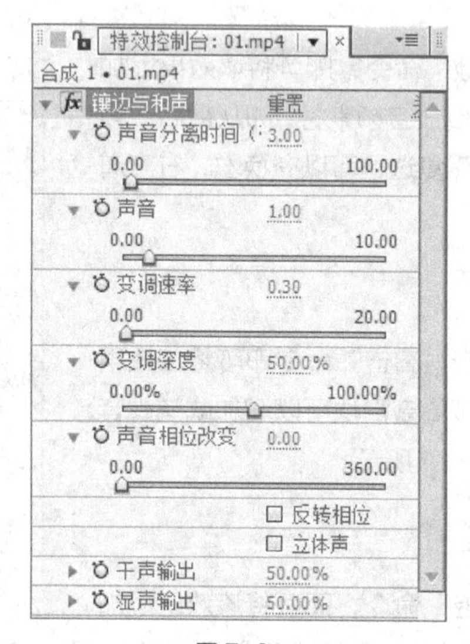

图 7–21

7.2.5 高通/低通

选择“效果 > 音频 > 高通/低通”命令，即可将该效果添加到特效控制台中。该声音效果只允许设定的频率通过，通常用于滤去低频率或高频率的噪音，如电流声、嗞嗞声等。在“滤镜选项”中可以选择使用“高通”方式或“低通”方式。“频率截断”用于设置滤波器的分界频率，选择“高通”方式滤波时，低于该频率的声音被滤除；选择“低通”方式滤波时，高于该频率的声音被滤除。“干输出”用于设置声音素材的电平，“湿输出”用于设置最终输出声波的电平，如图 7–22 所示。

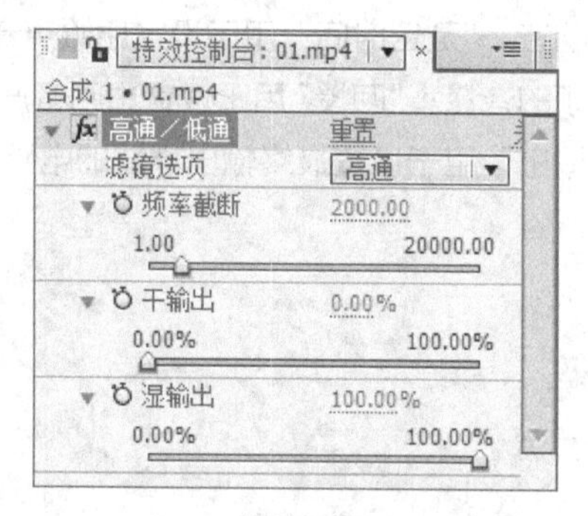

图 7–22

7.2.6 声音调制器

选择“效果 > 音频 > 调制器”命令，即可将该效果添加到特效控制台中。该声音效果可以为声音素材加入颤音效果。“变调类型”用于设置颤音的波形，“变调比率”以 Hz 为单位设定颤音调制的频率。“变调深度”以调制频率的百分比为单位设定颤音频率的变化范围。“振幅变调”用于设置颤音的强弱，如图 7–23 所示。

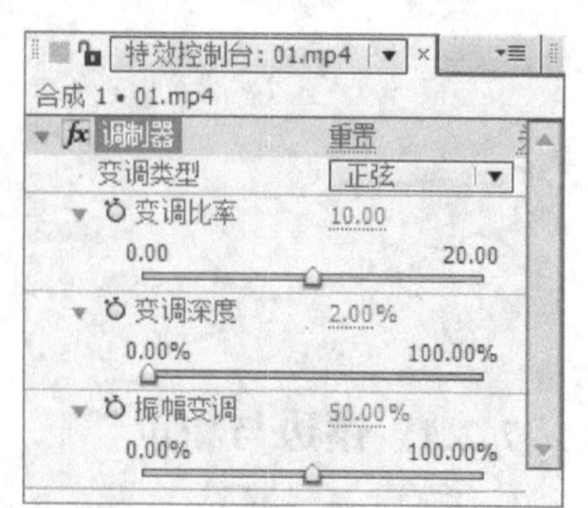

图 7–23

7.2.7 实训项目：为风景添加背景音乐

案例知识要点

使用“低音与高音”命令制作声音文件效果；使用“高通/低通”命令调整高低音效果，效果如图 7-24 所示。

图 7-24

微课：为风景添加背景音乐

案例操作步骤

步骤① 按 Ctrl+N 组合键，弹出“图像合成设置”对话框，在“合成组名称”文本框中输入“最终效果”，其他选项的设置如图 7-25 所示，单击“确定”按钮，创建一个新的合成“最终效果”。

步骤② 选择“文件 > 导入 > 文件”命令，弹出“导入文件”对话框，选择云盘中的“项目七\为风景添加背景音乐\(Footage)\01.avi、02.mp3”文件，如图 7-26 所示，单击“打开”按钮，导入视频，并将其拖曳到“时间线”面板中，图层的排列如图 7-27 所示。

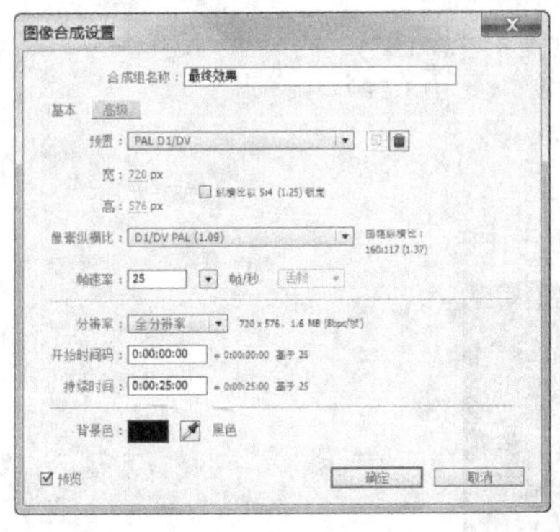

图 7-25

图 7-26

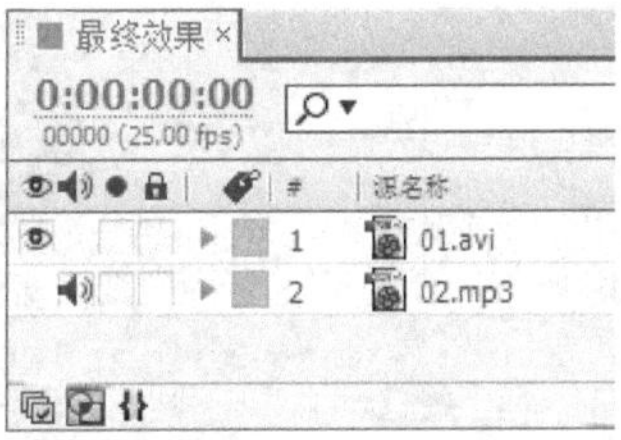

图 7-27

步骤③ 选中“02.mp3”图层，展开该图层的“音频”属性，在“时间线”面板中，将时间标签放置在 21:05s 的位置，如图 7-28 所示。在“时间线”面板中，单击“音频电平”选项左侧的“关键帧自动记录器”按钮，记录第 1 个关键帧，如图 7-29 所示。

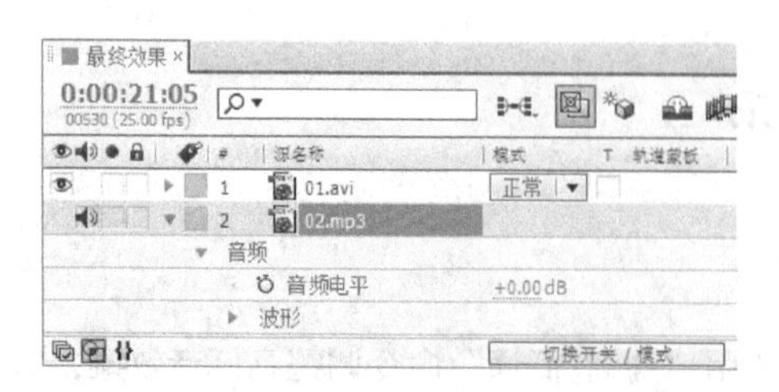

图 7-28

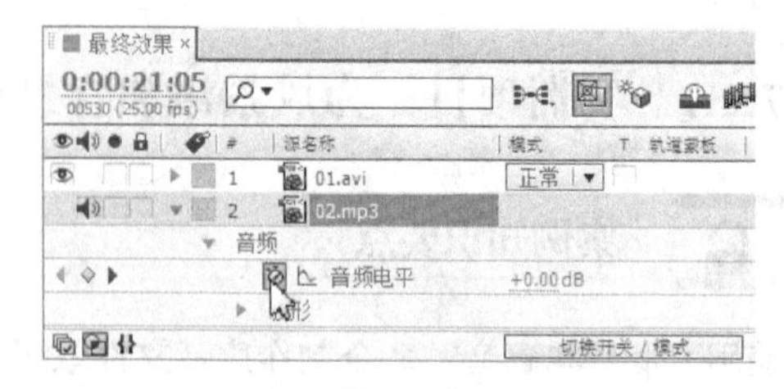

图 7-29

步骤④ 将时间标签放置在 24:23s 的位置，如图 7-30 所示。在“时间线”面板中，设置“音频电平”为-30，如图 7-31 所示，记录第 2 个关键帧。

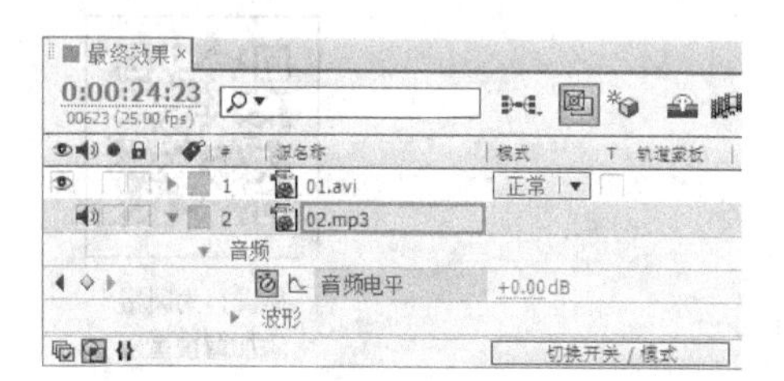

图 7-30

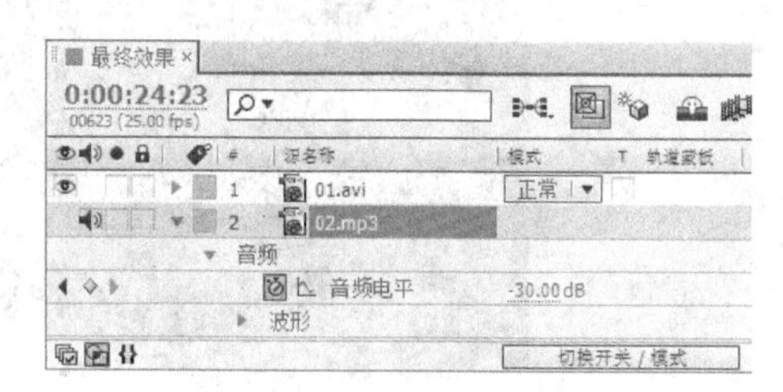

图 7-31

步骤⑤ 选中“02.mp3”图层，选择“效果 > 音频 > 低音与高音”命令，在“特效控制台”面板中设置参数，如图 7-32 所示。选择“效果 > 音频 > 高通/低通”命令，在“特效控制台”面板中设置参数，如图 7-33 所示。

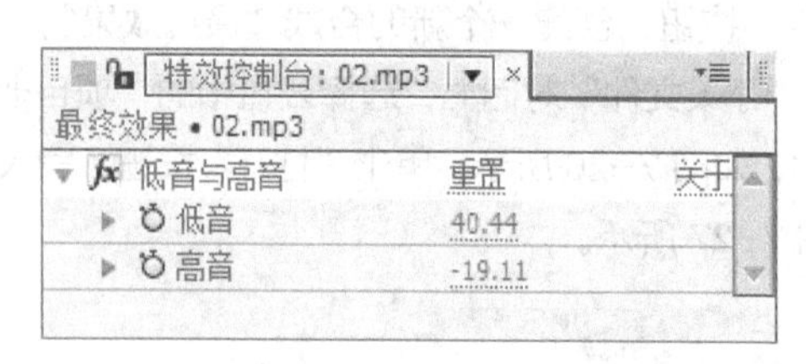

图 7-32

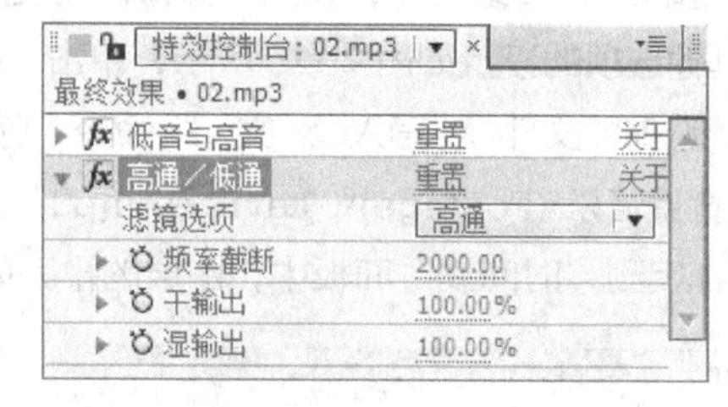

图 7-33

步骤⑥ 为风景添加背景音乐制作完成，如图 7-34 所示。

图 7-34

任务三 综合实训项目

7.3.1 制作海上冲浪短片

案例知识要点

使用“时间线”面板设置动画的入点；使用“透明度”属性和关键帧制作画面切换效果；使用“低音与高音”命令为音乐添加效果。最终效果如图 7-35 所示。

图 7-35

微课：制作海上冲浪短片

案例操作步骤

步骤 ① 按 Ctrl+N 组合键，弹出“图像合成设置”对话框，在“合成组名称”文本框中输入“合成 1”，其他选项的设置如图 7-36 所示，单击“确定”按钮，创建一个新的合成“合成 1”。选择“文件 > 导入 > 文件”命令，弹出“导入文件”对话框，选择云盘中的“项目七\制作海上冲浪短片\(Footage)\01.avi～03.avi、04.wma、05.png”文件，单击“打开”按钮，将文件导入“项目”面板，如图 7-37 所示。

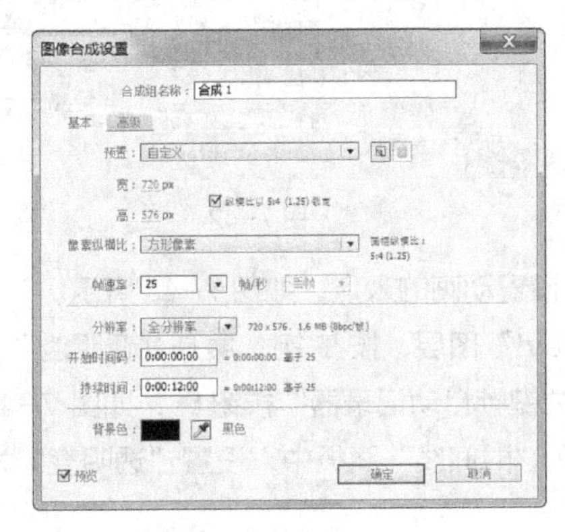

图 7-36

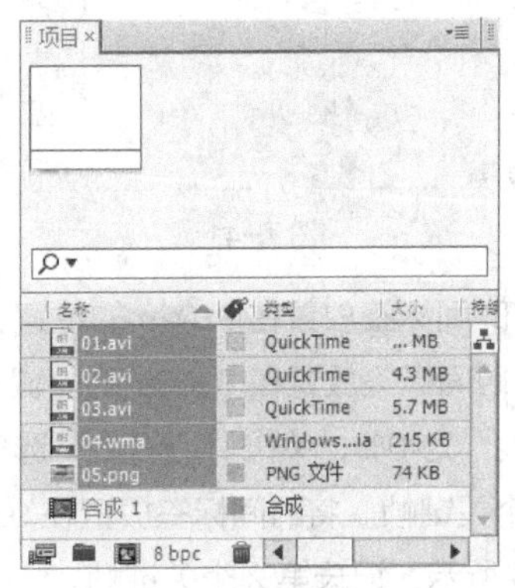

图 7-37

步骤② 在“项目”面板中选中 01.avi～03.avi 文件并将它们拖曳到“时间线”面板中，图层的排列顺序如图 7-38 所示。“合成”窗口中的效果如图 7-39 所示。

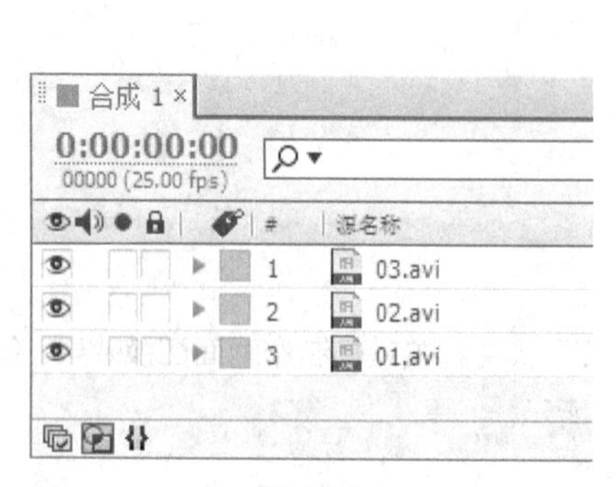

图 7-38

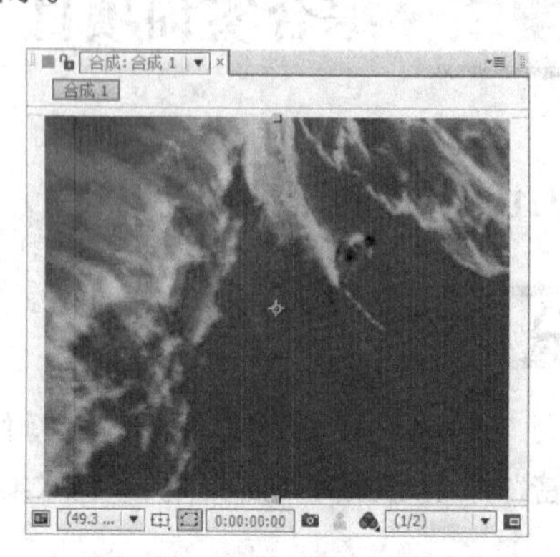

图 7-39

步骤③ 将时间标签放置在 3:21s 的位置，选中“02.avi”图层，按 P 键，展开“位置”属性，设置“位置”为 395、288，按 [键，设置动画的入点，如图 7-40 所示。

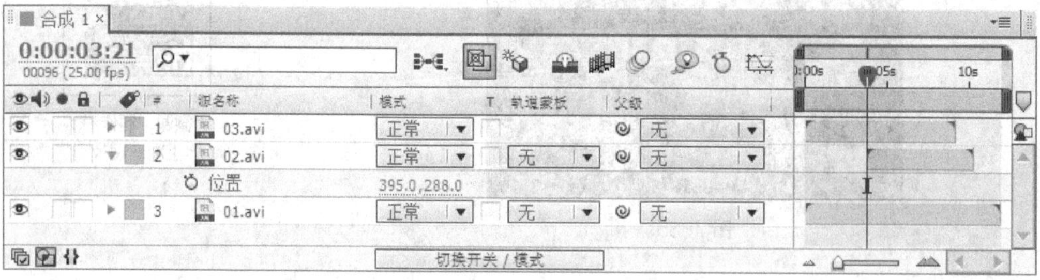

图 7-40

步骤④ 按 T 键，展开“透明度”属性，设置“透明度”为 0%，单击“透明度”选项左侧的“关键帧自动记录器”按钮，如图 7-41 所示，记录第 1 个关键帧。将时间标签放置在 4:14s 的位置，在“时间线”面板中，设置“透明度”为 100%，如图 7-42 所示，记录第 2 个关键帧。

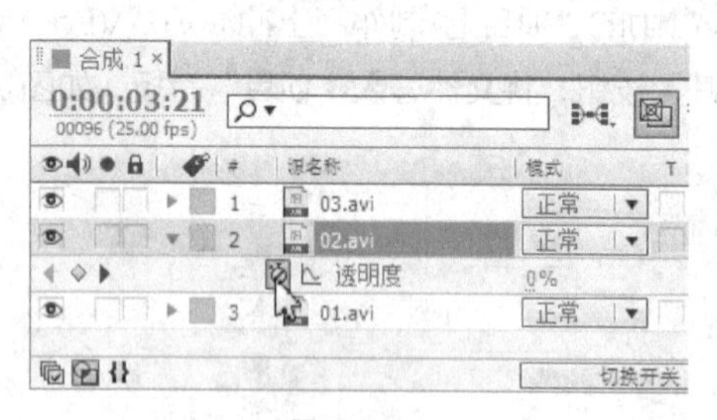

图 7-41

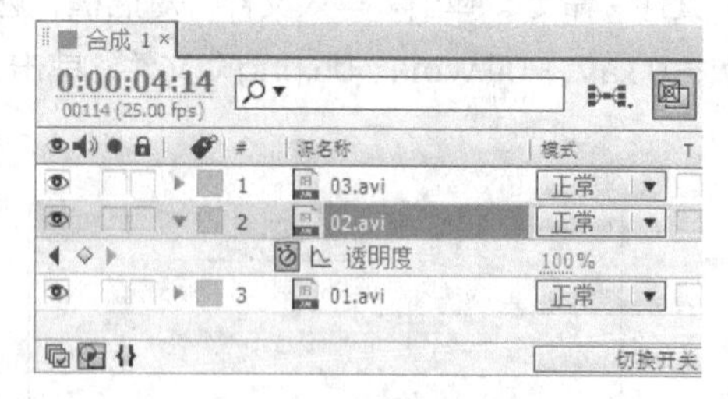

图 7-42

步骤⑤ 将时间标签放置在 8:02s 的位置，按 [键，设置动画的入点，如图 7-43 所示。

步骤⑥ 将时间标签放置在 8:03s 的位置，选中“03.avi”图层，按 T 键，展开“透明度”属性，设置“透明度”为 0%，单击“透明度”选项左侧的“关键帧自动记录器”按钮，如图 7-44 所示，记录第 1 个关键帧。将时间标签放置在 9s 的位置，在“时间线”面板中，设置“透明度”为 100%，如图 7-45 所示，记录第 2 个关键帧。

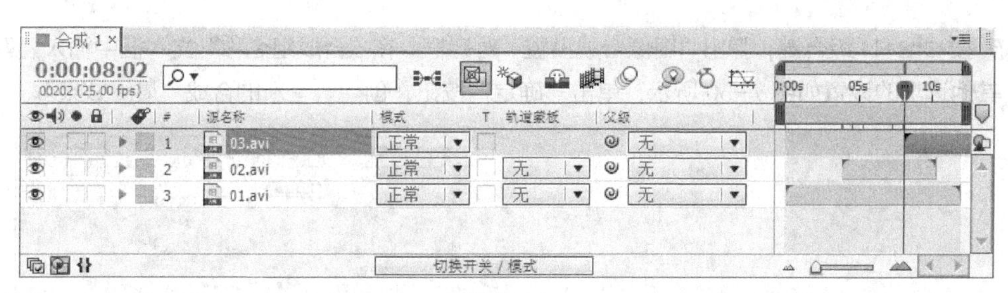

图 7-43

图 7-44

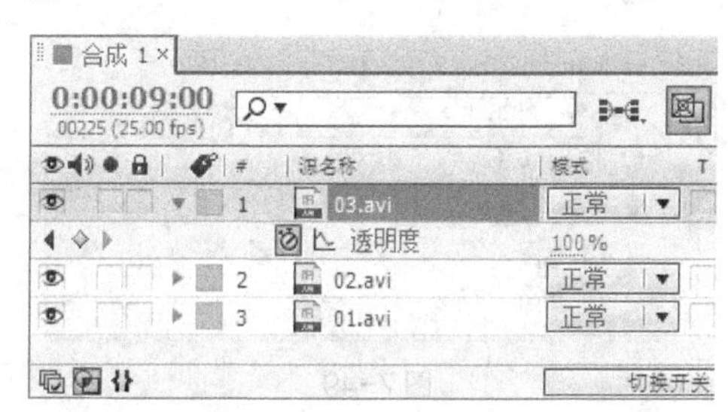

图 7-45

步骤⑦ 在“项目”面板中选中“04.wma”文件，并将其拖曳到“时间线”面板中，如图 7-46 所示。

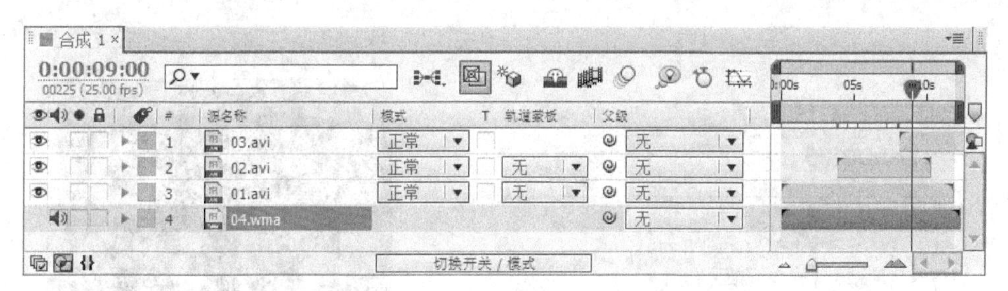

图 7-46

步骤⑧ 选中“04.wma”图层，展开“音频”属性，将时间标签放置在 9:24s 的位置，单击“音频电平”选项左侧的“关键帧自动记录器”按钮⏱，记录第 1 个关键帧，如图 7-47 所示。将时间标签放置在 11:24s 的位置，在“时间线”面板中，设置“音频电平”为-10，如图 7-48 所示，记录第 2 个关键帧。

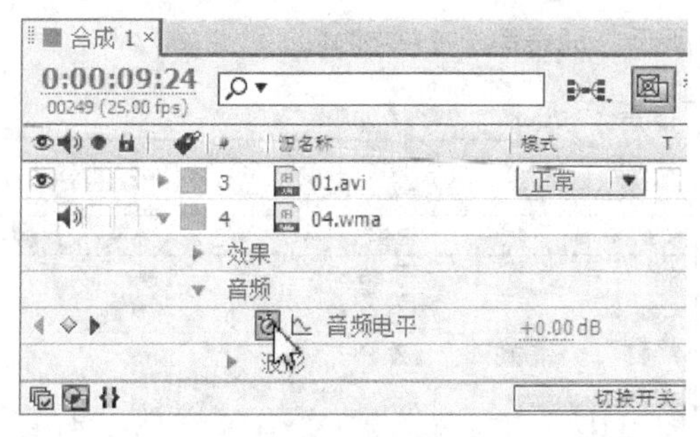

图 7-47

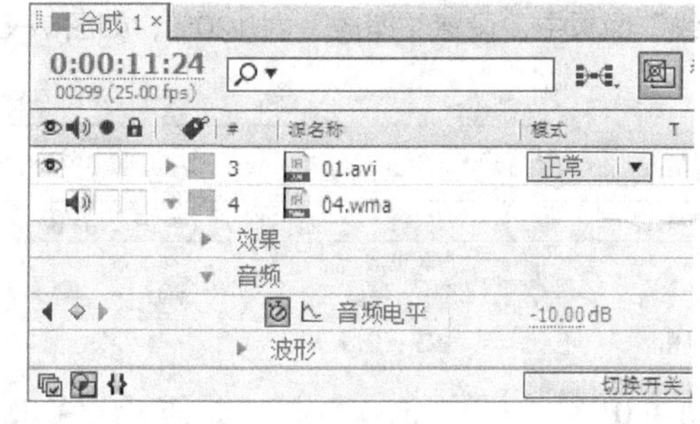

图 7-48

步骤⑨ 选中“04.wma”图层，选择“效果 > 音频 > 低音与高音”选项，在“特效控制台”面板中设置参数，如图 7-49 所示。

步骤⑩ 按Ctrl+N组合键，弹出“图像合成设置”对话框，在“合成组名称”文本框中输入“最终效果”，其他选项的设置如图7-50所示，单击“确定”按钮，创建一个新的合成“最终效果”。

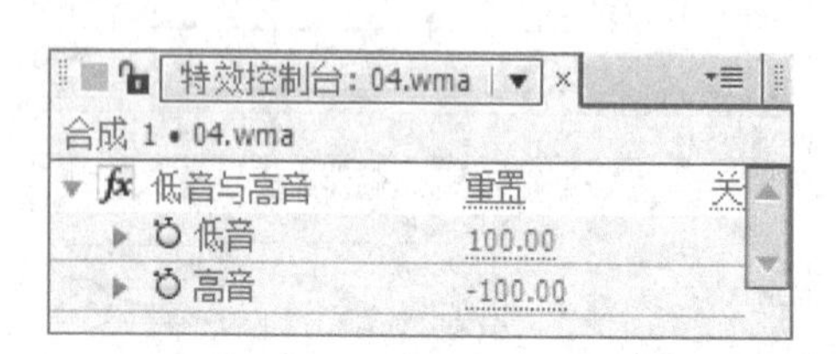

图7-49

图7-50

步骤⑪ 在“项目”面板中选中“合成 1”文件和“05.png”文件，并将它们拖曳到“时间线”面板中，如图7-51所示。“合成”窗口中的效果如图7-52所示。

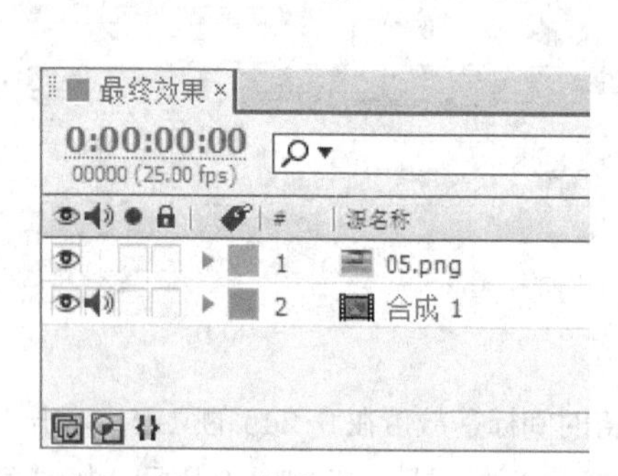

图7-51

图7-52

步骤⑫ 选中“05.png”图层，按S键，展开“缩放”属性，单击“音频电平”选项左侧的“关键帧自动记录器”按钮⏱，记录第1个关键帧，如图7-53所示。将时间标签放置在5:08s的位置，在“时间线”面板中，设置“缩放”为120%，如图7-54所示，记录第2个关键帧。

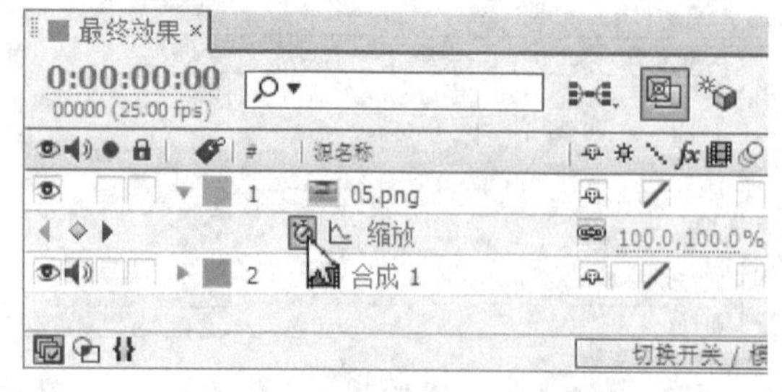

图7-53

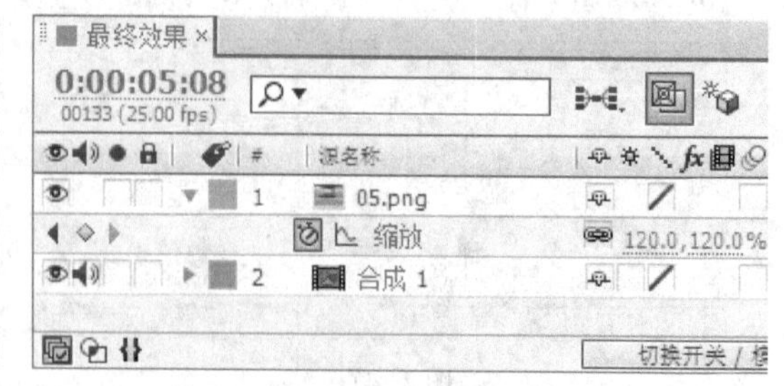

图7-54

步骤⑬ 将“合成 1”图层的“轨道蒙版”设置为“Alpha 蒙版‘05.png’”，自动隐藏“05.png”图层，如图 7-55 所示。海上冲浪短片制作完成，效果如图 7-56 所示。

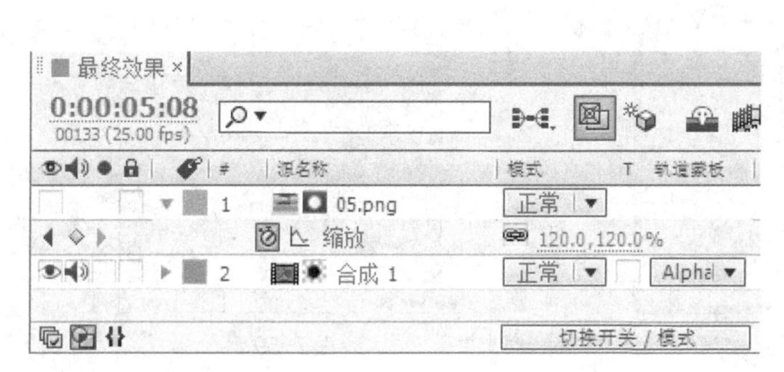

图 7-55

图 7-56

7.3.2 制作体育运动短片

案例知识要点

使用“CC 玻璃状擦除”命令、“百叶窗”命令和“CC 图像式擦除”命令制作视频过渡效果；使用“低音与高音”命令为音乐添加特效；使用“边角固定”命令扭曲视频的角度，效果如图 7-57 所示。

图 7-57

微课：制作体育运动短片

案例操作步骤

步骤 ① 按 Ctrl+N 组合键，弹出“图像合成设置”对话框，在“合成组名称”文本框中输入“视频”，其他选项的设置如图 7-58 所示，单击“确定”按钮，创建一个新的合成“视频”。选择“文件 > 导入 > 文件”命令，弹出“导入文件”对话框，选择云盘中的“项目七\制作体育运动短片\(Footage)\01.avi～05.avi、06.mp3 和 07.jpg”文件，单击“打开”按钮，将文件导入“项目”面板，如图 7-59 所示。

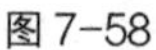
图7-58

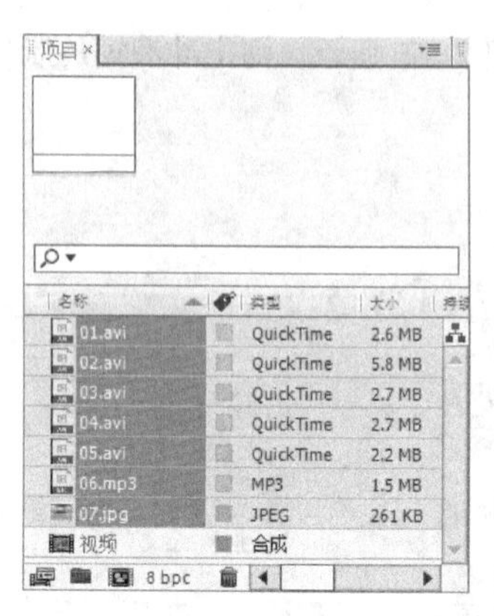

图7-59

步骤② 在“项目”面板中选中“01.avi～05.avi、06.mp3”文件并将它们拖曳到“时间线”面板中，如图7-60所示。“合成”窗口中的效果如图7-61所示。

图7-60

图7-61

步骤③ 选中“01.avi”图层，选择“效果 > 过渡 > CC玻璃状擦除”命令，在“特效控制台”面板中设置参数，如图7-62所示。将时间标签放置在3:16s的位置，在“特效控制台”面板中，单击“完成度”选项左侧的“关键帧自动记录器”按钮，记录第1个关键帧，如图7-63所示。

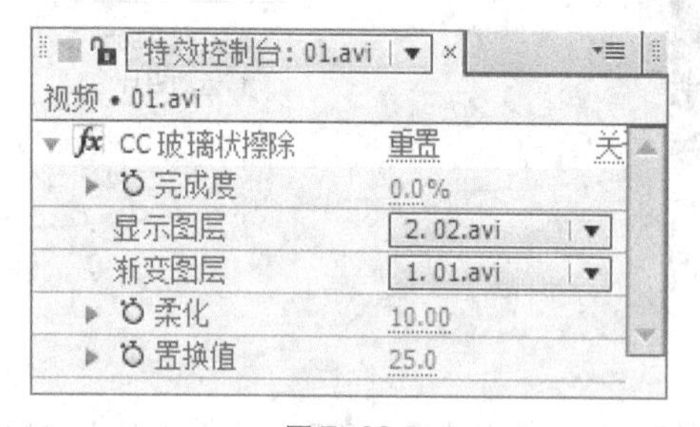

图7-62

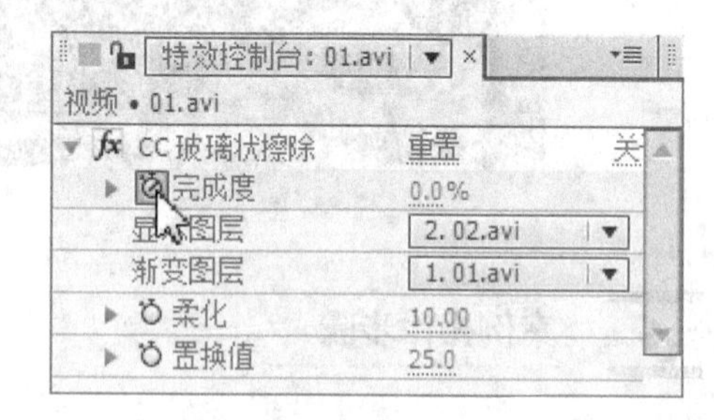

图7-63

步骤④ 将时间标签放置在4:22s的位置，在“特效控制台”面板中，设置“完成度”为100%，如图7-64所示。“合成”窗口中的效果如图7-65所示。

步骤⑤ 选中“02.avi”图层，选择“效果 > 过渡 > CC径向缩放擦除”命令，在“特效控制台”面板中设置参数，如图7-66所示。将时间标签放置在8:01s的位置，在“特效控制台”面板中，单击“填充范围”选项左侧的“关键帧自动记录器”按钮，记录第1个关键帧，如图7-67所示。

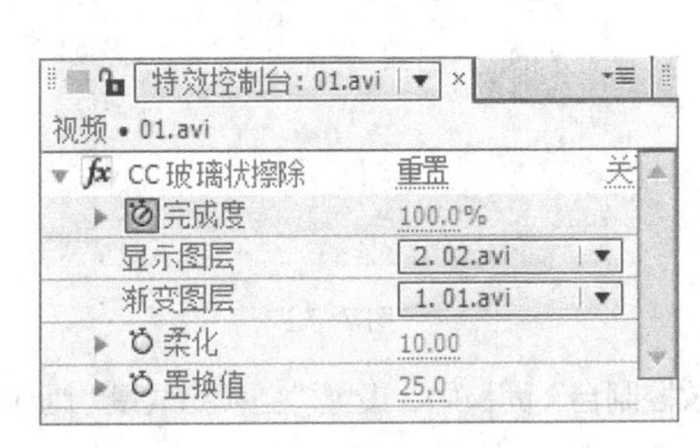

图 7-64

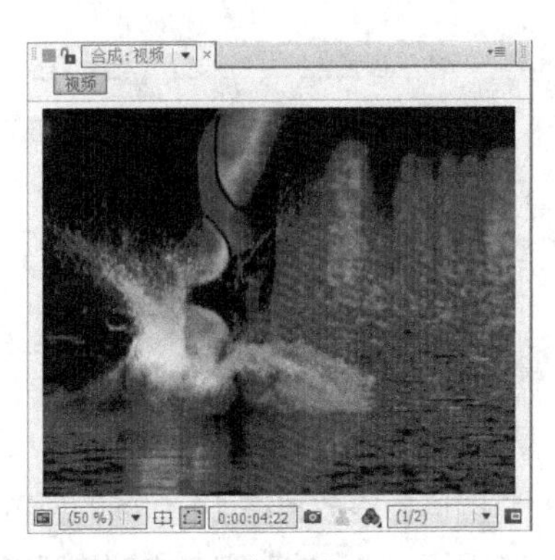

图 7-65

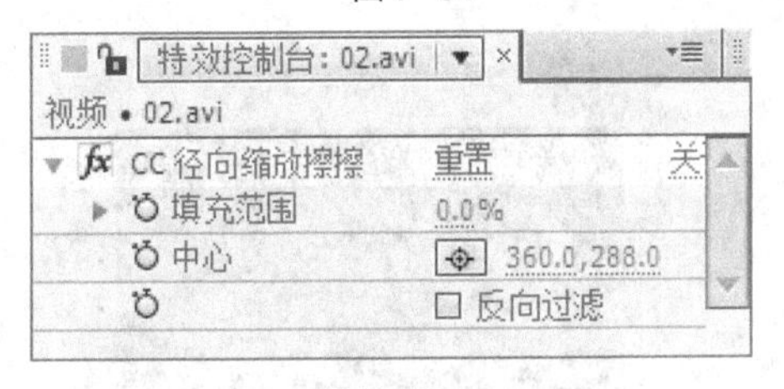

图 7-66

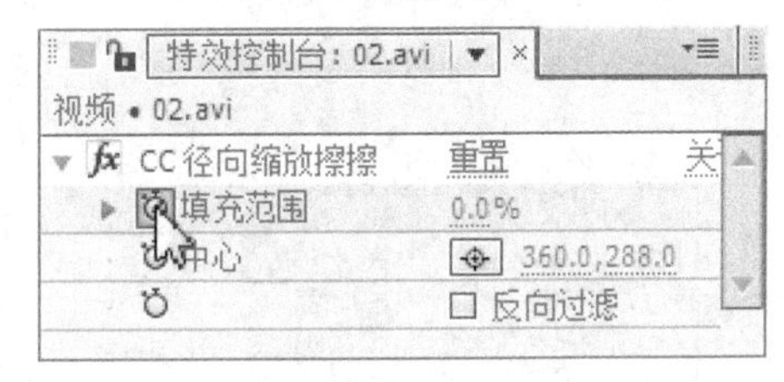

图 7-67

步骤⑥ 将时间标签放置在 9:22s 的位置，在“特效控制台”面板中，设置“填充范围”为 100%，如图 7-68 所示。“合成”窗口中的效果如图 7-69 所示。

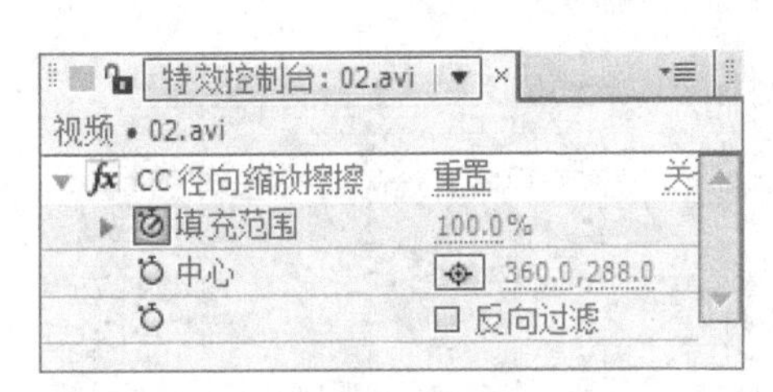

图 7-68

图 7-69

步骤⑦ 将时间标签放置在 8:02s 的位置，选中“03.avi”图层，按［键，设置动画的入点，如图 7-70 所示。选中“03.avi”图层，选择“效果 > 过渡 > 百叶窗”命令，在“特效控制台”面板中设置参数，如图 7-71 所示。将时间标签放置在 12:23s 的位置，在“特效控制台”面板中，单击“变换完成量”选项左侧的“关键帧自动记录器”按钮 ，记录第 1 个关键帧，如图 7-72 所示。

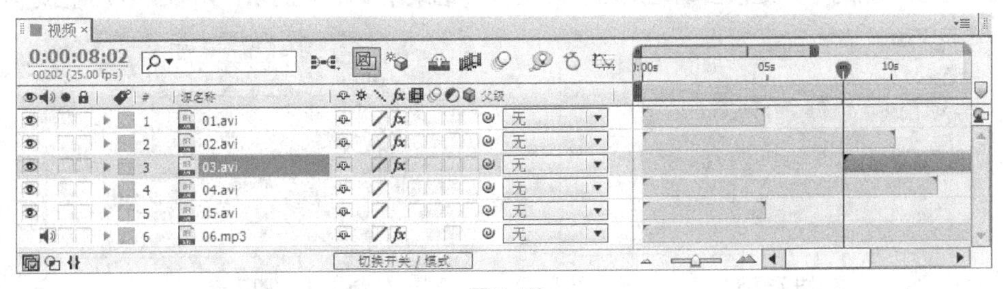

图 7-70

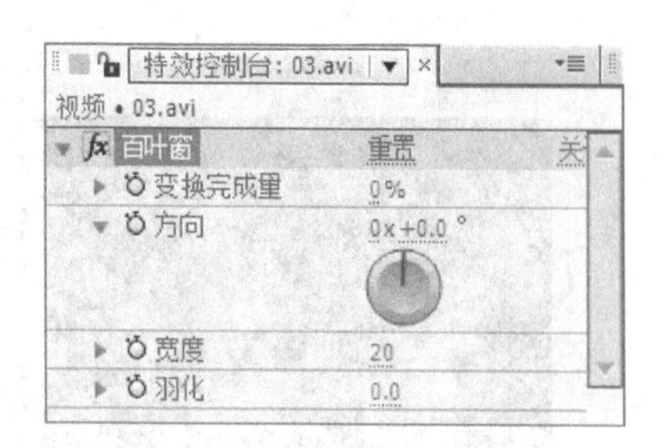

图 7-71

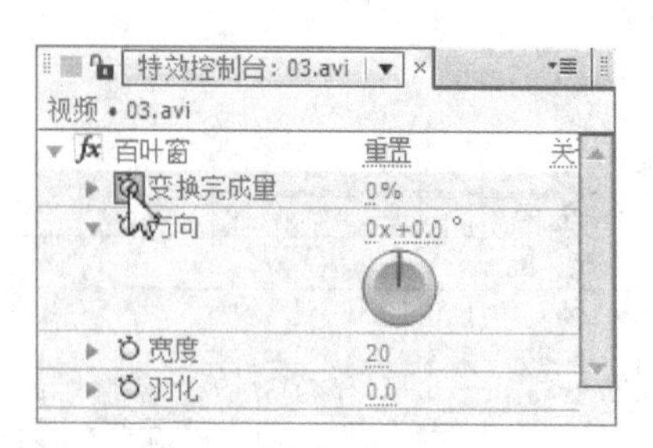

图 7-72

步骤⑧ 将时间标签放置在 14:03s 的位置，在“特效控制台”面板中，设置“变换完成量”为 100%，如图 7-73 所示。“合成”窗口中的效果如图 7-74 所示。

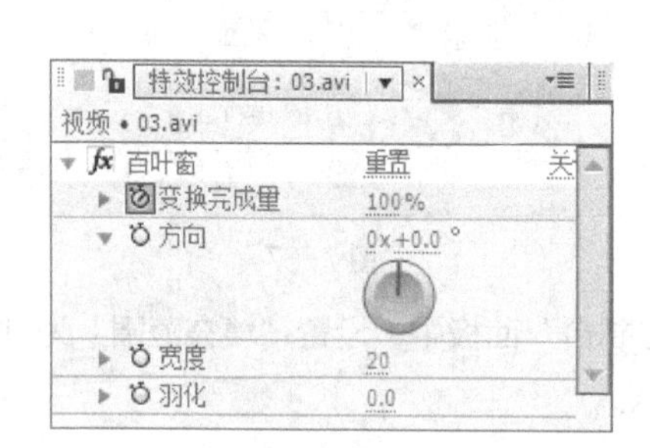

图 7-73

图 7-74

步骤⑨ 将时间标签放置在 9:19s 的位置，选中“04.avi”图层，按［键，设置动画的入点，如图 7-75 所示。

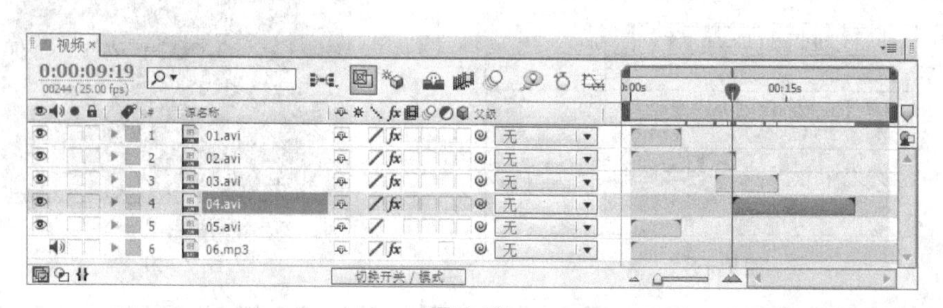

图 7-75

步骤⑩ 选中“04.avi”图层，选择“效果 > 过渡 > CC 图像式擦除”命令，在“特效控制台”面板中设置参数，如图 7-76 所示。将时间标签放置在 20:04s 的位置，在“特效控制台”面板中，单击“完成度”选项左侧的“关键帧自动记录器”按钮，记录第 1 个关键帧，如图 7-77 所示。

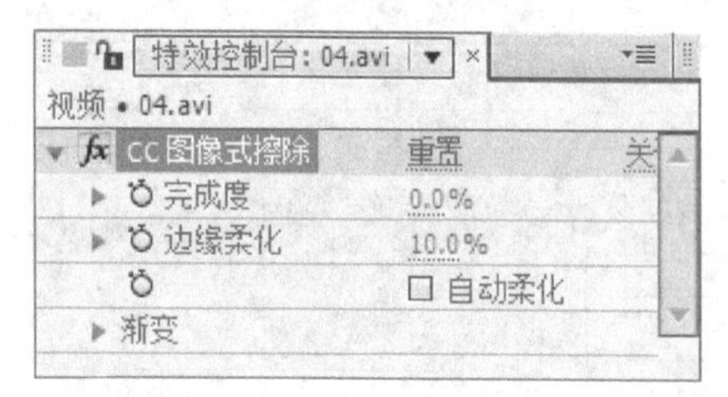

图 7-76

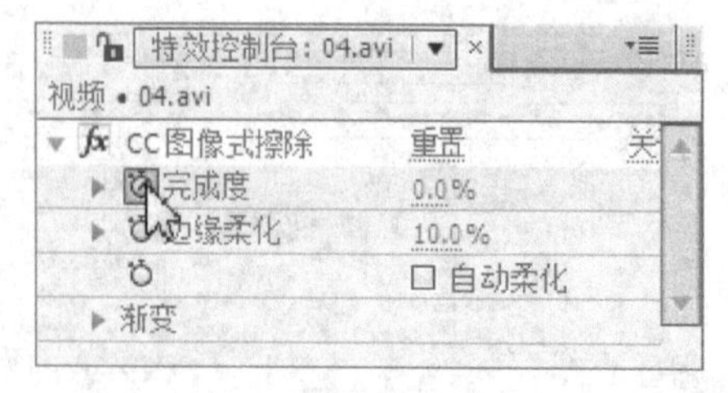

图 7-77

步骤⑪ 将时间标签放置在 21:15s 的位置，在“特效控制台”面板中，设置“完成度”为 100%，如图 7–78 所示。“合成”窗口中的效果如图 7–79 所示。

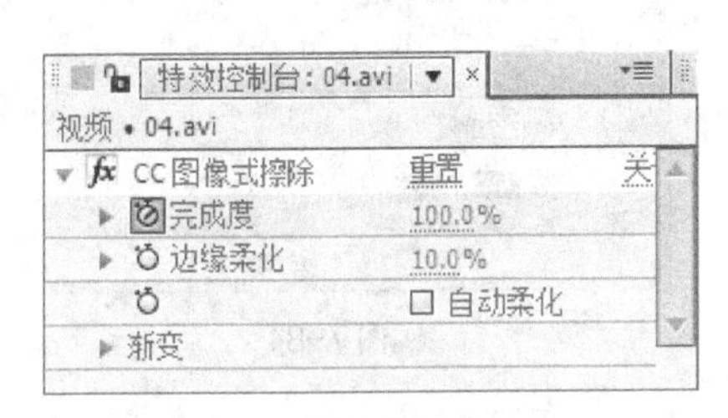

图 7–78

图 7–79

步骤⑫ 将时间标签放置在 21:15s 的位置，选中“05.avi”图层，按 [键，设置动画的入点，如图 7–80 所示。

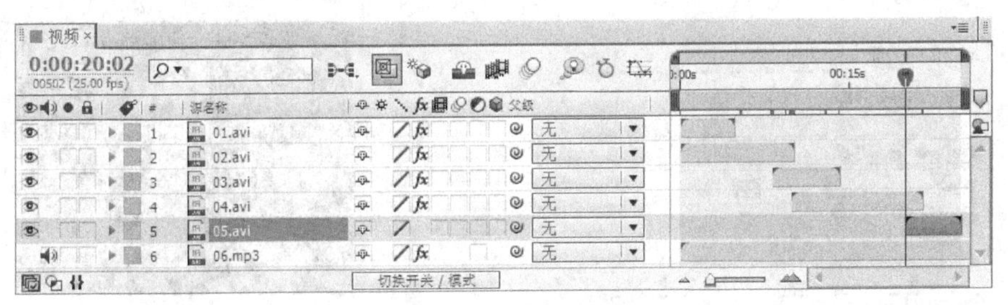

图 7–80

步骤⑬ 选中“06.mp3”图层，展开“音频”属性，将时间标签放置在 23:14s 的位置，单击“音频电平”选项左侧的“关键帧自动记录器”按钮，记录第 1 个关键帧，如图 7–81 所示。将时间标签放置在 24:24s 的位置，在“时间线”面板中，设置“音频电平”为–5，如图 7–82 所示，记录第 2 个关键帧。

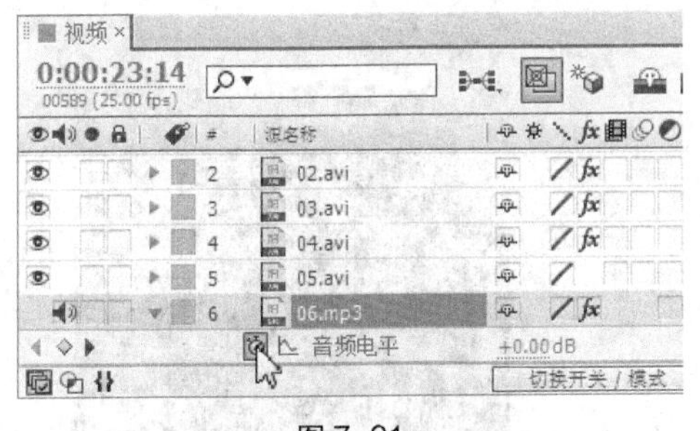

图 7–81

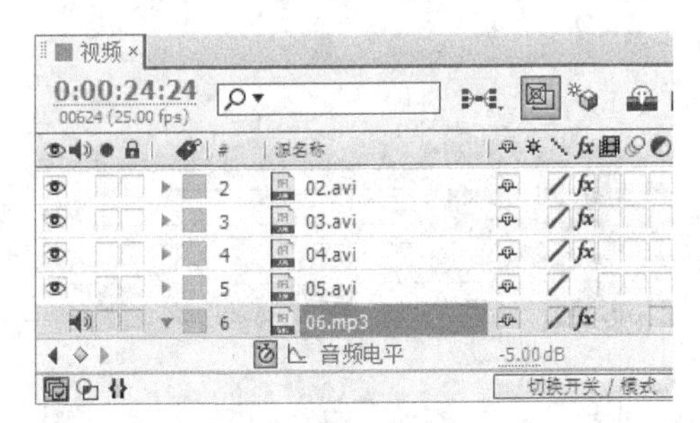

图 7–82

步骤⑭ 选中“06.mp3”图层，选择“效果 > 音频 > 低音与高音”选项，在“特效控制台”面板中设置参数，如图 7–83 所示。

步骤⑮ 按 Ctrl+N 组合键，弹出“图像合成设置”对话框，在“合成组名称”文本框中输入“最终效果”，其他选项的设置如图 7–84 所示，单击“确定”按钮，创建一个新的合成“最终效果”。

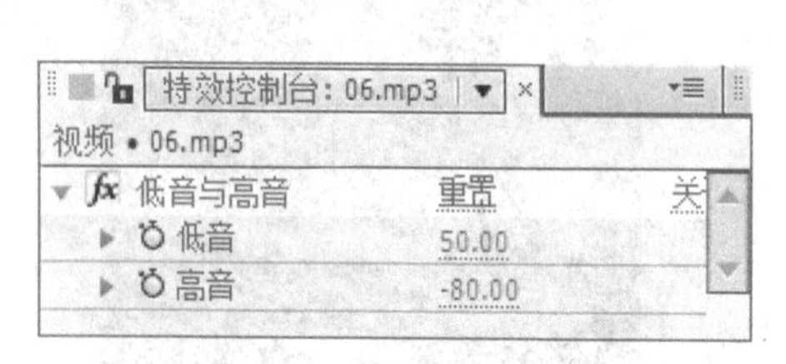

图 7-83

图 7-84

步骤⑯ 在“项目”面板中选中“07.jpg”文件和“视频”合成，并将它们拖曳到“时间线”面板中，图层的排列顺序如图 7-85 所示。“合成”窗口中的效果如图 7-86 所示。

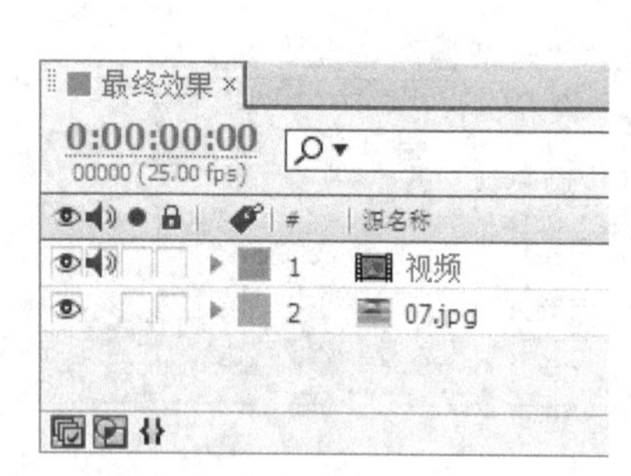

图 7-85

图 7-86

步骤⑰ 选中“视频”图层，按 P 键，展开“位置”属性，设置“位置”为 351.9、300.1，在按住 Shift 键的同时，单击 S 键，展开“缩放”属性，设置“缩放”为 49.9%，如图 7-87 所示。“合成”窗口中的效果如图 7-88 所示。

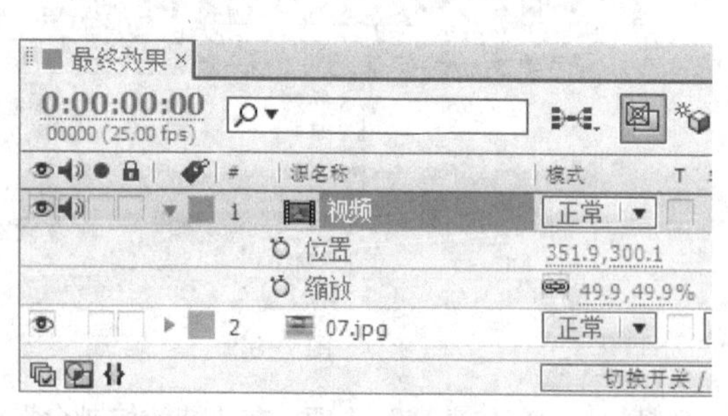

图 7-87

图 7-88

步骤⑱ 选择“效果 > 扭曲 > 边角固定”命令，在“特效控制台”面板中设置参数，如图 7-89 所示。体育运动短片制作完成，效果如图 7-90 所示。

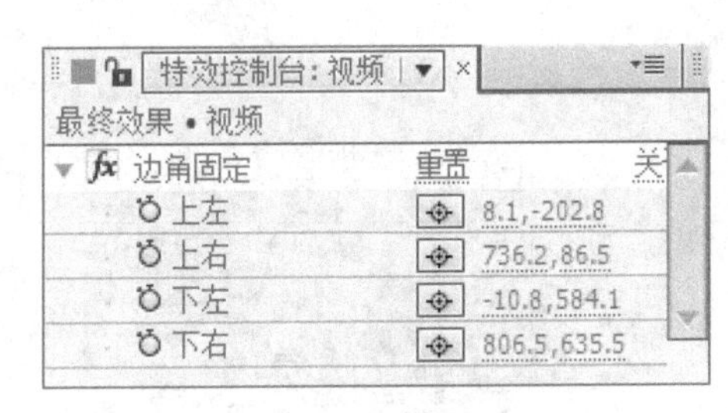

图 7-89

图 7-90

7.3.3 制作快乐宝宝短片

案例知识要点

使用“颜色键”抠出视频背景；使用“色阶”命令调整视频的颜色；使用“混响”命令为音乐添加特效，效果如图 7-91 所示。

图 7-91

微课：制作快乐宝宝短片

案例操作步骤

步骤❶ 按 Ctrl+N 组合键，弹出“图像合成设置”对话框，在“合成组名称”文本框中输入“最终效果”，其他选项的设置如图 7-92 所示，单击“确定”按钮，创建一个新的合成“最终效果”。选择“文件 > 导入 > 文件”命令，弹出“导入文件”对话框，选择云盘中的“项目七\制作快乐宝宝短片\(Footage) \01.avi～04.mov、05.mp3、06.jpg”文件，单击“打开”按钮，将文件导入“项目”面板，如图 7-93 所示。

步骤❷ 在“项目”面板中选中“01.mov”和“06.png”文件并将它们拖曳到“时间线”面板中，图层的排列顺序如图 7-94 所示。“合成”窗口中的效果如图 7-95 所示。

步骤❸ 设置“01.mov”图层的混合模式为“线性加深”，如图 7-96 所示。“合成”窗口中的效果如图 7-97 所示。

步骤❹ 选择“横排文字”工具T，在“合成”窗口中输入文字“快乐宝宝”。选中文字，在“文字”面板中，设置“填充色”为白色，其他选项的设置如图 7-98 所示。“合成”窗口中的效果如图 7-99 所示。

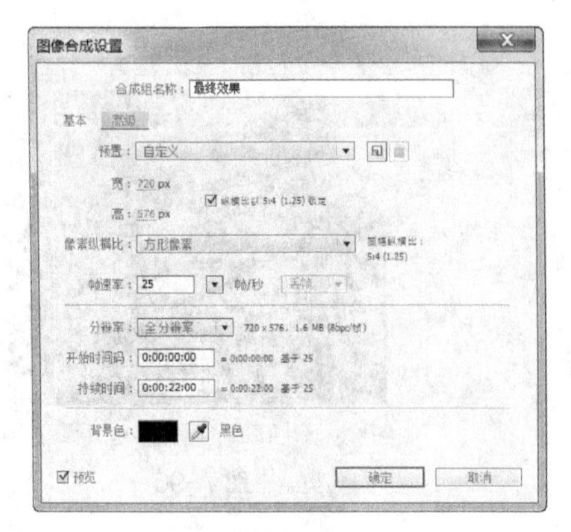

图 7-92

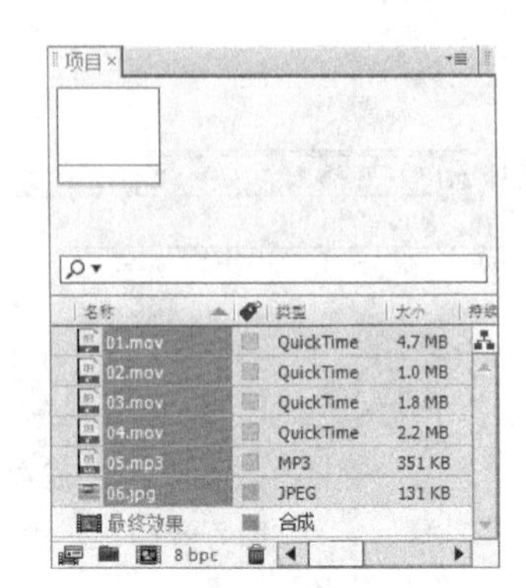

图 7-93

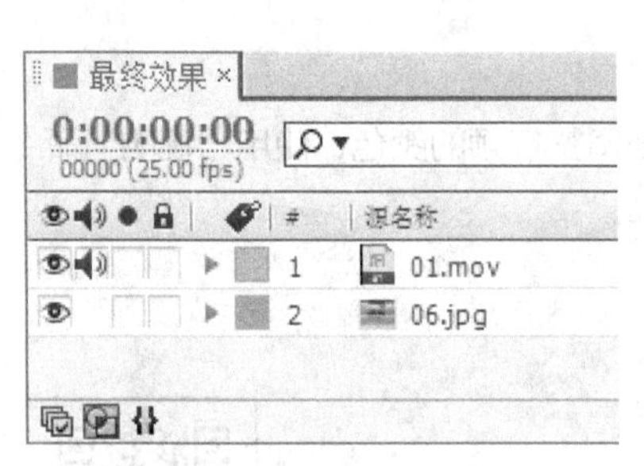

图 7-94

图 7-95

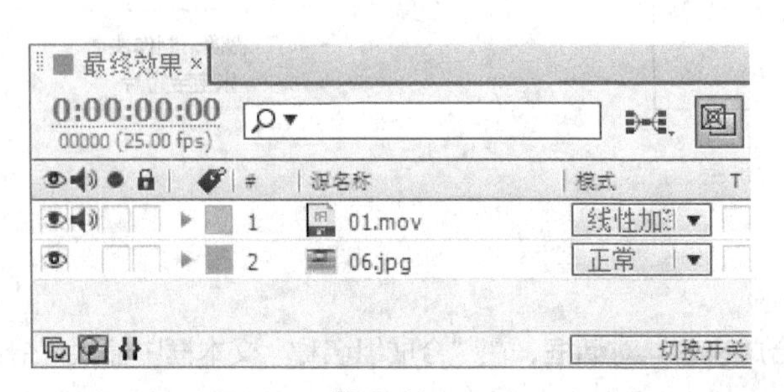

图 7-96

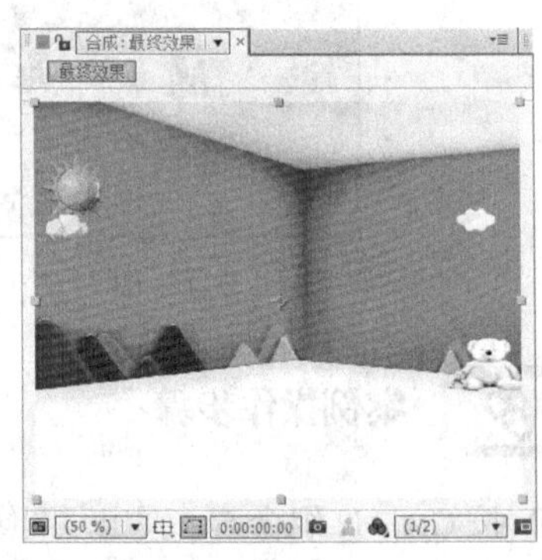

图 7-97

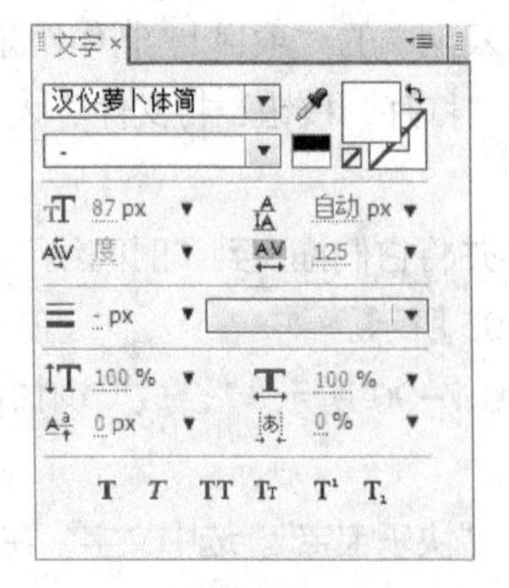

图 7-98

图 7-99

步骤⑤ 选中“快乐宝宝”图层，按P键，展开“位置”属性，设置“位置”为357.3、256.4，如图7–100所示。“合成”窗口中的效果如图7–101所示。

步骤⑥ 将时间标签放置在1:17s的位置，按T键，展开“透明度”属性，单击“透明度”选项左侧的“关键帧自动记录器”按钮⏱，记录第1个关键帧，如图7–102所示。将时间标签放置在2:15s的位置，在“时间线”面板中，设置“透明度”为0%，如图7–103所示，记录第2个关键帧。

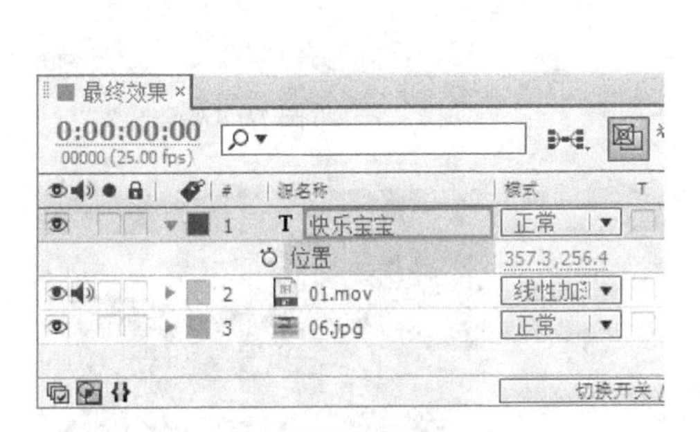

图7–100

图7–101

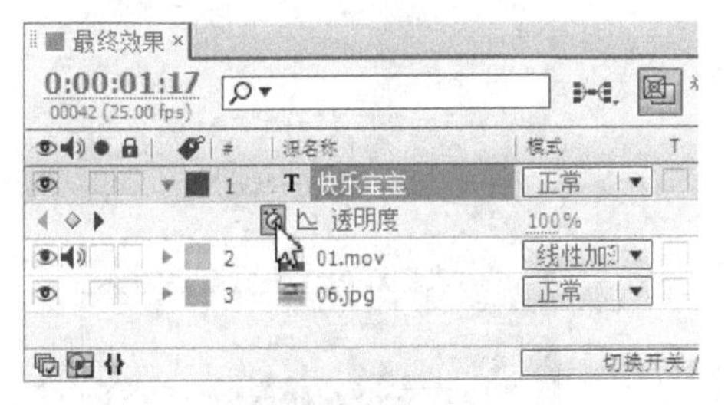

图7–102

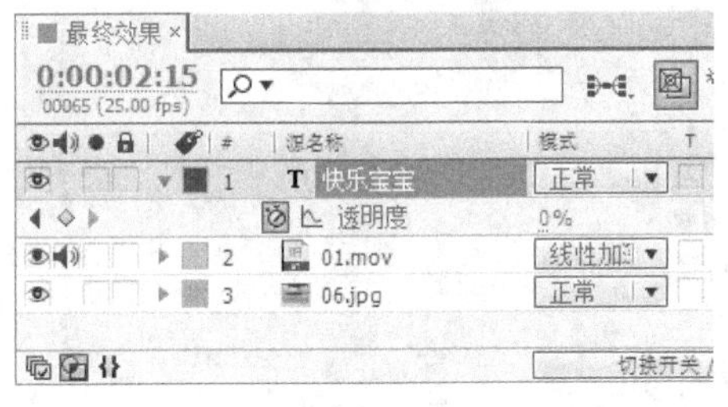

图7–103

步骤⑦ 将时间标签放置在3:17s的位置，按Alt+] 组合键，设置动画的出点，如图7–104所示。

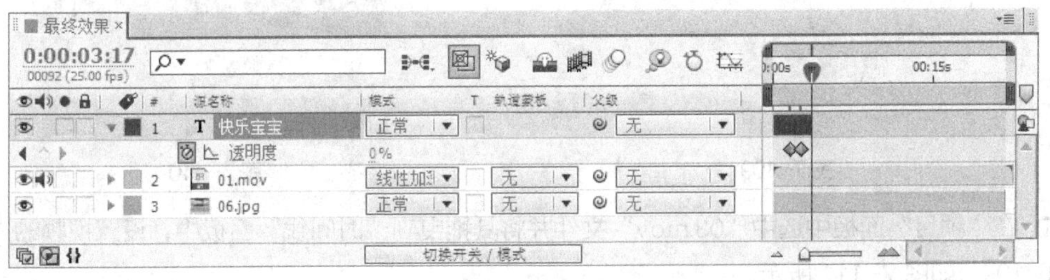

图7–104

步骤⑧ 在“项目”面板中选中“02.mov”文件并将其拖曳到“时间线”面板中，将时间标签放在0s的位置，按P键，展开“位置”属性，设置“位置”为360、334，如图7–105所示。“合成”窗口中的效果如图7–106所示。

步骤⑨ 选择“效果 > 键控 > 颜色键”命令，在“特效控制台”面板中设置参数，如图7–107所示。“合成”窗口中的效果如图7–108所示。

步骤⑩ 再次选择“效果 > 键控 > 颜色键”命令，在“特效控制台”面板中设置参数，如图7–109所示。“合成”窗口中的效果如图7–110所示。

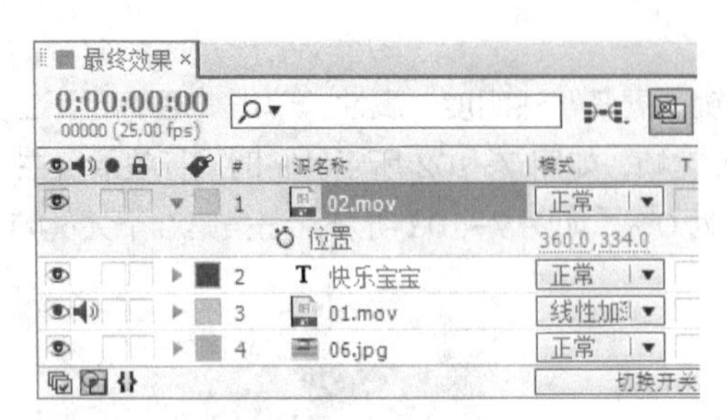

图 7-105

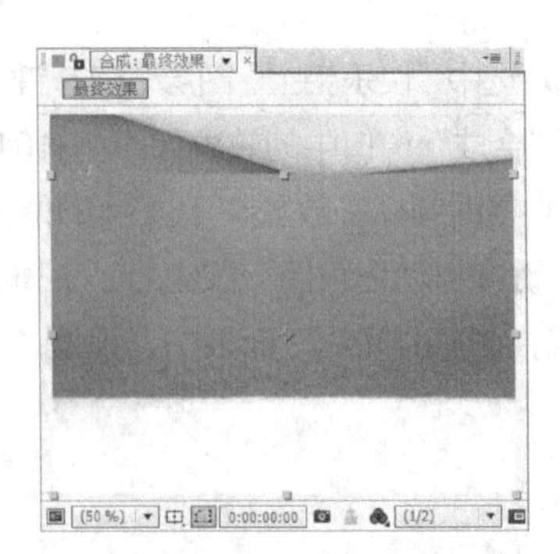

图 7-106

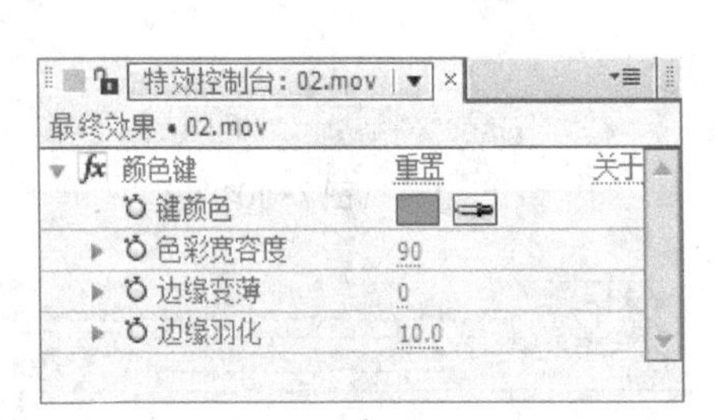

图 7-107

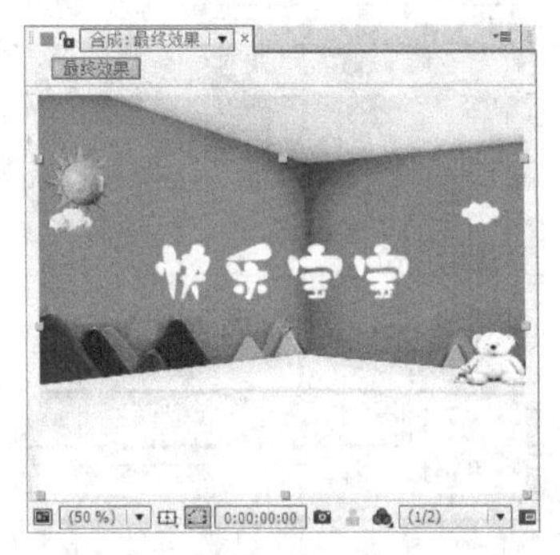

图 7-108

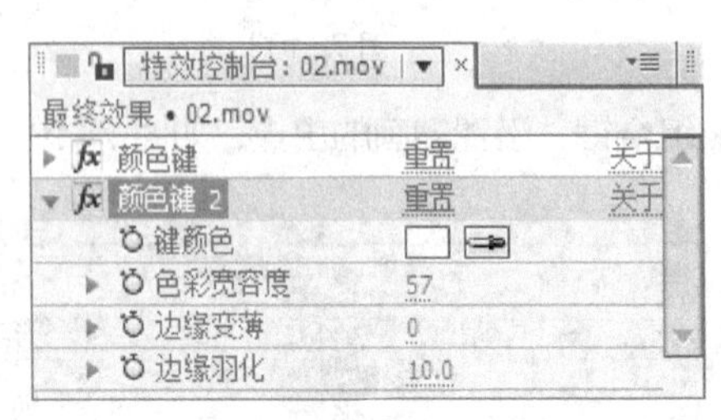

图 7-109

图 7-110

步骤 ⑪ 在“项目”面板中选中“03.mov”文件并将其拖曳到“时间线”面板中，设置视频的入点时间为 5:10s，如图 7-111 所示。

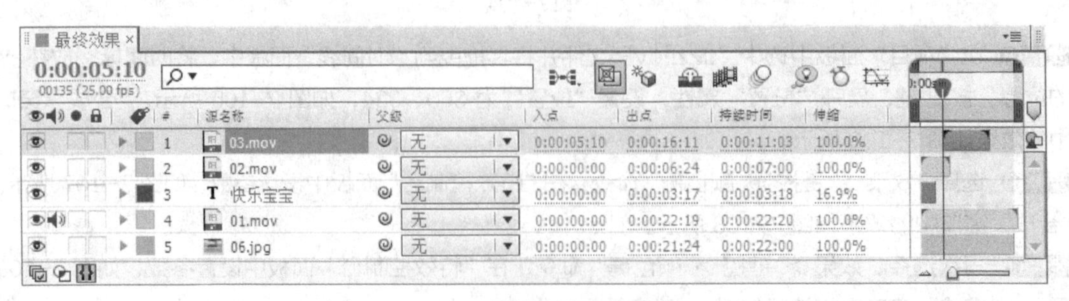

图 7-111

步骤⑫ 选中“03.mov”图层，按P键，展开“位置”属性，设置“位置”为360、334，如图7-112所示。“合成”窗口中的效果如图7-113所示。

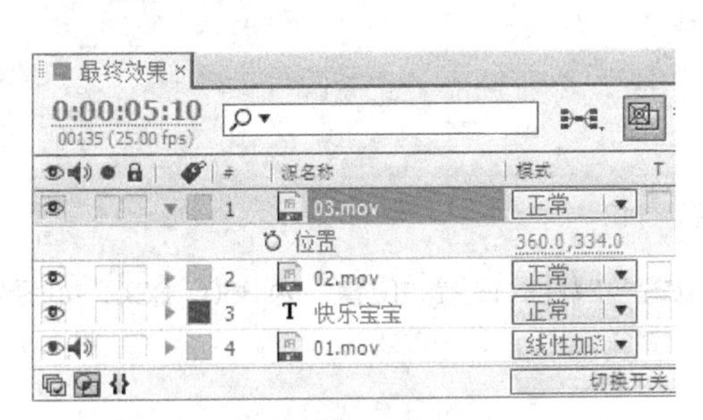

图7-112

图7-113

步骤⑬ 选择“效果 > 键控 > 颜色键”命令，在“特效控制台”面板中设置参数，如图7-114所示。“合成”窗口中的效果如图7-115所示。

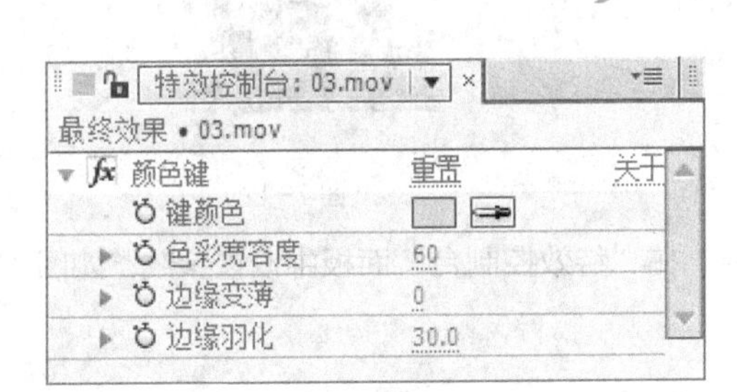

图7-114

图7-115

步骤⑭ 将时间标签放在13:14s的位置，按T键，展开“透明度”属性，单击“透明度”选项左侧的“关键帧自动记录器”按钮，如图7-116所示，记录第1个关键帧。将时间标签放在14:22s的位置，在“时间线”面板中，设置“透明度”为0%，如图7-117所示，记录第2个关键帧。

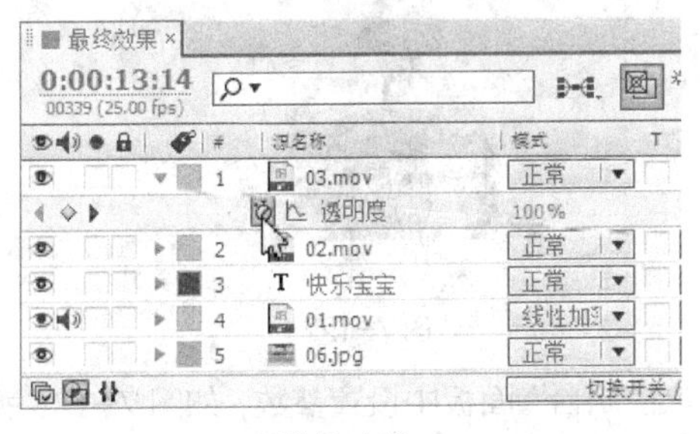

图7-116

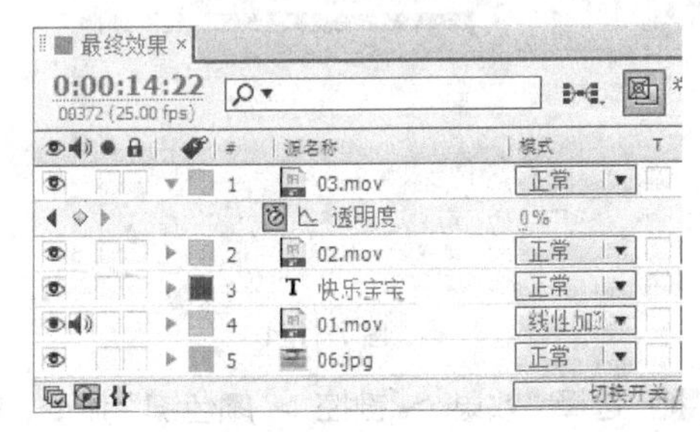

图7-117

步骤⑮ 在“项目”面板中选中“04.mov”文件并将其拖曳到“时间线”面板中，设置视频的入点时间为14:14s，如图7-118所示。

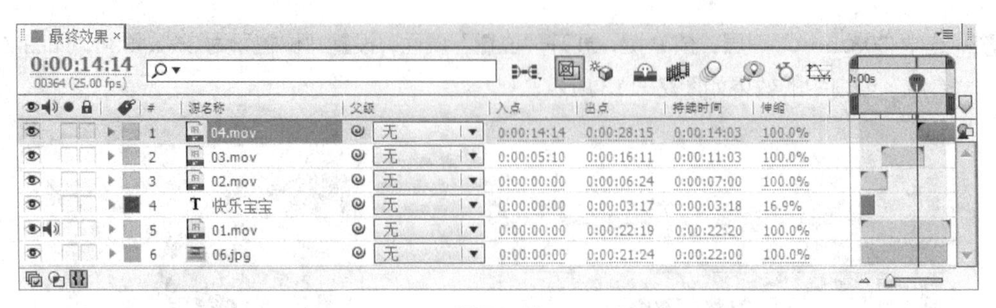

图 7-118

步骤⑯ 选中“04.mov”图层，按P键，展开“位置”属性，设置“位置”为360、334，如图7-119所示。“合成”窗口中的效果如图7-120所示。

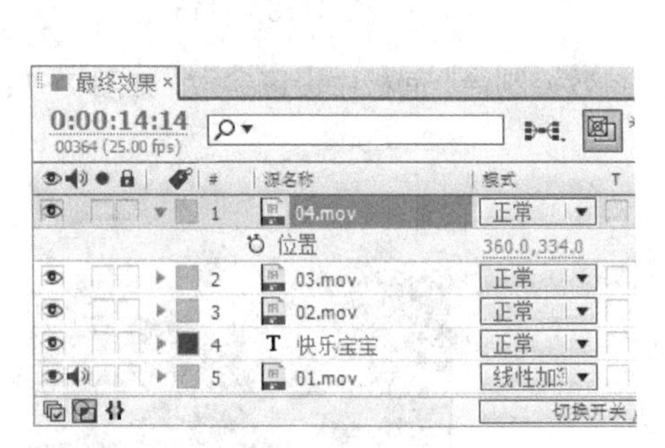

图 7-119

图 7-120

步骤⑰ 选择“效果 > 色彩校正 > 色阶”命令，在“特效控制台”面板中设置参数，如图7-121所示。“合成”窗口中的效果如图7-122所示。

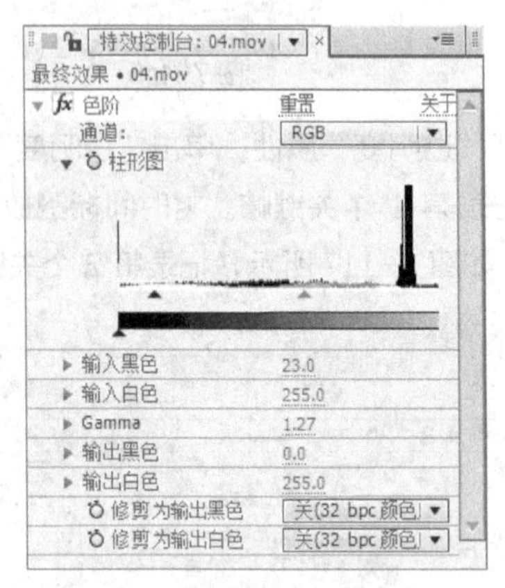

图 7-121

图 7-122

步骤⑱ 选择“效果 > 键控 > 颜色键”命令，在“特效控制台”面板中设置参数，如图7-123所示。“合成”窗口中的效果如图7-124所示。

步骤⑲ 在“项目”面板中选中“05.mp3”文件并将其拖曳到“时间线”面板中，如图7-125所示。选择“效果 > 音频 > 混响”命令，在“特效控制台”面板中设置参数，如图7-126所示。

步骤⑳ 将时间标签放在20:06s的位置，在“时间线”面板中，展开“05.mp3”图层的属性，单击“音频电平”选项左侧的“关键帧自动记录器”按钮，如图7-127所示，记录第1个关键帧。将时间标签放在 21:24s 的位置，在“时间线”面板中，设置“音频电平”为-10，如图 7-128 所示，记录第 2 个关键帧。

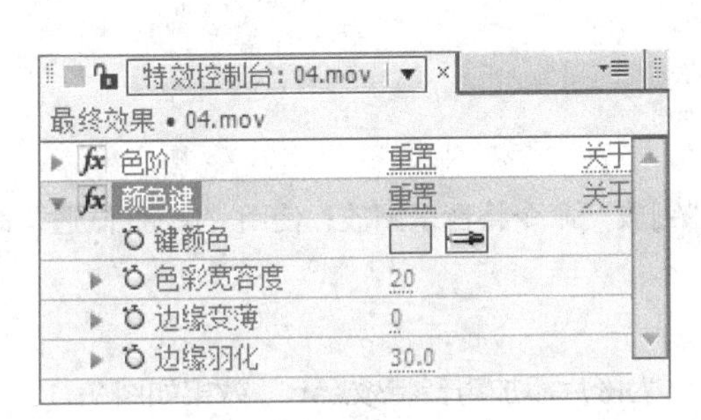

图 7-123

图 7-124

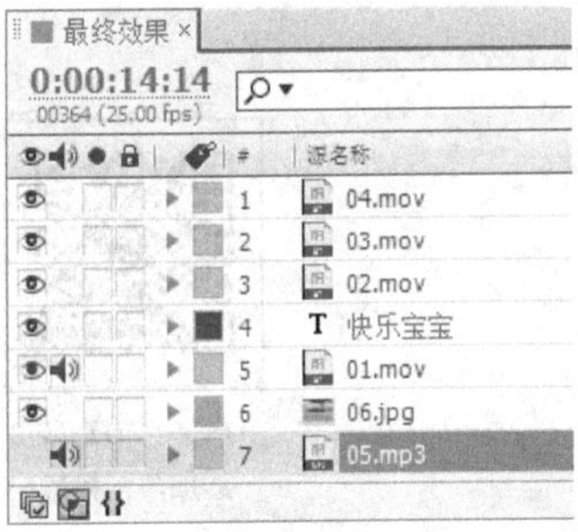

图 7-125

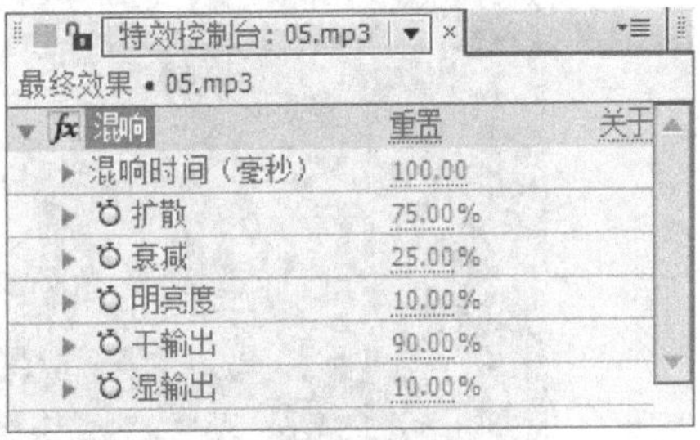

图 7-126

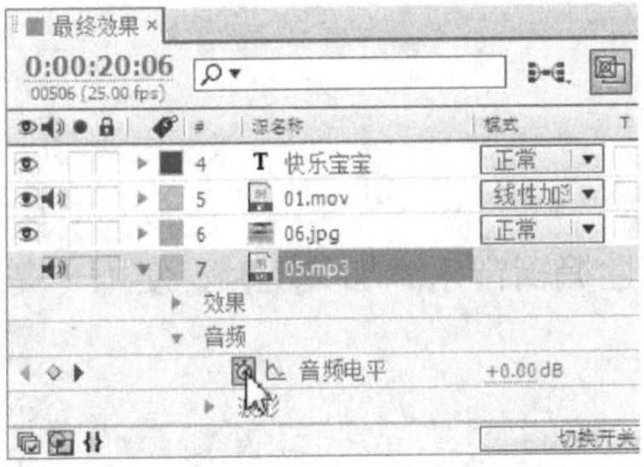

图 7-127

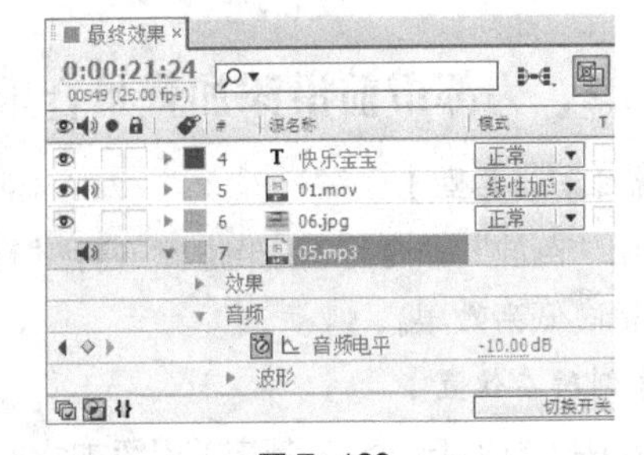

图 7-128

步骤 21 快乐宝宝短片制作完成，效果如图 7-129 所示。

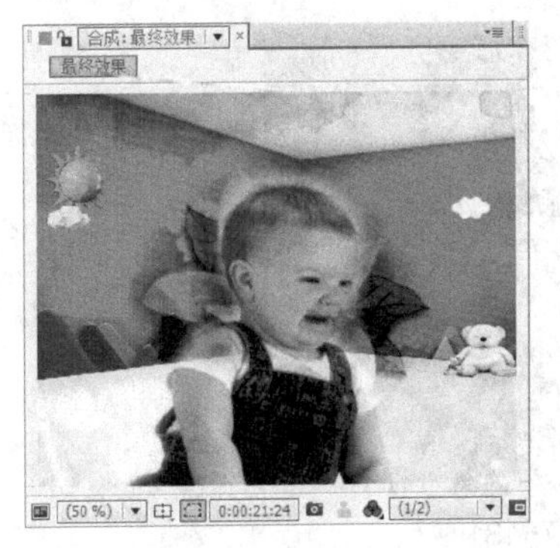

图 7-129

任务四 课后实战演练

7.4.1 为影片添加声音效果

【练习知识要点】

使用“导入”命令导入视频与音乐；使用“倒放”命令将音乐倒放；使用“高通/低通”命令编辑高低音效果。

【案例所在位置】

云盘中的“项目七 > 为影片添加声音特效 > 为影片添加声音特效.eap”，效果如图 7-130 所示。

图 7-130

微课：为影片添加声音特效

7.4.2 为都市前沿添加背景音乐

【练习知识要点】

使用“倒放”命令将音乐倒放；使用“音频电平”属性编辑音乐添加关键帧；使用“高通/低通”命令编辑高低音效果。

【案例所在位置】

云盘中的“项目七 > 为都市前沿添加背景音乐 > 为都市前沿添加背景音乐.eap”，效果如图 7-131 所示。

图 7-131

微课：为都市前沿添加背景音乐